普通高等院校环境科学与工程类系列规划教材

水资源利用与水环境保护工程

主　编　侯晓虹　张聪璐

中国建材工业出版社

图书在版编目(CIP)数据

水资源利用与水环境保护工程／侯晓虹，张聪璐主编. —北京：中国建材工业出版社，2015.4（2021.2重印）

普通高等院校环境科学与工程类系列规划教材

ISBN 978-7-5160-1152-2

Ⅰ.①水… Ⅱ.①侯… ②张… Ⅲ.①水资源-资源利用-高等学校-教材②水环境-环境保护-高等学校-教材 Ⅳ.①TV213.4

中国版本图书馆 CIP 数据核字（2015）第 034084 号

内 容 简 介

本教材以我国"十二五"水资源利用发展目标为指导，以扩大读者的专业视野、增加技术参考价值为目的，系统地介绍了水资源利用与水环境保护工程的基本理论和方法。全书共分为9章，内容包括：绪论，水资源形成与水循环，水资源评价，水资源利用，水环境保护，节水技术，水资源再生利用，水环境保护新技术和水资源管理。

本书主要作为普通高等学校给水排水工程专业水资源利用与水环境保护工程课程的教材，同时也可以作为环境科学、环境工程、水利工程等专业相关课程的教学用书，以及作为相关专业技术人员和管理人员的参考用书。本书配有电子课件，可登录我社网站免费下载。

水资源利用与水环境保护工程

侯晓虹　张聪璐　主编

出版发行：中国建材工业出版社

地　　址：北京市海淀区三里河路1号

邮　　编：100044

经　　销：全国各地新华书店

印　　刷：北京雁林吉兆印刷有限公司

开　　本：787mm×1092mm　1/16

印　　张：19.5

字　　数：487千字

版　　次：2015年4月第1版

印　　次：2021年2月第2次

定　　价：49.80元

本社网址：www.jccbs.com.cn　微信公众号：zgjcgycbs

本书如出现印装质量问题，由我社网络直销部负责调换。联系电话：(010) 88386906

本书编委会

主　编：

侯晓虹　沈阳药科大学

张聪璐　沈阳药科大学

参　编（按姓氏笔画）：

伦小文　沈阳药科大学

庄晓虹　辽宁大学

朱易春　江西理工大学

赵艳锋　辽宁石油化工大学

梁　宁　沈阳药科大学

前　言

　　水是人类及其他生物赖以生存的不可缺少的重要物质，也是工农业生产、社会经济发展和生态环境改善不可替代的极为宝贵的自然资源。然而，自然界中的水资源是有限的，人口增长与经济社会发展对水资源需求量不断增加，水资源短缺和水环境污染问题日益突出，严重地困扰着人类的生存和发展。水资源的合理开发与利用，加强水资源管理与保护已经成为当前人类为维持环境、经济和社会可持续发展的重要手段和保证措施。因此，编写能够全面系统介绍水资源利用与保护的基本原理、方法和原则及新技术、新发展的教材具有重要的现实意义。

　　本教材是在调研了国内外相关水资源开发、利用、保护和管理等方面的著作、教材、文献和政策法规的基础上编写的。全书共分为9个章节，系统地介绍了水资源利用与水环境保护的基本理论和方法，内容包括：绪论，水资源形成与水循环，水资源评价，水资源利用，水环境保护，节水技术，水资源再生利用，水环境保护新技术和水资源管理。作者在编写过程中注重理论性和实用性的统一，内容完整，模块清晰，简明易懂，部分章节引入了具体实例，以加深读者对内容的理解。同时，每章附有一定数量的思考题，便于读者把握学习重点。

　　本教材由沈阳药科大学侯晓虹、张聪璐主编，辽宁大学庄晓虹，江西理工大学朱易春，辽宁石油化工大学赵艳锋，沈阳药科大学梁宁、伦小文参加编写。其中，第1、2章由侯晓虹编写，第3章由梁宁编写，第4章由张聪璐编写，第5章由赵艳锋编写，第6章由朱易春编写，第7章由庄晓虹编写，第8、9章由伦小文编写。

　　教材中引用了许多国内外相关文献和资料，在此谨向这些作者表示感谢。在参考文献中可能由于疏漏未能全部列出，对此表示深深的歉意。

在教材编撰过程中，由于内容涉及学科广泛，且限于编者水平，缺点和不足在所难免，敬请专家、读者批评指正。

编者

2015.3

目 录

第1章 绪 论

学习提示

重点掌握水资源含义和主要特征，了解世界水资源和我国水资源概况，明确本课程的主要内容和任务。推荐学时2学时。

1.1 水资源的含义及特性

1.1.1 水资源的含义

水是人类及其他生物赖以生存的不可缺少的重要物质，也是工农业生产、社会经济发展和生态环境改善不可替代的极为宝贵的自然资源。水资源既是经济资源，也是环境资源。由于对水体作为自然资源的基本属性认识程度和角度的差异性，人们对水资源的涵义有着不同的见解，有关水资源的确切含义仍未有统一定论。

由于水资源所具有的"自然属性"，人类对水资源的认识首先是对"自然资源"含义的了解。自然资源为"参与人类生态系统能量流、物质流和信息流，从而保证系统的代谢功能得以实现，促进系统稳定有序不断进化升级的各种物质"。自然资源并非泛指所有物质，而是特指那些有益、有助于人类生态系统保持稳定与发展的某些自然界物质，并对于人类具有可利用性。作为重要自然资源的水资源毫无疑问应具有"对于人类具有可利用性"这一特定的含义。

水资源的概念随着时代的进步，其内涵也在不断地丰富和发展。较早采用这一概念的是美国地质调查局（USGS）。1894年，该局设立了水资源处，其主要业务范围是对地表河川径流和地下水进行观测。此后，随着水资源研究范畴的不断拓展，要求对"水资源"的基本内涵给予具体的定义与界定。

《大不列颠大百科全书》将水资源解释为："全部自然界任何形态的水，包括气态水、液态水和固态水的总量"。这一解释为"水资源"赋予十分广泛的含义。实际上，资源的本质特性就是体现在其"可利用性"。毫无疑问，不能被人类所利用的不能称为资源。基于此，1963年英国的《水资源法》把水资源定义为："（地球上）具有足够数量的可用水"。在水环境污染并不突出的特定条件下，这一概念比《大不列颠大百科全书》的定义赋予水资源更为明确的含义，强调了其在量上的可利用性。

联合国教科文组织（UNESCO）和世界气象组织（WMO）共同制订的《水资源评价活动——国家评价手册》中，定义水资源为："可以利用或有可能被利用的水源，具有足够数量和可用的质量，并能在某一地点为满足某种用途而可被利用"。这一定义的核心主要包括

1

两个方面，其一是应有足够的数量，其二是强调了水资源的质量。有"量"无"质"，或有"质"无"量"均不能称之为水资源。这一定义比英国《水资源法》中水资源的定义具有更为明确的含义，不仅考虑水的数量，同时其必须具备质量的可利用性。

1988 年 8 月 1 日颁布实施的《中华人民共和国水法》将水资源认定为："地表水和地下水"。《环境科学词典》（1994）定义水资源为："特定时空下可利用的水，是可再利用资源，不论其质与量，水的可利用性是有限制条件的"。

《中国大百科全书》在不同的卷册中对水资源也给予了不同的解释。如在大气科学、海洋科学、水文科学卷中，水资源被定义为："地球表层可供人类利用的水，包括水量（水质）、水域和水能资源，一般指每年可更新的水量资源"；在水利卷中，水资源被定义为："自然界各种形态（气态、固态或液态）的天然水，并将可供人类利用的水资源作为供评价的水资源"。

引起对水资源的概念及其涵义具有不尽一致的认识与理解的主要原因在于：水资源是一个既简单又非常复杂的概念。它的复杂内涵表现在：水的类型繁多，具有运动性，各种类型的水体具有相互转化的特性；水的用途广泛，不同的用途对水量和水质具有不同的要求；水资源所包含的"量"和"质"在一定条件下是可以改变的；更为重要的是，水资源的开发利用还受到经济技术条件、社会条件和环境条件的制约。正因为如此，人们从不同的侧面认识水资源，造成对水资源一词理解的不一致性及认识的差异性。

综上所述，水资源可以理解为人类长期生存、生活和生产活动中所需要的各种水，既包括数量和质量含义，又包括其使用价值和经济价值。一般认为，水资源概念具有广义和狭义之分。

狭义上的水资源是指人类在一定的经济技术条件下能够直接使用的淡水。

广义上的水资源是指在一定的经济技术条件下能够直接或间接使用的各种水和水中物质，在社会生活和生产中具有使用价值和经济价值的水都可称为水资源。

广义上的水资源强调了水资源的经济、社会和技术属性，突出了社会、经济、技术发展水平对于水资源开发利用的制约与促进。在当今的经济技术发展水平下，进一步扩大了水资源的范畴，原本造成环境污染的量大面广的工业和生活污水构成水资源的重要组成部分，弥补水资源的短缺，从根本上解决长期困扰国民经济发展的水资源短缺问题；在突出水资源实用价值的同时，强调水资源的经济价值，利用市场理论与经济杠杆调配水资源的开发与利用，实现经济、社会与环境效益的统一。

鉴于水资源的固有属性，本书所论述的"水资源"主要限于狭义水资源的范围，即与人类生活和生产活动、社会进步息息相关的淡水资源。

1.1.2 水资源的特性

水资源是一种特殊的自然资源，它不仅是人类及其他生物赖以生存的自然资源，也是人类经济、社会发展必需的生产资料，它是具有自然属性和社会属性的综合体。

1. 水资源的自然属性

（1）流动性

自然界中所有的水都是流动的，地表水、地下水、大气水之间可以互相转化，这种转化也是永无止境的，没有开始也没有结束。特别是地表水资源，在常温下是一种流体，可以在地心引力的作用下，从高处向低处流动，由此形成河川径流，最终流入海洋（或内陆湖泊）。

也正是由于水资源这一不断循环、不断流动的特性，才使水资源可以再生和恢复，为水资源的可持续利用奠定物质基础。

（2）可再生性

由于自然界中的水处于不断流动、不断循环的过程之中，使水资源得以不断地更新，这就是水资源的可再生性，也称可更新性。具体来讲，水资源的可再生性是指水资源在水量上损失（如蒸发、流失、取用等）后和（或）水体被污染后，通过大气降水和水体自净（或其他途径）可以得到恢复和更新的一种自我调节能力。这是水资源可供永续开发利用的本质特性。不同水体更新一次所需要的时间不同，如大气水平均每 8d 可更新一次，河水平均每 16d 更新一次，海洋更新周期较长，大约是 2500 年，而极地冰川的更新速度则更为缓慢，更替周期可长达万年。

（3）有限性

水资源处在不断的消耗和补充过程中，具有恢复性强的特征。但实际上全球淡水资源的储量是十分有限的。全球的淡水资源仅占全球总水量的 2.5%，大部分储存在极地冰帽和冰川中，真正能够被人类直接利用的淡水资源仅占全球总水量的 0.8%。可见，水循环过程是无限的，水资源的储量是有限的。

（4）时空分布的不均匀性

由于受气候和地理条件的影响，在地球表面不同地区水资源的数量差别很大，即使在同一地区也存在年内和年际变化较大、时空分布不均匀的现象，这一特性给水资源的开发利用带来了困难。如北非和中东很多国家（埃及、沙特阿拉伯等）降雨量少、蒸发量大，因此，径流量很小，人均及单位面积土地的淡水占有量都极少。相反，冰岛、厄瓜多尔、印度尼西亚等国，以每公顷土地计的径流量比贫水国高出 1000 倍以上。在我国，水资源时空分布不均匀这一特性也特别明显。由于受地形及季风气候的影响，我国水资源分布南多北少，且降水大多集中在夏秋季节的三四个月里，水资源时空分布很不均匀。

（5）多态性

自然界的水资源呈现多个相态，包括液态水、气态水和固态水。不同形态的水可以相互转化，形成水循环的过程，也使得水出现了多种存在形式，在自然界中无处不在，最终在地表形成了一个大体连续的圈层——水圈。

（6）环境资源属性

自然界中的水并不是化学上的纯水，而是含有很多溶解性物质和非溶解性物质的一个极其复杂的综合体，这一综合体实质上就是一个完整的生态系统，使得水不仅可以满足生物生存及人类经济社会发展的需要，同时也为很多生物提供了赖以生存的环境，是一种环境资源。

2. 水资源的社会属性

（1）公共性

水是自然界赋予人类的一种宝贵资源，它是属于整个社会、属于全人类的。社会的进步、经济的发展离不开水资源，同时人类的生存更离不开水。获得水的权利是人的一项基本权利。2002 年 10 月 1 日起施行的《中华人民共和国水法》第三条明确规定，"水资源属于国家所有，水资源的所有权由国务院代表国家行使"；第二十八条规定，"任何单位和个人引水、截（蓄）水、排水，不得损害公共利益和他人的合法权益"。

（2）多用途性

　　水资源的水量、水能、水体均各有用途，在人们生产生活中发挥着不同的功能。人们对水的利用可分为三类，即：城市和农村居民生活用水；工业、农业、水力发电、航运等生产用水；娱乐、景观等生态环境用水。在各种不同的用途中，消耗性用水与非消耗性、低消耗性用水并存。不同的用水目的对水质的要求也不尽相同，使水资源具有一水多用的特点。

　　（3）商品性

　　水资源也是一种战略性经济资源，具有一定的经济属性。长久以来，人们一直认为水是自然界提供给人类的一种取之不尽、用之不竭的自然资源。但是随着人口的急剧膨胀，经济社会的不断发展，人们对水资源的需求日益增加，水对人类生存、经济发展的制约作用逐渐显露出来。人们需要为各种形式的用水支付一定的费用，水成了商品。水资源在一定情况下表现出了消费的竞争性和排他性（如生产用水），具有私人商品的特性。但是，当水资源作为水源地、生态用水时，仍具有公共商品的特点，所以它是一种混合商品。

　　（4）利害两重性

　　水是极其珍贵的资源，给人类带来很多利益。但是，人类在开发利用水资源的过程中，由于各种原因也会深受其害。比如，水过多会带来水灾、洪灾，水过少会出现旱灾；人类对水的污染又会破坏生态环境、危害人体健康、影响人类社会发展等。正是由于水资源的双重性质，在水资源的开发利用过程中尤其强调合理利用、有序开发，以达到兴利除害的目的。

1.2　水　资　源　概　况

1.2.1　世界水资源概况

　　地球表面积约为 $5.1 \times 10^8 \, km^2$，水圈内全部水体总储量达 $13.86 \times 10^8 \, km^3$。海洋面积约为 $3.61 \times 10^8 \, km^2$，占地球总表面积的 70.8%，海洋水量约为 $13.38 \times 10^8 \, km^3$，占地球总储水量的 96.5%。海洋水因含盐量高，除极少量水体可作为冷却水外，很难直接为居民生活和工农业生产所用。地球上陆地面积约为 $1.49 \times 10^8 \, km^2$，占地球总表面积的 29.2%，水量仅为 $0.48 \times 10^8 \, km^3$，占地球总储水量的 3.5%。其中，淡水量仅为 $0.35 \times 10^8 \, km^3$，占陆地水储量的 73%。分布于冰川、多年积雪、两极和多年冰土中的淡水量为 $0.24 \times 10^8 \, km^3$，在现有技术下很难开发利用。人类可利用的淡水资源总量仅为 $0.11 \times 10^8 \, km^3$，占淡水总量的 30.4%，主要分布在 600m 深度以内的含水层、湖泊、河流、土壤中。地球水储量见表 1-1。

表 1-1　地　球　水　储　量

水体种类	总水量		咸　水		淡　水	
	储量 /$10^8 \, km^3$	占总储量 /%	储量 /$10^8 \, km^3$	占总储量 /%	储量 /$10^8 \, km^3$	占总储量 /%
海洋水	13.38	96.54	13.38	99.04	0	0
地表水	0.242541	1.75	0.000854	0.006	0.241687	69.0
其中：						
冰川与冰盖	0.240641	1.736	0	0	0.240641	68.7
湖泊水	0.001764	0.013	0.000854	0.006	0.00091	0.26

水体种类	总水量		咸 水		淡 水	
	储量 /10^8 km³	占总储量 /%	储量 /10^8 km³	占总储量 /%	储量 /10^8 km³	占总储量 /%
沼泽水	0.0001147	0.0008	0	0	0.0001147	0.033
河流水	0.0000212	0.0002	0	0	0.0000212	0.006
地下水	0.23700	1.71	0.12870	0.953	0.10830	30.92
其中:						
重力水	0.23400	1.688	0.12870	0.953	0.10530	30.06
地下水	0.00300	0.022	0	0	0.00300	0.86
土壤水	0.000165	0.001	0	0	0.000165	0.05
大气水	0.000129	0.0009	0	0	0.000129	0.04
生物水	0.0000112	0.0001	0	0	0.0000112	0.003
全球总水量	13.859846	100	13.509554	100	0.350292	100

根据年降水量,世界上水资源最丰富的大洲是南美洲,其中尤以赤道地区水资源最为丰富。相反,热带和亚热带地区差不多只有陆地水资源总量的 1‰。水资源较为缺乏的地区是中亚南部、阿富汗、阿拉伯和撒哈拉。亚洲的年径流量最多,其次为南美洲、北美洲、非洲、欧洲、大洋洲。从人均径流量的角度看,全世界河流径流总量按人平均,每人约为 10000m³。在各大洲中,大洋洲人均径流量最多,其次为南美洲、北美洲、非洲、欧洲、亚洲。世界各大洲淡水资源分布见表 1-2。

表 1-2　世界各大洲淡水资源分布

名 称	面积 /10^4 km²	年降水量		年径流量		径流系数	径流模数/ L/(s·km²)
		mm	km³	mm	km³		
欧 洲	1050	789	8290	306	3210	0.39	9.7
亚 洲	4347.5	742	32240	332	14410	0.45	10.5
非 洲	3012	742	22350	151	4750	0.20	4.8
北美洲	2420	756	18300	339	8200	0.45	10.7
南美洲	1780	1600	28400	660	11760	0.41	21.0
大洋洲	133.5	2700	3610	1560	2090	0.58	51.0
澳大利亚	761.5	456	3470	40	300	0.09	1.3
南极洲	1398	165	2310	165	2310	1.00	5.2
全部陆地	14900	800	11900	315	46800	0.39	10.0

注: 表中大洋洲不包括澳大利亚,但包括塔斯马尼亚岛、新西兰岛和伊里安岛等岛屿。

1.2.2　中国水资源概况

我国幅员辽阔,河湖众多,水资源总量丰富。流域面积在 100km² 以上的河流有 50000 多条,河流总长度约有 42 万多千米;天然湖泊中,面积在 1km² 以上的有 2759 个,总面积约为 $9.1×10^4$ km² 米。根据 20 世纪 80 年代完成的全国水资源调查评价的结果,我国多年平

均水资源总量为 $28124\times10^8m^3$，其中河川平均年径流量 $27115\times10^8m^3$（表1-3）。我国还有年平均融水量近 $500\times10^8m^3$ 的冰川及近 $500\times10^4km^3$ 的近海海水。我国河川平均年径流量相当于全球陆面年径流量的 5.7%，仅次于巴西、俄罗斯、加拿大、美国、印度尼西亚，排在世界第6位。

表1-3 全国水资源量及分布情况

分区名称	计算面积 /km²	降水资源 /10⁸m³	地表水资源 /10⁸m³	地下水资源 /10⁸m³	水资源总量 /10⁸m³
东北诸河	1248500	6377	1653	625	1928
海河、滦河流域	318200	1781	288	265	421
淮河和山东半岛	329200	2830	741	393	961
黄河流域	794700	3691	661	406	741
长江流域	1808500	19360	9513	2464	9613
华南诸河	580600	8967	4685	1116	4708
东南诸河	239800	4216	2557	613	2592
西南诸河	851400	9346	5853	1544	5853
内陆诸河	3374400	5321	1164	862	1304
全国	9545300	61889	27115	8288	28124

但是从人均占有量来看，我国水资源状况不容乐观。按目前人口统计，全国人均占有水资源量尚不到 $2200m^3$，仅为世界平均水平的1/4，约相当于巴西的1/20，俄罗斯的1/12，加拿大的1/44，美国的1/4，印度尼西亚的1/6，居世界120名左右。联合国规定人均水资源量 $1700m^3$ 为严重缺水线，人均 $1000m^3$ 为生存起码标准。我国目前有15个省市人均水量低于严重缺水线。其中天津、上海、宁夏、北京、河北、河南、山东、山西、江苏、辽宁十个省市区人均水量低于生存起码标准。

由于受季风气候的影响，我国水资源具有时空分布不均和变率大的特点。在空间分布上，水资源比较集中于长江、珠江及西南诸水系。长江流域及其以南的珠江流域、东南诸河和西南诸河等南方四片区域，平均年径流都在 500mm 以上，其中东南诸河平均年径流深超过 1000mm。北方六片区域中，淮河流域 225mm，略低于全国均值，黄河、海河、辽河、松花江四片区域平均年径流深仅为 100mm 左右，西北内陆河流域平均年径流深仅为 32mm。

我国的水资源地区分布与人口、耕地的分布很不相应。南方四片区域占全国总面积的 36.5%，耕地面积占全国总耕地面积的 36.0%，人口占全国总人口的 54.4%，但水资源总量却占全国水资源总量的 81%，人均占有量为 $4180m^3$，约为全国均值的2倍；亩均占有量为 $4130m^3$，约为全国均值的2.3倍。西南诸河流域水资源丰富，但多崇山峻岭，人烟稀少，耕地也少，人均占有水资源量达 $38400m^3$，约为全国均值的15倍；亩均占有量为 $21800m^3$，约为全国均值的12倍。辽河、海河、黄河、淮河四个流域，总面积占全国面积的 18.7%，相当于两方四片区域面积的1/2，但水资源总量仅为2702亿 m^3，相当于南方四片水资源总量的 12%。而且这四片地区多为大平原，耕地很多，占全国总耕地面积的 45.2%，人口密度也较高，人口占全国总人口的 38.4%。其中以海河流域最为突出，人均占有水资源量仅为 $430m^3$，为全国均值的 16%；亩均占有水资源量仅 $251m^3$，为全国均值的 14%。

水资源分布对我国国民经济布局影响很大，东南沿海、长江流域等水资源丰富地区的社会经济发展水平都高于内陆水资源不丰富的地区。社会经济有较大发展后，对水资源的需求量也会随之加大，水资源供需矛盾将更加突出，水资源成为制约社会经济发展的重要因素。解决缺水地区的水资源的问题，将是保证我国社会经济持续、健康发展的基本措施。

在水资源时程分配上，主要表现为河川径流的年际变化大和年内分配不均，贫水地区的变化一般大于丰水地区。在年际变化上，长江以南的中等河流最大与最小年径流的比值在 5以下，北方河流一般是 3～8 倍，有的甚至高达 10 倍以上。一般河川径流的逐年变化还存在明显的丰、平、枯水年交替出现及连续数年为丰水段或枯水段的现象，如黄河出现 1922～1932 年连续 11 年的枯水段，也有过 1943～1951 年连续 9 年的丰水段。在年内分配上，长江以南地区由南往北雨季为 3～6 月至 4～7 月，降水量占全年的 50%～60%；长江以北地区雨季为 6～9 月，降水量占全年的 70%～80%。相应地，我国自南向北河川径流量年内分配的集中度逐渐增高。一年内短期集中的径流往往造成洪水。正因为如此，我国大多数河流都会出现夏汛或伏汛。华南及东北地区的河流春季会出现桃汛或春汛。受台风影响，东南沿海、海南岛及台湾东部河流会出现秋汛。北方地区大多数河流春季径流量少。

正是由于水资源在空间和时间上分配的不均匀，造成有些地方或某一段时间内水资源富余，而另一些地方或另一段时间内水资源贫乏。因此，在水资源的开发利用、管理与规划中，水资源的时空再分配将成为克服我国水资源分布不均、灾害频繁状况，实现水资源最有效利用的关键之一。

1.3　水资源研究现状与发展趋势

20 世纪 60 年代以来，随着世界经济的迅速发展，工农业生产规模的不断扩大，需用水量的不断增加，供用水问题在世界范围内已十分突出。如何加强对水资源合理开发利用、管理与保护，已受到广泛的关注。联合国教科文组织（UNESCO）、粮农组织（FAO）、世界气象组织（WMO）、联合国工业发展组织（UNIDOD）等国际组织广泛开展水资源研究，不断扩大国际交流。

1965 年联合国教科文组织成立了国际水文十年（1965～1974）机构（IHD），120 多个国家参加了水资源研究。该机构组织了水量平衡、洪涝、干旱、地下水、人类活动对水循环的影响研究，特别是农业灌溉和都市化对水资源的影响等方面的大量研究，取得了显著成绩。1975 年成立了国际水文规划委员会（1975～1989）（IHP）接替 IHD。第一期 IHP 计划（1975～1980）突出了与水资源综合利用、水资源保护等有关的生态、经济和社会各方面的研究；第二期 IHP 计划（1981～1983）强调了水资源与环境关系的研究；第三期 IHP 计划（1984～1989）则研究"为经济和社会发展合理管理水资源的水文学和科学基础"，强调水文学与资源规划与管理的联系，力求有助于解决世界水资源问题。

1972 年成立的国际水资源协会，1973～1988 年间召开的六次水资源专题国际会议，主要从水-人类生存-环境探讨世界水资源问题。

联合国地区经济委员会、粮农组织、世界卫生组织（WHO）、联合国环境规划署（UNEP）等制定了配合水资源评价的相关活动内容。水资源评价成为一项国际协作的活动。

1977 年联合国在阿根廷马尔德普拉塔召开的世界水会议上，第一项决议中明确指出：

没有对水资源的综合评价，就谈不上对水资源的合理规划和管理。要求各国进行一次专门的国家水平的水资源评价活动。联合国教科文组织在制定水资源评价计划（1979～1980）中，提出的工作有：制定计算水量平衡及其要素的方法，估计全球、大洲、国家、地区和流域水资源的参考水平，确定水资源规划管理和计算方法。

1983年第九届世界气象会议通过了世界气象组织和联合国教科文组织的共同协作项目：水文和水资源计划。它的主要目标是保证水资源量和质的评价，对不同部门毛用水量和经济可用水量的前景进行预测。同年，国际水文科学协会修改的章程中指出：水文学应作为地球科学和水资源学的一个方面来对待，主要任务是解决在水资源利用和管理中的水文问题，以及由于人类活动引起的水资源变化问题。

1987年5月在罗马由国际水文科学协会和国际水力学研究会共同召开的"水的未来——水文学和水资源开发展望"讨论会，提出水资源利用中人类需要了解水的特性和水资源的信息，人类对自然现象的求知欲将是水文学发展的动力。

1992年6月在巴西里约热内卢召开的联合国环境与发展大会上，关注的热点包括水环境在内的环境和水资源问题。会议通过和签署了《里约热内卢环境与发展宣言》《21世纪议程》等重要文件，对解决和缓解水资源和水环境危机提出了一系列战略性措施，包括减少对水资源的污染、加强饮水安全保障、促进跨界水问题的合作等。

瑞典皇家科学院、国际湖沼学会、国际水质协会、国际水资源协会、国际供水协会、世界银行和世界野生生物基金会等组织联合发起，从1991年起每年在斯德哥尔摩召开一次国际水会议，就全球水资源问题开展广泛讨论。

随着国际上水资源研究的不断深入，迫切要求利用现代化理论和方法识别和模拟水资源系统，规划和管理水资源，保证水资源的合理开发、有效利用，实现优化管理。经过多学科长期的共同努力，在水资源利用和管理的理论和方法方面取得了明显进展。

（1）水资源模拟与模型化

随着计算机技术的迅速发展，以及信息论和系统工程理论在水资源系统研究中的广泛应用，水资源系统的状态与运行的模型模拟已成为重要的研究工具。各类确定性、非确定性、综合性的水资源评价和科学管理数学模型的建立与完善，使水资源的信息系统分析、供水工程优化调度、水资源系统的优化管理与规划成为可能，加强了水资源合理开发利用、优化管理的决策系统的功能和决策效果。

（2）水资源系统分析多目标化

水资源动态变化的多样性和随机性，水资源工程的多目标性和多任务性，河川径流和地下水的相互转化，水质和水量相互联系的密切性，使水资源问题更趋于复杂化，它涉及自然、社会、人文、经济等各个方面。因此在对水资源系统分析过程中更注重系统分析的整体性和系统性。在水资源规划过程中，应用线性规划、动态规划、系统分析的理论寻求目标方程的优化解。现代的水资源系统分析正向着多层次、多目标的方向发展与完善。

（3）水资源信息管理系统

为了适应水资源系统分析与系统管理的需要，目前已初步建立了水资源信息分析与管理系统，主要涉及信息查询系统、数据和图形库系统、水资源状况评价系统、水资源管理与优化调度系统等。水资源信息管理系统的建立和运行，提高了水资源研究的层次和水平，加速了水资源合理开发利用和科学管理的进程，成为水资源研究与管理的重要技术支柱。

（4）水环境理论与技术的先进性

人类大规模的经济和社会活动对环境和生态的变化产生了极为深远的影响。环境、生态的变异又反过来引起自然界水资源的变化，部分或全部地改变原来水资源的变化规律。人们通过对水资源变化规律的研究，寻找这种变化规律与社会发展和经济建设之间的内在关系，以便有效地利用水资源，使环境质量向着有利于人类当今和长远利益的方向发展。与此同时，节水、污水再生回用、水体污染控制与修复的现代理论与技术的研究取得了显著进展。

1.4 水资源利用与水环境保护工程的任务和内容

国民经济的发展和人类生活水平的提高受水资源状态的制约。水资源的合理开发利用、有效保护与管理是维持水资源可持续利用、良性循环的重要保证，也是维持社会进步、国民经济可持续发展的关键所在。近十几年来，世界范围内水资源状况不断恶化，水资源短缺严重，供需矛盾日益突出，产生的直接原因是盲目和无序地开发利用水资源，开发利用工程布置不合理，尤其是无节制地扩大开采利用量、管理不善、保护措施不力。如何有效合理地利用水资源、保护和管理水资源成为世界水资源研究领域的重要研究课题。

本书作为环境科学与工程专业的专业课教材，其主要任务是使学生在全面深入了解全球水资源状况、水资源形成、水循环和水量平衡的基础上，系统地学习和掌握水资源质与量评价的基本理论和方法、评价基本体系，学习水资源利用的技术和方法，全面学习和掌握与供水有关的地表水及地下取水工程的类型、结构特征、布置原则与方式、适用范围和适用条件，以及水量计算与工程运行的有关技术参数；学习和掌握节水、污水再生回用的现代理论与技术；学习和了解水资源保护和管理的基本概念、法律法规体系、水环境监测和评价的基本方法、水污染防治的基本概念、理论和方法，为未来合理利用与保护水资源奠定理论与技术基础。

 习题与思考题

1. 简述水资源的含义、分类及特性。
2. 简述全球水资源状况。
3. 简述中国水资源状况。
4. 思考中国水资源面临的问题和挑战。

第2章 水资源形成与水循环

学 习 提 示

重点掌握地表水资源和地下水资源的形成及特点，理解水循环的概念，熟悉地球上的水循环与水量平衡，了解我国水循环的途径。推荐学时 4 学时。

2.1 水资源的形成

水循环是地球上最重要、最活跃的物质循环之一，它实现了地球系统水量、能量和地球生物化学物质的迁移与转换，构成了全球性的连续有序的动态大系统。水循环把海陆有机地连接起来，塑造着地表形态，制约着地球生态环境的平衡与协调，不断提供再生的淡水资源。因此，水循环对于地球表层结构的演化和人类可持续发展都具有重大意义。

由于在水循环过程中，海陆之间的水汽交换以及大气水、地表水、地下水之间的相互转换，形成了陆地上的地表径流和地下径流。由于地表径流和地下径流的特殊运动，塑造了陆地的一种特殊形态——河流与流域。一个流域或特定区域的地表径流和地下径流的时空分布既与降水的时空分布有关，亦与流域的形态特征、自然地理特征有关。因此，不同流域或区域的地表水资源和地下水资源具有不同的形成过程及时空分布特性。

2.1.1 地表水资源的形成与特点

地表水分为广义地表水和狭义地表水，前者指以液态或固态形式覆盖在地球表面上、暴露在大气的自然水体，包括河流、湖泊、水库、沼泽、海洋、冰川和永久积雪等，后者则是陆地上各种液态、固态水体的总称，包括静态水和动态水，主要有河流、湖泊、水库、沼泽、冰川和永久积雪等，其中，动态水指河流径流量和冰川径流量，静态水指各种水体的储水量。

地表水资源是指在人们生产生活中具有使用价值和经济价值的地表水，包括冰雪水、河川水和湖沼水等，一般用河川径流量表示。

在多年平均情况下，水资源量的收支项主要为降水、蒸发和径流。水量平衡时，收支在数量上是相等的。降水作为水资源的收入项，决定着地表水资源的数量、时空分布和可开发利用程度。由于地表水资源所能利用的是河流径流量，所以在讨论地表水资源的形成与分布时，重点讨论构成地表水资源的河流资源的形成与分布问题。

降水、蒸发和径流是决定区域水资源状态的三要素，三者数量及其之间的变化关系决定着区域水资源的数量和可利用量。

1. 降水

（1）降雨的形成

降水是指液态或固态的水汽凝结物从云中降落到地表的现象，如雨、雪、雾、雹、露、霜等，其中以雨、雪为主。我国大部分地区，一年内降水以雨水为主，雪仅占少部分。所以，通常说的降水主要指降雨。

当水平方向温度、湿度比较均匀的大块空气即气团受到某种外力的作用向上抬升时，气压降低，空气膨胀，为克服分子间引力需消耗自身的能量，在上升过程中发生动力冷却，使气团降温。当温度下降到使原来未饱和的空气达到了过饱和状态时，大量多余的水汽便凝结成云。云中水滴不断增大，直到不能被上升气流所托时，便在重力作用下形成降雨。因此，空气的垂直上升运动和空气中水汽含量超过饱和水汽含量是产生降雨的基本条件。

（2）降雨的分类

按空气上升的原因，降雨可分为锋面雨、地形雨、对流雨和气旋雨。

① 锋面雨　冷暖气团相遇，其交界面叫锋面，锋面与地面的相交地带叫锋，锋面随冷暖气团的移动而移动。锋面上的暖气团被抬升到冷气团上面去。在抬升的过程中，空气中的水汽冷却凝结，形成的降水叫锋面雨。

根据冷、暖气团运动情况，锋面雨又可分为冷锋雨和暖锋雨。当冷气团向暖气团推进时，因冷空气较重，冷气团楔进暖气团下方，把暖气团挤向上方，发生动力冷却而致雨，称为冷锋雨。当暖气团向冷气团移动时，由于地面的摩擦作用，上层移动较快，底层较慢，使锋面坡度较小，暖空气沿着这个平缓的坡面在冷气团上爬升，在锋面上形成了一系列云系并冷却致雨，称为暖锋雨。我国大部分地区在温带，属南北气流交汇区域，因此，锋面雨的影响很大，常造成河流的洪水。我国夏季受季风影响，东南地区多暖锋雨，如长江中下游的梅雨；北方地区多冷锋雨。

② 地形雨　暖湿气流在运移过程中，遇到丘陵、高原、山脉等阻挡而沿坡面上升而冷却致雨，称为地形雨。地形雨大部分降落在山地的迎风坡。在背风坡，气流下降增温，且大部分水汽已在迎风坡降落，故降雨稀少。

③ 对流雨　当暖湿空气笼罩一个地区时，因下垫面局部受热增温，与上层温度较低的空气产生强烈对流作用，使暖空气上升冷却致雨，称为对流雨。对流雨一般强度大，但雨区小，历时也较短，并常伴有雷电，又称雷阵雨。

④ 气旋雨　气旋是中心气压低于四周的大气涡旋。涡旋运动引起暖湿气团大规模的上升运动，水汽因动力冷却而致雨，称为气旋雨。按热力学性质分类，气旋可分为温带气旋和热带气旋。我国气象部门把中心地区附近地面最大风速达到 12 级的热带气旋称为台风。

（3）降雨的特征

降雨特征常用降水量、降水历时、降水强度、降水面积及暴雨中心等基本因素表示。降水量是指在一定时段内降落在某一点或某一面积上的总水量，用深度表示，以 mm 计。降水量一般分为 7 级，见表 2-1。降水的持续时间称为降水历时，以 min、h、d 计。降水笼罩的平面面积称为降水面积，以 km² 计。暴雨集中的较小局部地区，称为暴雨中心。降水历时和降水强度反映了降水的时程分配，降水面积和暴雨中心反映了降水的空间分配。

表 2-1　降 水 量 等 级

24h 雨量/mm	<0.1	0.1~10	10~25	25~50	50~100	100~200	>200
等级	微量	小雨	中雨	大雨	暴雨	大暴雨	特大暴雨

2. 径流

径流是指由降水所形成的，沿着流域地表和地下向河川、湖泊、水库、洼地等流动的水流。其中，沿着地面流动的水流称为地表径流；沿着土壤岩石孔隙流动的水流称为地下径流；汇集到河流后，在重力作用下沿河床流动的水流称为河川径流。径流因降水形式和补给来源的不同，可分为降雨径流和融雪径流，我国大部分以降雨径流为主。

径流过程是地球上水循环中重要的一环。在水循环过程中，陆地上的降水34％转化为地表径流和地下径流汇入海洋。径流过程又是一个复杂多变的过程，与水资源的开发利用、水环境保护、人类同洪旱灾害的斗争等生产经济活动密切相关。

（1）径流形成过程及影响因素

由降水到达地面时起，到水流流经出口断面的整个过程，称为径流形成过程。降水的形式不同，径流的形成过程也各不相同。大气降水的多变性和流域自然地理条件的复杂性决定了径流形成过程是一个错综复杂的物理过程。降水落到流域面上后，首先向土壤内下渗，一部分水以壤中流形式汇入沟渠，形成上层壤中流；一部分水继续下渗，补给地下水；还有一部分以土壤水形式保持在土壤内，其中一部分消耗于蒸发。当土壤含水量达到饱和或降水强度大于入渗强度时，降水扣除入渗后还有剩余，余水开始流动充填坑洼，继而形成坡面流，汇入河槽和壤中流一起形成出口流量过程。故整个径流形成过程往往涉及大气降水、土壤下渗、壤中流、地下水、蒸发、填洼、坡面流和河槽汇流，是气象因素和流域自然地理条件综合作用的过程，难以用数学模型描述。为便于分析，一般把它概化为产流阶段和汇流阶段。产流是降水扣除损失后的净雨产生径流的过程。汇流指净雨沿坡面从地面和地下汇入河网，然后再沿着河网汇集到流域出口断面的整个过程；前者称为坡地汇流，后者称为河网汇流。两部分过程合称为流域汇流过程。

影响径流形成的因素有气候因素、地理因素和人类活动因素。

① 气候因素　气候因素主要是降水和蒸发。降水是径流形成的必要条件，是决定区域地表水资源丰富程度、时空分布及可利用程度与数量的最重要的因素。其他条件相同时，降雨强度大、历时长、降雨笼罩面积大，则产生的径流也大。同一流域，雨型不同，形成的径流过程也不同。蒸发直接影响径流量的大小。蒸发量大，降水损失量就大，形成的径流量就小。对于一次暴雨形成的径流来说，虽然在径流形成的过程中蒸发量的数值相对不大，甚至可忽略不计，但流域在降雨开始时土壤含水量直接影响着本次降雨的损失量，即影响着径流量，而土壤含水量与流域蒸发有密切关系。

② 地理因素　地理因素包括流域地形、流域的大小和形状、河道特性、土壤、岩石和地质构造、植被、湖泊和沼泽等。

流域地形特征包括地面高程、坡面倾斜方向及流域坡度等。流域地形通过影响气候因素间接影响径流的特性，如山地迎风坡降雨量较大，背风坡降雨量小；地面高程较高时，气温低，蒸发量小，降雨损失量小。流域地形还直接影响汇流条件，从而影响径流过程。如地形陡峭，河道比降大，则水流速度快，河槽汇流时间较短，洪水陡涨陡落，流量过程线多呈尖瘦形；反之，则较平缓。

流域大小不同，对调节径流的作用也不同。流域面积越大，地表与地下蓄水容积越大，调节能力也越强。流域面积较大的河流，河槽下切较深，得到的地下水补给就较多。流域面积小的河流，河槽下切往往较浅，因此，地下水补给也较少。

流域长度决定了径流到达出口断面所需要的汇流时间。汇流时间越长，流量过程线越平缓。流域形状与河系排列有密切关系。扇形排列的河系，各支流洪水较集中地汇入干流，流量过程线往往较陡峻；羽形排列的河系，各支流洪水可顺序而下，遭遇的机会少，流量过程线较矮平；平行状排列的河系，其影响与扇形排列的河系类似。

河道特性包括：河道长度、坡度和糙率。河道短、坡度大、糙率小，则水流流速大，河道输送水流能力大，流量过程线尖瘦；反之，则较平缓。

流域土壤、岩石性质和地质构造与下渗量的大小有直接关系，从而影响产流量和径流过程特性，以及地表径流和地下径流的产流比例关系。

植被能阻滞地表水流，增加下渗。森林地区表层土壤容易透水，有利于雨水渗入地下，从而增大地下径流，减少地表径流，使径流趋于均匀。对于融雪补给的河流，由于森林内温度较低，能延长融雪时间，使春汛径流历时增长。

湖泊（包括水库和沼泽）对径流有一定的调节作用，能拦蓄洪水，削减洪峰，使径流过程变得平缓。因水面蒸发较陆面蒸发大，湖泊、沼泽增加了蒸发量，使径流量减少。

③ 人类活动因素　影响径流的人类活动是指人们为了开发利用和保护水资源，达到除害兴利的目的而修建的水利工程及采用的农林措施等。这些工程和措施改变了流域的自然面貌，从而也就改变了径流的形成和变化条件，影响了蒸发量、径流量及其时空分布、地表和地下径流的比例、水体水质等。例如，蓄、引水工程改变了径流时空分布；水土保持措施能增加下渗水量，改变地表和地下水的比例及径流时程分布，影响蒸发；水库和灌溉设施增加了蒸发，减少了径流。

（2）河流径流补给

河流径流补给又称河流水源补给。河流补给的类型及其变化决定着河流的水文特性。我国大多数河流的补给主要是流域上的降水。根据降水形式及其向河流运动的路径，河流的补给可分为雨水补给、地下水补给、冰雪融水补给以及湖泊、沼泽补给等。

① 雨水补给　雨水是我国河流补给的最主要水源。当降雨强度大于土壤入渗强度后，产生地表径流，雨水汇入溪流和江河之中，从而使河水径流得以补充。以雨水补给为主的河流的水情特点是水位与流量变化快，在时程上与降雨有较好的对应关系，河流径流的年内分配不均匀，年际变化大，丰、枯悬殊。

② 地下水补给　地下水补给是我国河流补给的一种普遍形式。特别是在冬季和少雨、无雨季节，大部分河流水量基本上来自地下水。地下水是雨水和冰雪融水渗入地下转化而成的，它的基本来源仍然是降水，因其经过地下“水库”的调节，对河流径流量及其在时间上的变化产生影响。以地下水补给为主的河流，其年内分配和年际变化都较均匀。

③ 冰雪融水补给　冬季在流域表面的积雪、冰川，至次年春季随着气候的变暖而融化成液态的水，补给河流而形成春汛。此种补给类型在全国河流中所占比例不大，水量有限。但冰雪融水补给主要发生在春季，这时正是我国农业生产上需水的季节，因此，对于我国北方地区春季农业用水有着重要的意义。冰雪融水补给具有明显的日变化和年变化，补给水量的年际变化幅度要小于雨水补给。这是因为融水量主要与太阳辐射、气温变化一致，而气温的年际变化比降雨量年际变化小。

④ 湖泊、沼泽水补给　流域内山地的湖泊常成为河流的源头。位于河流中下游地区的湖泊，接纳湖区河流来水，又转而补给干流水量。这类湖泊由于湖面广阔，深度较大，对河流径流有调节作用。河流流量较大时，部分洪水进入大湖内，削减了洪峰流量；河流流量较小时，湖水流入干流，补充径流量，使河流水量年内变化趋于均匀。沼泽水补给量小，对河流

径流调节作用不明显。

我国河流主要靠降雨补给。在华北、西北及东北的河流虽也有冰雪融水补给，但仍以降雨补给为主，为混合补给。只有新疆、青海等地的部分河流是靠冰川、积雪融水补给，该地区的其他河流仍然是混合补给。由于各地气候条件的差异，上述四种补给在不同地区的河流中所占比例差别较大。

（3）径流时空分布

① 径流的区域分布　受降水量影响，以及地形地质条件的综合影响，年径流区域分布，既有地域性的变化，又有局部的变化。我国年径流深度分布的总体趋势与降水量分布一样，由东南向西北递减。

② 径流的年际变化　径流的年际变化包括径流的年际变化幅度和径流的多年变化过程两方面，年际变化幅度常用年径流量变差系数和年径流极值比表示。

年径流变差系数表示年径流在年际间的相对变化程度，计算公式类同于式（2-1）。

$$C_v = \frac{\sigma}{Q_{均}} = \frac{1}{Q_{均}} \sqrt{\frac{\sum_{i=1}^{n}(Q_i - Q_{均})^2}{n-1}} = \sqrt{\frac{\sum_{i=1}^{n}(K_i - 1)^2}{n-1}} \qquad (2\text{-}1)$$

式中　$Q_{均}$——反映水文序列整体（或平均）水平，如多年平均径流量等；

　　　n——为实测资料的统计年数；

　　　Q_i——每年实测年径流量；

　　　σ——均方差，反映水文现象的离散（或离异）程度；

　　　K_i——模比系数。

年径流变差系数大，年径流的年际变化就大，不利于水资源的开发利用，也容易发生洪涝灾害；反之，年径流的年际变化小，有利于水资源的开发利用。

影响年径流变差系数的主要因素是年降水量、径流补给类型和流域面积。降水量丰富地区，其降水量的年际变化小，植被茂盛，蒸发稳定，地表径流较丰沛，因此年径流变差系数小；反之，则年径流变差系数大。相比较而言，降水补给的年径流变差系数大于冰川、积雪融水和降水混合补给的年径流变差系数，而后者又大于地下水补给的年径流变差系数。流域面积越大，径流成分越复杂，各支流之间、干支流之间的径流丰枯变化可以互相调节；另外，面积越大，因河川切割很深，地下水的补给丰富而稳定。因此，流域面积越大，其年径流变差系数越小。

我国年径流量变差系数 C_v 值地区分布为：秦岭以南在 0.5 以下，淮河流域大部分地区在 0.6～0.8 之间；华北平原地区可超过 1.0，个别河流高达 1.3 以上，是我国年径流量变差系数最大的地区；东北地区山地一般在 0.5 以下，松辽平原和三江平原在 0.8 以上；黄河流域除甘肃省北部、宁夏回族自治区和内蒙古自治区的 C_v 值较大外，一般在 0.6 以下，上游更小，但近几年来，黄河下游地区的年径流量 C_v 值有变大的趋势；内陆河流域，山区一般在 0.2～0.5 之间，盆地在 0.6～0.8 之间，内蒙古高原西部一般大于 1.0，最大可达 1.2 以上。

年径流的极值比是指最大径流量与最小径流量的比值。极值比越大，径流的年际变化越大；反之，年际变化越小。极值比的大小变化规律与变差系数同步。我国河流年际极值比最大的是淮河蚌埠站，为 23.7；最小的是怒江道街坝站，为 1.4。

径流的年际变化过程是指径流具有丰枯交替、出现连续丰水和连续枯水的周期变化，但周期的长度和变幅存在随机性。如黄河出现过 1922～1932 年连续 11 年的枯水期，也出现过 1943～1951 年连续 9 年的丰水期。

③ 径流的季节变化　河流径流一年内有规律的变化，叫做径流的季节变化，取决于河流径流补给来源的类型及变化规律。以雨水补给为主的河流，主要随降雨量的季节变化而变化。以冰雪融水补给为主的河流，则随气温的变化而变化。径流季节变化大的河流，容易发生干旱和洪涝灾害。

我国绝大部分地区为季风区，雨量主要集中在夏季，径流也是如此。而西部内陆河流主要靠冰雪融水补给，夏季气温高，径流集中在夏季，形成我国绝大部分地区夏季径流占优势的基本布局。

（4）径流的表示方法

① 流量　流量 Q 是指单位时间内通过某一过水断面的水量，单位为 m^3/s。流量过程线表示流量随时间变化的过程。时段平均流量等于该时段的径流总量除以时间。

② 径流总量　径流总量 W 为一定时段内，通过某一过水断面的水量，单位为 m^3。某一时段的径流总量等于该时段内流量过程线下的面积：

$$W = \int_{t_1}^{t_2} Q(t)\,dt = \overline{Q}T \tag{2-2}$$

式中　$Q(t)$ ——t 时刻流量；

　　　$\overline{Q}$——计算时段平均流量；

　　　t_1、t_2——时段始、末时刻；

　　　T——时段长。

③ 径流深　某一时段径流总量平铺在整个流域上所得的水深称为径流深 R，单位为 mm。计算公式为：

$$R = \frac{W}{1000F} \tag{2-3}$$

式中　F——流域面积，km^2。

④ 径流模数　流域单位面积上所产生的流量称为径流模数 M，单位为 $m^3/(s \cdot km^2)$。计算公式为：

$$M = \frac{Q}{F} \tag{2-4}$$

⑤ 径流系数　径流系数 α 是指同一时段内径流深 R 与降雨量 P 的比值，以小数或百分数计。计算公式为：

$$\alpha = \frac{R}{P} \tag{2-5}$$

对于闭合流域，$R < P$，故 $\alpha < 1$。

3. 蒸发

蒸发是地表或地下的水由液态或固态转化为水汽，并进入大气的物理过程，是水文循环中的基本环节之一，也是重要的水量平衡要素，对径流有直接影响。蒸发主要取决于暴露表面的面积与状况，与温度、阳光辐射、风、大气压力和水中的杂质质量有关，其大小可用蒸发量或蒸发率表示。蒸发量是指某一时段如日、月、年内总蒸发掉的水层深度，以 mm 计；蒸发率是指单位时间内的蒸发量，以 mm/min 或 mm/h 计。流域或区域上的蒸发包括水面蒸发和陆面蒸发，后者包括土壤蒸发和植物蒸腾。

（1）水面蒸发

水面蒸发是指江、河、湖泊、水库和沼泽等地表水体水面上的蒸发现象。水面蒸发是最简单的蒸发方式，属饱和蒸发。影响水面蒸发的主要因素是温度、湿度、辐射、风速和气压等气象条件。因此，在地域分布上，一般冷湿地区水面蒸发量小，干燥、气温高的地区水面蒸发量大；高山地区水面蒸发量小，平原区水面蒸发量大。我国水面蒸发强度的地区分布，见表2-2。

表 2-2 我国水面蒸发强度的地区分布

水面蒸发量/mm	地区
600～800	大小兴安岭，长白山，千山山脉
800～1000	长江以南的广大地区
1200～1600	青藏高原，西北内陆地区，华北平原中部、西辽河上游区，广东省，广西壮族自治区南部沿海和台湾省西部，海南省和云南省大部
>2000	塔里木盆地，柴达木盆地沙漠区

从年蒸发量分区状况可以看出，水面蒸发的地区分布呈现出如下特点：① 低温湿润地区水面蒸发量小，高温干燥地区水面蒸发量大；② 蒸发低值区一般多在山区，而高值区多在平原区和高原区，平原区的水面蒸发大于山区；③ 水面蒸发的年内分配与气温、降水有关，年际变化不大。

我国多年平均水面蒸发量最低值为400mm，最高可达2600mm，相差悬殊。暴雨中心地区水面蒸发可能是低值中心，例如四川雅安天漏暴雨区，其水面蒸发为长江流域最小地区，其中荥经站的年水面蒸发量仅564mm。

（2）陆面蒸发

① 土壤蒸发　土壤蒸发是指水分从土壤中以水汽形式逸出地面的现象。它比水面蒸发要复杂得多，除了受上述气象条件的影响外，还与土壤性质、土壤结构、土壤含水量、地下水位的高低、地势和植被状况等因素密切相关。

对于完全饱和、无后继水量加入的土壤，其蒸发过程大体上可分为三个阶段：第一阶段，土壤完全饱和，供水充分，蒸发在表层土壤进行，此时的蒸发率等于或接近于土壤蒸发能力，蒸发量大而稳定；第二阶段，由于水分逐渐蒸发消耗，土壤含水量转化为非饱和状态，局部表土开始干化，土壤蒸发一部分仍在地表进行，另一部分发生在土壤内部。此阶段中，随着土壤含水量的减少，供水条件越来越差，故其蒸发率随时间逐渐减小；第三阶段，表层土壤干涸，向深层扩展，土壤水分蒸发主要发生在土壤内部。蒸发形成的水汽由分子扩散作用通过表面干涸层逸入大气，其速度极为缓慢，蒸发量小而稳定，直至基本终止。由此可见，土壤蒸发影响土壤含水量的变化，是土壤失水的干化过程，是水文循环的重要环节。

② 植物蒸腾　土壤中水分经植物根系吸收，输送到叶面，散发到大气中去，称为植物蒸腾或植物散发。由于植物本身参与了这个过程，并能利用叶面气孔进行调节，故是一种生物物理过程，比水面蒸发和土壤蒸发更为复杂，它与土壤环境、植物的生理结构以及大气状况有密切的关系。由于植物生长于土壤中，故植物蒸腾与植物覆盖下土壤的蒸发实际上是并存的。因此，研究植物蒸腾往往和土壤蒸发合并进行。

目前陆面蒸发量一般采用水量平衡法估算，对多年平均陆面蒸发来讲，它由流域内年降水量减去年径流量而得，陆面蒸发等值线即以此方法绘制而得；除此，陆面蒸发量还可以利用经验公式来估算。

我国根据蒸发量为 300mm 的等值线自东北向西南将中国陆地蒸发量分布划分为两个区：

① 陆面蒸发量低值区（300mm 等值线以西）：一般属于干旱半干旱地区，雨量少、温度低，如塔里木盆地、柴达木盆地其多年平均陆面蒸发量小于 25mm。

② 陆面蒸发量高值区（300mm 等值线以东）：一般属于湿润与半湿润地区，我国广大的南方湿润地区雨量大，蒸发能力可以充分发挥。海南省东部多年平均陆面蒸发量可达 1000mm 以上。

说明陆面蒸发量的大小不仅取决于热能条件，还取决于陆面蒸发能力和陆面供水条件；陆面蒸发能力可近似的由实测水面蒸发量综合反映，而陆面供水条件则与降水量大小及其分配是否均匀有关。我国蒸发量的地区分布与降水、径流的地区分布有着密切关系，呈现东南向西北有明显递减趋势，供水条件是陆面蒸发的主要制约因素。

一般说来，降水量年内分配比较均匀的湿润地区，陆面蒸发量与陆面蒸发能力相差不大，如长江中下游地区，供水条件充分，陆面蒸发量的地区变化和年际变化都不是很大，年陆面蒸发量仅在 550～750mm 间变化，陆面蒸发量主要由热能条件控制。但在干旱地区，陆面蒸发量则远小于陆面蒸发能力，其陆面蒸发量的大小主要取决于供水条件。

（3）流域总蒸发

流域总蒸发是流域内所有的水面蒸发、土壤蒸发和植物蒸腾的总和。因为流域内气象条件和下垫面条件复杂，要直接测出流域的总蒸发几乎不可能，实用的方法是先对流域进行综合研究，再用水量平衡法或模型计算方法求出流域的总蒸发，如用式（2-6）可算出流域多年平均蒸发量。

$$\overline{P_0} = \overline{R_0} + \overline{E_0} \tag{2-6}$$

式中　$\overline{P_0}$、$\overline{R_0}$、$\overline{E_0}$——分别为流域多年平均降水量、径流量和蒸散发量。

（4）干旱指数

干旱指数 γ 是表示气候干旱程度的指标，为年水面蒸发量 E_0 与年降水量 P 的比值：

$$\gamma = \frac{E_0}{P} \tag{2-7}$$

当 $\gamma<1.0$ 时，表示该区域蒸发量小于降水量，该地区为湿润气候；当 $\gamma>1.0$ 时，即蒸发量大于降水量，说明该地区偏于干旱。γ 越大，干旱程度就越严重；反之，气候就越湿润。

我国干旱指数在地区上的变化范围很大，最小值出现在长江以南、东南沿海，$\gamma<0.5$，最大值发生在西北干旱地区，如吐鲁番盆地的干旱指数高达 318.9。

干旱指数的地区分布与年降雨量、年径流深的分区具有密切的关系，我国分区情况见表 2-3。

表 2-3　我国干旱指数、径流深度、径流系数分区

年降水量 /mm	干旱指数	径流系数	年径流深 /mm	径流分区	范　围
>1600	<0.5	>0.5	>800	丰水	海南、广东、福建、台湾大部、湖南山地、广西南部、云南西南部、西藏西南和东南部、浙江

续表

年降水量 /mm	干旱指数	径流系数	年径流深 /mm	径流分区	范　围
800~1600	0.5~1.0	0.25~0.5	200~800	多水	广西、云南、贵州、四川、长江中下游地区
400~800	1.0~3.0	0.1~0.25	50~200	过渡	黄河、淮河、海河流域、山西、陕西、东北大部、四川西北部、西藏东部
200~400	3.0~7.0	<0.1	10~50	少水	东北西部、内蒙古、甘肃、宁夏、新疆西部和北部、西藏北部
<200	>7.0		<10	干涸	内蒙古、宁夏、甘肃的沙漠、柴达木盆地、塔里木盆地和准噶尔盆地

2.1.2　地下水资源的形成与特点

地下水是指存在于地表以下岩石和土壤的孔隙、裂隙、溶洞中的各种状态的水体，由渗透和凝结作用形成，主要来源为大气降水。广义的地下水是指赋存于地面以下岩土孔隙中的水，包括包气带及饱水带中的孔隙水。狭义的地下水则指赋存于饱水带岩土孔隙中的水。地下水资源是指能被人类利用、逐年可以恢复更新的各种状态的地下水。地下水由于水量稳定，水质较好，是工农业生产和人们生活的重要水源。

1. 岩石孔隙中水的存在形式

岩石孔隙中水的存在形式主要为气态水、结合水、重力水、毛细水和固态水。

（1）气态水　以水蒸气状态储存和运动于未饱和的岩石孔隙之中，来源于地表大气中的水汽移入或岩石中其他水分蒸发，气态水可以随空气的流动而运动。空气不运动时，气态水也可以由绝对湿度大的地方向绝对湿度小的地方运动。当岩石孔隙中水汽增多达到饱和时，或是当周围温度降低至露点时，气态水开始凝结成液态水而补给地下水。由于气态水的凝结不一定在蒸发地区进行，因此会影响地下水的重新分布。气态水本身不能直接开采利用，也不能被植物吸收。

（2）结合水　松散岩石颗粒表面和坚硬岩石孔隙壁面，因分子引力和静电引力作用产生使水分子被牢固地吸附在岩石颗粒表面，并在颗粒周围形成很薄的第一层水膜，称为吸着水。吸着水被牢牢地吸附在颗粒表面，其吸附力达10000atm，不能在重力作用下运动，故又称为强结合水。其特征为：不能流动，但可转化为气态水而移动；冰点降低至$-78℃$以下；不能溶解盐类、无导电性；具有极大的黏滞性和弹性；平均密度为$2g/m^3$。

吸着水的外层，还有许多水分子亦受到岩石颗粒引力的影响，吸附着第二层水膜，称为薄膜水。薄膜水的水分子距颗粒表面较远，吸引力较弱，故又称为弱结合水。薄膜水的特点是：因引力不等，两个质点的薄膜水可以相互移动，由薄膜厚的地方向薄处转移；薄膜水的密度虽与普通水差不多，但黏滞性仍然较大；有较低的溶解盐的能力。

吸着水与薄膜水统称为结合水，都是受颗粒表面的静电引力作用而被吸附在颗粒表面，它们的含水量主要取决于岩石颗粒的表面积大小，与表面积大小成正比。在包气带中，因结合水的分布是不连续的，所以不能传递静水压力；而处在地下水面以下的饱水带时，当外力大于结合水的抗剪强度时，则结合水便能传递静水压力。

（3）重力水　岩石颗粒表面的水分子增厚到一定程度，水分子的重力大于颗粒表面对其吸引力，产生向下的自由运动，在孔隙中形成重力水。重力水具有液态水的一般特性，能传递静水压力，有冲刷、侵蚀和溶解能力。从井中吸出或从泉中流出的水都是重力水。重力才是研究的主要对象。

（4）毛细水　地下水面以上岩石细小孔隙中具有毛细管现象，形成一定上升高度的毛细水带。毛细水不受固体表面静电引力的作用，而受表面张力和重力的作用，称为半自由水。当两力作用达到平衡时，便保持一定高度滞留在毛细管孔隙或小裂隙中，在地下水面以上形成毛细水带。由地下水面支撑的毛细水带，称为支持毛细水。其毛细管水面可以随着地下水位的升降和补给、蒸发作用而发生变化，但其毛细管上升高度保持不变，它只能进行垂直运动，可以传递静水压力。

（5）固态水　以固态形式存在于岩石孔隙中的水称为固态水，在多年冻结区或季节性冻结区可以见到这种水。

2. 地下水形成的条件

（1）岩层中有地下水的储存空间

岩层的空隙性是构成具有储水与给水功能的含水层的先决条件。岩层要构成含水层，首先要有能储存地下水的孔隙、裂隙或溶隙等空间，使外部的水能进入岩层形成含水层。然而，有空隙存在不一定就能构成含水层，如黏土层的孔隙度可达 50% 以上，但其空隙几乎全被结合水或毛细水所占据，重力水很少，所以它是隔水层。透水性好的砾石层、砂石层的孔隙度较大，孔隙也大，水在重力作用下可以自由出入，所以往往形成储存重力水的含水层。坚硬的岩石，只有发育有未被填充的张性裂隙、张扭性裂隙和溶隙时，才可能构成含水层。

空隙的多少、大小、形状、连通情况与分布规律，对地下水的分布与运动有着重要影响。按空隙特性可将其分类为：松散岩石中的孔隙、坚硬岩石中的裂隙和可溶岩石中的溶隙，分别用孔隙度、裂隙度和溶隙度表示空隙的大小，依次定义为岩石孔隙体积与岩石体体积之比、岩石裂隙体积与岩石总体积之比、可溶岩石孔隙体积与可溶岩石总体积之比。

（2）岩层中有储存、聚集地下水的地质条件

含水层的构成还必须具有一定的地质条件，才能使具有空隙的岩层含水，并把地下水储存起来。有利于储存和聚集地下水的地质条件虽有各种形式，但概括起来不外乎是：空隙岩层下有隔水层，使水不能向下渗漏；水平方向有隔水层阻挡，以免水全部流空。只有这样的地质条件才能使运动在岩层空隙中的地下水长期储存下来，并充满岩层空隙而形成含水层。如果岩层只具有空隙而无有利于储存地下水的构造条件，这样的岩层就只能作为过水通道而构成透水层。

（3）有足够的补给来源

当岩层空隙性好，并具有储存、聚集地下水的地质条件时，还必须有充足的补给来源，才能使岩层充满重力水而构成含水层。

地下水补给量的变化，能使含水层与透水层之间相互转化。在补给来源不足、消耗量大的枯水季节里，地下水在含水层中可能被疏干，这样含水层就变成了透水层；而在补给充足的丰水季节，岩层的空隙又被地下水充满，重新构成含水层。由此可见，补给来源不仅是形成含水层的一个重要条件，而且是决定含水层水量多少和保证程度的一个主要因素。

综上所述，只有当岩层具有地下水自由出入的空间，适当的地质构造条件和充足的补给来源时，才能构成含水层。这三个条件缺一不可，但有利于储水的地质构造条件是主要的。

因为空隙岩层存在于该地质构造中，岩层空隙的发生、发展及分布都脱离不开这样的地质环境，特别是坚硬岩层的空隙，受构造控制更为明显；岩层空隙的储水和补给过程也取决于地质构造条件。

3. 地下水的类型

按埋藏条件，地下水可划分为四个基本类型：土壤水（包气带水）、上层滞水、潜水和承压水。

土壤水是指吸附于土壤颗粒和存在于土壤空隙中的水。

上层滞水是指包气带中局部隔水层或弱透水层上积聚的具有自由水面的重力水，是在大气降水或地表水下渗时，受包气带中局部隔水层的阻托滞留聚集而成。上层滞水埋藏的共同特点是：在透水性较好的岩层中央有不透水岩层。上层滞水因完全靠大气降水或地表水体直接入渗补给，水量受季节控制特别显著，一些范围较小的上层滞水旱季往往干枯无水，当隔水层分布较广时可作为小型生活水源和季节性水源。上层滞水的矿化度一般较低，因接近地表，水质易受到污染。

潜水是指饱水带中第一个具有自由表面的含水层中的水。潜水的埋藏条件决定了潜水具有以下特征：

（1）具有自由表面。由于潜水的上部没有连续完整的隔水顶板，因此具有自由水面，称为潜水面。有时潜水面上有局部的隔水层，且潜水充满两隔水层之间，在此范围内的潜水将承受静水压力，呈现局部承压现象。

（2）潜水通过包气带与地表相连通，大气降水、凝结水、地表水通过包气带的空隙通道直接渗入补给潜水，所以在一般情况下，潜水的分布区与补给区是一致的。

（3）潜水在重力作用下，由潜水位较高处向较低处流动，其流速取决于含水层的渗透性能和水力坡度。潜水向排泄处流动时，其水位逐渐下降，形成曲线形表面。

（4）潜水的水量、水位和化学成分随时间的变化而变化，受气候影响大，具有明显的季节性变化特征。

（5）潜水较易受到污染。潜水水质变化较大，在气候湿润、补给量充足及地下水流畅通地区，往往形成矿化度低的淡水；在气候干旱与地形低洼地带或补给量贫乏及地下水径流缓慢地区，往往形成矿化度很高的咸水。

潜水分布范围大，埋藏较浅，易被人工开采。当潜水补给充足，特别是河谷地带和山间盆地中的潜水，水量比较丰富，可作为工业、农业生产和生活用水的良好水源。

承压水是指充满于上下两个稳定隔水层之间的含水层中的重力水。承压水的主要特点是有稳定的隔水顶板存在，没有自由水面，水体承受静水压力，与有压管道中的水流相似。承压水的上部隔水层称为隔水顶板，下部隔水层称为隔水底板；两隔水层之间的含水层称为承压含水层；隔水顶板到底板的垂直距离称为含水层厚度。

承压水由于有稳定的隔水顶板和底板，因而与外界联系较差，与地表的直接联系大部分被隔绝，所以其埋藏区与补给区不一致。承压含水层在出露地表部分可以接受大气降水及地表水补给，上部潜水也可越流补给承压含水层。承压水的排泄方式多种多样，可以通过标高较低的含水层出露区或断裂带排泄到地表水、潜水含水层或另外的承压含水层，也可直接排泄到地表成为上升泉。承压含水层的埋藏深度一般都较潜水为大，在水位、水量、水温、水质等方面受水文气象因素、人为因素及季节变化的影响较小，因此富水性较好的承压含水层是理想的供水水源。虽然承压含水层的埋藏深度较大，但其稳定水位都常常接近或高于地表，这为开采利用创造了有利条件。

4. 地下水循环

地下水循环是指地下水的补给、径流和排泄过程，是自然界水循环的重要组成部分，不论是全球的大循环还是陆地的小循环，地下水的补给、径流、排泄都是其中的一部分。大气降水或地表水渗入地下补给地下水，地下水在地下形成径流，又通过潜水蒸发、流入地表水体及泉水涌出等形式排泄。这种补给、径流、排泄无限往复的过程即为地下水的循环。

（1）地下水补给

含水层自外界获得水量的过程称为补给。地下水的补给来源主要有大气降水、地表水、凝结水、其他含水层的补给及人工补给等。

① 大气降水入渗补给　当大气降水降落到地表后，一部分蒸发重新回到大气，一部分变为地表径流，剩余一部分达到地面以后，向岩石、土壤的空隙渗入，如果降雨以前土层湿度不大，则入渗的降水首先形成薄膜水。达到最大薄膜水量之后，继续入渗的水则充填颗粒之间的毛细孔隙，形成毛细水。到包气带的毛细孔隙完全被水充满时，形成重力水的连续下渗而不断地补给地下水。

在很多情况下，大气降水是地下水的主要补给方式。大气降水补给地下水的水量受到很多因素的影响，与降水强度、降水形式、植被、包气带岩性、地下水埋深等有关。一般当降水量大、降水过程长、地形平坦、植被茂盛、上部岩层透水性好、地下水埋藏深度不大时，大气降水才能大量入渗补给地下水。

② 地表水入渗补给　地表水和大气降水一样，也是地下水的主要补给来源，但时空分布特点不同。在空间分布上，大气降水入渗补给地下水呈面状补给，范围广且较均匀；而地表入渗补给一般为线状补给或呈点状补给，补给范围仅限地表水体周边。在时间分布上，大气降水补给的时间有限，具有随机性，而地表水补给的持续时间一般较长，甚至是经常性的。

地表水对地下水的补给强度主要受岩层透水性的影响，还与地表水水位与地下水水位的高差、洪水延续时间、河水流量、河水含沙量、地表水体与地下水联系范围的大小等因素有关。

③ 凝结水入渗补给　凝结水的补给是指大气中过饱和水分凝结成液态水渗入地下补给地下水。沙漠地区和干旱地区昼夜温差大，白天气温较高，空气中含水量一般不足，但夜间温度下降，空气中的水蒸气含量过于饱和，便会凝结于地表，然后入渗补给地下水。

在沙漠地区及干旱地区，大气降水和地表水很少，补给地下水的部分微乎其微，因此，凝结水的补给就成为这些地区地下水的主要补给来源。

④ 含水层之间的补给　两个含水层之间具有联系通道、存在水头差并有水力联系时，水头较高的含水层将水补给水头较低的含水层。其补给途径可以通过含水层之间的"天窗"发生水力联系，也可以通过含水层之间的越流方式补给。

⑤ 人工补给　地下水的人工补给是借助某些工程措施，人为地使地表水自流或用压力将其引入含水层，以增加地下水的渗入量。人工补给地下水具有占地少、造价低、管理易、蒸发少等优点，不仅可以增加地下水资源，还可以改善地下水水质，调节地下水温度，阻拦海水入侵，减小地面沉降。

（2）地下水径流

地下水在岩石空隙中流动的过程称为径流。地下水径流过程是整个地球水循环的一部分。大气降水或地表水通过包气带向下渗漏，补给含水层成为地下水，地下水又在重力作用下，由水位高处向水位低处流动，最后在地形低洼处以泉的形式排出地表或直接排入地表水体，如此反复循环过程就是地下水的径流过程。天然状态（除了某些盆地外）和开采状态下的地下水都是流动的。

影响地下水径流的方向、速度、类型、径流量的主要因素有：含水层的空隙特性、地下水的埋藏条件、补给量、地形状况、地下水的化学成分、人类活动等。

地下径流量常用地下径流率 M 来表示，其含义为 $1km^2$ 含水层面积上地下水流量 [$m^3/(s \cdot km^2)$]，也称为地下径流模数。年平均地下径流模数用下式计算：

$$M = \frac{Q}{365 \times 86400 \times A} \tag{2-8}$$

式中　A——地下水径流面积，km^2；

　　　　Q——一年内在面积 A 上的地下径流量，m^3。

地下径流模数是反映地下水径流量的一种特征值，受到补给、径流条件的控制，其数值大小随地区和季节而变化。因此，只要确定某径流面积在不同季节的径流量，就可计算出该地区在不同时期的地下径流模数。

（3）地下水排泄

含水层失去水量的作用过程称为地下水的排泄。在排泄过程中，地下水水量、水质及水位都会随之发生变化。

地下水通过泉（点状排泄）、向河流泄流（线状排泄）及蒸发（面状排泄）等形式向外界排泄。此外，一个含水层中的水可向另一个含水层排泄，也可以由人工进行排泄，如用井开发地下水，或用钻孔、渠道排泄地下水等。人工开采是地下水排泄的最主要途径之一。当过量开采地下水，使地下水排泄量远大于补给量时，地下水的均衡就遭到破坏，造成地下水水位长期下降。只有合理开采地下水，即开采量小于或等于地下水总补给量与总排泄量之差时，才能保证地下水的动态平衡，使地下水一直处于良性循环状态。

在地下水的排泄方式中，蒸发排泄仅耗失水量，盐分仍留在地下水中。其他类型的排泄属于径流排泄，盐分随水分同时排走。

地下水的循环可以促使地下水与地表水的相互转化。天然状态下的河流在枯水期的水位低于地下水位，河道成为地下水排泄通道，地下水转化成地表水；在洪水期的水位高于地下水位，河道中的地表水渗入地下补给地下水。平原区浅层地下水通过蒸发并入大气，再降水形成地表水，并渗入地下形成地下水。在人类活动影响下，这种转化往往会更加频繁和深入。

从多年平均来看，地下水循环具有较强的调节能力，存在着年际间的排—补—排—补的周期变化。只要不超量开采地下水，在枯水年可以允许地下水有较大幅度的下降，待到丰水年地下水可得到补充，恢复到原来的平衡状态。这体现了地下水资源的可恢复性。

2.2　水　循　环

2.2.1　水循环的概念

水循环是指各种水体受太阳能的作用，不断地进行相互转换和周期性的循环过程。水循环一般包括降水、径流、蒸发三个阶段。降水包括雨、雪、雾、雹等形式；径流是指沿地面和地下流动着的水流，包括地面径流和地下径流；蒸发包括水面蒸发、植物蒸腾、土壤蒸发等。

自然界水循环的发生和形成应具有三个方面的主要作用因素：一是水的相变特性和气液相的流动性决定了水分空间循环的可能性；二是地球引力和太阳辐射热对水的重力和热力效应是水循环发生的原动力；三是大气流动的方式、方向和强度，如水汽流的传输、降水的分布及其特征、地表水流的下渗及地表和地下水径流的特征等。这些因素的综合作用，形成了自然界错综复杂、气象万千的水文现象和水循环过程。

在各种自然因素的作用下，自然界的水循环主要通过以下几种方式进行：

（1）蒸发作用

在太阳热力的作用下，各种自然水体及土壤和生物体中的水分产生汽化进入大气层中的过程统称为蒸发作用，它是海陆循环和陆地淡水形成的主要作用。海洋水的蒸发作用为陆地降水的源泉。

（2）水汽流动

太阳热力作用的变化将产生大区域的空气流动——风，风的作用和大气层中水汽压力的差异，是水汽流动的两个主要动力。湿润的海风将海水蒸发形成的水分源源不断地运往大陆，是自然水分大循环的关键环节。

（3）凝结与降水过程

大气中的水汽在水分增加或温度降低时将逐步达到饱和，之后便以大气中的各种颗粒物质或尘粒为凝结核而产生凝结作用，以雹、雾、霜、雪、雨、露等各种形式的水团降落地表而形成降水。

（4）地表径流、水的下渗及地下径流

降水过程中，除了降水的蒸散作用外，降水的一部分渗入岩土层中形成各种类型的地下水，参与地下径流过程，另一部分来不及入渗，从而形成地表径流。陆地径流在重力作用下不断向低处汇流，最终复归大海完成水的一个大循环过程。在自然界复杂多变的气候、地形、水文、地质、生物及人类活动等作用因素的综合影响下，水分的循环与转化过程是极其复杂的。

2.2.2　地球上的水循环

地球上的水储量只是在某一瞬间储存在地球上不同空间位置上水的体积，以此来衡量不同类型水体之间量的多少。在自然界中，水体并非静止不动，而是处在不断的运动过程中，不断地循环、交替与更新，因此，在衡量地球上水储量时，更注意其时空性和变动性。

地球上水的循环体现为在太阳辐射能的作用下，从海洋及陆地的江、河、湖和土壤表面及植物叶面蒸发成水蒸气上升到空中，并随大气运行至各处，在水蒸气上升和运移过程中遇冷凝结而以降水的形式又回到陆地或水体。降到地面的水，除植物吸收和蒸发外，一部分渗入地表以下成为地下径流，另一部分沿地表流动成为地面径流，并通过江河流回大海。然后又继续蒸发、运移、凝结形成降水。这种水的蒸发→降水→径流的过程周而复始、不停地进行着。通常把自然界的这种运动成为自然界的水文循环。

自然界的水文循环，根据其循环途径分为大循环和小循环，如图 2-1 所示。

大循环是指水在大气圈、水圈、岩石圈之间的循环过程。具体表现为：海洋中的水蒸发到大气中以后，一部分飘移到大陆上空形成积云，然后以降水的形式降落到地面。降落到地面的水，其中一部分形成地表径流，通过江河汇流入海洋；另一部分则渗入地下形成地下水，又以地下径流或泉流的形式慢慢地注入江河或海洋。

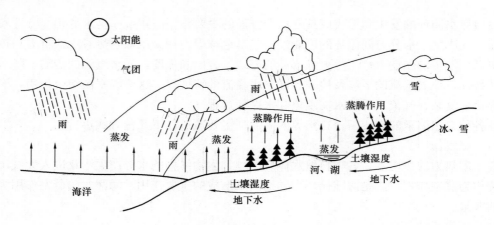

图 2-1　地球上的水循环

小循环是指陆地或者海洋本身的水单独进行循环的过程。陆地上的水，通过蒸发作用（包括江、河、湖、水库等水面蒸发、潜水蒸发、陆面蒸发及植物蒸腾等）上升到大气中形成积云，然后以降水的形式降落到陆地表面形成径流。海洋本身的水循环主要是海水通过蒸发成水蒸气而上升，然后再以降水的方式降落到海洋中。

水循环是地球上最主要的物质循环之一。通过形态的变化，水在地球上起到输送热量和调节气候的作用，对于地球环境的形成、演化和人类生存都有着重大的作用和影响。水的不断循环和更新为淡水资源的不断再生提供条件，为人类和生物的生存提供基本的物质基础。

根据联合国 1978 年的统计资料，参与全球动态平衡的循环水量为 $0.0577 \times 10^8\,\mathrm{km^3}$，仅占全球水储量的 0.049%。参与全球水循环的水量中，地球海洋部分的比例大于地球陆地部分，且海洋部分的蒸发量大于降雨量，见表 2-4。

表 2-4　全球水循环状况

分区	面积/$10^4\,\mathrm{km^2}$	水量/$\mathrm{km^3}$		
		降　水	径　流	蒸　发
世界海洋	36100	458000	47000	505000
世界陆地	14900	119000	47000	72000
全球	51000	577000	94000	577000

参与循环的水，无论从地球表面到大气、从海洋到陆地或从陆地到海洋，都在经常不断地更替和净化自身。地球上各类水体由于其储存条件的差异，更替周期具有很大的差别，表 2-5 列出各种不同水体的更替周期。

所谓更替周期是指在补给停止的条件下，各类水从水体中排干所需要的时间，一般可按下式进行估算：

$$T = \frac{Q(t)}{q(t)} \tag{2-9}$$

式中　T——水的更替周期；

　$q(t)$——单位时间内水体中参与循环的水量；

　$Q(t)$——某一时刻水体中储存的水量。

如大气水的储量为 $1.29 \times 10^4\,\mathrm{km^3}$，全球从水面和地面平均每年有 $57.7 \times 10^4\,\mathrm{km^3}$ 的水蒸

气发到大气中，由此大气水的平均更替周期为：

$$\frac{1.29}{57.7} \times 365d = 8d$$

其他水体更替周期的估算方式大体相同，估算结果列在表 2-5 中。

表 2-5　各种水体的更替周期

水体种类	更替周期	水体种类	更替周期
永冻带底水	10000a	沼泽	5a
极地冰川和雪盖	9700a	土壤水	1a
海洋	2500a	河川水	16d
高山冰川	1600a	大气水	8d
深层地下水	1400a	生物水	几小时
湖泊	17a		

冰川、深层地下水和海洋水的更替周期很长，一般都在千年以上。河水更替周期较短，平均 16d 左右。在各种水体中，以大气水、河川水和土壤水最为活跃。因此在开发利用水资源过程中，应该充分考虑不同水体的更替周期和活跃程度，合理开发，以防止由于更替周期长或补给不及时，造成水资源的枯竭。

自然界的水文循环除受到太阳辐射能作用，从大循环或小循环方式不停运动之外，由于人类生产与生活活动的作用与影响不同程度地发生"人为水循环"，如图 2-2 所示。应该注意到，自然界的水循环在叠加人为循环后，是十分复杂的循环过程，很难用一种简单的方法给予完整的表述。由此，图 2-2 仅是试图对于如此复杂的叠加循环过程利用简单的概念化的方法予以表示，便于理解。

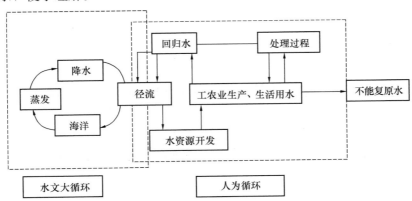

图 2-2　自然-人为复合水文循环概念简图

由图可见，自然界水循环的径流部分除主要参与自然界的循环外，还参与人为水循环。水资源的人为循环过程中不能复原水与回归水之间的比例关系，以及回归水的水质状况局部改变了自然界水循环的途径与强度，使其径流条件局部发生重大或根本性改变，主要表现在对径流量和径流水质的改变。回归水（包括工业生产与生活污水处理排放、农田灌溉回归）的质量状况直接或间接对水循环水质产生影响，如区域河流与地下水污染。人为循环对水量的影响尤为突出，河流、湖泊来水量大幅度减少，甚至干涸，地下水水位大面积下降，径流条件发生重大改变。不可复原水量所占比例越大，对自然水文循环的扰动越剧烈，天然径流量的降低将十分显著，引起一系列的环境与生态灾害。显然，在研究与阐述自然界水文循环方面，除系统自然水循环外，关注人为水循环对自然径流的干扰与改造作用对于实现水文的良性循环是至关重要的。

2.2.3 水量平衡

地球上的水可呈气态、液态和固态三种形式存在，并处在不停地运动过程中，从全球角度来认识水的自然循环过程，其总水量是平衡的。地球上任一区域在一定时间内，进入的水量与输出水量之差等于该区域内的蓄水变化量，这一关系称为水量平衡，它是质量守恒定律在水文循环中的特定表现形式。进行水量平衡的研究，有助于了解水循环各要素的数量关系，估计地区水资源数量，以及分析水循环各要素之间的相互转化关系，确定水资源的合理利用量。

1. 全球水量平衡

若以地球陆地作为研究范围，其水量平衡方程为：

$$E_L = P_L - R + \Delta S_L \tag{2-10}$$

式中　E_L——陆地蒸发量；

　　　P_L——陆地降水量；

　　　R——入海径流量；

　　　ΔS_L——陆地研究时段内蓄水量的变量。

在短时期内，时段蓄水量的变量 ΔS_L 可正可负。在多年情况下，当观测年数趋近无穷大时，正负值可以相互抵消，蓄水量总的变化接近于零。因此，多年平均水量平衡方程式为：

$$\overline{E_L} = \overline{P_L} - \overline{R} \tag{2-11}$$

式中　$\overline{E_L}$——陆地的多年平均年蒸发量；

　　　$\overline{P_L}$——陆地多年平均年降水量；

　　　$\overline{R}$——多年平均年入海径流量。

对海洋而言，多年平均年蒸发量 $\overline{E_h}$ 等于多年平均年降水量 $\overline{P_h}$ 与多年平均年入海径流量 $\overline{R}$ 之和，即：

$$\overline{E_h} = \overline{P_h} + \overline{R} \tag{2-12}$$

将式（2-11）、式（2-12）合并，即得全球水量平衡方程：

$$\overline{E_L} + \overline{E_h} = \overline{P_L} + \overline{P_h} \tag{2-13}$$

或　　　　　　　　　　　　　$$\overline{E} = \overline{P} \tag{2-14}$$

即全球多年平均年蒸发量 $\overline{E}$ 等于全球多年平均年降水量 $\overline{P}$。

2. 流域水量平衡

根据水量平衡原理，对于非闭合流域，即地下分水线与地面分水线不相重合的流域，可列出如下水量平衡方程式：

$$P + E_1 + R_b + R_d + S_1 = E_2 + R'_b + R'_d + S_2 \tag{2-15}$$

式中　P——时段内区域的降水量；

E_1、E_2——分别为时段内水蒸气凝结量和蒸发量；

R_b、R_d——分别为时段内地面径流和地下径流流入量；

R'_b、R'_d——分别为时段内地面径流和地下径流流出量;

S_1、S_2——分别为时段初和时段末的蓄水量。

令 $E=E_2-E_1$ 代表净蒸发量,则上式成为:

$$P+R_b+R_d+S_1=E+R'_b+R'_d+S_2 \tag{2-16}$$

上式即为非闭合流域的水量平衡方程。对于一个闭合流域,即地下水分水线与地面水分水线重合的流域,$R_b=0$,$R_d=0$。若令 $R=R'_b+R'_d$,$\Delta S=S_2-S_1$,则闭合流域水量平衡方程为:

$$R=P-E-\Delta S \tag{2-17}$$

对多年平均情况而言,上式中蓄水变量项 ΔS 的多年平均值趋近于零,故上式可简化为:

$$\overline{P}=\overline{R}+\overline{E} \tag{2-18}$$

式中 $\overline{P}$、$\overline{R}$、$\overline{E}$——分别为流域多年平均降水量、年径流量和年蒸发量。

应该注意到,在人类社会发展与经济技术进步历程中,流域水量平衡一直受到人为水循环的影响,人类的用水活动控制着水的动态变化。因此,在研究流域水量平衡过程中,不可忽视人为水循环的影响与作用。对于人为水循环影响下的闭合流域的水量平衡,具有如下概念关系:

$$P=R+E+\Delta S^* \tag{2-19}$$

式中 ΔS^*——人为水循环影响下某时段内径流量的变化量。

其他符号意义同前。

式(2-19)仅表示水量平衡关系的概念化模式,ΔS^* 的大小变化反映水量平衡区(或流域)内社会、经济、技术的发展程度与节约用水水平。经济技术发展程度高,节约用水措施到位,水资源开发利用合理,则径流量的变化量(ΔS^*)相对较小,保证了水资源的可持续利用、生态环境的良性发展。

2.2.4 我国水循环途径

我国地处西伯利亚干冷气团和太平洋暖湿气团进退交锋地区,一年内水汽输送和降水量的变化主要取决于太平洋暖湿气团进退的早晚和西伯利亚干冷气团强弱的变化以及 7~8 月间太平洋西部的台风情况。

我国的水汽主要来自东南海洋,并向西北方向移运,首先在东南沿海地区形成较多的降水,越向西北,水汽量越少。来自西南方向的水汽输入也是我国水汽的重要来源,主要是由于印度洋的大量水汽随着西南季风进入我国西南,因而引起降水,但由于崇山峻岭阻隔,水汽不能深入内陆腹地。西北边疆地区,水汽来源于西风环流带来的大西洋水汽。此外,北冰洋的水汽,借强盛的北风,经西伯利亚、蒙古进入我国西北,因风力较大而稳定,有时甚至可直接通过两湖盆地而达珠江三角洲,但所含水汽量少,引起的降水量并不多。我国东北方的鄂霍次克海的水汽随东北风来到东北地区,对该地区降水起着相当大的作用。

综上所述,我国水汽主要从东南和西南方向输入,水汽输出口主要是东部沿海,输入的水汽,在一定条件下凝结、降水成为径流。其中大部分经东北的黑龙江、图们江、绥芬河、鸭绿江、辽河、华北的滦河、海河、黄河,中部的长江、淮河,东南沿海的钱塘江、闽江,华南的珠江,西南的元江、澜沧江以及中国台湾省各河注入太平洋;少部分经怒江、雅鲁藏布江等流入印度洋;还有很少一部分经额尔齐斯河注入北冰洋。

一个地区的河流，其径流量的大小及其变化取决于所在的地理位置，及水循环线中外来水汽输送量的大小和季节变化，也受当地水汽蒸发多少的控制。因此，要认识一条河流的径流情势，不仅要研究本地区的气候及自然地理条件，也要研究它在大区域内水分循环途径中所处的地位。

 习题与思考题

1. 简述水循环的概念以及地球上水的循环。
2. 解释水量平衡原理，以及全球多年平均水量平衡及流域水量平衡方程的异同点。
3. 简述地表水资源的类型与形成。
4. 简述地下水的形成、类型及地下水循环。
5. 阐述地下水运动特点及其基本规律。

第3章 水资源评价

```
学 习 提 示
```
　　重点掌握水资源量（包括区域降水量、地表水和地下水）的计算及评价、水资源水质评价指标体系、方法与评价（包括地表水和地下水）水质评价、行业用水（包括生活饮用水、工业、农业）水质标准及评价。难点是总水资源量的计算、水资源的水质评价方法及水资源综合评价方法。推荐学时4～6学时。

3.1 概　　述

　　联合国教科文组织和世界气象组织推荐的定义为："水资源评价是指对水的来源、数量范围、可依赖程度及水的质量等方面的确定，并在其基础上评估水资源利用和控制的可能性"。《中国水利百科全书》（2006年）进一步明确提出："水资源评价是对某一地区或流域水资源的数量、质量、时空分布特征、开发利用条件、开发利用现状和供需发展趋势作出的分析估价。它是合理开发利用和保护管理水资源的基础工作，为水利规划提供依据"。

　　适时开展水资源评价已成为人们的共识，《中华人民共和国水法》明确规定为查明水资源状况，必须进行水资源评价。同时，为统一技术标准，保证成果质量，水利部于1999年编制并实施了《水资源评价导则》，明确规定水资源评价内容包括水资源数量评价、水资源质量评价、水资源利用评价及综合评价，并对水资源评价的内容和精度、分区原则、资料收集及评价方法等作了较为详细的说明，适用于全国及区域水资源评价和专项工作中的水资源评价。

　　进行水资源评价时应遵循地表水与地下水统一评价、水量水质并重、水资源可持续利用与社会经济发展和生态环境保护相协调的原则，客观、科学、系统、实用地对水资源进行评价。

　　水资源评价主要是对水资源量与质的时空分布特征和开发利用条件的分析论证。评价的重点对象一般是在现实技术条件下便于开发利用的淡水资源，特别是能迅速恢复补充的地表水和地下水。水资源的使用价值取决于水的质和量两个方面。所以水资源的评价包括质的评价和量的评价，质的评价主要是地表水和地下水的水质评价，量的评价主要指地表水及地下水体中由当地降水形成的、可以更新的动态水量的评价；质的评价是量的评价的前提，量的评价则是评价工作的核心。

3.2　水资源量的计算与评价

地表水资源是指涉及区域内，由降水形成的河流、湖泊、沼泽、冰川等地表水体，可以逐年更新的动态水量。

3.2.1　水资源量的计算

水资源量的计算包括区域降水量、地表水资源量、地下水资源量及总水资源量的计算。水资源量的计算是水资源量的评价的基础。

1. 区域降水量的计算

降水是陆地上水资源唯一的来源，降水量是水资源计算的基础资料之一；作为水资源的收入项，决定着不同区域和时间条件下地表水资源的丰富程度和空间分布状态，制约着水资源的可利用程度与数量。降水量是由一定范围内多年收集的降水资料进行统计分析后得出的。

（1）区域平均降雨量的计算

在一般情况下，降雨过程在比较小的面积上，降雨量可以认为是均匀的。当面积稍大一些时，在同一时间内，降雨量就有可能因地区的不同而有所区别。对于面积较大的区域，降雨量不均匀的问题有时会更为明显。因此，在同一计算区域内，降雨量的计算应根据该区域降雨的特点，采用不同的统计计算方法进行。常用的全流域或全区域的平均降水量的计算方法有以下几种：算数平均值法、泰森多边形法、等雨量线法等。

（2）区域降水资源量的计算

区域降水资源量可用式（3-1）计算：

$$W = 1000F\overline{X} \tag{3-1}$$

式中　W——降水资源量，m^3；

　　　F——区域面积，km^2；

　　　$\overline{X}$——区域平均降雨量，mm。

2. 地表水资源量的计算

区域地表水资源是常指设计区域内，由降水形成的河流、湖泊、水库、冰川等地表水体，可以逐年更新的动态水量。由于地表水资源量评价，主要以河流、湖泊、水库等水体作为评价对象。对于一个流域来说，所能利用的地表水资源量就是全流域的河川径流量。河川径流量在时间历程上不断变化，但在较长时间内仍可以保持一种动态平衡，故通常可用多年平均河川径流量作为地表水资源量。

故河川径流量的计算是进行地表水资源量评价的核心内容，它的多少决定着地表水资源的丰富程度，是水资源量主要的收入项。此外，为了充分有效地利用水资源，还应对不同保证率干旱年份的可利用量做出评价。

（1）区域径流总量的计算

计算内容主要包括：区域径流总量、区域多年平均年径流量、不同频率的区域年径流量、不同设计典型年区域年径流的年内分配、年际变化等。对于河川径流总量而言，常用的计算方法有：代表站法、等值线法、年降水-径流关系法、水文比拟法等。

① 代表站法　在计算区域内，选择有代表性的观测站，根据多年观测资料，计算该测站河流多年平均径流总量，并经频率分析计算得出该区域不同频率下的径流量。再根据观测站计算的结果，求出计算区域内多年平均径流总量。

② 等值线法　当计算区域缺乏实测资料，而包括计算区域的更大区域可提供足够的资料时，可采用这种方法推求计算区域的年或多年平均径流深度。

采用等值线法时，应同时考虑计算面积与包括计算面积的更大区域之间降雨量、径流系数等水文要素的差别对计算结果的影响。

③ 年降水-径流关系法　研究流域有足够年份的实测降水、径流资料或相邻相似代表流域有足够年份的实测降水、径流资料，据此可建立年降水-径流函数关系。通常情况下，就可依据设计区域年降水-径流函数关系图，查得逐年径流深，乘以区域面积得逐年年径流量，所得算术平均值即为多年平均年径流量。适用于设计区域内具有长期年降水资料，但缺乏实测年径流资料的情况。

④ 水文比拟法　适用于设计区域内无实测径流资料的情况。此法的关键是选择恰当的参证流域（或代表流域）。参证流域与设计流域在气候一致区内，两者的面积相差不大（一般在 10%～15% 以内），影响产汇流的下垫面条件相似，且参证流域具有长期的实测径流资料。

（2）区域地表水总量计算

区域地表水总量主要由区域入境水量、区域自产水量与区域基本水量组成，区域地表水总量可用式（3-2）进行计算：

$$\overline{W}_T = \Delta \overline{W}_i + \Delta \overline{W}_z + \Delta \overline{W}_{min} \tag{3-2}$$

式中　$\overline{W}_T$——区域年或多年平均地表水总量，m^3；

　　　$\Delta \overline{W}_i$——区域年或多年平均地表水入境水量增量，以区域年或多年平均入境径流总量与出境径流总量的差值进行计算，m^3；

　　　$\Delta \overline{W}_z$——区域年或多年平均地表水自产水量，指区域年或多年因降雨、蒸发等因素作用下，以径流深度表现的区域地表水总量的增量，m^3；

　　　$\overline{W}_{min}$——区域年或多年平均地表水以河床、水库、湖泊等形式储藏水量的最低储量，m^3。

（3）区域地表水总量的变化规律

区域地表水总量组成中，区域地表水入境水量增量与地表水自产水量两部分变化频繁，它们在年内或在多年中的变化规律决定了区域地表水总量的年内与年际分配。区域地表水总量的变化规律，根据所研究的问题不同，常常用以下几种方式进行描述。

① 多年平均地表水总量的年内分配　多年平均地表水总量的年内分配，往往采用多年平均的年内各月的地表水总量进行计算，用直方图表示。

② 不同频率下的地表水总量　根据区域地表水各年总量计算的结果，可以对区域地表水总量进行频率分析。先将该区域计算得出的各年地表水总量数据按由大到小的顺序依次排列，并用式（3-3）计算其地表水总量频率：

$$P = \frac{m}{n+1} \times 100\% \tag{3-3}$$

式中　P——区域地表水总量经验频率；

　　　　n——区域地表水总量数据统计年数；

　　　　m——区域地表水总量由大到小排列的序列数。

③ 地表水总量的年际变化　地表水总量随年份的不同而改变，形成枯水年、平水年与丰水年。研究地表水总量的年际变化规律，对于合理开发利用地表水资源是十分重要的。尤其是掌握长期地表水总量的资料，对于其变化规律的研究十分重要。地表水总量的年际变化，与区域范围内的降雨规律有极为密切的相关关系，研究降雨量对区域地表水总量的影响，找出它们之间的内在联系，对分析地表水总量的变化有着积极的意义。

3. 地下水资源量计算

地下水资源评价的核心问题是地下水允许开采量的计算，故允许开采量的计算，广义上也被称为地下水资源评价。允许开采量的大小，主要取决于补给量，也受开采经济技术条件及开采方案的制约。特别是在大量开采地下水后，会引起地下水补给、排泄条件的改变，给地下水量的准确计算带来不少困难。地下水资源量计算包括地下水资源储存量、补给量和允许开采量等的计算。

开采量与补给量、储存量并不是彼此孤立的，而是不断转化的。在天然条件下，上游地区的天然补给量不断进入含水层转化为储存量，到下游又转化为排泄量（其中有一部分通过蒸发而消耗，多余的补给量暂时储存起来，即所谓天然调节储存量，待到补给期过后再逐步转化为天然排泄量而被排出含水层外；在开采条件下，开采量是由漏斗范围内储存量的消耗来平衡的，所消耗的储存量又由新的补给量或夺取天然排泄量来补充而达到平衡。此时开采量趋近于或等于天然补给量与开采补给量的总和。在通常情况下，由于开采量超过了天然补给量，有一部分甚至全部天然调节储存量被视为人工调节储存量而被开采利用。因此，在确定开采量时，要正确地计算补给量，这是矛盾的一个主要方面。它包括天然补给量和开采补给量。前者主要取决于地下水补给区水文、气象及水文地质条件等因素，后者除与上述因素有关外，还要取决于取水构筑物的类型和取水设备能力。所以只有开采补给量有可能增加时，才有可能增加开采量。从理论上讲，开采量的极限值应等于补给量。但从生产实际出发，考虑到水源地开采的可靠性和勘察阶段性（即勘察成果的精度）以及目前水文地质计算理论和方法尚不够精确等，所以在通常情况下，开采量总是小于补给量。

4. 总水资源量计算

（1）总水资源计算模型

总水资源是指计算区域地表水资源量与地下水资源量的总和。进行总水资源量计算时，应考虑地表水与地下水存在着相互补给的关系。因此，分别计算地表水资源量与地下水资源量后，合并计算总水资源量时，应将地表水与地下水重复计算的那一部分水资源量从总量中扣除。

计算区域内的总水资源量随各年降水量的不同有年际变化，应计算总水资源量多年统计平均值和年际水资源变化的特征值。

总水资源量计算可采用以下两种模型进行计算。

① 按地表水和地下水资源量总和进行计算

$$W_T = W_{db} + W_{dx} - W_{rc} \tag{3-4}$$

式中　W_T——总水资源量，m^3；

W_{db}——地表水资源量，m^3；

W_{dx}——地下水资源量，m^3；

W_{rc}——地表水、地下水相互转换的重复水量，m^3。

② 按补给条件进行计算

$$W_T = \Delta W_y + \Delta W_x + \Delta W_c \tag{3-5}$$

式中　W_T——总水资源量，m^3；

ΔW_y——地表、地下径流净补给水资源量，m^3；

ΔW_x——降水净补给水资源量，m^3；

ΔW_c——水资源初始储量，m^3。

（2）地表水与地下水相互转化的重复计算

在进行总水资源量计算时，往往按式（3-4）或式（3-5）的模型计算，这就容易造成水资源量的重复计算。例如，已经在所计算区域上游计为地表水资源量的一部分水量，会在径流过程中渗入地下，当本区域下游地区计算地下水资源量时，会将这一部分水作为地表水向地下水的入渗补给量再次计入水资源量。反之，已计入所计算区域上游地下水资源的部分水量，也会作为本区域下游地表水的地下渗流补给而重复计入总水资源量。再如，人工补给地下水，当补给水源取自计算入资源总量的地表水，则不应将此部分水量再作为地下水资源的补给量而再次计入水资源总量。因此，进行水资源量计算时，一定要根据计算区域的实际情况，分析得出重复计算量，以确保水资源量计算的准确性。

（3）总水资源量的计算

对于一个总水资源量调查计算区域来说，水资源量调查计算的工作量非常大，往往需要划分成若干个子项目，有多个工作组共同完成，因此最终的数据汇总工作就显得十分重要。表 3-1 是某区域总水资源量的调查汇总数据，由表中结果可见，从各种数据中要找出所需要的数据，必须经过认真地分析才能最终确定。

表 3-1　某地区总水资源量计算表　　　　　　　　　　单位：$10^8 m^3$

项　目			年　　份						1960～1980 平均值
			1964	1965	1977	1978	1979	1980	
入境水		地表水	37.23	23.45	20.21	19.47	29.11	18.45	22.49
		地下水	0.06	0.06	0.06	0.06	0.06	0.06	0.06
		合计	37.83	24.05	20.81	20.07	29.71	19.05	23.09
山区水	自产水	地表水　洪水流量	15.74	2.38	12.53	9.39	8.26	1.73	8.65
		地表水　基流量	8.51	6.26	8.58	8.06	8.17	3.91	6.97
		地表水　小计	24.25	8.64	21.11	17.45	16.43	5.64	15.62
		地下水　降水入渗补给	21.27	10.84	19.56	18.32	17.33	10.72	15.85
		地下水　河流入渗补给	1.32	1.04	1.42	1.32	1.35	1.47	1.54
		地下水　小计	22.59	11.88	20.98	19.64	18.68	12.19	17.39
	合计	地表水	61.48	32.09	41.32	36.92	45.54	24.09	38.11
		地下水	23.19	12.48	21.58	20.24	19.28	12.79	17.99
		重复量	−9.83	−7.3	−10	−9.38	−9.52	−5.38	−8.51
		总水资源	74.84	37.27	52.9	47.78	55.3	31.5	47.59

续表

项　目			年　份						1960～1980 平均值
			1964	1965	1977	1978	1979	1980	
平原区总水资源	入境水	地表水	水库控制水量	21.99	29.8	19.91	16.31	29.45	32.97	24.82
			基流量	20.95	6.54	15.9	11.2	13.18	5.02	11.97
			小计	42.94	36.34	35.81	27.51	42.63	37.99	36.79
		地下水	侧向径流补给	9.81	5.25	8.28	7.65	7.07	4.8	7.31
			合计	52.75	41.59	44.09	35.16	49.7	42.79	44.1
	自产水	地表水	洪水流量	8.73	1.63	6.59	6.07	6.42	1.68	4.64
			基流量	8.73	1.63	6.59	6.07	6.42	1.68	4.64
			小计	17.46	3.26	13.18	12.14	12.84	3.36	9.28
		地下水	降水入渗补给	18.69	7.87	16.39	15.4	15.98	8.63	13.36
			河水入渗补给	6.38	5.29	5.07	3.19	4.66	5.19	5.63
			渠、回灌补给	1.77	3.35	5.52	5.27	6.08	7.47	4.13
			小计	26.84	16.51	26.98	23.86	26.72	21.29	23.12
			合计	44.3	19.77	40.16	36	39.56	24.65	32.4
	合计		地表水	60.4	39.6	48.99	39.65	55.47	41.35	46.07
			地下水	36.65	21.76	35.26	31.51	33.79	26.09	30.43
			重复量	−16.88	−10.27	−17.18	−14.53	−17.16	−14.34	−14.4
			总水资源	80.17	51.09	67.07	56.63	72.1	53.1	62.1
总水资源			地表水	78.94	35.35	54.5	49.06	58.38	27.45	47.39
			地下水	49.49	28.45	48.02	43.56	45.46	33.54	40.57
			重复量	−26.71	−17.57	−27.18	−23.91	−26.68	−19.72	−22.91
			总水资源	101.72	46.23	75.34	68.71	77.16	41.27	65.05

3.2.2　水资源量的评价

水资源量的评价是保证水资源可持续发展的前提，是水资源开发利用的基础。在保护水资源的前提下，对水资源量进行评价，了解区域水资源量与区域所需水资源量之间的供需关系，并在此基础上合理地开发利用水资源，对于实现水资源的可持续开发利用这一目标是十分重要的。

联合国教科文组织/世界气象组织出版的《国际水文学词汇》（1992 年）将水资源评价定义为："为了利用和控制而进行的水资源的来源、范围、可靠性以及质量的确定"。进行水资源量评价有三个阶段：基本水资源评价、进行站网的扩充和更详细的调查研究。目的是满足水资源开发工程的要求以及为水资源综合管理提供所需要的信息和资料。

1. 地表水与地下水资源量评价的主要任务及评价的程序

（1）评价的主要任务

地表水与地下水资源量评价的主要任务，是解决一定条件下的水资源量能否满足区域用水量的要求。在确定可开采水资源量时应考虑以下问题：

① 评价区域内的极限开采量；

② 评价区域内可利用的自然与人工多年调蓄水量；

③ 评价区域内满足一定保证率的设计年可开采水量；

④ 评价区域内枯水年最不利开采量；

⑤ 在现有条件下可开采的水资源量；

⑥ 在保证下游区域水资源量不受影响条件下的本区域开采水量；

⑦ 保证本区域与下游区域生态环境不受影响时的本区域开采水量。

（2）评价程序

水资源量的评价需要进行大量的调查计算和分析研究工作，这些工作彼此间有着紧密的联系，为使水资源量评价工作能按阶段有序地开展，以避免不必要的重复、交叉和遗漏，评价时建议按以下程序进行：

① 划定研究区域范围和明确评价对象；

② 认真分析用水规律及用水安全可靠性等要求；

③ 认真收集查询本区域和上、下游区域的水文、水文地质等资料；

④ 研究、分析和计算区域的地表水与地下水资源量；

⑤ 对区域用水量和地表水与地下水资源量进行对比分析；

⑥ 对区域水资源开采的经济效益和社会效益进行适当的分析；

⑦ 给出水资源量评价的结论。

2. 总水资源量评价

进行总水资源量评价时，可先分别进行地表水和地下水资源量的评价，然后再进行综合分析，给出区域总水资源量评价的结论。由于地表水与地下水共同受降雨量变化的影响，其年内与年际变化规律有密切相关的一面；又由于地表水与地下水的形成、运动、补给、排泄、调蓄等规律不尽相同，其年内与年际变化规律又有所区别。所以，在进行总水资源量最终评价时应充分考虑这一点。进行可开采量计算时，应注意用年份相同的地表水与地下水资源量数据进行分析，计算得到相应年份的总水资源量。

总水资源量的评价，可以根据已有的各种资料，分析计算得出其年内与年际的变化规律，根据此变化规律，对比区域用水量、用水规律及用水要求，最终给出总水资源量的评价结论。

总水资源量的评价是水资源评价的重要组成部分，是水资源统一评价的基础。进行水资源统一评价，就是查明地下水与地表水的补给条件、转化关系、开采利用价值及时间、空间的分布规律，其评价的主要内容有以下方面：

① 水均衡要素的分析研究；

② "三水" 转换关系的分析研究；

③ 水资源的分区研究；

④ 地表水资源计算；

⑤ 地下水资源计算；

⑥ 水资源总量的计算；

⑦ 可开采利用水量的估算。

根据以上的研究与计算，科学地给出水资源总量及可开采利用量，为经济合理地开发利用水资源提供依据。

3. 水资源量评价基本方法

（1）简单水量对比法

按照拟开发利用地表水或地下水的水资源特性，进行调查研究和分析计算，给出开发对象可能提供的水资源总量，将此可利用水量与所需用水量进行分析比较，最终得出开发区水资源量能否满足开采需要的结论。这种水资源量的评价方法，往往用于水资源量的区域规划和大型建设项目的可行性研究。

（2）典型年法

无论是地表水还是地下水，其水资源量均随年份的不同而发生年际变化。为确保所需开采的水量，必须根据区域用水对供水安全性、可靠性的要求，选取典型年（丰水年、枯水年、平水年、设计年等）分析计算区域总水资源量，进而与所需开采水量进行比较，然后做出水资源量能否满足需要的结论。这种考虑水资源量年际变化，以某典型年份水资源量为评价依据而对水资源量进行评价的方法，称为典型年法。这种方法往往用于区域水资源量的规划与用水开采设计阶段的水资源量评价。

（3）开采试验法

地表水和地下水资源量，随着各种自然和人为因素的改变，在不断地变化着。其中，水资源总量的补给与排泄就与水量的开采有着密切的联系。例如，过量开采地表水，必然会影响地表水向地下水的补给；过量开采地下水，将改变地下径流的水力条件，使地下水的补给量与排泄量发生改变，致使总水资源量发生相应变化。此外，其他影响总水资源量的相关因素与总水资源量之间的复杂关系，很难用数学模型进行准确的描述，使得按数学模型计算的总水资源量有一定的偏差。因此，通过开采试验，可以较为准确地确定有关参数与水资源总量。这种通过开采试验确定水资源量的方法称为开采试验法。

4. 地表水资源量评价

地表水资源包括河流、湖泊、冰川等，地表水资源量包括这些地表水体的动态水量。由于河流径流量是地表水资源的最主要组成部分，因此在地表水资源评价中用河流径流量表示地表水资源量。

（1）水资源的分区

在相似的地理环境条件下，水资源的时空变化具有相似性；反之，在不同的地理环境条件下，水资源的时空变化往往差别很大。原因是影响河流径流的许多因素，如气象因素、流域下垫面因素等，具有地域性分布变化的规律，致使水资源相应的呈现地域性分布的特点。因此，进行水资源评价时，水资源分区显得十分重要。

1）水资源分区原则

为了保证水资源分区具有科学性、合理性，并且切合实际，便于应用，分区时应遵循水资源地域性分布的规律，同时能充分反映水资源利用与管理的基本要求。水资源分区应遵循的基本原则，大致上可归纳为以下几点。

① 流域完整性　水资源分析计算需要大量的江河、湖泊水文观测资料，而水文现象的观测以及资料的分析整编，通常是以流域为单元进行的。此外，各种水利工程设施的规划、设计与施工（包括水资源开发利用工程），也往往是以流域为单位组织实施的。所以水资源分区尽可能保持流域的完整性。

② 区域地理环境条件的相似性与差异性　干旱气候定义为平均年降水量小于平均年蒸发能力的一种气候区；相反，湿润气候定义为平均年降水量大于平均年蒸发能力的一种气候

区。河流水文现象所具有的地域性分布规律，是建立在地理环境条件相似与差异性之上的，是多种因素相互影响下长期发展演变的结果，因而具有相对的稳定性与继承性。例如长江三角洲地区与黄土高原地区相比较，两者之间自然地理条件差异很大，社会经济条件亦明显不同，但各自区域内部的气候、水文、植被以及社会经济条件具有相似性。这种区域地理环境条件的相似性与差异性，为各自然区划、经济区划提供了前提条件，也成为水资源分区必须遵循的重要原则。

③ 区域边界　水资源分区原则的一个基本出发点是确定一个进行水资源评价的区域框架即边界，在此边界的建立过程中，必须考虑三种类型的区域：首先是自然河流流域或含水层边界，即由所研究的河流排水区域，或由所研究的含水层排水的区域边界。其次是管辖区域，在此区域内，同一政府或水资源所有者拥有与水资源有关的权利；在此区域内，从一个流域往另一个流域引水从法律上是可能的。第三是经济区域，在此区域内人口和商品的流动、工业和其他项目的开发地点是可以不受外部因素干扰的。河流流域或含水层边界使得该区域内潜在水资源的评价更加容易，管辖范围区域和经济区域使水资源开发的规划和考虑水资源的调配更加容易。

当这三种类型的区域边界重合一致时，水资源评价及其与水资源规划有关的边界很明显是三种分区的共同区域。然而，实际上这种情况很少，一般情况是区域单元的两种区域的边界一致（特别是管辖区域和经济区域）。在这种情况下，由于三种类型的分区中至少有两类分区一致，所以，选取水资源评估的区域边界也是比较容易的。但是，这要求在评估中引入边界条件来考虑分区中某一类分区的非一致性的影响。将一个流域划分成若干个辖区时，整个流域的水资源评价需要在辖区之间进行协调。这种情况下，辖区边界的入流和出流特征可能已经在辖区之间现有协议中明确了，或都必须根据评价结果来达成协议。当所有三类区域的边界都不相同时，问题就变得相当复杂。由于所选的区域边界间相互独立，大量的、不同类型的边界条件都必须考虑在内。这种情况下，能使评估范围包括整个流域的行政安排可能是明智的选择，这种安排的例子在世界上许多地区都可以看到。

④ 与其他区划尽可能协调　水资源评价涉及多个领域及部门，与其他自然区划、水利区划、流域规划、供水计划等紧密相关，许多分析数据需要其他区划提供，水资源的供需平衡分析更要与流域规划、国民经济发展计划、各部门用水需要相联系。

2）水资源分区方法

进行水资源评价，首先需要进行水资源分区。根据各地的具体自然条件，按照上述原则对评价范围进行一级或几级分区。常用的分区方法有：

① 根据各地气候条件和地质条件分区　可以根据各地的气候条件和地质条件对评价区进行分区，如将评价区分为湿润多沙区、湿润非多沙区、干旱多沙区和干旱非多沙区，或仅根据气候条件分为湿润区、半湿润区、半干旱区和干旱区等。

② 根据天然流域分区　由于河流径流量是水资源的主要部分，因此通常以各大河流天然流域作为一级分区，然后参考气候和地质条件再进行次一级的分区。

③ 根据行政区划分区　可以按照行政区划进行行政分区，如全国性水资源评价可按省（自治区、直辖市）和地区（市、自治州、盟）两级划分，区域性水资源评价可按省（自治区、直辖市）、地区（市、自治州、盟）和县（市、自治县、旗、区）三级划分。

(2) 地表水资源量评价的内容

地表水资源数量评价应包括单站径流资料统计分析，主要河流年径流量计算，分区地表水资源量计算，地表水资源时空分布特征分析，地表水资源可利用量估算和人类活动对河流径流的影响分析。

（3）河流径流计算

1）河流水文现象的基本特征

① 周期性　河流水文现象的周期性是指其在随着时间推移的过程中具有周期变化的特征。河流水体因受气象因素影响总是呈现以年为周期的丰水期、枯水期交替的变化规律，如一年四季中的降水有多雨季和少雨季的周期变化，河流中来水则相应呈现丰水期和枯水期的交替变化。不仅如此，河流水文由于受长期气候变化的影响还表现出多年变化的周期性特征。

② 确定性和随机性　河流水文现象在某个时刻或时段由于其确定的客观原因而表现出确定性的特征。同时，河流水文现象受到各种复杂因素的影响，而且各因素不断变化、各因素之间相互作用，因此表现出随机性的特征。例如，某河流断面下一个年份的最大流量、最高水位及最小流量、最低水位等数值及其发生时刻是不能够完全确定的，具有一定的随机性。河流水文特征的随机性，无疑增大了河流水资源开发利用的难度和复杂性。

③ 区域性　由于气象因素和地理因素具有区域性变化规律，因此，受其影响的河流水文现象在一定程度上也具有区域性的特征。若自然地理因素相近似，则水文现象的变化规律具有近似性。例如，同一自然地理区的两个流域，只要流域面积相差不悬殊，则其水文现象在时空分布上的变化规律较为近似，表现为水文现象变化的区域性。湿润地区河流的径流年内分配一般较为均匀，而干旱地区河流的径流年内分配相对不均匀。

2）河流水文现象的计算方法

河流水文现象的时空变化规律是错综复杂的。为了寻找它们的变化规律，做出定量或定性的描述，首先要进行长期的、系统的观测工作，收集和掌握充分的河流水文资料，然后根据不同的研究对象和资料条件，采取各种有效的分析研究方法。目前，河流水文分析计算方法大致可分为以下三种：

① 成因分析法　河流在任一时刻所呈现的水文现象都是一定客观因素条件下的必然结果。成因分析法就是通过对观测资料或实验资料的分析，建立某一水文特征值与其影响因素之间的函数关系，从而预测未来的水文情势。由于影响水文现象的因素很多，观测资料相对较少，因此，目前这种方法还不能完全满足实际需要。

② 地理综合法　由于河流水文现象具有区域性的特征，其变化在区域内的分布具有一定的规律，因此河流水文观测资料比较少的地区可以借用邻近地区的资料来进行推算。这种利用已有固定观测站点的长期观测资料确定河流水文特征值在区域内的时空分布规律，预估无资料流域未来水文情势的方法，称为地理综合法。地理综合法对于推算缺乏资料流域的河流水文特征值具有非常重要的作用。但这种方法并不能很好地分析出河流水文现象的物理成因。

③ 数理统计法　数理统计法就是根据河流水文现象的随机性特征，运用概率论和数理统计的方法，分析河流水文特征值系列的统计规律，并进行概率预估，从而得出水资源开发利用工程所需的设计水文特征值。但是，数理统计法本身是一种形式逻辑的分析方法，把降水量、径流量等水文特征值孤立地进行统计、归纳，得出的结果只是事物的现象，不能揭示河流水文现象的本质和内在联系。因此，只能把数理统计法当做一种数学工具，实际工作中应当与成因分析法密切结合起来。

在解决实际问题时，应本着"多种方法，综合分析，合理选定"的原则，根据当地的地区特点以及水文资料情况，对采用的方法有所侧重，以便为水资源开发利用与管理提供可靠的水文依据。

3）河流水文计算的概率与数理统计方法

采用数理统计的方法研究降水和径流等随机现象时，通常利用收集到的实测资料系列为样本，分析各实测值的出现频率及其抽样误差；利用数理统计方法计算随机变量的统计参数，作为降水和径流现象的特征值，以此反映随机现象总体的规律性。由于数理统计方法是利用部分实测资料反映总体的规律，因此得到的结果不可避免地会与总体的真实结果有一定的差距，这就需要结合成因分析法，有时还要结合地理综合法进行综合性分析，对数理统计的结果给予检验和修正。

（4）分区地表水资源量评价

分区地表水资源数量是指区内降水形成的河流径流量，不包括入境水量。分区地表水资源量评价应在求得年径流系列的基础上，计算各分区和全评价区同步系列的统计参数和不同频率的年径流量。针对不同的情况，采用不同的方法计算分区年径流量系列。

1）区内河流有水文站控制

按水资源分区，选择控制站或代表站，分析实测及天然径流量，根据控制站（或代表站）天然年径流量系列，按面积比修正为该分区天然年径流量系列。

若区内控制站上下游降水量相差较大，可按上下游的单位面积平均降雨量与面积之比，加权计算分区的年径流量。

2）区内河流没有水文站控制

① 利用水文模型计算径流量系列；

② 利用自然地理特征相似的邻近地区的降水、径流关系，由降水系列推求径流系列；

③ 借助邻近分区同步期径流系列，利用同步期径流深等值线图，从图中量出本区与邻近分区年径流量系列，再求其比值，然后乘以邻近分区径流系列，得出本区径流量系列，并经合理性分析后采用。

（5）地表水资源时空分布特征

1）地表水资源的地区分布特征

受年降水量时空分布以及地形、地质条件的综合影响，年径流量的区域分布既有地域性的变化，又有局部的变化。河流径流的等值线图可以反映地表水资源的地区分布特征。

在水资源评价中可以选择汇水面积为 $300\sim5000\text{km}^2$ 的水文站（在测站稀少地区可适当放宽要求），根据还原后的天然年径流系列，计算各分区及全评价区的平均年径流深和 C_v 值，点据不足时可辅以较短系列的平均年径流深和 C_v 值，绘制平均年径流深和 C_v 等值线图，以此分析地表水资源的地区分布特征。

2）径流量的年际变化

年径流量的多年变化主要取决于年降水量的多年变化，此外，还受到径流补给类型及流域内的地貌、地质和植被等条件的综合影响。分析天然径流的年际变化可以采用变差系数、极值比、丰枯周期等。

3）径流的年内分配

径流量的年内变化，关键取决于河流径流补给来源的性质和变化规律。地下水补给来源的河流，径流量的季节变化相对比较小，而以降水作为主要补给来源的我国大部分河流的径流量，其季节变化取决于降水量的变化。

在河流水文计算中，当有较长期径流资料时，常采用典型年法进行径流的年内分配计算。典型年法又称时序分配法。其选择原则为：

① 选择年径流量接近平均年径流量或对应某一频率的设计年径流量的年份作为典型年。这是因为年径流量与年内分配有一定的联系，年径流量接近的年份，其年内分配一般也比较接近。

② 选择分配情况不利的年份作为典型年。这是因为目前对径流量年内分配的规律研究得还不够，为安全起见，应选择对工程不利的年内分配作为典型。例如，对灌溉工程来说，应选择灌溉需水期的径流量相对较小、非灌溉期的径流量相对较大的年份。当灌溉面积和设计频率一定时，这种年份的径流量分配需要较大的调节库容。

典型年选定之后，求出平均年径流量或设计年径流量 Q 与典型年的年径流量 Q_d 的比值 k。即：

$$k = \frac{Q}{Q_d} \tag{3-6}$$

k 称为放大倍比（又称折算系数）。用典型年的各月径流量乘以 k 值进行缩放，即得到相应年径流量的分配过程。

缺乏实测径流资料时，一般采用水文比拟法移用参证站的典型年年内分配，也可根据各地区水文手册中的径流量年内典型分配率来确定。

（6）可利用地表水资源量估算

地表水资源可利用量是指在经济合理、技术可能及满足河道内用水并估计下游用水的前提下，通过蓄、引、提等地表水工程可能控制利用的河道一次性最大水量（不包括回归水的重复利用）。

某一分区的地表水资源可利用量，不应大于当地河流径流量与入境水量之和再扣除相邻地区分水协议规定的出境水量，即

$$Q_{可利用} = Q_{当地河流径流} + Q_{入境} - Q_{出} \tag{3-7}$$

各分区可利用地表水资源量可以通过蓄水工程、引水工程和提水工程进行估算。

① 蓄水工程　大、中型水库一般都有实测资料，实测放水系列能反映水库下游的需水量。在推算这类工程的可利用地表水资源时，应根据水库入库水量进行水库径流调节，确定不同保证率的可供水量。对于小型水库工程，缺少实测资料，可以通过调查分析，确定水库每年放水量与水库库容的比值，以此来估算可利用地表水资源量。

② 引水工程　一般大型引水工程的引水口都有实测引水记录。无引水泵时，可根据下游用水资料，考虑引水渠道的渗漏后，反推引水量；或根据引水工程的设计过水能力估算引水量。应根据引水量与地表水径流特征值的关系，确定不同保证率下的引水工程利用的水资源量。

③ 提水工程　通常提水工程用于沿江农业灌溉，因此可用提水工程服务的灌溉面积乘以综合灌溉毛定额，得到提水工程利用的水资源。如果提水工程在水库放水渠道上，则不再记入提水工程内，以避免重复计算。

5. 地下水资源量评价

地下水在城市供水中占有重要地位。对地下水资源的数量、质量、时空分布特征和开发利用做出正确、全面地分析和估算，是最大限度地合理利用地下水资源，科学地管理和保护

水资源的前提。

（1）地下水资源分类

我国地下水资源分类源于地学，早在 20 世纪 50～60 年代，国内曾广泛采用苏联普洛特尼科夫的地下水储量分类法（普氏分类法）。普氏分类将地下水储量分为以下四类。

静储量（永久储量）：指天然条件下储存于地下水最低水位以下含水层（带）中的重力水体积。

动储量：指通过含水层（带）横断面的天然径流量。

调节储量：指地下水位年变动带内重力水的体积（多年最高与最低水位之间）内含水层中的重力水体积。

开采储量（允许开采量）：指用技术经济合理的取水工程能从含水层中取出的水量，并在预定开采期内不致发生水量减少、水质恶化等不良后果。

普氏分类法只反映了地下水资源在天然条件下的各种数量组成，以及地下水量在天然状态下的客观规律，对当时我国地下水资源评价工作起过一定的作用，但它也存在明显的不足，即没有明确在一定时间内各种数量之间的转化关系。

考虑到地下水资源的特殊性，20 世纪 70 年代后期，我国提出了自己的地下水资源分类方案，该方案于 1988 年由国家计划委员会正式批准为国家标准《供水水文地质勘察规范》（GBJ 27—1988）；中华人民共和国建设部于 2001 年颁布的国家标准《供水水文地质勘察规范》（GB 50027—2001）中依旧执行该方案。

该分类方案以水均衡为基础，明确将地下水资源划分为补给量、储存量和允许开采量三类，突出了地下水补给量的计算，同时还注意到了开采前后补给量和排泄量的变化，从而使地下水资源评价成果更加接近于实际。下面重点讨论这种分类：

1）补给量

补给量是在天然或开采条件下，单位时间内以各种形式和途径进入含水层（带）中的水量。包括地下水的流入；降水渗入；地表水渗入；越流补给和人工补给。单位：m^3/d、$10^4 m^3/d$、$10^4 m^3/a$。

实际上地下水由于不同程度的开采，地下水很少有保持天然状态的情况，因此实际计算时，按天然状态和开采条件下两种情况进行。故地下水补给量分为天然补给量和开采补给量两类。

① 天然补给量　天然状态下，进入均衡区（计算区）含水层的水量。

② 开采补给量　地下水在开采条件下夺取过来的额外补给量，或在开采条件下由于水文地质条件改变夺取的额外补给量。

开采补给量一般包括地下水径流流入补给量、大气降水入渗补给量、地表水入渗补给量、地下水侧向径流补给量、越流补给量和人工补给量等。

2）储存量

储存量是指地下水在补给与排泄过程中，储存在单元含水层中的重力水体积，即潜水含水层中水位以下和承压含水层空隙中的全部重力水的体积。单位为 m^3。按埋藏条件可分为两类，即容积储存量和弹性储存量。按地下水储存量的动态（一般针对潜水）可分为两类：天然调节储存量和固定储存量。

3）允许开采量

允许开采量又称可开采量，即通过技术经济合理的取水构筑物，在整个开采期内出水量不会减少，动水位不超过设计要求，水质和水温变化在允许范围内，不影响已建水源地正常开采，不发生危害性的环境地质问题，并符合现行法规规定的前提下，从水文地质单元或水源地范围内能够取得的地下水最大水量。单位：m^3/d、$10^4\ m^3/d$、$10^4\ m^3/a$。

开采量与开采量是两个不同的概念。开采量是指目前正在开采的水量或预计开采的水量，它只反映了取水工程的产水能力。而允许开采量则是指具有补给保证、不会引起不良后果、可供长期开采的最大出水量。它的大小取决于地下水的补给量和储存量的多少，同时还受技术经济条件的限制。开采量不应大于允许开采量，否则会破坏含水系统的均衡状态，引起不良后果。

地下水在天然状态（未开采前）下，其补给与消耗则表现丰水期补给量大于消耗量，储存量增加；枯水期消耗量大于补给量，储存量减少。

当以一定量开采地下水时，等同于人为增加了一个定量的地下水排泄点，地下水的天然排泄条件发生变化，原有的补给、排泄动态平衡也随即打破，而将建立新的开采状态下的动态平衡。

总之，上述地下水各种量之间是相互联系的，且不断转化交替。大多数自然条件下的地下水都是由补给量转化为储存量，储存量又转化为排泄量，处在不断的水力交替过程中。开采条件下所取出的地下水，是从储存量中转化而来，而储存量的减少，又可以通过夺取更多的补给量来补偿；与此同时，又因截取了地下水的部分天然补给量，则使天然排泄量也有所减少。只有开采量在数值上已接近或等于允许开采量，地下水资源才能被持续开发利用；否则，就意味着开采量大于总补给量，储存量处于长时间动用和消耗状态，会造成地下水水量减少、资源枯竭、水源地废弃等严重后果。

（2）地下水资源评价的内容

① 地下水资源量评价

根据水文地质条件和需水量要求，拟定开采方案，计算开采条件下的补给量、消耗量和可用于调节的储存量，分析开采期内补给量与储存量对开采量的平衡、调节作用，评价开采的稳定性；根据气象、水文资料论证地下水补给的保证程度，确定合理的允许开采量。

② 地下水水质评价

在掌握地下水水质时空规律的基础上，按不同用户对水质的要求，对地下水的物理性质、化学成分与卫生条件进行综合评价；分析论证开采过程中水质、水温的变化趋势，提出卫生保护和水质管理措施。在水质可能发生明显变化的情况下，建立地下水溶质浓度场的数学模型进行水质预测。

③ 开采技术条件评价

允许水位降是重要的开采条件，也是地下水开发保护的重要参数。要在计算开采量的同时，计算整个开采过程中，境内不同地段地下水水位的最大下降值是否满足允许值要求。

④ 开采后果评价

评价地下水开采对地区生态、环境的影响，分析由于区域地下水的下降，是否会引发地面沉降、地裂、塌陷等环境地质问题，以及海水或污水入侵、泉水干枯、水源地相互影响等不良后果，提出并论证相应的技术措施。

（3）地下水资源评价的原则

地下水资源评价中的一些共性问题，应作为评价原则予以重视。

①"三水"转化，统一考虑与评价的原则

天然水循环中，地下水、地表水和降水（简称"三水"）是互相转化的。在开采条件下，地下水将获得更多的地表水和降水的补给，并减少向地表水和大气的排泄蒸发，甚至出现地表水的反补给。"三水"统一考虑的宗旨是：充分利用含水层中的水量，合理夺取外部水的转化。后者是指不干扰国家的水资源规划，不使地表水的用户受到经济损失。

对地下水与地表水的统一评价，既可避免长期存在的水资源重复计算问题，并有利于水资源合理开发。如我国干旱、半干旱地区的一些第四系沉积盆地，作为大、中型地下水水源地，其地质环境较脆弱，长期集中开采地下水，难免会出现地面沉降等负面影响。而地表水径流量又极不稳定，在一年中有一定时期的断流，如能通过统一评价实施联合开发，即在分期供水的前提下，雨季尽可能地使用地表水，旱季集中开采地下水，过渡期实行地下水与地表水的联合调度，既可避免环境地质问题，又可确保稳定供水，取得地下水与地表水优势互补的效果。

② 利用储存量以丰补欠的调节平衡原则

在补给量极不稳定的地区，维持地下水的持续稳定开采，储存量调节作用是不可忽视的。我国降水的时空分布差异极大，造成地下水的补给量有季节和多年气象周期变化，不同季节和水文年的补给量相差悬殊，尤其是以降水补给为主，或有季节性地表水补给的地区更是如此。这时，充分发掘储存量的调节作用，在满足允许水位降的前提下，采用枯水期"借"丰水期"补"，以丰补欠多年调节平衡的方法，可扩大地下水的允许开采量。

③ 考虑人类活动，化害为利的原则

在地下水资源评价中，或多或少会受到人类活动的影响，如水库、运河、灌渠等地表水利工程，它既可对地下水起人工补给作用，也可起截流阻渗作用。此外，矿山等疏干工程，则与地下水水源地"争水"，其中矿井的疏干水位远低于可供水的允许水位降，影响极大。化害为利的宗旨就是一方面通过优化地下水开采的布局及其允许水位降，更多地截取流向矿井的地下水；另一方面重视矿井水回收与利用。

④ 不同目的和不同水文地质条件区别对待的原则

不同供水目的对水量、水质和水温的要求各异，评价时应按不同标准区别对待。

不同水文地质条件其评价的方法和要求也不相同，如补给充足、水交替积极的开放系统，可用稳定流方法；而水交替滞缓的封闭系统，适宜非稳定流方法。又如地下水盆地，可利用储存量的调节作用，以丰补欠，评价开采资源；而山区阶地，则可利用夺取地表水的转化量，评价开采资源。此外，地质环境稳定的基岩地区，可根据水均衡条件，评价最大允许开采量；而地质环境脆弱的第四系平原地区，必须考虑"环境容量"，限制水位降与开采量；将一部分地下水资源列入尚难利用的水资源中。

⑤ 技术、经济、环境综合考虑的原则

地下水资源评价必须综合考虑技术、经济、环境三个方面的利弊，要求确定的开采量和开采方案，既有良好的技术经济效益，又使开采带来的负面影响降到最低限度，具有合理的环境效益。

（4）地下水资源补给量和储存量计算

1）地下水径流流入补给量（侧向补给量）

$$Q_b = KJBH \quad 或 \quad Q_b = KJBM \tag{3-8}$$

式中　Q_b——侧向补给量，m^3/d；

　　　K——含水层渗透系数，m/d；

J——地下水水力坡度；

B——计算断面宽度，m；

H（或 M）——潜水（或承压水）含水层厚度，m。

2）降水入渗补给量

$$Q_b = \frac{\alpha A x}{365} \tag{3-9}$$

式中　Q_b——日均降水入渗补给量，m^3/d；

α——年均降水入渗系数；

A——降水入渗面积，m^2；

x——年降水量，m/a。

降水入渗系数 α 是指降水渗入量与降水总量的比值。α 的大小取决于地表岩性和结构、地形坡度、植被覆盖及降水量大小与降水强度等。确定 α 值的方法较多，目前多采用动态观测法计算 α 值：

$$\alpha = \frac{\mu \sum (\Delta h + \Delta h' t)}{\sum x_i} \tag{3-10}$$

式中　Δh——年内各次降雨的地下水位升幅，m；

$\Delta h'$——各次降雨前地下水位的降速，m/d；

t——各次水位上升的时间，d；

x_i——各次水位上升期间的降雨总量，m；

μ——给水度。

此外，降水入渗系数 α 值也可用水均衡法计算，或选用经验数据，但要注意不同岩性、植被、不同地下水位埋深、不同降雨量时的 α 值是不尽相同的。

3）河、渠渗入补给量

可根据开采区河、渠的上下游断面的流量差确定，也可用有关的渗流公式计算。当两岸的渗漏条件不同，需要分别计算两岸不同的渗漏补给量时，可利用潜水含水层的平面渗流公式：

$$Q_b = KB \frac{(h_1 - h_w)(h_1 + h_w)}{2L} \tag{3-11}$$

式中　B——河、渠的补给宽度，m；

h_1、h_w——分别为沿渗流补给方向岸边与开采井群的动水位高度，m；

L——岸边至井群的直线水平距离，m；

其他符号同前。

4）灌溉水渗入补给量

① 采用地下水位资料计算

$$Q_b = \frac{\mu A \Delta h}{365} \tag{3-12}$$

式中　μ——给水度；

Δh——灌溉引起的年地下水升幅，m/a；

A——灌溉面积，m^2。

② 利用灌溉定额计算

$$Q_b = \alpha A m / 365 \qquad (3\text{-}13)$$

式中　m——灌溉定额，$\mathrm{m^3/a}$；

其他符号同前。

5）相邻含水层垂向越流补给量

$$Q_b = A\eta(h_2 - h_1) = A\frac{k'}{m'}(h_2 - h_1) \qquad (3\text{-}14)$$

式中　A——越流补给面积，$\mathrm{m^2}$；

η——越流系数，$1/\mathrm{d}$；

k'——越流层垂向渗透系数，$\mathrm{m/d}$；

m'——越流层厚度，m；

h_1——开采层的水位或开采漏斗的平均水位，m；

h_2——相邻含水层的水位，m。

6）容积储存量

$$W_v = \mu V \qquad (3\text{-}15)$$

式中　W_v——含水层的容积储存量，$\mathrm{m^3}$；

V——含水层体积，$\mathrm{m^3}$。

7）承压含水层的弹性储存量

$$W_c = SAh_p \qquad (3\text{-}16)$$

式中　W_c——承压含水层的弹性储存量，$\mathrm{m^3}$；

S——储存系数（释水系数）；

h_p——承压含水层自顶板算起的压力水头高度，m。

（5）地下水资源允许开采量计算

由于水文地质条件的差异和不同勘察阶段所取得的水文地质资料数据的程度不一，以及对精度的要求不同，所选取的计算方法也不同，表3-2中归纳并选其中最常用的评价方法给予简要阐述。

表 3-2　地下水允许开采量计算方法一览表

模型特征	评价方法	所　需　资　料	适　用　条　件
确定性渗流型	解析法	渗流场水文地质参数，初始条件，边界条件，开采条件数值法和电网络模拟法需要一个水文年以上的水位、流量观测资料和大流量、长时间群井抽水试验资料	适用于含水层均质程度高，结构、边界简单，开采井分布规则等接近解析解的条件
	数值法		适用于水文地质条件复杂，研究程度和精度要求较高的大中型水源地
	电网络模拟		
随机型	系统分析	需要抽水试验或水位、流量、降水量等长期动态观测资料	不受复杂的含水层结构与边界条件的限制，适用于泉源水源地或旧水源地的扩建与调整
	数理统计分析		
	水文分析		
经验型	开采试验法		补偿疏干法适用于调节型水源地
	补偿疏干法		
	相似比拟法	需要相似水源地的勘探、开采统计资料	适用于勘探水源地与已知水源地的水文地质条件相似的情况
	水均衡法	需测定均衡区各项水量均衡要素	适用于均衡要素单一，易于测定的地区

1）解析法

解析法是用相应的井（渠）流解析公式计算允许开采量。应用解析法的关键所在是如何正确处理解析公式建立过程中的严格理想化要求与实际问题复杂性、不规则性之间的差异。众所周知，并非任何函数关系都可以用解析公式表达，为了满足各种井流模型的解析解存在的条件，要求泛定方程和定解条件简单，计算区与布井方案的几何形态规则。这等于对含水层的物理和几何特征、布井方案及模型方程提出了极苛刻的要求，例如：要求含水层均质、等厚、各向同性；渗流区和开采区形状规则；补给边界的水量转化机制简单，不存在非确定性随机因素的影响；不产生潜水的大降深，不出现承压水和潜水同时并存，不存在初始水位的降落漏斗，没有不均匀的越流以及天窗或河、渠的入渗等。完全满足这些条件的理想化井流模型实际是不可能存在的。因此，采用解析法时，不可避免地要将复杂不规则的实际问题，通过简化纳入各种理想化的特定模式中。当一个实际问题与某个理想化模型相近似，则解析解的应用既经济又快捷。但多数情况下这种差异甚大，这样按解析公式要求作出的种种严格理想化处理，难免出现差错。此外，一些形式复杂的解析公式，其求解的繁琐程度不亚于数值法，实用意义也就不大了。实践证明，弄清解析公式的"建模"条件及其局限性，科学地处理实际问题与理想化模型之间的差异，做出合理的概化，是用好解析法的关键。

解析法由于可以考虑取水建筑物的类型、结构、布局和井距等开采条件，并能为水井设计提供各种参数，所以是允许开采量评价中常用的基本方法。但它必须用水均衡法计算补给量，以论证其保证程度，避免理想化处理可能导致水文地质条件的"失真"，特别是在处理复杂的边界条件时，因此解析法一般用于边界条件简单的地区。

解析法包括稳定流与非稳定流两大类型。虽然地下水渗流运动受气候和开采条件变化的影响，严格地说都应属非稳定流，但在补给充足、开采小于补给量，具有稳定开采动态的情况下，均存在似稳定流的状态，可以采用稳定流公式计算；对于合理疏干型水源地，或远离补给区的承压水、补给条件差的潜水，应采用各种非稳定流方法。

具体做法一般有两种：一是根据水文地质条件布置技术经济合理的取水构筑物，预测稳定型或调节平衡型的允许开采量，或在允许降深内在一定期限的非稳定型允许开采量；另一种是按具体需水量要求布置几个不同的取水方案，通过计算对比，选出最佳方案，若为稳定型与调节平衡型，应评价其保证程度，若为非稳定开采动态应进行水位预报，应评价不同开采期限内的水位情况，做出水位、水量是否能满足供水要求的结论，并论证开采可能出现的不良后果。

在井距较大，各开采井间相互影响不大的情况下，可根据单井解析公式计算各井的出水量，然后求其和作为允许开采量。若各井间相互影响时，可采用水位削减法等井群干扰公式，按布井方案设计出水量，作为允许开采量；或将不规则布井方案概化为规则的理想"大井"，用大井法计算出水量，作为干扰井群的允许开采量。

以上各种方法将在以后的管井、大井的出水量计算中进行讨论。

2）数值法

数值算法是按分割近似原理，用离散化方法将求解非线性的偏微分方程问题，转化为求解线性代数方程问题，摆脱了解析解在求解中的种种严格理想化要求，使数值法能灵活的应用于解决各种非均质地质结构和复杂不规则边界条件问题。因此，数值法主要用于水文地质条件复杂的大型水源地的允许开采量计算。

在地下水资源评价中常用的数值法主要有两种：即有限单元法和有限差分法。两者无本质区别，实际效果也差不多，所不同的仅仅是在网格部分及线性化方法上有所差别。这里仅对如何应用数值法进行地下水允许开采量评价作一概略讨论。

① 数学模型的选择　数学模型的选择，既要考虑需要，又要分析其可能与效果，即实际问题的复杂程度是否具有所选模型相应的资料。一般来说，平面二维数学模型已能满足解决实际问题的基本要求。但对于由弱透水层连接的多层状含水层层组结构，可以从实际出发选择准三维模型，即用平面二维问题刻画含水层的基本特性，以垂向一维流描述含水层之间的作用；对于在垂向上具明显非均质特征的巨厚含水层，在作较大降深的开采量和水位预报时，为避免"失真"最好采用三维流的数学模型。

下面以非均质二维非稳定流地下水模型为例进行讨论，它由泛定方程和定解条件（初始条件、边界条件）组成：

泛定方程：

$$\frac{\partial}{\partial x}\Big[T_x\frac{\partial H}{\partial x}\Big]+\frac{\partial}{\partial y}\Big[T_y\frac{\partial H}{\partial y}\Big]+W = S\frac{\partial H}{\partial t}\ (x,y)\in G, t>t_0 \tag{3-17}$$

初始条件：$H(x,y,t)\big|_{t=0}=H_0(x,y)\ (x,y)\in G, t=t_0$

边界条件：$H(x,y,t)\big|_{\Gamma_1}=H_1(x,y,t)\ (x,y)\in \Gamma_1, t>t_0$

$$T_x\frac{\partial H}{\partial x}\cos(n,x)+T_y\frac{\partial H}{\partial y}\cos(n,y)\bigg|_{\Gamma_2}=-q(x,y,t)\quad (x,y)\in \Gamma_2, t>t_0 \tag{3-18}$$

式中　T——导水系数（潜水：$T_x=kh$，承压水：$T_x=km$）；

$\quad\ H$——地下水的水头，$H=H(x,y,t)$；

$\quad\ k$——渗透系数；

$\quad\ h$——潜水含水层厚度；

$\quad\ m$——承压含水层厚度；

$\quad\ S$——潜水为给水度，承压水为储水系数；

$\quad\ W$——单位时间、单位面积上的垂向转化量；

$\quad\ \Gamma$——G 的边界，$\Gamma=\Gamma_1+\Gamma_2$；

$\quad\ \Gamma_1$——水位边界；

$\quad\ \Gamma_2$——流量边界；

$\quad\ G$——计算域；

$\quad\ n$——Γ 的外法线方向的单位向量；

$\quad\ q$——单宽流量；

(x,y)——平面直角坐标；

$\quad\ t$——时间变量。

泛定方程是一个描述地下水渗流场收、支平衡的水均衡方程，其对水量转化规律的刻画是以达西定律为依据的，它由两部分组成：一是均衡基本项（T、S 项），指方程带有水头函数 h 的偏导项，表征渗流场各均衡单元内部及相互间的水量分布与交换。其中含 T 的水量渗透基本项，指渗流场水量的侧向交换条件，反映了含水介质的渗透性、非均质性、含水层的几何形态、渗流运动状态；而含 S 的水量储存与释放基本项，指渗流水量的储存与消耗。二是垂向交换项（W 项），包括源、汇项（即计算域内各井的抽水或注水强度），垂向入渗补给和消耗以及越流项。在模型中 $W(x,y,t)$ 应是一个给定的已知函数，但在实际中某些垂向交换量常常是未知的，因此它也可引入参数（如降水入渗系数 α，垂向越流系数 η 等）在模型中参与求参。

初始条件：是指开采初始时刻（$t=0$）渗流区内的地下水水头分布，及水头在渗流区内各点上初始时刻的值，用来表示渗流区的初始状态。为已知条件。

边界条件：在二维模型中仅指侧向边界条件。当已知边界水头变化规律时，可按已知水位边界表示 Γ_1，称一类边值问题；当已知边界的流量变化规律时，可用已知流量边界表示 Γ_2，称二类边值问题，其强度以单宽流量 q 表示。由一类边界和二类边界共同组成的混合边界，称混合边值问题。

② 水文地质条件概化　水文地质条件概化是数值计算中的一个重要环节。要求根据勘探资料按数值方法对实际问题的特点进行概化。它反映了勘探信息的利用率和保证率，以及对水文地质条件的研究程度，直接关系计算精度。

含水层结构的概化：包括含水层的空间形态与结构参数分区的概化。含水层的空间形态，是利用含水层顶、底板标高等值线图，给出每一剖分节点（离散点）坐标（x，y）上的含水层顶、底板标高，由模型自动识别含水层的厚度，完成几何形态的概化。含水层的非均质结构参数分区，是在水文地质分区的基础上（即依据 T、S 的分布特点，结合岩性和松散沉积物的成因类型、基岩的构造条件、岩溶地区的水动力条件，进行水文地质分区）。按水文地质条件的宏观规律和渗流运动的特点，在空间上渐变地进行参数分区及参数分级，给出各分区参数的平均值及其上、下限，作为模型调试的依据。对取水层与相邻含水层相互作用概化，一般要求地质模型给出与相邻含水层的连接位置与坐标，其连接方式可以是断层、"天窗"或通过弱透水层的越流补给。

地下水流态的概化：当水位降较大时，在开采井附近常出现复杂的非达西流与三维流，此外某些局部的构造部位或岩溶发育地段，甚至出现非渗流或非连续流状态。但这些复杂水流状态的分布范围一般不大，因此在宏观上仍可考虑用二维达西流进行概化。

边界条件的概化：数值法能较真实地模拟复杂的边界条件。它与数理统计模型相结合，可以处理解析法无能为力的各种非确定性边界问题。概化时，要求根据边界分布的空间形态，给出边界的坐标，确定边界作用的性质，有无水量交换及其交换方式，并根据动态观测或抽水试验资料，用数理统计方法概化水位或流量变化规律，并按不同时段要求给出各边界节点的水位或单宽流量。

计算域边界的选择与确定对数值计算的精度及其工程量的投资关系极大。操作时应遵循两个基本原则：一是在经济上要求以最小的工程量控制边界条件；二是在技术上要求所确定的主要边界，具有一定的工程控制，能为模型的识别、校正和预测提供可靠的计算数据。具体表现在：首先，尽可能的取自然边界和确定性边界，以节约勘探工程量和提高模型的可靠性；其次，应避免置计算边界于源、汇项附近，并远离供水中心，以缩小边界条件概化不当对计算结果的不良影响；此外，模型识别与预测的边界必须一致，否则模型识别的成果将失去意义。

在二维地下水模型中，垂向水量交换是作为水量附加项（W 项）列入方程中的，因此在概化时应特别慎重。同时要求给出含水层中的人工抽（注）水井的坐标、类型及其抽（注）水强度。

初始条件的概化：按初始时刻各控制节点实测水位资料绘制的等水位线图，给出各节点的水位作为初始条件。由于控制节点的数量有限，等水位线图的制作难免存在一定的随意性，在含水层结构或边界条件较复杂的情况下，最好利用模型的小步长运行进行校正。

③ 计算域的离散　数值法根据分割近似原理，将一个反映实际渗流场的光滑连续的水头曲面，用一个由若干彼此衔接无缝不重叠的三角形（有限元法）或方形、矩形（有限差分

法）拼凑成的连续但不光滑的水头折面代替，将非线性问题简化为线性问题求解。按离散化要求剖分时，首先要选好控制性节点，它是具有完整水位资料的观测孔。由于观测孔的数量有限，要有许多插值点来补充，完成对整个计算域的离散。为了保证模型识别的精度，每一个参数分区和水位边界至少应保证有一个已知水位变化规律的控制性节点。插值点应布置在水位变化明显、参数分区界线、承压水与潜水分界线的控制节点稀疏的地方，并结合单元剖分原则，对插值点的位置作适当的调整。

单元剖分的原则，以控制水文地质条件宏观规律为目的。一般从资料较多的中心地带向边远地区逐渐放稀。在水力坡度变化大的地段要适当加密，但应避免突变，对三角形单元的三边之长不宜相差太大，其长、短边之比不要超过 3∶1，三角形的内角以 $30°\sim90°$ 之间为好，否则影响数值解的收敛。剖分后，要按一定顺序对节点网格作系统的编号，并准备各节点的数据。

时间的离散，是根据地下水位降（升）速度的特点，选好合适的时间步长控制水头变化规律，既保证计算精度，又节约运算时间。如模拟抽水试验时，抽水初水位下降迅速，必须用以分为单位的小步长才能控制，随着水位降速的变慢，逐渐延长至以时、日为单位的步长。模拟稳定开采时，可用月、季甚至年为单位的大步长。

④ 模型的识别与检验　模型识别是用实测水头值及其他已知条件校正模型的方程、结构参数、边界条件中的某些不确切的成分，数学运算中称解逆问题。它是根据详勘要求的一个水文年动态观测资料，提供枯、平、丰水季节的天然流场资料和抽水试验的人工流场资料，选用或自编相应的程序软件进行的。由于水头函数是一个多元函数，它是地下水模型中各要素综合作用的反映，因此模型识别的地质含意可理解为对研究区水文地质条件的一次全面判断。在条件允许的情况下，应进一步利用长期观测资料的历史水位进行检验。

模型识别的方法有直接解法和间接解法两种。

直接解法把水头函数作为已知项，用反演计算直接寻找模型中的参数和其他未知量的最优解。直接解法虽有高效率的运算速度，但要求过严的工程控制程度（在理论上要求每个节点的水头值在计算时段内均为已知值）和对数据误差的敏感反映，使其难以适应现实条件。

间接解法是一种常用的方法，它在给定定解条件和已知源、汇的前提下，用正演计算模拟水头的时空分布，通过数学的最优方法不断调整方程参数和边界的输入输出条件，使水头的计算值与实测值的拟合误差满足要求为止。它是一种试算逼近法，这种反复拟合的识别过程，是在地质人员的控制下由计算机自动执行的。地质人员的指导作用，是根据水文地质条件提出最优化打法及约束条件，如：给出待求参数的初值与变化范围、选择边界类型、按时间步长给出相应的水位与单宽流量值、确定水位计算值与实测值的允许拟合误差、限制每组参数优选的循环次数等。

对于拟合误差的精度要求，由于实际情况各异，难以制定一个统一的标准，一般用相对误差小于时段水位变幅的 $5\%\sim10\%$。结合水头拟合曲线态势变化的同步性和一致性，以及水文地质条件和水均衡条件的合理性，作为综合判断的依据。

模型识别与检验的成果，通常用各控制节点计算水头与实测水头值的拟合对照表及地下水水头时空态势拟合图表示。后者指各控制节点水头降（升）速场和不同时段水头梯度场的拟合，它反映了点与面、时间与空间的整个拟合精度。

上述模型识别过程，实质上是对水文地质条件及地下水补给、径流、调蓄与排泄作用的全面量化过程，其结果将直接为最佳取水地段选择与允许开采量评价提供科学依据。

⑤ 允许开采量的数值预报 允许开采量计算是利用经过多层次反复校正和检验的地下水模型，结合选定的开采方案，用正演计算模拟不同开采方案的地下水流场，以最大允许水位降作为约束条件，进行开采量的数值预报，在反复模拟调试中，优化开采方案和开采量，直到满足为止。

计算时要求：

a. 规划取水地段和布井方案，确定最大允许水位降，计算时按需水量大小给出不同布井方案各井的开采量初值，并赋予一组在最大允许水位降约束下，按一定增减比例自动调整井距和开采量的调试（修正）系数。

b. 初始条件，给出各节点初始水位值。

c. 预测边界的变化规律，按不同保证率的气象水文资料，给出开采条件下各边界的水位和流量变化值。

数值预报的精度，主要取决于对边界下推规律的预测与概化。为了避免边界预测和概化的随意性，应根据动态资料和模型识别的成果，在水均衡条件的制约下，建立相应的随机模型，概化边界的变化规律。

3）开采实验法

开采试验法指用探采结合的办法，直接开凿勘探生产井，按开采条件（包括布井方案、开采降深和开采量）进行一至数月的抽水试验，以其稳定的抽水量（即补给量）直接确定开采量，它适用于需水量不大，水文地质条件复杂，一时难以查清补给条件，又急需做出评价的地区。广义地说，凡根据抽水试验的结果直接评价或外推的方法，均属此类。采用这种方法关键在于正确判断抽水过程中地下水的稳定状态和水位恢复情况，其结果可能出现稳定和非稳定状态两种情况：

① 稳定状态 在长期抽水过程中，动水位达到设计水位降值并趋近稳定状态，抽水量大于或等于需水量；停抽后，水位能较快地恢复到原始水位。这表明抽水量小于开采条件下的补给量，其开采量是有补给保证的，可作为允许开采量。这种抽水试验应在旱季进行，但确定的允许开采量是偏保守的。

由于旱季地下水流场处于入不敷出，水位不断下降的非稳定状态，因此只有排除天然疏干流场的干扰，才能判断抽水试验的叠加流场是否达到稳定状态，如图 3-1 所示。

h_0 为旱季天然流场动水位，可按抽水前实测的日降幅推算；h_1 为叠加流场的动水位。抽

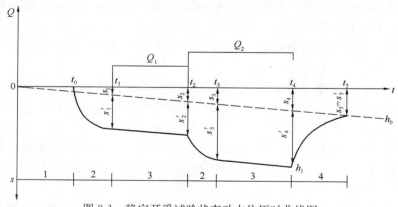

图 3-1 稳定开采试验状态动水位历时曲线图

1—天然状态；2—抽水非稳定阶段；3—抽水稳定阶段；4—抽水恢复阶段

水由 t_0 时刻开始，地下水位急速下降后，至 t_1 和 t_2 时刻动水位 s_1 和 s_2 开始呈均匀下降，其下降速度与天然流场趋于一致。此时，叠加流场和天然流场的水位降过程线将保持平行，斜率保持不变，$\Delta s / \Delta t$ 为常数，表明抽水已达到稳定状态。同理，水位恢复以 t_4 时刻开始，至 t_5 时刻恢复水位 s'_5 与天然流场水位 s_5 重合，表明动水位已恢复到天然状态。由此可见，旱季抽水试验稳定状态的判断，有赖于对抽水前天然流场水位降速的确定。

② 非稳定状态　在按需水量长期抽水过程中，动水位已超过设计水位下降值，仍未稳定，停抽后水位有所恢复，但达不到天然水位，表明抽水量已超过开采条件下的补给量，按需水量开采没有保证。这时，可按下列方法评价开采量。

为了便于讨论，假设抽水时天然流场基本处于稳定状态，地下水位降幅很小，可不予考虑，如图 3-2 所示。

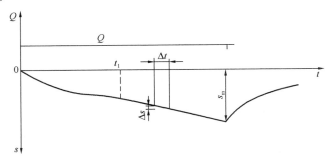

图 3-2　定状态动水位历时曲线图

在非稳定状态下，任一 Δt 时段抽水产生的水位降 Δs，若没有其他的消耗项，则其水平衡关系为：

$$\mu A \Delta s = (Q_k - Q_b) \Delta t \tag{3-19}$$

$$Q_k = Q_b + \frac{\mu A \Delta s}{\Delta t} \tag{3-20}$$

式中　Q_k——抽水量，$\mathrm{m^3/d}$；

　　　Q_b——抽水条件下地下水补给量，$\mathrm{m^3/d}$；

　　　μA——水位升、降 1m 时单位储存量变化值，$\mathrm{m^2}$；

　　　$\Delta s - \Delta t$——时段的水位降，m。

从式（3-19）和式（3-20）可知，从含水层中抽出的水量是由补给量和储存量组成，将两项分解便可用补给量评价开采量。

对此，首先应计算 μA 值。μA 值可用两次不同流量的抽水试验（Q_{k1}、Q_{k2}）和相应的 $\Delta s_1 / \Delta t_1$、$\Delta s_2 / \Delta t_2$ 资料，通过联立方程求解

$$\begin{cases} Q_{k1} = Q_b + \dfrac{\mu A \Delta s_1}{\Delta t_1} \\[2mm] Q_{k2} = Q_b + \dfrac{\mu A \Delta s_2}{\Delta t_2} \end{cases} \tag{3-21}$$

得

$$Q_k = Q_b + \mu A = \frac{Q_{k2} - Q_{k1}}{(\Delta s_2 / \Delta t_2) - (\Delta s_1 / \Delta t_1)} \tag{3-22}$$

则

$$Q_b = Q_{k1} - \frac{(Q_{k2} - Q_{k1})}{(\Delta s_2 / \Delta t_2) - (\Delta s_1 / \Delta t_1)} \cdot \frac{\Delta s_1}{\Delta t_1} \tag{3-23}$$

为了核对 Q_b 的可靠性，可按恢复水位资料进行检查。停抽后，抽水量 Q_k 为零，于

是有：

$$Q_b = \pm \frac{\mu A \Delta s}{\Delta t} \tag{3-24}$$

用式（3-23）和式（3-24）计算的 Q_b，结合水文地质条件和需水量即可评价开采量。

采用旱季抽水试验只能获得一年中最小的补给量，所以，求得的 Q_b 是偏小的。最好将抽水试验延续到雨季，用同样的方法求得雨季的补雨季 t_1 和旱季 t_2 的时段长短分配到全年，得到

$$Q_b = \frac{(Q_{b1}t_1 + Q_{b2}t_2)}{365} \tag{3-25}$$

式中　Q_{b1}、Q_{b2}——分别为雨季 t_1 和旱季 t_2 的补给量。

用这样的补给量作为允许开采量时，还应计算旱季末的最大水位降 s_{max} 看是否超过最大允许降深：

$$s_{max} = s_0 + \frac{(Q_k + Q_{b2})t_2}{\mu A} \tag{3-26}$$

式中　s_0——雨季的水位降；

　　　Q_k——允许开采量。

4）补偿疏干法

补偿疏干法适用于季节性调节型水源地。在半干旱地区，降雨的季节性分布极不均匀，旱季漫长，雨季短暂，降雨集中，地下水开采在旱季依赖消耗含水层的储存量，雨季以回填被疏干的地下库容的形式进行补给。开采量多少，在补给有保证的情况下，取决于允许降深范围内，如何最大限度地利用储存量的调节库容，即旱季"空库"的大小。补偿疏干法是通过对旱季"空库"与雨季"回填"的含水层机制进行模拟，以此评价最大允许开采量。它要求具备两个条件，一是可借用的储存量必须满足旱季的连续稳定开采；二是雨季补给必须在平衡当时开采的同时，保证能全部补偿借用的储存量，而不是部分补偿。

补偿疏干法也属于开采试验法范畴，由于两者的应用条件不同，对抽水试验的要求也不一样。补偿疏干法要求抽水试验始于无补给的旱季，跨越旱季与雨季的连续稳定抽水试验来提供计算所需的资料，如图3-3所示。

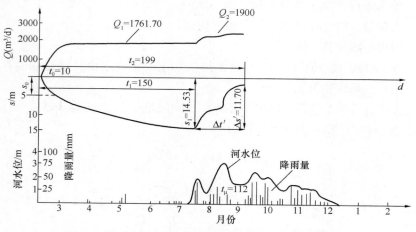

图 3-3　抽水时水位、流量过程曲线和补给关系示意图

具体步骤如下：

① 求 μA 值　要求根据无补给条件下抽水试验的地下水位等速下降时段的资料计算。这时

地下水位下降漏斗的影响范围已基本形成，其下降速度应等于出水量与下降漏斗面积的比值。即：

$$\frac{\Delta s}{\Delta t} = \frac{Q_1}{\mu A} \tag{3-27}$$

则

$$\mu A = \frac{Q_1 \Delta t_1}{\Delta s_1} = \frac{Q_1 (t_1 - t_0)}{(s_1 - s_0)} \tag{3-28}$$

式中　Q_1——旱季稳定抽水量，m^3/d；

μA——水位每升、降 1m 时单位储存量变化值，m^2；

t_0、s_0——分别为抽水时水位出现等速下降的初始时刻 d；及其相应的水位降，m；

t_1、s_1——分别为抽水的延续时间 d；及其相应的水位降，m。

② 求最大允许开采量与疏干体积

$$Q_k = \frac{\mu A (s_{max} - s_0)}{t} \tag{3-29}$$

$$V_s = Q_k t = \mu A (s_{max} - s_0) \tag{3-30}$$

式中　Q_k——允许开采量，m^3/d；

V_s——旱季末的疏干体积，m^3；

s_{max}——最大允许水位降，m；

t——整个旱季的时间，d。

③ 求雨季补给量 Q_b　根据抽水试验雨季时段的资料求 Q_b、Q_{bcp}、V_b。

$$Q_b = \left(\frac{\mu A \Delta s_1}{\Delta t'} + Q_2 \right) t_x \tag{3-31}$$

$$Q_{bcp} = \frac{Q_b}{365} = \frac{t_x r \left(\frac{\mu A \Delta s'}{\Delta t'} + Q_2 \right)}{365} \tag{3-32}$$

$$V_b = Q_b - Q_2 = \mu A \frac{\Delta s'}{\Delta t'} t_x r \tag{3-33}$$

式中　Q_b——雨季补给量，m^3；

Q_{bcp}——全年平均补给量，m^3/d；

V_b——雨季对含水量的补偿体积，m^3；

Q_2——雨季稳定抽水量，m^3/d；

$\dfrac{\Delta s'}{\Delta t'}$——雨季抽水水位回升速率，m/d；

t_x——整个雨季的时间，d；

r——安全修正系数，$r=0.5\sim1$，按气象周期出现的干旱年系列，结合抽水年份的气象条件给出。

④ 评价　根据计算结果，如果 $Q_{bcp} \geqslant Q_k$，$V_b \geqslant V_s$，则计算的 Q_k 可作为允许开采量；如果 $Q_{bcp} < Q_k$，$V_b < V_s$，则以 Q_{bcp} 作为允许开采量。

5）水均衡法

水均衡法适用于地下水埋藏较浅，补给与排泄较简单且水文地质条件易于查清的地区。它不仅是地下水资源评价的基本方法，也是其他方法评价的指导思想和检验结果的依据。它是根据物质守恒原理，研究地下水的补给、消耗与储存之间的数量转换关系，由此评价允许开采量。对于一个地区（均衡域）来说，在补给与消耗的不平衡发展过程中，任一时间段（均衡期）内补给量 Q_b 与消耗量 Q_p 之差，应等于该均衡区 A 内水体积 $\mu A \dfrac{\Delta h}{\Delta t}$（即储存量）的变化量，据此开采条件下的水均衡方程可表示为：

$$Q_k = Q_b - Q_p \pm \mu A \frac{\Delta h}{\Delta t} \tag{3-34}$$

在长期开采条件下，随着地下水位的下降，出现袭夺排泄量，以及蒸发量减少 ΔQ_p，产生补给的增量 ΔQ_b。因此，如果以补给量作为评价依据的稳定型开采动态，则最大允许开采量为：

$$Q_k = Q_b + \Delta Q_p + \Delta Q_b \tag{3-35}$$

如果是合理的消耗型开采动态，则为：

$$Q_k = Q_b + \Delta Q_p + \Delta Q_b + \frac{As_{max}\mu}{365t} \tag{3-36}$$

式中　s_{max}——最大允许降深；

　　　t——开采年限，一般取 $50\sim100a$。

按水均衡法计算的开采量是整个均衡区的极限值，一般大于将来的实际开采量。要使计算结果与实际开采量接近，应根据具体的水文地质条件和均衡要素测定的精度，乘以小于 1 的开采系数。

应用此法时，首先要划分均衡区，确定均衡区，然后根据水均衡条件建立水均衡方程，并测定各项均衡要素。均衡区一般取完整的水文地质单元或含水层（组），均衡期一般以年为单位。均衡要素的组成随水文地质条件和气候的周期变化而不同。为了提高计算精度，常常需要在均衡区内进一步按不同含水介质成因类型的不同地下水类型进行分区，按均衡要素存在的季节（如旱季、融冻、农灌、雨季等）进行分期，并建立相应的子方程，以简化水均衡，保证各单项均衡要素的计算精度。此外，为取得较准确的计算数据，最好在每个均衡分区内选择有代表性地段做小范围的均衡试验，实测各均衡要素计算所需的参数。最后，要根据多年的动态资料，计算不同保证率典型年的水均衡，评价允许开采量的保证程度。

6）相关分析法

相关分析法主要用于稳定型和调节型开采动态的水源地，或补给有余的旧水源地扩大开采时的地下水资源评价。计算时根据抽水试验资料或开采历史资料，用数理统计方法找出开采量和水位降等因素之间的相关关系（统计规律），建立相关程度密切的回归方程，在不改变其物理背景（如补给条件、开采条件等）的前提下，外推未来开采时允许开采量，但外推范围不能太大。相关分析法也常用于泉源水源地的水资源评价。通过分析泉水流量与降水等各种影响因素之间的相关关系。

由于相关分析法是建立在数理统计理论基础上的，直接以现实物理背景下得到的统计规律分析和解决问题，因此可以避开各种复杂的地质问题，并考虑各种非确定性随机因素的影响，同时能依据逐年增加的资料，随时修正预报成果。它的主要缺点是不能与开采方案相结合，又受到样本容量不能太少的限制，否则会影响外推精度。

为了避免重复，其具体计算方法，可见河流水文计算中有关相关分析的内容。

对城市供水水文地质勘察，要求相关系数 γ 大于 0.80，即表示相关密切。当相关程度符合要求时，把设计水位下降值代入相应的回归方程，直接计算设计开采量。也可根据需水量预测水位下降值，但不得超过允许下降值。

7）地下水文分析法

地下水文分析法是依照水文学，采用测流方法计算某一区域一年内地下水的总流量。它如果接近补给量或排泄量，可作为该区域的允许开采量。由于地下水直接测流的困难，地下水文分析法只适于一些特定地区，如岩溶管流区、基岩山区等地。而这些地区常常也是其他方法难以应用的地区。

① 岩溶管道截流总和法　我国西南岩溶山地多管道流，地下水资源大部分集中于岩溶管道中，而管外岩层的裂隙和溶隙中储存的水量甚微。因此，岩溶管道中的地下径流量，可作为该地区地下水的可开采量。在这种地区，只要能测得各暗河出口处枯季的径流量 Q_i，加起来便是该区地下水的可开采量 Q_k，即

$$Q_k = \sum_{i=1}^{n} Q_i \qquad (3\text{-}37)$$

② 地下径流模数法　当暗河管道埋藏很深无法测流时，可利用地下径流模数法。这是一种借助间接测流的近似计算方法，即认为一个地区地下暗河的流量与其补给面积成正比，且在条件相似的地区地下径流模数 M 是相近似的。因此只要在调查区选择其中的一二条暗河，测得其枯季流量 Q_i 和相应的补给面积 A_i，求得地下径流模数 M，再乘以全区的补给面积 A，便可求得整个调查区的地下径流量 $\sum Q_i$，以此作为地下水的允许开采量。

$$M = \frac{Q_i}{A_i} \qquad (3\text{-}38)$$

$$Q_k = MA \qquad (3\text{-}39)$$

③ 流量过程线分割法　山区河流枯季的地下径流量（基流量），基本上代表了地下水的排泄量，可以作为评价允许开采量的依据。利用水文站的河流水文图（流量过程图），结合水资源量评价具体的水文地质条件，对全区地表水流量过程线进行深入分析，把补给河水的地下水排泄量分割出来，即可获得全区的地下径流量，作为评价地下水允许开采量的依据。

④ 水文分析法中的频率分析　地下径流量受气候变化影响较大，如果所用资料是丰水年的，会得出偏大的结果，在平水年和枯水年就没有保证。如果利用枯水年资料，又过于保守。因此需要进行频率分析，获得不同保证率的数据。如果地下径流量观测数据较少，观测系列较短时，可以与观测数据较多、系列较长的气象资料进行相关分析，用回归方程来外推和插补，再作频率分析。其具体内容也可见河流水文统计的有关章节。

在地下水允许开采量计算中，不同计算方法和数学模型具有各自的特点与适用条件。确定性渗流型模型具有全面刻画含水层内部水量分布和与外部环境的水量转化及不同开采方案的能力，可以结合不同开采方案计算相应的允许开采量，是允许开采量计算的基本方法。其中数值法和电网络模拟法对水文地质条件的适应性强，一般用于高级别资源量的计算。其他方法大多着重表达地下水与周围某环境因素之间的特殊联系（如降水、地表水、地下水水位降等），由于不能与具体开采条件结合，一般作为辅助性计算，用于对允许开采量计算成果的检验或补充，或在特殊情况下用于允许开采量评价。如：扩建水源地，因具备丰富的实际开采数据，采用开采试验推断法或回归分析模型更合理。在地下暗河发育的岩溶地区，地下水资源大部分集中在岩溶管道中，并为管流，采用水文分析的管道截流法，经济可靠。分水岭地区，地下水运动以垂向入渗为主，地下径流发育不完善，与渗流的基本原理不符，宜用地下径流模数等水文分析法。泉源水源地，在掌握泉水流量长期动态资料时，常用系统理

论或泉水流量分析等方法集中参数模型。

（6）地下水资源评价的一般程序

地下水资源评价的一般程序体现在根据设计水量的要求、资料收集、条件勘察、模型选择、参数准备、水量评价等全过程。具体如图 3-4 所示。

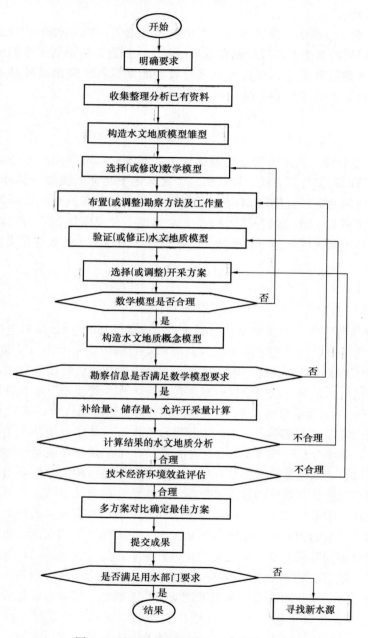

图 3-4　地下水资源评价的一般程序框图

3.2.3　区域水资源评价实例

区域水资源评价分为区域地表水资源评价和地下水资源评价。下面以北京市海淀区为例进行水资源评价。

1. 地表水资源评价

区域地表水资源是指设计区域内降水形成的地表水体的动态水量，用天然河川径流量表示。区域地表水资源不包括过境水量。收集海淀区域内及周边邻近地区雨量站、水文站和气象站的降水资料及各站 1 日、3 日最大降雨资料。

（1）降水量分析计算

降水量资料序列为 1970～2002 年。对降水量序列作频率分析，计算得：多年平均降水量 $\overline{p}$ = 587.9mm，离散系数 C_v = 0.37，偏态系数与变差系数的比值 C_s/C_v = 2.4。典型年降水量见表 3-3。

表 3-3 典型年降水量 单位：mm

典型年	20%	50%	75%	95%
年降水量	708.6	571.6	465.4	329.1

（2）径流量分析计算

收集海淀区境内和周边地区的有关水文资料，有南沙河上庄闸的年泄洪量、清河、北沙河、莲花河、京密引水渠、永定河引水渠等年径流量。海淀区出境地表水主要有：一是南沙河通过上庄大闸，进入沙河水库；二是北旱河在安河桥流入清河，再流入朝阳；三是南旱河流入永定河引水渠；四是京引、永引过境水。其中，北旱河、南旱河近几年基本干枯无水，只在 1994 年汛期降雨量较大时才有径流产生，出境水量基本为零。

本区南沙河流域，流域面积 210.1km²，贯穿海淀山区和平原区，河道上有上庄大闸控制河道径流，并有近年详细的闸水位和流量观测。因此选用南沙河流域作为全区的典型计算，估算地表水径流量。1995～2002 年南沙河径流量见表 3-4。

表 3-4 南沙河全年径流量统计表

年份	全年流量/10^4m³	代表年	全年平均径流/mm	年降水量/mm
1995	2498.2	平水年	108.5	615.2
1998	3538.8	平水年	181.8	626
1999	1627.1	枯水年	72.2	358.2
2000	1233.3	枯水年	58.2	396.6
2001	648.6	枯水年	34.4	411.1
2002	401.5	枯水年	15.1	455.6
平水年	2664		128.6	477.1

因南沙河贯穿了整个海淀区的山后地区，所以，其降雨量可以用全区的降雨量来近似代替。对径流量和降水量进行回归分析，得到回归指数方程：

$$y = 356.112e^{0.0511x} \tag{3-40}$$

式中 y——年降水量，mm；

x——天然年径流深，mm。

推广到全区各站，并按流域进行计算海淀区天然地表径流，结果见表 3-5。

表 3-5　海淀区地表水多年平均径流量总量计算成果表　　　　　　单位：$10^4\,m^3$

流　域	多年平均	平水年 (50%)	枯水年 (75%)	10 年一遇 (10%)	20 年一遇 (5%)	50 年一遇 (2%)	100 年一遇 (1%)
南沙河	2483	2296.3	552.8	6516.5	7105.4	7733.9	8148.8
北沙河	580	525.3	0	1175.8	1357.1	1546.4	1662.5
莲花河	1000	941.9	460.3	1812.2	2063.6	2316.5	2474.3
清　河	1042.7	1040.2	519.6	2077.4	2388.1	2598.9	3105.6
万泉河	892.4	931.4	0	1356.8	1689.2	1965.7	2203.6
南旱河	0	0	0	66.1	124.4	181.6	231.2
合　计	5998.1	5635	1532.7	13004.8	14727.8	16343	17826

从表 3-5 可知，海淀区多年平均天然径流总量为 $0.59 \times 10^8\,m^3$，占多年平均降水总量的 23.3%；10 年一遇（10%）为 $13004.8 \times 10^4\,m^3$，20 年一遇（5%）为 $14727.8 \times 10^4\,m^3$，50 年一遇（2%）为 $16343 \times 10^4\,m^3$，100 年一遇（1%）为 $17826 \times 10^4\,m^3$。

由于海淀区天然地表水的主要来源是降水，因此天然地表水的年际与年内变化与降水的变化密切相关，在年际间，大小相差悬殊，有的年份天然地表水量为零，有年份可达近亿方。在年内，全部径流都产生在汛期，主要集中在几场雨量大于 100mm 的降水，枯水季节无径流。

（3）入境水量计算

海淀区外来地表水主要有北沙河、莲花河、京密引水渠、永定河引水渠流入本区的水量。北沙河发源于昌平，在海淀区境内流域面积仅 3.38km²，其基本可算海淀区和昌平区的界河。1980 年水资源调查的实测入境量 $580.26 \times 10^4\,m^2$/年（不包括汛期洪水）。1989 年水资源调查时，枯水期近于断流，多年平均入境量 $0.06 \times 10^8\,m^2$（主要为汛期径流）。莲花河发源于石景山区，境内流域面积 9.31km²，是首钢排污河道。1980 年水资源调查时，径流景 $1009.15 \times 10^4\,m^2$/年。1989 年水资源调查时的多年平均入境量 $0.1 \times 10^8\,m^3$/年。京引、永引每年流经本区的水量约为 $4 \times 10^8\,m^3$，20 世纪 80 年代后，供本区用水量逐年减少，90 年代供本区农业灌溉用水已减少到 $0.2 \times 10^8\,m^3$ 左右，环境用水约 $0.05 \times 10^8\,m^3$。2001 年，京引停止向本区农业供水，2002 年提供环境用水（500～600）$\times 10^4\,m^3$，因渠道进行了全面的衬砌，渗入补给地下水也基本为零。

2. 地下水资源评价

由于地下水资源具有可恢复性、活动性和调节性等特点，为能较准确地表达地下水资源量，必须对地下水资源进行评价。

海淀区的地下水资源，可分为两类：一类是存于第四系松散岩层中的地下水资源；一类是赋存于基岩中（沉积岩、变质岩和火成岩）的地下水资源。由于基岩地下水情况复杂、资料少，故只一般论述，重点评论赋存于第四系松散岩层中的地下水。

第四系松散层中的地下水资源指产生于新生界第四系松散层中的地下水。该层地下水是目前本区地下水开采的主要水源，其主要受含水层厚度及含水层物质组分控制。如：四季青地区含水层厚度大于 40m；含水层由粗卵石、粗砂组成，其赋水性透水性好，给水度高，则属富水区；山后地区含水层薄，含水层一般小于 20m，含水层物质组分以细卵石、中细砂组成，含水层赋水性、透水性均差，给水度小，则属贫水区。

（1）地下水资源计算

① 地下水补给量计算

根据计算区的水文地质条件、气象水文条件以及需水量要求和地下水开采方式，确定地下水在开发利用条件下地下水位埋深应控制在 3～10m 为宜（沙丘、沙岗地区除外）。评价按典型年进行，以月为计算时段，计算评价结果见表 3-6。

表 3-6　海淀区地下水补给量计算

面积/km²	补给项	多年平均/10⁴m³
270	降水入渗	8175.8
	河流入渗	577.4
	两人工引水渠入渗	224
	渠系入渗及田间灌溉入渗	6254.8
	地下水侧向补给	7000
	补给量小计	22032

② 地下水资源量的演变

从 1949 年至今，地下水资源的供需情况发生了巨大变化，其变化趋势为从"供大于需"到"供需大致平衡"再到"供小于需"。变化的原因主要是各项用水量的猛增，造成地下水的开采量逐年增加，从而导致地下水位的持续下降。地下水的变化情况大致分为三个阶段：

1949～1960 年期间，属于"供大于需"阶段。本区的各项用水量都相对不大，地下水的每年开采量很有限，用于本区和部分外区的生活用水。1957 年，地下水的年开采量约 $0.3 \times 10^8 m^3$。

1960～1975 年期间，属于"供需大致平衡"阶段。全区地下水年平均开采量达 $2.4 \times 10^8 m^3$。泉水不再涌出，但地下水位尚未明显下降。

1975～2002 年，属于"供小于需"阶段。1975～1980 年，全区地下水的年开采最平均为 $2.55 \times 10^8 m^3$；1980 年～2002 年，全区地下水年平均开采量约为 $3 \times 10^8 m^3$，平均每年超量开采 $0.6 \times 10^8 m^3$，全区地下水位每年平均下降 0.59m。

3. 水资源总量计算

海淀区多年平均水资源总量为 $33698.1 \times 10^4 m^3$，见表 3-7。

表 3-7　海淀区各典型年总水资源总量　　　　　　　单位：$10^4 m^3$

	地表水资源量				地下水可开采量	水资源总量
	地表径流量	入境水量	外区调入量	小计		
年平均	5998.1	2200	3300	9498.1	24200	33698.1

4. 供水预测

海淀平原区的三个水文地质单元，从总体来看，永定河冲积扇属富水区，地下水含水层厚度大于 40m，最厚大于 200m，地下水的年开采量约占海淀区总开采量的 60%；清河洪冲积扇属次富水区，地下水含水层总厚度一般大于 30m，最厚可大于 50m，年地下水的开采量约占海淀区总开采量的 30%；南沙河、南口冲洪积扇属贫水区，地下水含水层厚度一般小于20m，局部大于20m，年地下水的开采量约占海淀区总开采量的10％略多些。

将浅层地下水含水层作为地下水库，进行调控运行，以丰补歉，以提高雨水资源的利用率，增加地下水资源的可采量。

海淀区多年平均地下水可开采量为$2.42×10^8 m^3$。考虑到京密引水渠于2001年全面衬砌后，海淀区的地下水入渗补给量减少$1800×10^4 m^3$，确定出海淀区现状地下水可开采量$22380×10^4 m^3$。扣除每年自来水三厂开采本区地下水$6000×10^4 m^3$供外区用水后，海淀区现状地下水可开采量$16380×10^4 m^3$。

可供水量预测：可供水量包括地表水可供水量和地下水可开采量，海淀区多年平均可供水量为$21820×10^4 m^3$、$P=75％$为$21397×10^4 m^3$。

根据海淀区现状可供水量和外区供水量及一次需水预测成果，进行不同水平年一次供需平衡分析。海淀全区2010、2020年不同保证率水资源一次供需平衡成果如下：

2010年：$P=50％$、$P=75％$时全区分别缺水$17469×10^4 m^3$、$21578×10^4 m^3$。其中山前区缺水量约$15000×10^4 m^3$，山后区缺水量为$(5700\sim6400)×10^4 m^3$。

2020年水平年：$P=50％$、$P=75％$全区分别缺水$23776×10^4 m^3$、$24639×10^4 m^3$。其中山前区缺水量$17500×10^4 m^3$，山后区缺水量为$(6200\sim7000)×10^4 m^3$。

3.3 水资源水质评价

水质评价是水环境质量评价的简称。水质评价的主要内容是根据水体的用途及水的物理、化学及生物性质，按照一定的水质质量标准和评价方法，将参数数据转化为确定的水质状况信息，获得水环境现状及其水质分布状况，对水域的水质或水体质量进行定性或定量评定的过程。

随着水质污染和水资源供需矛盾加剧，水质问题越来越受到人们的重视，水质评价工作也随之发展起来。20世纪初，德国开始利用水生生物评价水质，随后，英国提出以化学指标对水质进行分类。随后，各国相继提出了各类水质综合评价指数的数学模型。我国自1973年以来，在一些大中城市、流域及海域陆续开展了环境质量评价工作。1974年提出了综合污染指数，1975年提出了水质质量系数，1977年以来，又不断完善了水体质量评价指数系统，并就质量评价与污染治理的关系进行深入研究。

一般说来，水质评价可以根据评价目标、水质标准、水的用途等，大体可做如下分类：

① 按照评价对象可分为地表水水质评价、地下水水质评价和大气降水水质评价；

② 按照水的用途可分为供水水质评价（即行业用水评价，包括生活饮用水、工业用水、农业灌溉用水、养殖用水等）、风景游览水体水质评价以及为水环境保护而进行的水环境质量评价；

③ 按照评价时段可分为回顾性评价、现状评价和影响评价；

④ 按照评价划分范围可分为局部地段的水质评价、区域性的水质评价等。

3.3.1 水质指标体系

为了评价供水资源质量状况，必须建立水质和水质指标的概念。

　　水质是指水和其中所含的物质组分所共同表现的物理、化学和生物学的综合特性。

　　水质指标则表示水中物质的种类、成分和数量，是判断水质的具体衡量标准。水质指标项目繁多，总共可有上百种。它们可分为物理的、化学的和生物学的三大类。

1. 物理性水质指标

（1）感官物理性状指标　温度、色度、嗅和味、透明度、浊度等；

（2）其他物理性水质指标　总固体、悬浮固体、可沉固体、电导率（电阻率）等。

2. 化学性水质指标

（1）一般的化学性水质指标　pH 值、碱度、硬度、各种阴阳离子，总含盐量、一般有机物等。

（2）有毒的化学性水质指标　各种重金属、氰化物、多环芳烃、各种农药等。

（3）氧平衡指标　溶解氧（DO）、化学耗氧量（COD）、生化耗氧量（BOD）、总需氧量（TOD）等。

3. 生物学水质指标

一般包括细菌总数，总大肠菌菌群数，各种病原细菌、病毒等。

3.3.2　水质评价步骤与评价方法

1. 水质评价步骤

水质评价的一般步骤是：

（1）水环境背景值调查　指在未受人为污染影响的状况下，确定水体在自然发展过程中原有的化学组成。因目前难以找到绝对不受污染影响的水体，所以测得的水环境背景值实际上是一个相对值，可以作为判别水体受污染影响程度的参考比较指标。进行一个区域或河段的评价时，可将对照断面的监测值作为背景值。

（2）污染源调查评价　污染源是影响水质的重要因素，通过污染源调查与评价，可确定水体的主要污染物质，从而确定水体监测及评价项目。

（3）水质监测　根据水质调查和污染源评价结论，结合水质评价目的，评价水体的特征和影响水体水质的重要污染物质，制定水质监测方案，进行取样分析，获取进行水质评价必需的水质监测数据。

（4）确定评价标准　水质标准是水质评价的准则和依据。对于同一水体，采用不同的标准会得出不同的评价结果，甚至对水质是否污染结论也不同。因此应根据评价水体的用途和评价目的选择相应的评价标准。

（5）按照一定的数学模型进行评价。

（6）评价结论　根据计算结果进行水质优劣分级，提出评价结论。为了更直观地反映水质状况，可绘制水质图。

2. 水质评价方法

不同水体及不同使用目的，决定了所对应的水质评价标准也不同。通常情况下，对水体环境质量给予综合性评价时需选择合适的水质评价方法。水质评价的方法有很多，目前我国使用的水质评价方法大致分为指数评价法和分级评价法两类。在多数情况下，需要对水体环境质量给予综合评价，以便了解其综合质量状况，这就需要研究和选定合适的水质评价方法。因此，只有选择或构建了正确的评价方法，才能对水体质量作出有效评判，确定其水质状况和应用价值，从而为防治水体污染及合理开发利用、保护与管理水资源提供科学依据。

虽然，从不同角度和目的出发提出的方法各异，但水质评价方法本身应具有科学性、正确性和可比性，满足实际使用要求，以利于查清影响水质的各种因素，以便于水环境的保护与水污染的治理。

指数评价法的共同特点是以水质实测值与水质标准中相应指标数值的比值，作为基本单元，经算数平均、加权平均、指数比等数学归纳统计的方法，得出一个比较简便的值，以表征水质特性或水的污染程度。这种方法比较简便，但对有些参数如电导率、细菌群数等不适用。常用的方法有单项指数法、综合指数法、平均指数法、加权平均指数法、内梅罗指数法、直接评分法等。

分级评价法是把评价参数的区域代表值（实测值或经转换的值），用同一分级标准进行对比打分、分级，再综合各项目的得分值，来确定水质的优劣。这种方法比较直观、明确，适用范围广，能反映水域污染的真实情况。但不能反映污染物质进入水体后的迁移、转化、加成等许多复杂的作用。常用的方法是国家环保部推荐、由中国环境监测总站提出的分级评分法。目前我国实行的分级评价方法一般是以评价对象不同，如地表水、地下水、工业用水等，依次选用相应的标准，作为分级的依据。

（1）单项指数法

以待评价水体的某项水质指标的实测值与评价标准的比值，作为水质指数 I_d，依据指数大小进行评价。常用于水体中含有某种有毒或有害物质的水质评价，如遭受铅、铬重金属污染的水体。

$$I_d = C/C_d \tag{3-41}$$

式中　I_d——水体的单项指数；

　　　C——待评价水体的某项水质指标实测值；

　　　C_d——水质标准中相应指标的标准值。

一般而言，$I_d < 1$ 时，说明该项水质实测值满足标准，单项指数值 I_d 越低，水质越好。

（2）综合指数法

以待评价水体的各项水质指标的实测值与评价标准中相应的背景值（或对照值）的比值之和，作为评价指数。指数越低，水质越好；反之，则差。

$$I_z = \sum_{i=1}^{n} \frac{C_i}{C_{0i}} \tag{3-42}$$

式中　I_z——综合水质指数；

　　　C_i——待评水体某项水质指标实测值；

　　　C_{0i}——水质标准中相应项的指标标准值。

综合指数法推导严谨，计算结果复杂，但由于考虑了水质分级以及水体质量变化的不确定性，评价结果更接近实际，反映了水体质量的本质，故国内对它的研究很多。

（3）平均指数法

以待评价水体的各项水质指标的实测值与水质标准中相应的标准值的均值，作为水质指数 I_p，计算公式为：

$$I_p = \frac{1}{n} \sum_{i=1}^{n} \frac{C_i}{C_{0i}} \tag{3-43}$$

式中　I_p——平均水质指数；

　　　C_i——待评水体某项水质指标实测值；

　　　C_{0i}——水质标准中相应项的指标标准值；

　　　n——水体水质指标总项数。

与单项指数值相似，通常 $I_p < 1$，水质满足标准要求，I_p 值越低，表示水质越好；反之则越差。$I_p < 1$，水体未污染或污染较轻，能满足使用要求；$I_p > 1$，水体污染较重，不能满足使用要求；也可根据 I_p 值对所评价的水体进行污染程度分级。

（4）加权平均指数法

将水质指标按其对水质的影响程度，赋予权值，水体中各项水质指标实测值与评价标准中相应的标准值的比值和相应权重的乘积之和的均值作为水质指数。

$$I_W = \frac{1}{n} \sum W_i I_d \tag{3-44}$$

式中　I_W——加权平均指数；

　　　W_i——第 i 项参数的权重值；

$\sum W_i I_d = 1$。

该指数值突出了对水质影响程度较大的水质指标项在总指数的比重，反映了不同参数对水质的影响差异；但 W_i 的确定存在较多的人为因素（如通过专家打分的办法确定权重值）。

（5）内梅罗指数法

由美国叙拉古大学内梅罗（Nemerow N. L.）教授提出的极值的水质评价模式，即内梅罗模式：

$$PI = \sqrt{\frac{(C_i/C_{0i})^2_{max} + (C_i/C_{0i})^2_{ave}}{2}} \tag{3-45}$$

式中　$(C_i/C_{0i})_{max}$——水质参数中最大的单项评价指数；

　　　$(C_i/C_{0i})_{ave}$——水质参数中的平均指数。

内梅罗法考虑了各污染物的平均水平，同时突出个别严重污染物的作用。

（6）直接评分法

按一定的水质指标体系及评价标准，待评价水体各项水质指标实测值，进行逐项打分，评分越高意味着水质越好。

以上各种方法具体应用时，应针对水域的具体情况，选择有代表性的评价参数和监测项目，以使评价较为真实、准确地反映客观实际，一般所选择的评价参数不易过于复杂。

3.3.3　地表水水质评价

地表水的主要存在形式是河流、湖泊（水库）、高山积雪及冰川。而在人类频繁活动并对水域有显著影响的区域，地表水的主要存在形式是河流（渠道）、湖泊（水库）。因此，地表水质评价的主要对象是河流和湖库。

在水质监测的基础上，根据不同评价目的和要求可采用不同的评价方法和评价指标。目前，我国各大流域所进行的水质评价，是以水资源开发利用及水源保护为目的的多目标水质评价，评价方法一般采用分级评价法。

地表水质分级评价方法，系指根据国家所颁布的《地表水环境质量标准》（GB 3838—2002）（表 3-8）以及特定行业水质标准，如饮用水、渔业用水、灌溉用水、工业废水排放标准等，将水质划分为五个等级，并分项定出各级指标和相应水域功能。

依据地表水水域环境功能和保护目标，按功能高低依次划分的五类水如下：

Ⅰ级：清洁水符合生活饮用水标准。主要适用于源头水、国家自然保护区。

Ⅱ级：轻度污染符合渔业用水标准。主要适用于集中式生活饮用地表水源地一级保护区、珍稀水生生物栖息地、鱼虾类产卵场、仔稚幼鱼的索饵场等。

Ⅲ级：较重污染符合农业灌溉用水标准。主要适用于集中式生活饮用水地表水源地二级保护区、鱼虾类越冬场、洄游通道、水产养殖区等渔业水域及游泳区。

Ⅳ级：重污染不符合各部门用水水质要求，本级在 pH 值、五毒（酚、氰化物、汞、砷、六价铬为有毒化学物质，称为五项毒物）满足农灌水质标准时，可作灌溉用水。主要适用于一般工业用水区及人体非直接接触的娱乐用水区。

Ⅴ级：严重污染超过工业废水最高允许排放浓度，基本为"死水"，本级在 pH 值、五毒满足农灌水质标准时，可作灌溉用水。主要适用于农业用水区及一般景观要求水域。

表 3-8　地表水环境质量标准基本项目标准限值　　　　　单位：mg/L

项　　目		Ⅰ类	Ⅱ类	Ⅲ类	Ⅳ类	Ⅴ类
水温/℃		人为造成的环境水温变化应限制在：周平均最大温升≤1　周平均最大温降≤2				
pH 值（无量纲）		6～9				
溶解氧/（mg/L）	≥	饱和率90%（或7.5）	6	5	3	2
高锰酸盐指数/（mg/L）	≤	2	4	6	10	15
化学需氧量（COD$_{Cr}$）/（mg/L）	≤	15 以下	15	20	30	40
五日生化需氧量（BOD$_5$）/（mg/L）	≤	3 以下	3	4	6	10
氨氮（NH$_3$-N）/（mg/L）	≤	0.015	0.5	1.0	1.5	2.0
总磷（以 P 计）/（mg/L）	≤	0.02（湖、库0.01）	0.1（湖、库0.025）	0.2（湖、库0.05）	0.3（湖、库0.1）	0.4（湖、库0.2）
总氮（湖、库以 N 计）/（mg/L）	≤	0.2	0.5	1.0	1.5	2.0
总铜/（mg/L）	≤	0.01	1.0	1.0	1.0	1.0
总锌/（mg/L）	≤	0.05	1.0	1.0	2.0	2.0
氟化物（以 F$^-$ 计）/（mg/L）	≤	1.0 以下	1.0	1.0	1.5	1.5
硒（四价）/（mg/L）	≤	0.01 以下	0.01	0.01	0.02	0.02
总砷/（mg/L）	≤	0.05	0.05	0.05	0.1	0.1
总汞/（mg/L）	≤	0.00005	0.00005	0.0001	0.001	0.001
总镉/（mg/L）	≤	0.001	0.005	0.005	0.005	0.005
铬（六价）/（mg/L）	≤	0.01	0.05	0.05	0.05	0.1
总铅/（mg/L）	≤	0.01	0.01	0.05	0.05	0.1
总氰化物/（mg/L）	≤	0.005	0.05	0.2	0.2	0.2

续表

项　目		Ⅰ类	Ⅱ类	Ⅲ类	Ⅳ类	Ⅴ类
挥发酚/（mg/L）	≤	0.002	0.002	0.005	0.01	0.1
石油类/（mg/L）	≤	0.05	0.05	0.05	0.5	1.0
阴离子表面活性剂/（mg/L）	≤	0.2	0.2	0.2	0.3	0.3
硫化物/（mg/L）	≤	0.05	0.1	0.2	0.5	1.0
粪大肠菌群/（个/L）	≤	200	2000	10000	20000	40000

主要评价指标包括：pH 值、溶解氧（DO）、化学需氧量（COD_{cr}）、生化需氧量、高锰酸盐指数、氨氮、总磷、总氮、氟化物、酚、氰化物、汞、砷、六价铬等。溶解氧、化学耗氧量、氨氮是判断水体是否受到有机物污染的三个重要指标。五毒是判断水体是否受有毒化学物质污染的水质指标。

1. 河段水质单项评价

对河流进行水质评价时，先把河流划分为若干段，计算出河段各项指标的断面代表值，对选定的评价指标按照各级标准，逐项进行定级，确定各项指标断面代表值所代表的河段水质级别。

河流分段应根据河道自然地理特征、污染源分布和水质监测断面的分布情况，将水文情势比较一致的水域划分为若干段，作为水质评价的基本单元，对单断面的河段，可直接以断面代表值评价所代表的河段水质，用式（3-46）计算；对多断面的河段，则需通过断面代表值计算河段代表值，用式（3-47）计算。

断面代表值计算式：

$$\overline{C_j} = \frac{1}{n} \sum_{j=1}^{n} C_j \qquad (3\text{-}46)$$

式中　$\overline{C_j}$——断面平均浓度；

$\quad\quad C_j$——断面内各测点实测浓度；

$\quad\quad n$——断面内实测点数。

河段代表值计算式：

$$C_L = \frac{1}{m} \sum_{j=1}^{n} \overline{C_j} \qquad (3\text{-}47)$$

式中　C_L——河段水质代表值；

$\quad\quad \overline{C_j}$——河段内各断面平均浓度；

$\quad\quad m$——断面个数。

2. 河段水质综合评价

在各河段水质单项评价基础上，对三项有机物污染指标（溶解氧、耗氧量、氨氮）和五毒分两组进行综合定级。综合定级的方法是以有机物污染、五毒两组中各自最高单项指标级别，分别定为各河段有机物、五毒综合级别（地图重叠法）。分级标准、相应的污染程度和可利用情况与单项指标评价相同。

对于Ⅳ、Ⅴ级水，五毒不超过标准时，仍可作农业灌溉用水。把超过地表水水质标准的Ⅲ、Ⅳ、Ⅴ级河流称为受污染河流，其长度为污染河长。

3. 河流水质总体评价

在监测断面布设合理和资料完整的河流进行河流水质总体评价，便于河流之间对比。其方法是在河流各河段水质综合定级的基础上，采用河段长加权平均法，计算公式为：

$$K = \frac{\sum_{j=1}^{n} K_j L_j}{\sum_{j=1}^{n} L_j}$$

（3-48）

式中　K——河流水质总体评价有机物或五毒污染级别；

　　　K_j——各河段有机物或五毒综合评价级别；

　　　L_j——各评价河段的长度，km；

　　　n——河段个数。

4. 河流水质评价成果汇总

在进行了水质单项评价和综合评价之后，应对评价成果进行整理和汇总，用文字和图表等形式说明评价河流的污染源、主要污染物及其污染过程、水体污染程度及其时空变化规律。以下几种表征方式供水质评价时参考。

（1）水质评价报告　包括：① 评价河流（水系）的自然环境特征、经济社会概况、水资源特性；② 评价分区（段）、评价方法；③ 点、面污染源的地区分布和强度分布；④ 河流水质现状的地区分布及污染趋势；⑤ 河流水质及水资源可利用现状。

（2）附表　包括：① 评价河流水质监测及评价统计表；② 河流分区（段）污废水量统计表；③ 河流单项评价各级统计表；④ 河流综合评价各级统计表。

（3）附图　包括：① 评价流域地表水资源分布图；② 评价水系地表水水质监测断面分布图；③ 地表水水的类型分布图；④ 流域主要城镇污染源分布图；⑤ 河流水有机污染综合评价分布图；⑥ 河流水五毒污染综合评价分布图；⑦ 河流水各单项污染分布图，包括河流水的总硬度、氟化物、溶解氧、化学耗氧量、氨氮、酚、氰化物、砷、汞和六价铬等各单项污染分布图，分别绘制。

3.3.4　地下水水质评价

地下水水质调查评价的范围是平原及山丘区浅层地下水和作为大中型城市生活饮用水源的深层地下水。

地下水水质调查评价的内容是结合水资源分区，在区域范围内普遍进行地下水水质现状调查评价，初步查明地下水水质状况及氰化物、硝酸盐、硫酸盐、总硬度等水质指标分布状况。工作内容包括调查收集资料、进行站点布设、水质监测、水质评价、图表整理、编制成果报告等。地表水污染突出的城市要求进行重点调查和评价，分析污染地下水水质的主要来源、污染变化规律和趋势。

1. 调查收集基本资料

（1）区域的自然地理、经济社会发展状况；

（2）水文地质、地下水流向、地下水观测井分布。地下水埋深和开发利用情况，以图表形式进行整理附以文字分析；

（3）调查区域内地面污染源分布情况，查清污废水量及主要污染物排放量；

（4）调查了解城市污灌区的分布、面积、污水量及污染物等；

（5）调查由于地下水开发利用引起的地面沉降、地面塌陷、海水入侵、泉水断流、土壤盐碱化、地方病等环境生态问题，要调查其发生时间、地点、区域范围及经济损失、已采取什么防治措施等。

2. 水质评价

（1）水化学类型分类

按照阿列金分类法，对各测点地下水类型进行分类，编制区域地下水化学类型分布图、pH 值、总硬度、矿化度、氯化物、硫酸根、硝酸盐及氟化物分布图。

（2）水质功能评价及一般统计

根据地下水资源的用途，采用《生活饮用水卫生标准》（GB 5749—2006）作为评价标准，以单项指标地图叠加法对照进行单站井枯、平、丰三期水质指标评价，并统计超标率、检出率。

主要评价指标包括：pH 值、总硬度、矿化度、硫酸盐、硝酸盐氮、氯化物、氟化物、酚、氰、砷、汞、六价铬、铅、镉、铁、锰，共 16 项。

（3）地下水质量评价

《地下水质量标准》（GB/T 14848—1993）（表 3-9）将地下水质量划分为如下五类。

Ⅰ类：主要反映地下水化学组分的天然低背景含量，适用于各种用途。

Ⅱ类：主要反映地下水化学组分的天然背景含量，适用于各种用途。

Ⅲ类：以人体健康基准值为依据，主要适于集中式生活饮用水源及工农业用水。

Ⅳ类：以农业和工业用水要求为依据，除适用于农业和部分工业用水外，适当处理后，可作生活饮用水。

Ⅴ类：不宜饮用，其他用水可根据使用目的选用。

表 3-9 地下水质量分类指标

标准值 项目 \ 类别	Ⅰ类	Ⅱ类	Ⅲ类	Ⅳ类	Ⅴ类
色/度	≤5	≤5	≤15	≤25	>25
嗅和味	无	无	无	无	有
浑浊度/度	≤3	≤3	≤3	≤10	>10
肉眼可见物	无	无	无	无	有
pH 值	6.5～8.5	6.5～8.5	6.5～8.5	5.5～6.5 8.5～9	<5.5，>9
总硬度（以 $CaCO_3$，计）/(mg/L)	≤150	≤300	≤450	≤550	>550
溶解性总固体/(mg/L)	≤300	≤500	≤1000	≤2000	>2000
硫酸盐/(mg/L)	≤50	≤150	≤250	≤350	>350
氯化物/(mg/L)	≤50	≤150	≤250	≤350	>350
铁/(mg/L)	≤0.1	≤0.2	≤0.3	≤1.5	>1.5
锰/(mg/L)	≤0.05	≤0.05	≤0.1	≤1.0	>1.0
铜/(mg/L)	≤0.01	≤0.05	≤1.0	≤1.5	>1.5
锌/(mg/L)	≤0.05	≤0.5	≤1.0	≤5.0	>5.0

续表

项目 \ 标准值 \ 类别	Ⅰ类	Ⅱ类	Ⅲ类	Ⅳ类	Ⅴ类
钼/(mg/L)	≤0.001	≤0.01	≤0.1	≤0.5	>0.5
钴/(mg/L)	≤0.005	≤0.05	≤0.05	≤1.0	>1.0
挥发性酚类(以苯酚计)/(mg/L)	≤0.001	≤0.001	≤0.002	≤0.01	>0.01
阴离子合成洗涤剂/(mg/L)	不得检出	≤0.1	≤0.3	≤0.3	>0.3
高锰酸盐指数/(mg/L)	≤1.0	≤2.0	≤3.0	≤10	>10
硝酸盐(以N计)/(mg/L)	≤2.0	≤5.0	≤20	≤30	>30
亚硝酸盐(以N计)/(mg/L)	≤0.001	≤0.01	≤0.02	≤0.1	>0.1
氨氮(NH_3-N)/(mg/L)	≤0.02	≤0.02	≤0.2	≤0.5	>0.5
氟化物/(mg/L)	≤1.0	≤1.0	≤1.0	≤2.0	>2.0
碘化物/(mg/L)	≤0.1	≤0.1	≤0.2	≤1.0	>1.0
氰化物/(mg/L)	≤0.001	≤0.01	≤0.05	≤0.1	>0.1
汞/(mg/L)	≤0.00005	≤0.0005	≤0.001	≤0.001	>0.001
砷/(mg/L)	≤0.005	≤0.01	≤0.05	≤0.05	>0.05
硒/(mg/L)	≤0.01	≤0.01	≤0.01	≤0.1	>0.1
镉/(mg/L)	≤0.0001	≤0.001	≤0.01	≤0.01	>0.01
铬(六价)/(mg/L)	≤0.005	≤0.01	≤0.05	≤0.1	>0.1
铅/(mg/L)	≤0.005	≤0.01	≤0.05	≤0.1	>0.1
铍/(mg/L)	≤0.00002	≤0.0001	≤0.0002	≤0.001	>0.001
钡/(mg/L)	≤0.01	≤0.1	≤1.0	≤4.0	>4.0
镍/(mg/L)	≤0.005	≤0.05	≤0.05	≤0.1	>0.1
滴滴涕/(μg/L)	不得检出	≤0.005	≤1.0	≤1.0	>1.0
六六六/(μg/L)	≤0.005	≤0.05	≤5.0	≤5.0	>5.0
总大肠菌群/(个/L)	≤3.0	≤3.0	≤3.0	≤100	>100
细菌总数/(个/mL)	≤100	≤100	≤100	≤1000	>1000
总α放射性/(Bq/L)	≤0.1	≤0.1	≤0.1	>0.1	>0.1
总β放射性/(Bq/L)	≤0.1	≤1.0	≤1.0	>1.0	>1.0

主要评价指标包括：pH值、总硬度、矿化度（溶解性固体）、硫酸盐、硝酸盐氮、亚硝酸盐氮、氨氮、氯化物、氟化物、高锰酸盐指数、酚、氰、砷、汞、六价铬、铅、镉、铁、锰等19项。城镇饮用水源评价增加细菌总数、大肠菌群。

地下水水质综合评价步骤如下：

① 首先进行单项组分评价。将地下水水质监测结果与地下水水质标准进行比较，确定其所属水质类别（注意：当不同类别标准值相同时，从优不从劣），再根据类别与F_i的换算关系（表3-10）确定各单项指标的F_i值。

例如，若有一井水的氯化物、氨氮的年平均值分别为160mg/L 和 0.02mg/L，则与地下水质量标准比较，其单项分类分别为Ⅲ类与Ⅰ类（当不同类别标准值相同时，从优不从劣，故属于 I 类而不属于 II 类），再根据表 3-10 确定它们单项指标的 F_i 值分别为 3 和 0。

表 3-10　地下水水质类别与 F 换算关系

类　别	I	II	III	IV	V
F_i	0	1	3	6	10

② 计算各项组分评价值 F_i 的平均值 $\overline{F}$，即

$$\overline{F} = \frac{1}{n} \sum_{i-1}^{n} F_i \tag{3-49}$$

③ 按下式计算综合评价分值 F，即

$$F = \sqrt{\frac{\overline{F^2} + \overline{F^2_{\max}}}{2}} \tag{3-50}$$

式中　$F_{\max}$——各单项组分评价分值 F_i 中的最大值；

　　　　n——进行评价的单项类目。

若已知 $\overline{F} = 1.5$，$F_{\max} = 3$，则按公式算得 $F = 2.37$。

④ 根据 F 值，按表 3-11 确定该站井地下水质量级别为"良好"。

表 3-11　地下水水质类别与 F 换算关系

F	<0.80	0.80～2.50	2.50～4.25	4.25～7.20	>7.20
级别	优良	良好	较好	较差	极差

当使用两组以上的水质分析资料进行评价时，可分别进行地下水质量评价。也可根据具体情况，使用全年平均值、多年平均值或分别使用多年的枯水期、丰水期平均值进行评价。

3. 水质评价成果汇总

地下水水质评价提交的成果一般包括下列各项内容：

（1）成果报告　包括：① 单元评价区的地下水水质调查评价成果报告；② 整个评价区的地下水水质调查评价总结报告。

（2）附表　包括：① 地下水水质监测站井一览表；② 地下水水质分析成果表；③ 地下水水质功能评价表；④ 地下水水质功能评价统计表；⑤ 地下水质量综合评价表；⑥ 地下水开发利用引起的环境问题调查表；⑦ 污染区调查表。

（3）附图　包括：① 地下水水质监测、评价单元分区及站井分布图；② 地下水水资源模数分布图（浅层淡水）；③ pH 值、矿化物、总硬度、总碱度、硫酸根、氯化物、硝酸盐氮、氟化物分布图（枯、平、丰期及年平均图各一幅）；④ 地下水埋藏深度图（枯、平、丰期及年平均图各一幅）；⑤ 地下水水化学类型分布图；⑥ 地下水开发利用功能分区图；⑦ 重点城市深层水水质评价图。各地市级评价区工作图，比例尺应采用 1∶20 万；各省级评价区工作图比例尺应采用 1∶50 万。

3.4　水资源综合评价

3.4.1　水资源综合评价主要任务及程序

水资源评价从早期统计天然状态下水资源量及分布特征，增加到为水资源利用工程设计

提供所需的水文特征参数及分析，从单一的地表水资源或地下水资源评价，到地表水地下水资源综合评价，从单纯的水资源数量评价发展至水资源数量与质量统一评价，到其后对水资源供需平衡分析以及水资源开发利用后对环境影响评价等，我国的水资源评价工作进入一个全面评价的时代。

我国《水资源评价准则》对此做出明确规定：水资源综合评价就是在水资源数量、质量和开发利用现状评价以及对环境影响评价的基础上，遵循生态良性循环、资源持续利用、经济可持续发展的原则，对水资源时空分布特征、利用状况及与社会经济发展的协调程度所做的综合评价。水资源综合评价的最终目的是：通过水资源综合评价，应当能够提出解决评价区水资源问题的对策或决策，包括可行性的开源节流措施、方案对开源的可能性以及规模，节流的措施与潜力给予科学地分析评价；对于评价区内因水资源开发利用可能产生的负面效应，尤其是对生态环境的影响进行分析和预测，经与正效应比较分析后，提出避免和减少负效应的对策，供决策者参考。

水资源综合评价的任务主要体现在水资源数量评价、水资源质量评价、开发利用现状及其影响评价、水资源综合评价等几个方面。

进行综合评价的一般程序如下：

（1）水资源评价背景与基础的调查　即指对评价区的自然状况、社会经济现状、水利工程及水资源利用现状等调查。评价区自然状况如气候、地形地貌、水文地质条件、植被土壤条件等，制约着水资源形成、赋存和转化。而社会经济状况包括人口和工农业生产，是进行水资源供需分析时计算水需求量的基础资料。

（2）评价区内基础水资源的评价　即指地表水资源量、地下水资源量、水资源总量的计算等。

（3）评价区内水资源质量的评价　即根据供水要求，从水的物理、化学和生物学性质等方面对评价区水体的质量做出全面评价。

（4）水资源开发利用现状及其影响评价　即指对社会经济及供水基础设施现状调查分析，供用水现状、效率分析，以及水资源开发利用后可能出现的水体污染、河道退化、湖（库）萎缩、次生盐碱化、地面沉降、海咸水入侵等。

（5）水资源综合评价　水资源综合评价即指对水资源供需发展趋势分析、评价区水资源条件综合分析、分区水资源与社会经济协调程度分析。

3.4.2　水资源综合评价原则

1. 水资源数量评价

水资源数量评价、水资源质量评价均应使用统一分区。各单项评价工作在统一分区的基础上，可根据该项评价的特点与具体要求，再划分计算区或评价单元对水资源量进行评价。

依据地表水体的动态水量（河川径流量），分析其年内和多年变化特征，对地表水数量评价；依据地形地貌、地质构造及水文地质条件，对地下水各项补给量和消耗排泄量评价；地表水和地下水相互转化明显的地区，应作为统一系统进行评价，以避免地表水资源量和地下水资源量相互转化之间的重复量。

2. 水资源质量评价

开展对水体水质和污染源的监测，依据国家规定的标准，选择必要的评价指标和参数，分水体、分河段对水质优劣及其分级评价，根据评价目的、水体用途、水质特性，选用相关参数和相应的国家、行业或地方水质标准对水资源质量进行评价。

3. 水资源开发利用及其影响评价

水资源开发利用及其影响评价包括经济社会现状调查、供水与用水现状调查、水资源开发利用对环境影响评价以及区域水资源综合评价等。依据社会经济发展现状、自然资源开发现状，对社会经济发展现状进行调查分析；选择具备资料条件的最近一年为基准年，调查统计该年及近几年河道内用水、河道外用水情况，对供用水现状调查分析；根据水资源开发利用后可能产生的环境地质灾害、水环境问题，进行水资源开发利用现状对环境的影响评价等。

4. 水资源综合评价

（1）水资源供需发展趋势分析　不同水平年的选取应与国民经济和社会发展五年计划及远景规划目标协调一致。应以现状供用水水平和不同水平年经济、社会、环境发展目标以及可能的开发利用方案为依据，分区分析不同水平年水资源供需发展趋势及其可能产生的各种问题，其中包括河道外用水和河道内用水的平衡协调问题。

（2）评价区水资源条件综合分析　从不同方面、多角度筛选有关社会、经济、资源、环境等各方面的指标，并选取适当的评价方法，对评价区水资源状况及开发利用程度进行综合评价，最终给出一个定性或定量的综合性结论。

（3）分区水资源与社会经济协调程度分析　通过建立评价体系来定量表述分区水资源与社会经济协调程度，据此实现对评价区内各计算分区的分类排序。评价指标应能反映分区水资源对社会经济可持续发展的影响程度、水资源问题的类型及解决水资源问题的难易程度。

评价区分类排序遵循：① 按水资源与社会经济发展严重不协调区、不协调区、基本协调区、协调区对各评价分区进行分类；② 按水资源与社会经济发展不协调的原因，将不协调分区划分为资源型缺水、工程型缺水、水质污染型缺水等类型；③ 按水资源与社会经济发展不协调的程度和解决的难易程度，对各评价分区进行排序。

常用的评价指标选择：人口、耕地、产值等社会经济状况的指标；用水现状及需水指标；水资源数量、质量的指标；现状供水及规划供水工程情况的指标；评价区环境状况的相关指标等。评价时，应对所选指标进行筛选和关联分析，确定重要程度，并在确定评价指标体系后，采用适当的评价方法，对评价分区水资源与社会经济协调发展情况进行综合评判。

3.4.3　水资源综合评价方法

水资源综合评价的最终目的是为了分析和预测评价区域内水资源现状和今后的水资源供需状况。

1. 水资源总量计算方法

在水资源总量计算中，并不是简单地将地表水资源量和地下水资源量直接相加作为水资源总量，而是分别对地表水、地下水进行评价。在水量评价中，是将河川径流量作为地表水资源，把地下水的补给量（或消耗量）作为地下水资源。由于地表水和地下水相互联系和相互转化，使河川径流量中包含了一部分地下水排泄量，而地下水补给量中又有一部分来自于地表水体的入渗，因此，水资源总量应该是地表水与地下水资源量之和，扣除两者之间相互转化的重复水量，即：

$$W = R + Q - D \tag{3-51}$$

式中　W——水资源总量；

R——地表水资源量；

Q——地下水资源量；

D——地表水和地下水相互转化的重复水量。

在应用上式计算时，应注意不同类型评价区各项的水量的特点。

（1）单一山丘区

这种类型的地区一般包括山丘区、岩溶山区、黄土高原丘陵沟壑区。地表水和地下水资源计算中的重复量为河川基流，当地的水资源总量 W 为：

$$W = R_m + Q_m - R_{gm} \qquad (3\text{-}52)$$

式中　R_m——山丘区河川径流量；

　　　Q_m——山丘区地下水资源量；

　　　R_{gm}——山丘区河川基流量。

评价时，常采用排泄量近似作为补给量，来计算地下水资源量。

（2）单一平原区

这种类型的地区一般包括北方平原区、沙漠区、内陆闭合盆地平原区、山间盆地平原区、山间河谷平原区、黄土高原台源阶地区。当地的水资源总量 W 为：

$$W = R_p + Q_p - (Q_{表补} + R_{gp}) \qquad (3\text{-}53)$$

式中　R_p——平原区河川径流量；

　　　Q_p——平原区地下水资源量；

　　　$Q_{表补}$——地表水体入渗补给量；

　　　R_{gp}——平原区河道排泄的降水入渗补给量。

（3）多种地貌类型的混合区

多为山丘（上游）、山区（下游）地貌混合区。评价时，常采取分别对山区和平原区，计算各自的地表水、地下水资源量。计算全区地下水资源量时，应先扣除山丘区地下水和平原区地下水之间的重复量。全区地表水资源量和地下水资源量之间的重复量扣除计算后，即得全区水资源总量。重复量计算包括：山丘区河川径流量与地下水补给量之间的重复量、平原区降水形成的河川基流量（即河道对地下水的排泄量）、平原区地表水体的渗漏补给量。

2. 水资源现状供需及趋势分析

水资源现状供需及趋势分析方法主要有水平年法、典型年法、系列法等。

（1）水平年法

水平年法即为选择合适的年份分别作为基准年，近期、中期和远期水平年，研究水资源供需情况。

① 基准年　基准年又称现状水平年，根据现状某一年水资源开发利用状况进行水资源供需平衡分析。

② 近期水平年　基准年以后的 5~10 年。水资源的供需分析与经济社会发展和五年计划相适应。对需水量发展做合理性论证，对供水量以工程规划为依据。

③ 中期水平年　基准年以后 15~20 年，揭示远景可能利用的水资源，提出解决区域水资源问题的对策。

④ 远期水平年　一般以基准年以后的 30~50 年，仅侧重对区域水资源承载能力的宏观分析。

采用水平年法，究竟选取几个水平年分析，取决于水资源评价任务和所具备的条件，但一般都应有现状和近期两个水平年。

（2）典型年法

典型年法又称代表年法，即根据对已有的水文气象资料频率分析成果，确定平水年（保证率为 50%）和枯水年（保证率为 75%）等不同典型年的雨情和水情，在此基础上分析各水平年的水资源供需情况。

（3）系列法

依据所选水文气象系列逐年逐时段进行未来水资源供需计算分析，故又称水资源供需平衡动态模拟法，可较好地反映未来水资源量、供水量和需水量的动态变化特点，由于考虑了水资源的多年调节、以丰补歉的作用，是比较合理的评价方法。常见的有一次历史系列法、历史系列循回组合法、随机系列模拟法，采用系列法时，可择其一。

3.5　行业水水质标准及评价

3.5.1　生活饮用水水质标准和水质评价

1. 生活饮用水水质标准

生活饮用水是供人生活的饮水和生活用水，其水质直接影响着人体健康和人民生命安全，因此，对水质要求较严格。对生活饮用水源进行评价时，首先要按照规定进行取样，对常规指标（能反映生活饮用水水质基本状况的水质指标）及非常规指标（根据地区、时间或特殊情况需要的生活饮用水水质指标）进行检测分析，分析项目应不少于生活饮用水水质标准中所列的项目。其次要对分析结果和采用的分析方法进行全面的复查，然后再根据复查的结果按照《生活饮用水卫生标准》（GB 5749—2006）中规定的指标逐项进行对比评价。只有全部项目符合标准要求时，才能作为生活饮用水。

生活饮用水水质应符合下列基本要求，保证用户饮用安全：

（1）生活饮用水中不得含有病原微生物。

（2）生活饮用水中化学物质不得危害人体健康。

（3）生活饮用水中放射性物质不得危害人体健康。

（4）生活饮用水的感官性状良好。

（5）生活饮用水应经消毒处理。

（6）生活饮用水水质应符合表 3-12 和表 3-14 中所列的卫生要求，集中式供水出厂水中消毒剂限值、出厂水和管网末梢水中消毒剂余量均应符合表 3-13 中要求，自水源集中取水，通过输配水管网送到用户或者公共取水点的供水方式，包括自建设施供水，为用户提供日常饮用水的供水站和为公共场所、居民社区提供的分质供水也属于集中式供水。

（7）农村小型集中式供水（日供水在 1000m³ 以下或供水人口在 1 万人以下的供水方式）和分散式供水（用户直接从水源取水，未经任何设施或仅有简易设施的供水方式）的水质因条件限制，部分指标可暂时按照表 3-15 执行，其余指标仍按表 3-12、表 3-13 和表 3-14 执行。

（8）当发生影响水质的突发性公共事件时，经市级以上人民政府批准，感官性状和一般化学指标可适当放宽。

（9）当饮用水中含有表 3-12 所列的指标时，可参考此表限值评价。

表 3-12　水质常规指标及限值

指　　标	限　　值
1. 微生物指标[①]	
总大肠菌群/（MPN/100mL 或 CFU/100mL）	不得检出
耐热大肠菌群/（MPN/100mL 或 CFU/100mL）	不得检出
大肠埃希氏菌/（MPN/100mL 或 CFU/100mL）	不得检出
菌落总数/（CFU/mL）	100
2. 毒理指标	
砷/（mg/L）	0.01
镉/（mg/L）	0.005
铬（六价）/（mg/L）	0.05
铅/（mg/L）	0.01
汞/（mg/L）	0.001
硒/（mg/L）	0.01
氰化物/（mg/L）	0.05
氟化物/（mg/L）	1.0
硝酸盐（以 N 计）/（mg/L）	10（地下水源限制时为 20）
三氯甲烷/（mg/L）	0.06
四氯化碳/（mg/L）	0.002
溴酸盐（使用臭氧时）/（mg/L）	0.01
甲醛（使用臭氧时）/（mg/L）	0.9
亚氯酸盐（使用二氧化氯消毒时）/（mg/L）	0.7
氯酸盐（使用复合二氧化氯消毒时）/（mg/L）	0.7
3. 感官性状和一般化学指标	
色度/度	15
浑浊度/NTU	1（水源与净水技术条件限制时为 3）
嗅和味	无异臭、异味
肉眼可见物	无
pH 值	不小于 6.5 且不大于 8.5
铝/（mg/L）	0.2
铁/（mg/L）	0.3
锰/（mg/L）	0.1
铜/（mg/L）	1.0
锌/（mg/L）	1.0
氯化物/（mg/L）	250
硫酸盐/（mg/L）	250
溶解性总固体/（mg/L）	1000
总硬度（以 CaCO₃ 计）/（mg/L）	450

指　　　标	限　　　值
耗氧量（COD_{Mn}，以 O_2 计）/（mg/L）	3（水源限制，原水耗氧量＞6mg/L 时为 5）
挥发酚类（以苯酚计）/（mg/L）	0.002
阴离子合成洗涤剂/（mg/L）	0.3
4. 放射性指标②（指导值）	
总 α 放射性/（Bq/L）	0.5
总 β 放射性/（Bq/L）	1

① MPN 表示最可能数；CFU 表示菌落形成单位。当水样检出总大肠菌群时，应进一步检验大肠埃希氏菌或耐热大肠菌群；水样未检出总大肠菌群，不必检验大肠埃希氏菌或耐热大肠菌群。

②放射性指标超过指导值，应进行核素分析和评价，判定能否饮用。

表 3-13　饮用水中消毒剂常规指标及要求　　　　　　　　单位：mg/L

消毒剂名称	与水接触时间	出厂水中限值	出厂水中余量	管网末梢水中余量
氯气及游离氯	至少 30min	4	≥0.3	≥0.05
一氯胺（总氯）	至少 120min	3	≥0.5	≥0.05
臭氧	至少 12min	0.3		0.02，如加氯，总氯≥0.05
二氧化氯	至少 30min	0.8	≥0.1	≥0.02

表 3-14　水质非常规指标及限值

指　　　标	限　　　值	指　　　标	限　　　值
1. 微生物指标		三卤甲烷（三氯甲烷、一氯二溴甲烷、二氯一溴甲烷、三溴甲烷的总和）	该类化合物中各种化合物的实测浓度与各自限制的比值之和不超过 1
贾第鞭毛虫/（个/10L）	＜1		
隐孢子虫/（个/10L）	＜1		
2. 毒理指标			
锑/（mg/L）	0.005	1，1，1-三氯乙烷/（mg/L）	2
钡/（mg/L）	0.7	三氯乙酸/（mg/L）	0.1
铍/（mg/L）	0.002	三氯乙醛/（mg/L）	0.01
硼/（mg/L）	0.5	2，4，6-三氯酚/（mg/L）	0.2
钼/（mg/L）	0.07	三溴甲烷/（mg/L）	0.1
镍/（mg/L）	0.02	七氯/（mg/L）	0.0004
银/（mg/L）	0.05	马拉硫磷/（mg/L）	0.25
铊/（mg/L）	0.0001	五氯酚/（mg/L）	0.009
氯化氰（以 CN^- 计）/（mg/L）	0.07	六六六/（mg/L）	0.005
一氯二溴甲烷/（mg/L）	0.1	六氯苯/（mg/L）	0.001
二氯一溴甲烷/（mg/L）	0.06	乐果/（mg/L）	0.08
二氯乙酸/（mg/L）	0.05	对硫磷/（mg/L）	0.003
1，2-二氯乙烷/（mg/L）	0.03	灭草松/（mg/L）	0.3
二氯甲烷/（mg/L）	0.02	甲基对硫磷/（mg/L）	0.02

续表

指　　标	限　值	指　　标	限　值
百菌清/(mg/L)	0.01	三氯苯（总量）/(mg/L)	0.02
呋喃丹/(mg/L)	0.007	六氯丁二烯/(mg/L)	0.0006
林丹/(mg/L)	0.002	丙烯酰胺/(mg/L)	0.0005
毒死蜱/(mg/L)	0.03	四氯乙烯/(mg/L)	0.04
草甘膦/(mg/L)	0.7	甲苯/(mg/L)	0.7
敌敌畏/(mg/L)	0.001	邻苯二甲酸二(2-乙基己基)酯/(mg/L)	0.008
莠去津/(mg/L)	0.002	环氧氯丙烷/(mg/L)	0.0004
溴氰菊酯/(mg/L)	0.02	苯/(mg/L)	0.01
2，4-滴/(mg/L)	0.03	苯乙烯/(mg/L)	0.02
滴滴涕/(mg/L)	0.001	苯并[a]芘/(mg/L)	0.00001
乙苯/(mg/L)	0.3	氯乙烯/(mg/L)	0.005
二甲苯/(mg/L)	0.5	氯苯/(mg/L)	0.3
1，1-二氯乙烯/(mg/L)	0.03	微囊藻毒素-LR/(mg/L)	0.001
1，2-二氯乙烯/(mg/L)	0.05	3. 感官性状和一般化学指标	
1，2-二氯苯/(mg/L)	1	氨氮（以 N 计）/(mg/L)	0.5
1，4-二氯苯/(mg/L)	0.3	硫化物/(mg/L)	0.02
三氯乙烯/(mg/L)	0.07	钠/(mg/L)	200

表 3-15　农村小型集中式供水和分散式供水部分水质指标及限值

指　　标	限　值	指　　标	限　值
1. 微生物指标		pH 值	6.5～9.5
菌落总数/(CFU/mL)	500	溶解性总固体/(mg/L)	1500
2. 毒理指标		总硬度（以 CaCO₃计）/(mg/L)	550
砷/(mg/L)	0.05	耗氧量（CODMn）/(mg/L)	5
氰化物/(mg/L)	1.2	铁/(mg/L)	0.5
硝酸银（以 N 计）/(mg/L)	20	锰/(mg/L)	0.3
3. 感官性状和一般化学指标		氯化物/(mg/L)	300
色度（铂钴色度单位）	20	硝酸盐/(mg/L)	300
浑浊度/NTU	3 水源与净水 技术限制时为 5		

2. 生活饮用水水质评价

生活饮用水水质评价方法与地下水质量评价方法相同，各类指标分述如下。

（1）微生物指标

受生活污染的水中，常含有各种细菌、病原菌和寄生虫等，同时有机物质含量较高，这类水体对人体十分有害。因此，饮用水中不允许有病原菌和病毒的存在。然而由于条件的限制，对水中的细菌、特别是病原菌不是随时都能检出的，因此为了保障人体健康和预防疾病，以及便于随时判断致病的可能性和水受污染的程度，将细菌总数和大肠杆菌作为指标，确定水体受生活及粪便污染的程度。

　　细菌学指标主要指细菌总数〔水在相当于人体温度（37℃）下经 24h 培养后，每毫升水中所含各种细菌的总个数〕和总大肠杆菌数，它们对人体的危害主要是引起肠道传染病。评价饮用水质时，细菌学指标一般都由卫生防疫部门分析检测。当细菌学指标超出标准时，则需要进行消毒处理。由于通常采用氯和氯素化合物对饮用水进行消毒，故把游离余氯也列在细菌学指标内。

　　（2）毒理学指标

　　水中的有毒物质种类很多，包括有机的和无机的。目前，各国对有毒物质限定的数量各不相同，主要基于对有毒物质的毒理性研究程度和水平。除了在饮用水水质标准中所限定的之外，仍有众多的有毒物质由于现有研究水平无法确认其毒理性水平而不能给出明确的限定指标。随着研究水平及分析监测能力的不断加强与提高，越来越多的有毒物质的限定指标将在饮用水水质标准中体现出来。

　　毒理学指标主要包括：氟化物、氰化物、砷、硒、汞、镉、铬、铅、银、硝酸盐、氯仿、四氯化碳、苯并〔a〕芘、滴滴涕、六六六等。当水中这些化学物质含量达到一定浓度时，就会对人体健康造成危害。一般而言，在未受污染的水源中，有毒物质的含量是极少的（氟水源、一些重金属矿区的水源除外），对人体健康基本没有影响。一旦水源受到污染，尤其是遭受工业"三废"污染和农药污染，则有毒性物质随饮用水进入人体，对人体健康产生危害。有毒物质对人体的毒害主要表现为：氟骨症、骨质损害、骨痛病、破坏中枢神经、伤害记忆、造成新陈代谢紊乱、血红色素变性、皮肤色素沉淀、脱发、破坏人体器官的正常功能、致癌等，中毒严重者会导致快速死亡。因此，饮用水中对毒性化学指标有严格的限制。

　　（3）感官性状和一般化学指标

　　感官性状也称物理性状，包括色、浑浊、嗅、味及肉眼可见物等，它们与水的化学组分含量及类型密切相关，是反映水质状况的直接指标。感官性状指标虽然不属于危害人体健康的直接指标，但它们不符合要求时使人产生厌恶感，也可能是水中含有致病物质和毒性物质的标志。因此，饮用水首先要求无色、清澈、无嗅、无味、无肉眼可见物及清凉可口（7～11℃）。其主要原因是不良水的物理性质，直接影响人的感官对水体的忍受程度，同时它也反映了一定的化学成分。如：水中含腐殖质呈黄色，含低价铁呈淡蓝色，含高价铁或锰呈黄色至棕黄色、悬浮物呈混浊的浅灰色，硬水呈浅蓝色，含硫化氢有臭蛋味，含有机物及原生动物有腐物味、霉味、土腥味等，含高价铁有发涩的锈味，含硫酸铁或硫酸钠的水呈苦涩味，含钠则有咸味等，均可影响水资源作为饮用水源的利用。

　　一般化学指标包括 pH 值、总硬度、铁、锰、铜、锌、硫酸盐、氯化物、溶解性总固体等。自然水体中存在这些化学物质，一般情况下虽然对人体健康不造成直接危害，但在金属硫化物矿区和煤矿所在地区，铁、锰、铜、锌及硫酸盐会出现异常高值而严重影响人体的正常生长发育。因此，饮用水对这些化学物质的含量有严格的限制。需要指出的是，我国《生活饮用水卫生标准》中对溶解性总固体只规定了上限不超过 100mg/L，对下限未做规定。其实，人体所需的矿物质和微量元素大多源于饮用水，若长期饮用溶解性固体含量过低（如<100mg/L）的水，如纯净水、超纯水、蒸馏水、雨水等，会对身体产生不良影响，使人体产生疲乏感，减弱人体免疫力，引发某些疾病。美国和西欧一些国家都明确规定不能长期饮用超纯水或蒸馏水。

　　（4）放射性指标

　　放射性指标包括总 α 放射性和总 β 放射性，饮用水中规定的标准等效采用了世界卫生组织的推荐值。这是基于假设每人每天摄入 2L 水时所摄入的放射性物质，按成人的生物代谢参数估算出一年内产生的剂量确定的，由于公众的年龄差异和各地不同饮用水的影响，推荐值留有较大的安全系数。我国的地面水总放射性水平为：总 α 放射性 0.001～0.01Bq/L，总 β 放射性 0～0.26Bq/L；地下水的总 α 放射性 0.004～0.4Bq/L，最高可达 2.2Bq/L，总 β 放射性 0.19～1.0Bq/L，最高可达 2.9Bq/L。可见，我国的水源放射性指标一般是符合饮用水标准的。

3. 饮用水水源水质标准及水质评价

（1）饮用水水源水质标准

中华人民共和国建设部制定了适用于城乡集中或分散式生活饮用水的水源水质量标准（包括自备生活饮用水水源）：《生活饮用水水源水质标准》（CJ 3020—1993）（表 3-16），该标准对生活饮用水水源的水质指标、水质分级、标准限值、水质检验以及标准给出了明确的规定。

表 3-16　生活饮用水水源水质标准（CJ 3020—1993）

项　目	标准限值	
	一级	二级
色/度	色度不超过 15 度，并不得呈现其他异色	不应有明显的其他异色
浑浊度/度	≤3	
嗅和味	不得有异臭、异味	不应有明显的异臭、异味
pH 值	6.5～8.5	6.5～8.5
总硬度（以碳酸钙计）/(mg/L)	≤350	≤450
溶解铁/(mg/L)	≤0.3	≤0.5
锰/(mg/L)	≤0.1	≤0.1
铜/(mg/L)	≤1.0	≤1.0
锌/(mg/L)	≤1.0	≤1.0
挥发酚（以苯酚计）/(mg/L)	≤0002	≤0.004
阴离子合成洗涤剂/(mg/L)	≤0.3	≤0.3
硫酸盐/(mg/L)	<250	<250
氯化物/(mg/L)	<250	<250
溶解性总固体/(mg/L)	<1000	<1000
氟化物/(mg/L)	≤1.0	≤1.0
氰化物/(mg/L)	≤0.05	≤0.05
砷/(mg/L)	≤0.05	≤0.05
硒/(mg/L)	≤0.01	≤0.01
汞/(mg/L)	≤0.001	≤0.001
镉/(mg/L)	≤0.01	≤0.01
铬（六价）/(mg/L)	≤0.05	≤0.05
铅/(mg/L)	≤0.05	≤0.07
银/(mg/L)	≤0.05	≤0.05
铍/(mg/L)	≤0.0002	≤0.0002
氨氮（以氮计）/(mg/L)	≤0.5	≤1.0
硝酸盐（以氮计）/(mg/L)	≤10	≤20
耗氧量（$KMnO_4$ 法）/(mg/L)	≤3	≤6
苯并[a]芘/(µg/L)	≤0.01	≤0.01
滴滴涕/(µg/L)	≤1	≤1
六六六/(µg/L)	≤5	≤5
百菌清/(mg/L)	≤0.01	≤0.01

项　　目	标准限值	
	一级	二级
总大肠菌群/(个/L)	≤1000	≤10000
总 α 放射性/(Bq/L)	≤0.1	≤0.1
总 β 放射性/(Bq/L)	≤1	≤1

目前，国内外所制定和颁布的《生活饮用水水质量标准》作为生活用水源供水质量保证与评价的重要依据。饮用水水源水质量评价主要参照饮用水水质标准，利用简单对比的方法，并按照建设部所制定的"饮用水水源水质量级别"划分饮用水水源地的水质量级别。

生活饮用水水源水质分为二级，其两级标准的限值见表 3-16。

一级水源水：水质良好。地下水只需消毒处理，地表水经简易净化处理（如过滤）、消毒后即可供生活饮用者。

二级水源水：水质受轻度污染。经常规净化处理（如絮凝、沉淀、过滤、消毒等），其水质即可达到《生活饮用水卫生标准》（GB 5749—2006）的规定，可供生活饮用者。

水质浓度超过二级标准限值的水源水，不宜作为生活饮用水的水源。若限于条件需加以利用时，应采用相应的净化工艺进行处理。处理后的水质应符合 GB 5749 的规定，并取得省、市、自治区卫生厅（局）及主管部门批准。

（2）饮用水水源水质评价

① 采用地表水为生活饮用水水源时应符合《地表水环境质量标准》（GB 3838—2002）要求，见表 3-8 和表 3-17。

表 3-17　集中式生活饮用水地表水源地补充项目标准限值　　　单位：mg/L

项　　目	标准值
硫酸盐（以 SO$_4^{2-}$ 计）	250
氯化物（以 Cl$^-$ 计）	250
硝酸盐（以 N 计）	10
铁	0.3
锰	0.1

② 采用地下水为生活饮用水水源时应符合《地下水质量标准》（GB/T 14848—1993）的要求，见表 3-9。

③ 当水源水质不符合要求时，不宜作为供水水源。若限于条件需加以利用时，水源水质超标项目经自来水厂净化处理后，应达到本标准 GB 3838—2002 的要求。

④ 城市公共集中式供水企业应建立水质检验室，配备与供水规模和水质检验项目相适应的检验人员和仪器设备，并负责检验水源水、净化构筑物出水、出厂水和管网水的水质，必要时应抽样检验用户受水点的水质。

⑤ 自建设施供水和二次供水单位应按本标准 GB 3838—2002 要求做水质检验。若限于条件，也可将部分项目委托具备相应资质的监测单位检验。

⑥ 采样点的选择。采样点的设置要有代表性，应分别设在水源取水口、水厂出水口和居民经常用水点及管网末梢。管网的水质检验采样点数，一般应按供水人口每两万人设一个采样点计算。供水人口在 20 万以下，100 万以上时，可酌量增减。

⑦ 水质检验项目和检验频率见表 3-18。

表 3-18　水质检验项目和检验频率

水样类别	检查项目	检查频率
水源水	浑浊度、色度、嗅和味、肉眼可见物、COD_{Mn}、氨氮、细菌总数、总大肠菌群、耐热大肠菌群	每日不少于一次
	GB 3838—2002 中有关水质检验基本项目和补充项目	每月不少于一次
出厂水	浑浊度、色度、嗅和味、肉眼可见物、余氯、细菌总数、总大肠菌群、耐热大肠菌群、COD_{Mn}	每日不少于一次
	表 3-12 全部项目，表 3-13 和表 3-14 中可能含有的有害物质	每月不少于一次
	表 3-13 和表 3-14 全部项目	以地表水为水源：每半年检查一次 以地下水为水源：每一年检查一次
管网水	浑浊度、色度、嗅和味、余氯、细菌总数、总大肠菌群、COD_{Mn}（管网末梢点）	每月不少于两次
管网末梢水	表 3-12 全部项目，表 3-13 和表 3-14 中可能含有的有害物质	每月不少于一次

注：当检验结果超出表 3-12 和表 3-14 水质指标限值时，应立即重复测定，并增加检测频率。水质检验结果连续超标时，应查明原因，采取有效措施，防止对人体健康造成危害。

⑧ 水质检验项目合格率见表 3-19。

表 3-19　水质检验项目合格率

水样检验项目 出厂水或管网水	综合	出厂水	管网水	表 3-13 中项目	表 3-14 和 表 3-15 中项目
合格率 /%	95	95	95	95	95

注：① 综合合格率为：表 3-12 中 42 个检验项目的加权平均合格率。
　　② 出厂水检验项目合格率：浑浊度、色度、嗅和味、肉眼可见物、余氯、细菌总数、总大肠菌群、耐热大肠菌群、COD_{Mn} 共 9 项的合格率。
　　③ 管网水检验项目合格率：浑浊度、色度、嗅和味、余氯、细菌总数、总大肠菌群、COD（管网末梢点）共 7 项的合格率。
　　④ 综合合格率按加权平均进行统计。
　　计算公式：
　　　　综合合格率(%)＝[(管网水 7 项各单项合格率之和＋42 项扣除 7 项后的综合合格率)/(7＋1)]×100%
　　　　管网水 7 项各单项合格率(%)＝(单项检验合格次数/单项检验总次数)×100%
　　　　42 项扣除 7 项后的综合合格率(35 项)(%)＝[35 项加权后的总检验合格次数/(各水厂出厂水的检验次数×35×各该厂供水区分布的取水点数)]×100%。

3.5.2　工业用水水质标准及评价

1. 锅炉用水水质评价

绝大多数的工矿企业，都需要使用各种类型的锅炉，如各种工业锅炉、电站锅炉以及采暖锅炉等。在各种工业用水中，锅炉用水是基本组成部分。不论各种工业的具体要求如何，首先必须对锅炉用水进行全面评价。

蒸汽锅炉的运转是在高温、高压的条件下进行的。因此，水在锅炉中可以发生各种不良的化学反应：主要有成垢作用、腐蚀作用和成泡作用等。这些作用对钢炉的正常使用会带来非常有害的影响，而这些作用的发生与水质有关。

（1）成垢作用

水煮沸时，水中的一些离子、化合物可以相互作用而生成沉淀，附着在锅炉壁上形成锅垢，这种作用称为成垢作用。锅垢厚了会影响传热浪费燃料，降低锅炉的效率。有时可使炉壁厚度不均匀，炉壁过热引发炉壁融化烧蚀，甚至引起锅炉爆炸。锅垢的成分通常有 CaO、$CaCO_3$、$CaSO_4$、$Mg(OH)_2$、$MgSiO_3$、Al_2O_3、Fe_2O_3 和悬浊物沉淀而成。例如：

$$Ca^{2+} + 2HCO_3^- \rightleftharpoons CaCO_3 \downarrow + H_2O + CO_2 \uparrow$$

$$Mg^{2+} + 2HCO_3^- \xlongequal{\quad} MgCO_3 + H_2O + CO_2 \uparrow$$

$MgCO_3$ 再分解，则沉淀出镁的氢氧化合物：

$$MgCO_3 + H_2O \xlongequal{\quad} Mg(OH)_2 \downarrow + H_2O + CO_2 \uparrow$$

与此同时还可以沉淀出 $CaSiO_3$ 以及 $MgSiO_3$，同时还沉淀出 $CaSO_4$ 等，所有这些沉淀物在锅炉中形成了锅垢。

① 按锅垢总质量评价

$$H_0 = S + C + 36\gamma_{Fe^{2+}} + 17\gamma_{Al^{3+}} + 20\gamma_{Mg^{2+}} + 59\gamma_{Ca^{2+}} \tag{3-54}$$

式中　　　　　H_0——锅垢的总质量，mg/L；

　　　　　　　S——悬浮物质量，mg/L；

　　　　　　　C——胶体质量（$SiO_2 + Al_2O_3 + Fe_2O_3 + \cdots$），mg/L；

γ_{Fe}^{2+}、γ_{Al}^{3+}、γ_{Mg}^{2+}、γ_{Ca}^{2+}——各离子的浓度，meq/L，1meq/L ＝ 1mmol/L×离子价数。

按锅垢总量对成垢作用进行评价时，水可分为：$H_0 < 125$mL，为沉淀物很少的水；$H_0 = 125 \sim 150$mL，为沉淀物较少的水；$H_0 = 250 \sim 500$mL，为沉淀物较多的水；$H_0 > 500$mL，为沉淀物很多的水。

② 按硬垢系数进行评价　在锅垢总量中含有硬质的垢石（硬垢）及软质的垢泥（软垢）两部分。硬垢主要是由碱土金属的碳酸盐、硫酸盐等构成，附壁牢固，不易清除。软垢主要是由悬浮物及胶体物质构成，易于洗刷清除。故在评价锅垢时还要计算硬垢数量以评价锅垢性质。硬垢量通常采用下式计算：

$$H_h = SiO_2 + 20\gamma_{Mg^{2+}} + 68(\gamma_{Cl^-} + \gamma_{SO_4^{2-}} - \gamma_{Na^+} - \gamma_{K^+}) \tag{3-55}$$

式中　H_h——硬垢总量，mg/L；

　　　SiO_2——二氧化硅质量，mg/L。

如果括号内出现负值，可忽略不计。对锅垢的性质进行评价时，可采用硬垢系数（K_n），即

$$K_n = H_h/H_0 \tag{3-56}$$

当 $K_n < 0.25$ 时，为软垢水；当 $K_n = 0.2 \sim 0.5$ 时为软硬垢水；当 $K_n > 0.5$ 时为硬垢水。

（2）腐蚀作用

由于水中氢置换铁的作用，可使炉壁遭到腐蚀，氢离子可以是水中原有的，也可以由锅炉中水温增高某些盐类水解而成。此外，溶解于水中的气体成分，如氧、硫化氢及二氧化碳等也是造成腐蚀的重要因素。温度的增高以及增高后炉中所产生的局部电流均可促进腐蚀作用。炉中随着蒸汽压力的加大，水中铜的危害也随之加重，往往在蒸汽机叶片上会形成腐蚀。腐蚀作用对锅炉的危害极大，它不仅减少锅炉的使用寿命，还有可能发生爆炸事故。

水的腐蚀性可以按腐蚀系数（K_k）进行评价。

对酸性水：

$$K_k = 1.008(\gamma_{H^+} + \gamma_{Al^{3+}} + \gamma_{Fe^{2+}} + \gamma_{Mg^{2+}} - \gamma_{CO_3^{2-}} - \gamma_{HCO_3^-}) \tag{3-57}$$

对碱性水：

$$K_k = 1.008(\gamma_{Mg^{2+}} - \gamma_{HCO_3^-}) \tag{3-58}$$

按腐蚀系数 K_k 将水分为：$K_k > 0$，为腐蚀性水体。$K_k < 0$ 且 $K_k + 0.0503Ca^{2+} > 0$ 为半腐蚀性水（式中 Ca^{2+} 的浓度以 mg/L 表示）；$K_k + 0.0503Ca^{2+} < 0$ 时为非腐蚀性水。

（3）成泡作用

水煮沸时在水面上产生大量气泡，如果气泡不能立即破裂，就会在水面上形成极不稳定的泡沫层，泡沫太多时，将使锅炉内的水汽化作用极不均匀和水位急剧升降，致使锅炉不能

正常运转。产生这种现象是由于水中易溶解的钠盐、钾盐以及油脂和悬浮物质受炉水的碱度作用发生皂化的结果。

钠盐中，促使水起泡的物质为苛性钠和磷酸钠。苛性钠除了可使脂肪和油质皂化外，还促使水中的悬浮物变成胶体状悬浮物。磷酸根与水中钙、镁离子作用也能形成高度分散的悬浮物。水中胶体状态的悬浮物增强了气泡膜的稳固性，因而加剧了成泡作用。

成泡作用可用成泡系数（F）来评价，成泡系数按钠、钾的含量计算：

$$F = 62\gamma_{Na^+} + 78\gamma_{K^+} \tag{3-59}$$

当 $F < 60$ 时，为不起泡水；当 $F = 60 \sim 200$ 时，为半起泡水；当 $F > 200$ 时，为起泡水。

对锅炉用水进行水质评价时，应从上述三方面进行评价。此外，各部门还对工业锅炉用水的水质作了其他的一些规定，如不同压力的锅炉用水标准见表 3-20，在实际工作中也可查阅相关标准。

表 3-20　采用锅外水处理的自然循环蒸汽锅炉和汽水两用锅炉水质

区分	额定蒸汽压力 (MPa)		$P \leqslant 1.0$		$1.0 < P \leqslant 1.6$		$1.6 < P \leqslant 2.5$		$2.5 < P \leqslant 3.8$	
	补给水类型		软化水	除盐水	软化水	除盐水	软化水	除盐水	软化水	除盐水
给水	浊度 FTU		≤5.0	≤2.0	≤5.0	≤2.0	≤5.0	≤2.0	≤5.0	≤2.0
	硬度 (mmol/L)		≤0.030	≤0.030	≤0.030	≤0.030	≤0.030	≤0.030	≤5.0×10^{-3}	≤5.0×10^{-3}
	pH (25℃)		7.0~9.0	8.0~9.5	7.0~9.0	8.0~9.5	7.0~9.0	8.0~9.5	7.5~9.0	8.0~9.5
	溶解氧[a] (mg/L)		≤0.10	≤0.10	≤0.10	≤0.050	≤0.050	≤0.050	≤0.050	≤0.050
	油 (mg/L)		≤2.0	≤2.0	≤2.0	≤2.0	≤2.0	≤2.0	≤2.0	≤2.0
	全铁 (mg/L)		≤0.30	≤0.30	≤0.30	≤0.30	≤0.30	≤0.10	≤0.10	≤0.10
	电导率(25℃)(μS/cm)		—	—	≤5.5×10^2	≤1.1×10^2	≤5.0×10^2	≤1.0×10^2	≤3.5×10^2	≤80.0
锅水	全碱度[b] (mmol/L)	无过热器	6.0~26.0	≤10.0	6.0~24.0	≤10.0	6.0~16.0	≤8.0	≤12.0	≤4.0
		有过热器	—	—	≤14.0	≤10.0	≤12.0	≤8.0	≤12.0	≤4.0
	酚酞碱度 (mmol/L)	无过热器	4.0~18.0	≤6.0	4.0~16.0	≤6.0	4.0~12.0	≤5.0	≤10.0	≤3.0
		有过热器	—	—	≤10.0	≤6.0	≤8.0	≤5.0	≤10.0	≤3.0
	pH (25℃)		10.0~12.0	10.0~12.0	10.0~12.0	10.0~12.0	10.0~12.0	10.0~12.0	9.0~12.0	9.0~11.0
	溶解固形物 (mg/L)	无过热器	≤4.0×10^3	≤4.0×10^3	≤3.5×10^3	≤3.5×10^3	≤3.0×10^3	≤3.0×10^3	≤2.5×10^3	≤2.5×10^3
		有过热器	—	—	≤3.0×10^3	≤3.0×10^3	≤2.5×10^3	≤2.5×10^3	≤2.0×10^3	≤2.0×10^3
	磷酸根[c] (mg/L)		—	—	10.0~30.0	10.0~30.0	10.0~30.0	10.0~30.0	5.0~20.0	5.0~20.0
	亚硫酸根[d] (mg/L)		—	—	10.0~30.0	10.0~30.0	10.0~30.0	10.0~30.0	5.0~10.0	5.0~10.0
	相对碱度[e]		<0.20	<0.20	<0.20	<0.20	<0.20	<0.20	<0.20	<0.20

注：1. 对于供汽轮机用汽的锅炉，蒸汽质量应按照 GB/T 12145《火力发电机组及蒸汽动力设备水汽质量》规定的额定蒸汽压力 3.8~5.8MPa 汽包炉标准执行；

2. 硬度、碱度的计量单位为一价基本单元物质的量浓度；

3. 停（备）用锅炉启动时，锅水的浓缩倍率达到正常后，锅水的水质应达到本标准的要求。

a　溶解氧控制值适用于经过除氧装置处理后的给水。额定蒸发量大于等于 10t/h 的锅炉，给水应除氧。额定蒸发量小于 10t/h 的锅炉如果发现局部氧腐蚀，也应采取除氧措施。对于供汽轮机用汽的锅炉给水含氧量应小于等于 0.050mg/L；

b　对蒸汽质量要求不高，并且不带过热器的锅炉，锅水全碱度上限值可适当放宽，但放宽后锅水的 pH 值不应超过上限；

c　适用于锅内加磷酸盐阻垢剂。采用其他阻垢剂时，阻垢剂残余量符合药剂生产厂规定的指标；

d　适用于给水加亚硫酸盐除氧剂。采用其他除氧剂时，药剂残余量应符合药剂生产厂规定的指标；

e　全焊接结构锅炉，相对碱度可不控制。

2. 工程建设用水水质评价

天然水的水质对工程建设的危害主要表现在对金属构件的腐蚀和对混凝土的侵蚀破坏。

关于水对铁的腐蚀作用，在评价锅炉用水时已作过介绍，其原则同样适用于钢筋、铁管。但应指出，对铁管有腐蚀作用的水，主要是含氢离子和酸性矿坑水、硫化氢水和碳酸矿水。引用这些水的管材，一般不用铁管，而采用耐酸钢管、石棉水泥管及塑料管等。

大量的实践表明，水中的氢离子、腐蚀性 CO_2、SO_4^{2-} 及弱盐基阳离子的存在，对混凝土有一定的腐蚀作用，特别是在水工建筑以及浸没在水中的各种混凝土构件，水的侵蚀尤为明显。侵蚀方式有分解侵蚀、结晶侵蚀和分解结晶复合侵蚀等。

（1）分解性侵蚀

分解性侵蚀分为一般酸性侵蚀和碳酸侵蚀两种。

一般酸性侵蚀是指水中的氢离子与混凝土中的氢氧化钙反应使混凝土破坏，其化学反应式为：

$$Ca(OH)_2 + 2H^+ \Longrightarrow Ca^{2+} + 2H_2O$$

水中 H^+ 浓度越高，即 pH 值越低，水的侵蚀性就越强。

碳酸侵蚀是由水中侵蚀性 CO_2 与水泥中的碳酸钙反应，形成易溶于水的重碳酸钙。从而使混凝土遭到破坏，其化学反应式：

$$CaCO_3 + CO_2 + H_2O \Longrightarrow Ca^{2+} + 2HCO_3^-$$

这是一个可逆反应，碳酸钙溶于水后，要求水中必须含有一定数量的游离 CO_2 以保持平衡。如果水中游离 CO_2 减少，反应向方程左侧进行，发生碳酸钙沉淀，水中这部分 CO_2 称为平衡 CO_2。若水中游离 CO_2 大于维持化学平衡所需的 CO_2，化学反应向方程右侧进行，碳酸钙被溶解。与 $CaCO_3$ 反应所消耗的 CO_2 称为侵蚀性 CO_2。

水是否具有分解性侵蚀能力的判断指标有三个：

① 分解性侵蚀指数 pHs

$$pH_s = \frac{HCO_3^-}{0.15 HCO_3^- - 0.025} - K_1 \tag{3-60}$$

式中　HCO_3^-——水中 HCO_3^- 浓度，meq/L，1meq/L＝1mmol/L×离子价数；

K_1——按表 3-21 查得的数值选取。

当水的实际 pH≥pHs 时，水无分解性侵蚀；当实际 pH＜pHs 时，则有酸性侵蚀。

表 3-21　水对混凝土的侵蚀鉴定标准

侵蚀性类型	侵蚀性指标	大块碎石类土				砂类土				黏性土			
		水泥类											
		A		B		A		B		A		B	
		普通	抗硫酸盐	普通	抗硫酸盐	普通	抗硫酸盐	普通	抗硫酸盐	普通	抗硫酸盐	普通	抗硫酸盐
分解性侵蚀	分解性侵蚀指数 pHs	pH＜pHs 有侵蚀性 按式(3-60)计算								无规定			
		$K_1=0.5$		$K_1=0.3$		$K_1=1.3$		$K_1=1.0$					
	pH	＜6.2		＜6.4		＜5.2		＜5.5					
	游离 CO_2/(mg/L)	游离时 $[CO_2] > a[Ca^{2+}] + b + K_2$ 有侵蚀性											
		$K_1=20$		$K_1=15$		$K_1=80$		$K_1=60$					

续表

侵蚀性类型	侵蚀性指标		大块碎石类土				砂类土				黏性土			
			水泥类											
			A		B		A		B		A		B	
			普通	抗硫酸盐	普通	抗硫酸盐	普通	抗硫酸盐	普通	抗硫酸盐	普通	抗硫酸盐	普通	抗硫酸盐
结晶性侵蚀	SO_4^{2-}/(mg/L)	Cl/(mg/L) <1000	>250		>250		>300		>300		>400		>400	
		Cl/(mg/L) 1000~6000	>100+0.15Cl⁻	>3000	>100+0.15Cl⁻	>4000	>150+0.15Cl⁻	>3500	>150+0.15Cl⁻	>3500	>250+0.15Cl⁻	>4000	>250+0.15Cl⁻	>5000
		Cl/(mg/L) >6000	>1050		>1050		>1100		>1100		>1200		>1200	
分解结晶复合型侵蚀	弱盐基硫酸盐阳离子 [Me]		$[Me]>1000$				$[Me]>K_3-SO_4^{2-}$							
			$K_3=7000$		$K_3=6000$		$K_3=9000$		$K_3=8000$		无规定			

② pH 值　当水的实际 pH 值小于表 3-21 所列数值时，有酸性侵蚀。

③ 游离 CO_2 指标　当水中游离 CO_2 浓度大于表 3-21 中的公式计算数值（$[CO_2]$）时，有碳酸侵蚀。式中 Ca^{2+} 表示水中 Ca^{2+} 的浓度（mg/L）；表 3-21 中 a 和 b 为计算系数可查表 3-22。

表 3-22　系数 a 和 b 的值

酸性碳酸盐浓度 HCO_3^-/(meq/L)	Cl^- 和 SO_4^{2-} 的总含量/(mg/L)											
	0~200		201~400		401~600		601~800		801~1000		>1000	
	a	b	a	b	a	b	a	b	a	b	a	b
1.4	0.01	16	0.01	17	0.07	17	0.00	17	0.00	17	0.00	17
1.8	0.04	17	0.04	18	0.03	17	0.02	18	0.02	18	0.02	18
2.1	0.07	19	0.08	19	0.05	18	0.04	18	0.04	18	0.04	18
2.5	0.10	21	0.09	20	0.07	19	0.06	18	0.06	18	0.05	18
2.9	0.13	23	0.11	21	0.09	19	0.08	18	0.06	18	0.05	18
3.2	0.16	25	0.14	22	0.11	21	0.10	19	0.09	18	0.08	18
3.6	0.20	27	0.17	23	0.14	21	0.12	19	0.11	18	0.10	18
4.0	0.24	29	0.20	24	0.16	22	0.15	20	0.13	19	0.12	19
4.3	0.28	32	0.24	26	0.19	23	0.17	21	0.16	20	0.14	20
4.7	0.32	34	0.28	27	0.22	24	0.20	22	0.19	21	0.17	21
5.0	0.36	36	0.32	29	0.25	25	0.23	23	0.22	22	0.19	22
5.4	0.40	38	0.36	30	0.29	26	0.26	24	0.24	23	0.22	23
5.7	0.44	41	0.40	32	0.32	27	0.29	25	0.27	24	0.25	24
6.1	0.48	43	0.43	34	0.36	28	0.33	26	0.30	25	0.28	25
6.4	0.54	46	0.47	37	0.40	30	0.36	28	0.33	27	0.31	27
6.8	0.61	48	0.51	39	0.44	32	0.40	28	0.37	29	0.34	28
7.1	0.67	51	0.55	41	0.48	33	0.44	31	0.41	30	0.38	29
7.5	0.74	53	0.60	43	0.53	35	0.48	33	0.45	31	0.41	31
7.8	0.81	55	0.65	45	0.58	37	0.53	34	0.49	33	0.44	32
8.2	0.88	58	0.70	47	0.63	38	0.58	35	0.53	34	0.48	33
8.6	0.96	60	0.76	49	0.68	40	0.63	37	0.57	36	0.52	35
9.0	1.04	63	0.81	51	0.73	44	0.67	39	0.61	38	0.56	37

注：本表引自《水文地质手册》，地质出版社，1978 年 4 月出版。

（2）结晶性侵蚀

结晶性侵蚀又称硫酸盐侵蚀，是指水中的 SO_4^{2-} 进入混凝土孔洞，形成石膏和硫酸铝盐（结瓦尔盐）晶体。这些新化合物结晶时，体积增大（例如，石膏可增大 1～2 倍，硫酸铝盐可增大 2.5 倍），其膨胀作用可导致混凝土强度降低。

SO_4^{2-} 的浓度（mg/L）是结晶性侵蚀评价指标。当水中 SO_4^{2-} 浓度分别大于表 3-21 中的数值时，便有结晶侵蚀作用。应当指出，结晶性侵蚀还与水中氯离子浓度及混凝土建筑物在地下所处的位置有关，如建筑物处于水位变动带，干湿条件变化明显，结晶性侵蚀作用就会增强。为了防止 SO_4^{2-} 浓度高的水对混凝土的侵蚀，水下建筑物应采用抗硫酸盐水泥。

（3）分解结晶复合性侵蚀

分解结晶复合性侵蚀又称为镁盐侵蚀，其侵蚀机理主要是水中弱盐基阳离子如 Mg^{2+}、Fe^{2+}、Fe^{3+}、Cu^{2+}、Zn^{2+}、NH_4^+ 等与水泥发生反应使混凝土强度降低，甚至破坏。例如，水中 $MgCl_2$ 与混凝土中的 $Ca(OH)_2$ 反应，形成 $Mg(OH)_2$ 和易溶于水的 $CaCl_2$。

分解结晶复合性侵蚀的评价指标为弱盐基硫酸盐离子 Me，主要用于被工业废水污染的侵蚀性鉴定。计算方法见公式（3-61）。

$$Me > K_3 SO_4^{2-} \tag{3-61}$$

式中　Me 表示水中弱盐基阳离子总量（mg/L）；SO_4^{2-} 表示水中 SO_4^{2-} 的浓度（mg/L）；K_3 在表 3-21 中查得。当满足式（3-61）时即有侵蚀性。若 $Me < 1000$mg/L 时，不论 SO_4^{2-} 浓度大小，均不具此侵蚀性。

3. 其他工业用水水质评价

不同工业生产用水水质有着不同的要求。其中纺织、造纸及食品等工业对水质的要求比较严格。水质既直接影响到工业产品的质量，又影响着产品的生产成本。如水的硬度过高，对于使用肥皂、染料、酸、碱生产的工业都不太适宜，硬水不利于纺织品着色，并使纤维变脆，使皮革质量受损，糖类不结晶。

如果水中的亚硝酸盐存在，可使糖制品大幅度减产。水中存在过量的铁、锰盐类时，能使纸张、淀粉及糖类等出现色斑。食品工业用水首先要考虑符合生活饮用水水质标准，然后还要考虑影响产品质量的其他成分。

虽然不同工业生产用水水质还没有统一的标准，但各部门已根据自己的生产特点和用水经验，对其用水水质作出相应的要求和规定。需要进行评价时，可参照有关部门的规定。

3.5.3　农业用水水质评价

1. 农业灌溉用水的水质要求

农业灌溉用水水质的好坏主要由水温、水的矿化度及溶解盐类的成分三个方面对农作物和土壤的影响决定的。有时也应考虑水的 pH 值和水中有毒元素的含量。

灌溉用水必须要有适宜的温度。在我国北方一般要求为 10～15℃ 或更高一些，而南方水稻生长地区以 15～25℃ 为宜。但有些地区地下水的温度一般较低，可将水取出后采用地表水池晾晒或加长渠道等措施来提高水温。利用温泉灌溉时，也应用同样的方法降温后再灌溉。

水的矿化度不能太高，太高对农作物生长和土壤都不利。农作物是依靠其根系从土壤溶液中吸收水分和营养以维持其生长。据测定，只有作物体液的渗透压大于土壤溶液的渗透压 2～5 个大气压，即平均约 3 个大气压时，作物的根系方能从土壤中吸收水分。而溶液的渗透压是与溶液的浓度大小成正比的，也就是作物体液浓度必须大于土壤溶液浓度一定程度后，才能保证作物根系吸收水分。如果土壤溶液的浓度过大，则要抑制作物吸收水分。严重时甚至使水分从作物体内排出，造成作物的缺水，以至枯萎。因此灌溉水的矿化度一定要保证土壤溶液的浓度能维持作物根系吸收水分的正常进行。但是土壤溶液的浓度并不完全取决于灌溉水的含盐量，还与土壤原有的含盐量、气候条件、土壤性质、潜水埋深、排水条件、灌溉及耕作方法等一系列影响土壤积盐和脱盐的因素有关，同时也与作物的耐盐程度有关，要因地因时而定。如河北地质部门把矿化度 2g/L 的定为咸淡水的界限；在河北沧州地区矿化度 1.5～2.4g/L 是较好的灌溉水的上限；前苏联有的学者曾提出这个上限是 1.1～1.7g/L。不同作物的抗盐能力也不同。例如，我国华北平原不同作物对地下水的抗盐能力为：矿化度小于 1g/L 的水，一般作物生长正常；矿化度 1～2g/L 的水，水稻、棉花生长正常，小麦受抑制；矿化度 5g/L 的水，水量充足时水稻可以生长，棉花受显著抑制，小麦不能生长；矿化度 20g/L 的水，作物不能生长，可长少量耐盐牧草，大部分为光板地。

水中所含盐类不同对作物的影响也不同，对农作物生长最有害的是钠盐。钠盐对作物的危害又以 Na_2CO_3 为最强，$NaCl$ 次之，Na_2SO_4 又次之。钠盐对作物的危害有两个方面：一是使土壤溶液恶化。即使水中含有碳酸钠或碳酸氢钠的浓度不高，也会使作物烂根对作物具有腐蚀性。二是使土壤发生盐碱化，对耕地产生更为长远和广泛的危害。盐碱土不仅具有不良化学性质，而且溶液中的钠离子与土壤颗粒作用，可破坏土壤的团粒结构，使土壤在干燥时非常密实坚硬，湿润时粘成一团，这就是所谓的土壤板结。土壤板结的结果，使其透气、保水及耕作性能变得很差，导致作物减产甚至绝收。对于易透水的土壤来说，钠盐的允许含量为：Na_2CO_3 为 1g/L，$NaCl$ 为 2g/L，Na_2SO_4 为 5g/L，如果这些盐类在土壤中同时存在时，其允许含量应降低。水中有些盐类对作物生长并无害处，如 $CaCO_3$ 和 $MgCO_3$。还有一些盐类不但无害，反而有益，如硝酸盐和磷酸盐具有肥效，有利于作物生长。

根据以上情况在评价灌溉用水的水质时，必须要考虑水的含盐量和盐类成分两个方面。但是，水中含盐量和盐类成分对作物的影响又受许多因素控制，所以制定出适合各种条件的灌溉用水水质标准是困难的。

2. 农业用水的水质评价

为防止土壤、地下水和农产品污染，保障人体健康，维护生态平衡，确保农业持续发展，各国都制定了农业灌溉用水标准，作为评价灌溉用水的依据。目前我国农业用水水质评价在执行农田灌溉用水水质标准的同时，也采用单项指标的评价方法。

（1）水质标准法

我国现行的《农田灌溉水质标准》（GB 5084—2005）见表 3-23 和表 3-24。标准将控制项目分为基本控制项目和选择性控制项目。基本控制项目适用于全国以地表水、地下水和处理后的养殖业废水及以农产品为原料加工的工业废水为水源的农田灌溉用水；选择性控制项目由县级以上人民政府环境保护和农业行政主管部门，根据本地区农业水源水质特点和环境、农产品管理的需要进行选择控制，所选择的控制项目作为基本控制项目的补充指标。

本标准控制项目共计 27 项，其中农田灌溉用水水质基本控制项目 16 项，选择性控制项目 11 项。

本标准与 GB 5084—1992 相比，删除了凯氏氮、总磷两项指标。修订了五日生化需氧量、化学需氧量、悬浮物、氯化物、总镉、总铅、总铜、粪大肠菌群数和蛔虫卵数等 9 项指标。

向农田灌溉渠道排放处理后的养殖业废水及以农产品为原料加工的工业废水，应保证其下游最近灌溉取水点的水质符合本标准。

农田灌溉用水水质选择性控制项目，由地方主管部门根据当地农业水源的来源和可能的污染物种类选择相应的控制项目，所选择的控制项目监测布点和频率应符合《农用水源环境质量监测技术规范》（NY/T 396）的要求。

表 3-23　农田灌溉用水水质基本控制项目标准值

项　　目		水作	旱作	蔬菜
生化需氧量/（mg/L）	≤	60	100	40[a]，15[b]
化学需氧量/（mg/L）	≤	150	200	100[a]，60[b]
悬浮物/（mg/L）	≤	80	100	60[a]，15[b]
阴离子表面活性剂（mg/L）	≤	5.0	8.0	5.0
水温/℃	≤	25		
pH 值		5.5～8.5		
全盐量/（mg/L）	≤	1000[c]（非盐碱地区），2000[c]（盐碱地区）		
氯化物/（mg/L）	≤	350		
硫化物/（mg/L）	≤	1.0		
总汞/（mg/L）	≤	0.001		
总镉/（mg/L）	≤	0.01		
总砷/（mg/L）	≤	0.05	0.1	0.05
铬（六价）/（mg/L）	≤	0.1		
总铅/（mg/L）	≤	0.2		
粪大肠菌群数/（个/100mL）	≤	4000	4000	2000[a]，1000[b]
蛔虫卵数/（个/L）	≤	2		2[a]，1[b]

a 加工、烹调及去皮蔬菜；
b 生食类蔬菜、瓜类和草本水果；
c 具有一定的水利灌排设施，能保证一定的排水和地下水径流条件的地区，或有一定淡水资源能满足冲洗土体中盐分的地区，农田灌溉水质全盐量指标可以适当放宽。

表 3-24　农田灌溉用水水质选择性控制项目标准值

项目类别		作物种类		
		水作	旱作	蔬菜
铜/（mg/L）	≤	0.5	1	
锌/（mg/L）	≤	2		
硒/（mg/L）	≤	0.02		
氟化物/（mg/L）	≤	2（一般地区），3（高氟区）		
氰化物/（mg/L）	≤	0.5		
石油类/（mg/L）	≤	5	10	1
挥发酚/（mg/L）	≤	1		
苯/（mg/L）	≤	2.5		
三氯乙醛/（mg/L）	≤	1	0.5	0.5
丙烯醛/（mg/L）	≤	0.5		
硼/（mg/L）	≤	1[a]（对硼敏感作物），2[b]（对硼耐受性较强的作物），3[c]（对硼耐受性强的作物）		

a 对硼敏感作物，如黄瓜、豆类、马铃薯、笋瓜、韭菜、洋葱、柑橘等；
b 对硼耐受性较强的作物，如小麦、玉米、青椒、小白菜、葱等；
c 对硼耐受性强的作物，如水稻、萝卜、油菜、甘蓝等。

（2）灌溉系数法

灌溉系数是根据钠离子与氯离子、硫酸根的相对浓度采用不同的经验公式计算的，它反映了水中的钠盐值，但忽略了全盐的作用。其计算公式见表 3-25。

表 3-25 灌溉系数计量表

水的化学类型	灌溉系数 K_a 计算公式
$\gamma_{Na^+} < \gamma_{Cl^-}$，只有氯化钠存在时	$K_a = 288/(5\gamma_{Cl^-})$
$\gamma_{Cl^-} + \gamma_{SO_4^{2-}} > \gamma_{Na^+} + \gamma_{Cl^-}$，有氯化钠及硫酸钠存在时	$K_a = 288/(\gamma_{Na^+} + 4\gamma_{Cl^-})$
$\gamma_{Na^+} > \gamma_{Cl^-} + \gamma_{SO_4^{2-}}$，有氯化钠、硫酸钠及碳酸钠存在时	$K_a = 288/(10\gamma_{Na^+} - 5\gamma_{Cl^-} - 9\gamma_{SO_4^{2-}})$

灌溉系数 $K_a > 18$ 时，为完全适用的水；$K_a = 18 \sim 16$ 时，为适用的水；$K_a = 5.9 \sim 1.2$ 时，为不太适用的水；$K_a < 1.2$ 时，为不能用的水。

灌溉用水水质评价是件复杂的工作，不能简单地用某一特定标准或指标替代全面的分析论证工作，还必须具体考虑当地的气候、水文地质条件、土壤性质、农作物分类、灌溉制定、灌溉方式等一系列因素才能提出适合当地情况的用水标准和利用方案。

灌溉系数（K_a）评价方法的主要缺陷在于仅反映了水中的钠盐值，忽略了全盐的作用，评价结果不全面。

（3）钠吸附比值法

钠吸附比值（A）法是美国农田灌溉水质评价所采用的一种方法，它是根据水中钠离子与钙、镁离子的相对浓度来判断水质的优劣。

钠吸附比值（A）采用下式计算：

$$A = \frac{\gamma_{Na^+}}{\sqrt{(\gamma_{Ca^{2+}} + \gamma_{Mg^{2+}})/2}} \tag{3-62}$$

式中 γ_{Na^+}、$\gamma_{Ca^{2+}}$、$\gamma_{Mg^{2+}}$——表示各离子的浓度，meq/L，1meq/L = 1mmol/L×离子价数。

当 $A > 20$ 时，为有害的水；$A = 15 \sim 20$ 时，为有害边缘水；$A < 8$ 时，为相当安全的水。

钠吸附比值也反映了钠盐含量的相对值，因此，应用这种方法评价水质时，全盐量、水化学形成条件相结合。

（4）盐度和碱度的评价法

钠吸附比值（A）与灌溉系数类似也是反映钠盐的，应用时还应与总溶解固体含量结合进行评价，其评价过程极为烦琐，应用并不十分广泛。多年来，我国在对豫东地区的主要农作物和水质状况研究的基础上，提出盐度和碱度的评价方法，确定灌溉用水的盐害、碱害和综合危害，也是目前比较广泛应用的评价方法。具体评价指标见表 3-26 和表 3-27。

① 盐害 主要是指氯化钠和硫酸钠这两种盐分对农作物和土壤的危害。

盐分过高可造成农作物的死亡和土壤的盐化。水质的盐害程度主要用盐度来表示。盐度就是水中氯化钠和硫酸钠的最大危害浓度，单位为 meq/L。计算方法为：

当 $\gamma_{Na^+} > \gamma_{Cl^-} + \gamma_{SO_4^{2-}}$ 时,盐度 $= \gamma_{Cl^-} + \gamma_{SO_4^{2-}}$

当 $\gamma_{Na^+} < \gamma_{Cl^-} + \gamma_{SO_4^{2-}}$ 时,盐度 $= \gamma_{Na^+}$

② 碱害 也称苏打害。主要是指碳酸钠和碳酸氢钠对农作物的危害。

地下水的碱害程度用碱度来表示。其计算方法为：

$$碱度 = (\gamma_{HCO_3^-} + \gamma_{CO_3^{2-}}) - (\gamma_{Ca^{2+}} + \gamma_{Mg^{2+}})$$

计算结果为负值时，盐害起主导作用。

③ 盐碱害　当盐度大于 10，并有碱度存在时称为盐碱害。盐碱害的作用结果是造成土壤迅速盐碱化和农作物的死亡。

④ 综合危害　水中的氧化钙、氧化镁等其他有害成分与盐害碱害一起，对农作物和土壤产生的危害称之为综合危害。综合危害的程度主要取决于水中所含各种可溶盐的量。

表 3-26 和表 3-27 主要是根据河南省的基本条件规定的评价指标，各地区在实际应用时，应根据当地的条件适当加以修正。

表 3-26　灌溉用水水质评价指标

危害盐类指标水质		好水	中等水	盐碱水	重盐碱水
盐害	碱度为零时盐度/(meq/L)	<15	15~25	25~40	>40
碱害	盐度小于 10 时碱度/(meq/L)	<4	4~8	8~12	>12
综合危害	总溶解固体/(g/L)	<2	2~3	3~4	>4
灌溉水质评价		长期浇灌对主要作物生长无不良影响，还能把盐碱地浇成好地	长期浇灌或浇灌不当时，对土壤和主要作物有影响，但合理浇灌能避免土壤发生盐碱化	灌溉不当时，土壤盐碱化，主要作物生长不好。必须注意浇灌方法，用得得当，作物生长良好	浇灌后土地迅速盐碱化，对作物影响很大，即使特别干旱时，也尽量避免过量使用
说明		本指标适用于非盐碱化土壤。已盐碱化土壤可视盐碱化程度调整使用。本表根据豫东地区主要作物，如小麦、高粱、玉米、棉花、黄豆等被灌溉后的反映程度确定的			

注：1meq/L＝1mmol/L×离子价数。

表 3-27　盐碱害类型双项灌溉水质评价指标　　　　　　　单位：meq/L

盐　度	碱　度	水质类型
10~20	4~8	盐碱水
	>8	重盐碱水
20~30	<4	盐碱水
	>4	重盐碱水
>30	微量	重盐碱水

同时，还应注意到，由于近几年来水体的工业污染严重，灌溉水中有毒有害的微量金属等元素含量升高，利用这部分水体进行农田灌溉时，尽管不产生上述的盐害、碱害或盐碱害，但有毒元素在农作物中的积累，已对农作物的产品质量及人体健康造成了极大的危害，这种危害是潜在的、长期的。因此，在进行农田灌溉用水水质评价时，不仅要对可能造成的盐害、碱害或盐碱害进行细致的评价与说明，同时还应特别注意有毒微量元素的危害，严格控制灌溉用水的水质，保证农作物的产品质量。

习题与思考题

1. 为何要进行水资源量的计算？
2. 地表水资源量与地下水资源量如何计算？
3. 地表水资源量和地下水资源量为什么有重复计算问题？
4. 为何要进行水资源量的评价？
5. 水资源量评价的基本方法是什么？
6. 为何要进行水资源水质的评价？
7. 什么是水质？什么是水质指标？什么是水质标准？
8. 水质评价有哪几种基本方法？
9. 什么是成垢作用？锅垢的成分通常有哪些？锅垢对锅炉用水有什么影响？
10. 什么是腐蚀作用？如何评价？
11. 简述农业用水的水质评价方法。

第4章 水资源利用

学 习 提 示

重点掌握水资源开发利用现状、水资源供需平衡、地表水取水工程、地下水取水工程。难点是水资源供需平衡分析方法。推荐学时 4～6 学时。

4.1 水资源的开发利用现状

水是地球上一切生命活动的基础。全世界水资源总量较为丰富，且人均水资源年占有量也高达 7342m³。但从时间和空间的尺度来讲世界水资源分配极不合理，较多的水资源集中分配在少数地区，导致这些地区洪水泛滥，然而其他广大地区水资源相对匮乏气候干旱，因此导致很多国家和地区都相对缺水。仅 20 世纪世界人口增长近两倍，用水量增加了 5 倍。据估算全球用水量大致以每年 5% 的速度增长。在 50 年代，只有少数几个国家缺水，但到 90 年代以后，有 30 亿人的 26 个国家出现严重缺水。随着世界人口的增加，以及生态环境和气候异常等诸多因素的共同作用，到 2050 年，世界将会有 66 个国家和约 2/3 的世界人口逐渐发展为严重缺水。因此，水资源的合理高效利用受到了世界各国的极大关注。

4.1.1 世界水资源开发利用现状

20 世纪 50 年代以来，全球人口急剧增长，工业发展迅速。一方面，人类对水资源的需求以惊人的速度扩大；另一方面，日益严重的水污染蚕食大量可供消费的水资源。世界上许多国家正面临水资源危机。每年有 400～500 万人死于与水有关的疾病。水资源危机带来的生态系统恶化和生物多样性破坏，也将严重威胁人类生存。水资源危机既阻碍世界的持续发展，也威胁世界和平。在过去的 50 年中，由水引发的冲突达 500 多起，其中 30 多起有暴力性质，21 起演变为军事冲突。专家警告说，水的争夺战将会随着水资源日益紧缺愈演愈烈。

据 2003 年联合国《世界水发展报告》对 180 个国家和地区的水资源利用状况进行排序，可以看出许多国家已处在水资源的危机状态之中。按年用水量统计，用水量最多的 5 个国家是：中国（5198×10⁸m³）、美国（4673.4×10⁸m³）、印度（2800×10⁸m³）、巴基斯坦（1534×10⁸m³）、俄罗斯（117×10⁸m³）。人均用水量排序倒数后 5 位的国家（地区）是：科威特、加沙地带、阿拉伯联合酋长国、巴哈马和卡塔尔，我国排在第 121 位。

对 122 个国家水质指标排序，最差的 5 个国家是：比利时、摩洛哥、印度、约旦和苏丹，主要是因为工业污染、污水处理能力不够等。最好的前 5 个国家是：芬兰、加拿大、新西兰、英国和日本，我国排在第 84 位。亚洲的河流是世界上污染最严重的，这些河流中的铅污染是工业化国家的 20 倍。21 世纪初，每天有大约 200 万 t 的废物倾倒于河流、湖泊和溪流中，每升废水会污染 8 倍的淡水。总体来说，水的质量在不断恶化。

统计数据表明，现有水资源与人类对它的使用之间存在严重的不协调，主要表现在以下几个方面：

（1）健康方面　每年有超过 220 万人因为使用污染和不卫生的饮用水而死亡。

（2）农业方面　每天有大约 2.5 万人因饥饿而死亡；有 8.15 亿人受到营养不良的折磨，其中发展中国家有 7.77 亿人，转型国家有 2700 万人，工业化国家有 1100 万人。

（3）生态学方面　靠内陆水生存的 24% 的哺乳动物和 12% 的鸟类的生命受到威胁。19 世纪末，已有 24~80 个鱼种灭绝。世界上内陆水的鱼种仅占所有鱼种的 10%，但其中 1/3 鱼种正处于危险之中。

（4）工业方面　世界工业用水占用水总量的 22%，其中高收入国家占 59%，低收入国家占 8%，每年因工业用水，有 3~5 亿 t 的重金属、溶剂、有毒淤泥和其他废物沉积到水资源中，其中 80% 的有害物质产生于美国和其他工业国家。

（5）自然灾害方面　在过去 10 年中，66.5 万人死于自然灾害，其中 90% 死于洪水和干旱，35% 的灾难发生在亚洲，29% 发生在非洲，20% 发生在美洲，13% 发生在欧洲和大洋洲等其他地方。

（6）能源方面　在再生能源中，水力发电是最重要和得到最广泛使用的能源。它占 2001 年总电力的 19%。在工业化国家水力发电占总电力的 70%，在发展中国家仅占 15%。加拿大、美国和巴西是最大的水力发电国。仍未开发的但具有丰富水能资源的地区和国家有拉丁美洲、印度和中国。

4.1.2　中国水资源开发利用现状

我国水资源南多北少，地区分布差异很大。黄河流域的年径流量约占全国年径流总量的 2%，为长江水量的 6% 左右。在全国年径流总量中，淮河、海河及辽河三流域仅分别约占 2%、1% 及 0.6%，黄河、淮河、海河和辽河四流域的人均水量分别仅为我国人均值的 26%、15%、11.5% 和 21%，由于北方各区水资源量少，导致开发利用率远大于全国平均水平，其中海河流域水资源开发利用率达到惊人的 78%，黄河流域达到 70%，淮河现状耗水量已相当于其水资源可利用量的 67%，辽河已超过 94%。

根据中华人民共和国水利部《2012 年中国水资源公报》统计，2006 年全国总供水量 $5795 \times 10^8 \text{m}^3$，占当年水资源总量的 23%。其中，地表水源供水量占 81.2%，地下水源供水量占 18.4%，其他水源供水量占 0.4%。2012 年全国总供水量 $6131.2 \times 10^8 \text{m}^3$，占当年水资源总量的 20.8%。其中，地表水源供水量占 80.8%；地下水源供水量占 18.5%；其他水源供水量占 0.7%。在地表水源供水量中，蓄水工程占 31.4%，引水工程占 33.8%，提水工程占 31.0%，水资源一级区间调水量占 3.8%。在地下水供水量中，浅层地下水占 82.8%，深层承压水占 16.9%，微咸水占 0.3%。北方 6 区供水量 $2818.7 \times 10^8 \text{m}^3$，占全国总供水量的 46.0%；南方 4 区供水量 $3312.5 \times 10^8 \text{m}^3$，占全国总供水量的 54.0%。南方省份地表水供水量占其总供水量比重均在 88% 以上，而北方省份地下水供水量则占有相当大的比例，其中河北、北京、河南、山西和内蒙古 5 个省（自治区、直辖市）地下水供水量占总供水量的一半以上。另外，全国直接利用海水共计 $663.1 \times 10^8 \text{m}^3$，主要作为火（核）电的冷却用水。其中广东、浙江和山东利用海水较多，分别为 $269.0 \times 10^8 \text{m}^3$、$212.1 \times 10^8 \text{m}^3$ 和 $61.5 \times 10^8 \text{m}^3$。

2012 年全国总用水量 $6131.2 \times 10^8 \text{m}^3$，其中生活用水占 12.1%，工业用水占 22.5%，农

业用水占 63.6％，生态环境补水（仅包括人为措施供给的城镇环境用水和部分河湖、湿地补水）占 1.8％。在各省级行政区中用水量大于 $400 \times 10^8 m^3$ 的有新疆、江苏和广东 3 个省（自治区），用水量少于 $50 \times 10^8 m^3$ 的有天津、青海、西藏、北京和海南 5 个省（自治区、直辖市）。农业用水占总用水量 75％以上的有新疆、西藏、宁夏、黑龙江、青海、甘肃和海南 7 个省（自治区），工业用水占总用水量 35％以上的有上海、重庆、福建和江苏 4 个省（直辖市），生活用水占总用水量 20％以上的有北京、天津、上海、重庆、广东和浙江 6 个省（直辖市）。

2012 年，全国用水消耗总量 $3244.5 \times 10^8 m^3$，耗水率（消耗总量占用水总量的百分比）53％。各类用户耗水率差别较大，农田灌溉为 63％；林牧渔业及牲畜为 75％；工业为 24％；城镇生活为 30％；农村生活为 84％；生态环境补水为 80％。

2012 年全国废污水排放总量 $785 \times 10^8 t$。废污水排放量是指工业、第三产业和城镇居民生活等用水户排放的水量，但不包括火电直流冷却水排放量和矿坑排水量。

2012 年，全国人均综合用水量 $454 m^3$，万元国内生产总值（当年价）用水量 $118 m^3$。农田实际灌溉亩均用水量 $404 m^3$，农田灌溉水有效利用系数 0.516，万元工业增加值（当年价）用水量 $69 m^3$。城镇人均生活用水量（含公共用水）216L/d，农村居民人均生活用水量 79L/d。各省级行政区的用水指标值差别很大。从人均用水量看，2012 年大于 $600 m^3$ 的有新疆、宁夏、西藏、黑龙江、内蒙古、江苏、广西 7 个省（自治区），其中新疆、宁夏、西藏分别达 $2657 m^3$、$1078 m^3$、$976 m^3$；小于 $300 m^3$ 的有天津、北京、山西和山东等 9 个省（直辖市），其中天津最低，仅 $167 m^3$。从万元国内生产总值用水量看，新疆最高，为 $786 m^3$；小于 $100 m^3$ 的有北京、天津、山东和浙江等 12 个省（直辖市），其中天津、北京分别为 $18 m^3$ 和 $20 m^3$。

由于受所处地理位置和气候的影响，我国是一个水旱灾害频繁发生的国家，尤其是洪涝灾害长期困扰着经济的发展。据统计，从公元前 206 年到 1949 年的 2155 年间，共发生较大洪水 1062 次，平均两年就有一次。黄河在 2000 多年中，平均三年两决口，百年一改道，仅 1887 年的一场大水就死亡 93 万人，全国在 1931 年的大洪水中丧生 370 万人。新中国成立以后，洪涝灾害仍不断发生，造成了很大的损失。因此，兴修水利、整治江河、防治水害实为国家的一项治国安邦的大计，也是十分重要的战略任务。

我国 50 多年来共整修江河堤防 20 余万千米，保护了 5 亿亩耕地，建成各类水库 8 万多座，配套机电井 263 万眼，拥有 6600 多万千瓦的排灌机械。机电排灌面积 4.6 亿亩，除涝面积约 2.9 亿亩，改良盐碱地面积 0.72 亿亩，治理水土流失面积 $51 \times 10^4 km^2$。这些水利工程建设，不仅每年为农业、工业和城市生活提供 $5000 \times 10^8 m^3$ 的用水，解决了山区、牧区 1.23 亿人口和 7300 万头牲畜的饮水困难，而且在防御洪涝灾害上发挥了巨大的效益。除了自然因素外，造成洪涝灾害的主要原因有以下几点：

（1）不合理利用自然资源　尤其是滥伐森林，破坏水土平衡，生态环境恶化。如前所述，我国水土流失严重，河流带走大量的泥沙，淤积在河道、水库、湖泊中。湖泊不合理的围垦，面积日益缩小，使其调洪能力下降。据中科院南京地理与湖泊研究所调查，20 世纪 70 年代后期，我国面积在 $1 km^2$ 以上的湖泊约有 2300 个，总面积达 $7.1 km^2$，占国土总面积的 0.8％，湖泊水资源量为 $7077 \times 10^8 m^3$，其中淡水资源量 $2250 \times 10^8 m^3$，占我国陆地水资源总量的 8％。新中国成立以来，我国的湖泊已减少了 500 多个，面积缩小约 $1.86 \times 10^4 km^2$，占现有湖泊面积的 26.3％，湖泊蓄水量减少 $513 \times 10^8 m^3$。长江中下游水系和天然水面减少，1954 年以来，湖北、安徽、江苏以及洞庭湖、鄱阳湖等湖泊水面因围湖造田等缩小了约

$1.2×10^4km^3$，大大削弱了防洪抗涝的能力。另外，河道因淤塞和被侵占，行洪能力降低；大量泥沙淤积河道，使许多河流的河床抬高，减少了过洪能力，增加了洪水泛滥的机会。此外，河道被挤占，过水断面变窄，也减少了行洪、调洪能力，加大了洪水危害程度。

（2）水利工程防洪标准偏低　我国大江大河的防洪标准普遍偏低，目前除黄河下游可预防 60 年一遇洪水外，其余长江、淮河等 6 条江河只能预防 10～20 年一遇洪水标准。许多大中城市防洪排涝设施差，经常处于一般洪水的威胁之下。广大江河中下游地区处于洪水威胁范围的面积达 $73.8×10^4km^2$，占国土陆地总面积的 7.7%，其中有耕地 5 亿亩，人口 4.2 亿，均占全国总数的 1/3 以上，工农业总产值约占全国的 60%。此外，各条江河中下游的广大农村地区排涝标准更低，随着农村经济的发展，远不能满足目前防洪排涝的要求。

（3）人口增长和经济发展使受灾程度加深　一方面抵御洪涝灾害的能力受到削弱。另一方面由于经济社会发展使受灾程度大幅度增加。新中国成立以后人口增加了 1 倍多，尤其是东部地区人口密集。长江三角洲的人口密度为全国平均密度的 10 倍。1949 年全国工农业总产值仅 466 亿元。至 1988 年已达 24089 亿元，增加了 51 倍。近 20 年来，我国经济不断得到发展。在相同频率洪水情况下所造成的各种损失却成倍增加。例如，1991 年太湖流域地区 5～7 月降雨量为 600～900mm，并没有超过 1954 年大水，但所造成的灾害和经济损失都比 1954 年严重得多。此外，各江河的中下游地区一般农业发达，建有众多的商品粮棉油的生产基地。一旦受灾，农业损失也相当严重。

水资源危机将会导致生态环境的进一步恶化。为取得足够的水资源供给社会，必将加大水资源开发力度。水资源过度开发，可能导致一系列的生态环境问题。水污染严重，既是水资源过度开发的结果，也是进一步加大水资源开发力度的原因，两者相互影响，形成恶性循环。通常认为，当径流量利用率超过 20% 时就会对水环境产生很大影响，超过 50% 时则会产生严重影响。此外，过度开采地下水会引起地面沉降、海水入侵、海水倒灌等环境问题。因此，集中力量解决供水需求增长及大力推广节水措施，是我国今后一定时期内水资源面临的最迫切任务之一。

4.1.3　水资源面临的问题

1. 世界水资源面临的问题

水资源与人类社会经济的可持续发展之间存在着严重的不协调，日益增长的食品需求、快速城市化及气候变化给全球供水造成越来越大的压力，威胁到了所有主要发展目标。根据联合国《水资源开发报告》，世界水资源面临以下主要问题。

（1）用水需求的快速增长　农业、能源生产、工业和人类消费四个部门的用水需求急剧增加。农业用水占总用水量的 70%，到 2050 年全球对粮食的需求将增加 70%。全球农业用水量在大幅度提高农作物产量和农业生产效率的前提下，至少增加约 19%。所有能源和电力生产过程都需要用水，但当前已有超过 10 亿人用不上电和其他清洁能源。人口增长和经济活动的增加，到 2035 年全球能源消耗量将在现有基础上增加约 50%。水是许多工业生产过程的一个组成部分，经济活动增加将导致工业用水的需求扩大。人居用水主要集中在城市社区饮用水、卫生和排水等方面。2009 年世界城市人口为 39 亿，到 2050 年将增至 63 亿，生活用水量将急剧增加。

（2）用水安全与水污染　自联合国 2000 年 8 月"千年发展目标"建立以来，城市中无法获得供水服务的人口还在不断增加。据统计，得不到相对安全、清洁的供水和卫生设施的城市人口数量增长了约 20%。现在还有近 10 亿人仍然无法获得相对安全的饮用水源。与 20 世纪 90 年代末相比，用不上自来水的城市人口反而增加了。2010 年世界上有 26 亿人还没有用上相对清洁的卫生设施。全世界超过 80% 的污水未收集或处理，城市居住区是主要的点源污染源。在发展中国家，每年有数百万人的死因与供水不足和卫生状况不佳有关。污水不仅对人类健康产生不利影响，对生态环境也构成破坏。

（3）气候变化加大对全球水资源的压力　气候变化将在未来的若干年中对水资源产生更大的冲击。在气候变化的影响下，降雨模式、土壤湿度、冰川融化与水流都将发生变化，地下水资源也随之发生变化。现在到 2030 年，气候变化将会强烈影响到南亚及南部非洲的食品生产。到 2070 年，中欧及南欧也将感受到水资源压力，受影响人口将从 2800 万上升到 4400 万。在欧洲南部和部分中欧和东欧地区，夏季流量可能下降 80%。

（4）地下水资源的过度开发　地下水对非洲和亚洲贫困地区 10 亿多户农村家庭的生计和食品安全、对世界其他地区很大一部分人的家庭供水都至关重要。地下水资源的抽取量在过去 50 年至少增加了两倍。但大部分地下水是不可再生的，一些地区的地下水源已达到临界极限，从那里抽取的地下水也已经到了危险的临界低水平。

（5）水灾害的频繁发生　与水有关的灾害占到所有自然灾害的 90%，其频率和强度普遍增加，对人们生活和经济发展造成了严重影响。1990～2000 年间，自然灾害在一些发展中国家造成的损失占到了年度国内生产总值的 2%～15%。

2. 我国水资源面临的问题

我国正处在社会经济快速发展时期，粮食安全、工业化、城镇化的水资源安全保障任务相当艰巨。水资源面临的形势相当严峻，主要体现在以下几个方面：

（1）水资源供需矛盾突出　资料表明，自 20 世纪 70 年代初起，我国城市的需水量增长率大于实际供水能力增长率。在我国工农业经济比较发达、人口比较集中的地区，特别是缺水地区海河及黄河下游平原、山东半岛、辽河平原及辽东半岛、汾渭地堑、淮北平原、四川盆地等的一些地带与城市，水的供需矛盾尤为突出。由于缺水造成了经济活动的复杂化，引发了地下水的严重超采，造成地面下沉、海水入侵等一系列不良后果。

（2）水的有效利用程度低　与发达国家相比，我国水的有效利用程度较低，往往以浪费水资源为代价取得粗放型经济增长。农业灌溉用水有效利用系数约为 0.45，万元 GDP 用水量为 191m³，工业用水重复利用率在 60% 左右，而发达国家的这三个数据依次为 0.7～0.8、55m³ 和 85%。我国用水浪费现象非常严重，许多城市输配水管网的用水器具的漏失率高达 20% 以上。此外，我国在污水回用、海水、雨水利用等方面也处于较低水平，用水浪费进一步加剧了水资源的短缺。

（3）水体污染严重　我国不仅人均水资源量很少，而且水源污染相当严重。2012 年，对全国 20.1 万 km 的河流水质状况进行了评价。全年 Ⅰ 类水河长占评价河长的 5.5%，Ⅱ 类水河长占 39.7%，Ⅲ 类水河长占 21.8%，Ⅳ 类水河长占 11.8%，Ⅴ 类水河长占 5.5%，劣 Ⅴ 类水河长占 15.7%。全年 Ⅰ～Ⅲ 类水河长比例为 67.0%，与 2011 年相比，增加 2.8 个百分点。全国 10 个水资源一级区中，西南诸河区、西北诸河区水质为优，Ⅰ～Ⅲ 类水河长比例分别为 97.7% 和 90.8%；珠江区、东南诸河区、长江区水质为良，Ⅰ～Ⅲ 类水河长比例分别为 83.2%、78.9% 和 74.7%；松花江区水质为中，Ⅰ～Ⅲ 类水河长比例为 56.9%；黄河区、辽河区、淮河区水质为差，Ⅰ～Ⅲ 类水河长比例分别为 55.5%、44.1%、36.8%，劣 Ⅴ 类水河长比例均在 25% 左右；海河区水质为劣，Ⅰ～Ⅲ 类水河长比例为 34.6%，劣 Ⅴ

类水河长比例为 46.1%。

此外，对全国开发利用程度较高和面积较大的 112 个主要湖泊水质评价结果为：全年总体水质为Ⅰ～Ⅲ类的湖泊有 32 个，占评价湖泊总数的 28.6%、评价水面面积的 44.2%；Ⅳ～Ⅴ类湖泊 55 个，占评价湖泊总数的 49.1%、评价水面面积的 31.5%；劣Ⅴ类水质的湖泊 25 个，占评价湖泊总数的 22.3%、评价水面面积的 24.3%。对上述湖泊进行营养状态评价，贫营养湖泊有 1 个，中营养湖泊有 38 个，轻度富营养湖泊有 45 个，中度富营养湖泊有 28 个。

（4）自然灾害和突发事件频繁　自 20 世纪 90 年代以来，我国几大江河发生了多次较大洪水，特别 1998 年长江、嫩江和松花江流域的洪涝灾害频繁。2012 年，我国干旱、洪涝及台风灾害频发重发，长江和黄河上游干流分别出现 5 次和 4 次洪峰，三峡水库迎来建库以来最大洪水，6 个强台风或台风在一个月内集中登陆，西南部分地区发生较为严重的春旱。与此同时突发性的水污染事件发生的频率增大。

（5）管理薄弱　从总体上讲，水资源管理应是统一、分层次的综合管理，其主要内容包括水资源保护、水资源开发利用与用水管理三部分。城市水资源管理是水资源管理的一方面。鉴于我国水资源开发利用已受到多种因素制约，城市水资源管理应处于强化管理阶段，面临越来越高的合理利用水资源的要求，城市水资源管理虽已有相应的发展和提高，但相对而言，这方面的管理是落后的。这表现在：至今没有统一而完善的管理体制和机构；有关法规、制度尚不健全；缺少配套的技术方针、技术政策与管理办法，其科学论证也不足，技术力量与基础工作薄弱；管理手段落后。管理薄弱是导致水资源未能合理利用的重要原因，在某种程度上也会影响顺利解决水的供需矛盾。

4.2　水资源供需平衡

水是基础性的自然资源和战略性的经济资源，是生态环境的控制性要素。水资源的可持续利用，是城市乃至国家经济社会可持续发展极为重要的保证，也是维护人类环境的极为重要的保证。我国人均、亩均占有水资源量少，水资源时空分布极为不均匀。特别是西北干旱、半干旱区，水资源是制约当地社会经济发展和生态环境改善的主要因素。

4.2.1　水资源供需平衡分析的意义

城市水资源供需平衡分析是指在一定范围内（行政、经济区域或流域）不同时期的可供水量和需水量的供求关系分析。其目的：一是通过可供水量和需水量的分析，弄清楚水资源总量的供需现状和存在的问题；二是通过不同时期、不同部门的供需平衡分析，预测未来，了解水资源余缺的时空分布；三是针对水资源供需矛盾，进行开源节流的总体规划，明确水资源综合开发利用保护的主要目标和方向，以实现水资源的长期供求计划。因此，水资源供需平衡分析是国家和地方政府制定社会经济发展计划和保护生态环境必须进行的行动，也是进行水源工程和节水工程建设，加强水资源、水质和水生态系统保护的重要依据。开展此项工作，有助于使水资源的开发利用获得最大的经济、社会和环境效益，满足社会经济发展对水量和水质日益增长的要求，同时在维护水资源的自然功能，以及维护和改善生态环境的前提下，实现社会经济的可持续发展，使水资源承载力、水环境承载力相协调。

4.2.2　水资源供需平衡分析的原则

水资源供需平衡分析涉及社会、经济、环境生态等方面，不管是从可供水量还是需水量方面分析，牵涉面广且关系复杂。因此，水资源供需平衡分析必须遵循以下原则：

1. 长期与近期相结合原则

水资源供需平衡分析实质上就是对水的供给和需求进行平衡计算。水资源的供与需不仅受自然条件的影响，更重要的是受人类活动的影响。在社会不断发展的今天，人类活动对供需关系的影响已经成为基本的因素，而这种影响又随着经济条件的不断改善而发生阶段性的变化。因此，在进行水资源供需平衡分析时，必须有中长期的规划，做到未雨绸缪，不能临渴掘井。

在对水资源供需平衡作具体分析时，根据长期与近期原则，可以分成几个分析阶段：① 现状水资源供需分析，即对近几年来本地区水资源实际供水、需水的平衡情况，以及在现有水资源设施和各部门需水的水平下，遇不同保证率的来水年时，对本地区水资源的供需平衡情况进行分析；② 今后五年内水资源供需分析，它是在现状水资源供需分析的基础上，结合国民经济五年计划对供水与需求的变化情况进行供需分析；③ 今后 10 年或 20 年内水资源供需分析，这项工作必须紧密结合本地区的长远规划来考虑，同样也是本地区国民经济远景规划的组成部分。

2. 宏观与微观相结合原则

即大区域与小区域相结合，单一水源与多个水源相结合，单一用水部门与多个用水部门相结合。水资源具有区域分布不均匀的特点，在进行全省或全市（县）的水资源供需平衡分析时，往往以整个区域内的平衡值来计算，这就势必造成全局与局部矛盾。大区域内水资源平衡了，各小区域内可能有亏有盈。因此，在进行大区域的水资源供需平衡分析后，还必须进行小区域的供需平衡分析，只有这样才能反映各小区域的真实情况，从而提出切实可行的措施。

在进行水资源供需平衡分析时，除了对单一水源地（如水库、河闸和机井群）的供需平衡加以分析外，更应重视对多个水源地联合起来的供需平衡进行分析，这样可以最大限度地发挥各水源地的调解能力和提高供水保证率。

由于各用水部门对水资源的量与质的要求不同，对供水时间的要求也相差较大。因此，在实践中许多水源是可以重复交叉使用的。例如，内河航运与养鱼、环境用水相结合，城市河湖用水、环境用水和工业冷却水相结合等。一个地区水资源利用得是否科学，重复用水量是一个很重要的指标。因此，在进行水资源供需平衡分析时，除考虑单一用水部门的特殊需要外，本地区各用水部门应综合起来统一考虑，否则往往会造成很大的损失。这对一个地区的供水部门尚未确定安置地点的情况尤为重要。这项工作完成后可以提出哪些部门设在上游，哪些部门设在下游，或哪些部门可以放在一起等合理的建议，为将来水资源合理调度创造条件。

3. 科技、经济、社会三位一体统一考虑原则

对现状或未来水资源供需平衡的分析都涉及技术和经济方面的问题、行业间的矛盾，以及省市之间的矛盾等社会问题。在解决实际的水资源供需不平衡的许多措施中，被采用的可能是技术上合理，而经济上并不一定合理的措施；也可能是矛盾最小，但技术与经济上都不合理的措施。因此，在进行水资源供需平衡分析时，应统一考虑以下三种因素，即社会矛盾最小、技术与经济都较合理，并且综合起来最为合理（对某一因素而言并不一定是最合理的）。

4. 水循环系统综合考虑原则

水循环系统指的是人类利用天然的水资源时所形成的社会循环系统。人类开发利用水资源经历三个系统：供水系统、用水系统、排水系统。这三个系统彼此联系、相互制约。从水源地取水，经过城市供水系统净化，提升至用水系统；经过使用后，受到某种程度的污染，流入城市排水系统；经过污水处理厂处理后，一部分退至下游，一部分达到再生水回用的标准，重新返回到供水系统中，或回到用户再利用，从而形成了水的社会循环。

4.2.3 水资源供需平衡分析的方法

水资源供需平衡分析必须根据一定的雨情、水情来进行，主要有两种分析方法：一种为系列法，一种为典型年法（或称代表年法）。系列法是按雨情、水情的历史系列资料进行逐年的供需平衡分析计算；而典型年法仅是根据具有代表性的几个不同年份的雨情、水情进行分析计算，而不必逐年计算。这里必须强调，不管采用何种分析方法，所采用的基础数据（如水文系列资料、水文地质的有关参数等）的质量是至关重要的，其将直接影响到供需分析成果的合理性和实用性。下面介绍两种方法：一种叫典型年法，另一种叫水资源系统动态模拟法（系列法的一种）。在了解两种分析方法之前，首先介绍一下供水量和需水量的计算与预测。

1. 供水量的计算与预测

可供水量是指不同水平年、不同保证率或不同频率条件下通过工程设施可提供的符合一定标准的水量，包括区域内的地表水、地下水外流域的调水，污水处理回用和海水利用等。它有别于工程实际的供水量，也有别于工程最大的供水能力，不同水平年意味着计算可供水量时，要考虑现状近期和远景的几种发展水平的情况，是一种假设的来水条件。不同保证率或不同频率条件表示计算可供水量时，要考虑丰、平、枯几种不同的来水情况，保证率是指工程供水的保证程度（或破坏程度），可以通过系列调算法进行计算习得。频率一般表示来水的情况，在计算可供水量时，既表示要按来水系列选择代表年，也表示应用代表年法来计算可供水量。

可供水量的影响因素：

（1）来水条件 由于水文现象的随机性，将来的来水是不能预知的，因而将来的可供水量是随不同水平年的来水变化及其年内的时空变化而变化。

（2）用水条件 由于可供水量有别于天然水资源量，例如只有农业用户的河流引水工程，虽然可以长年引水，但非农业用水季节所引水量则没有用户，不能算为可供水量；又例如河道的冲淤用水、河道的生态用水，都会直接影响到河道外的直接供水的可供水量；河道上游的用水要求也直接影响到下游的可供水量。因此，可供水量是随用水特性、合理用水和节约用水等条件的不同而变化的。

（3）工程条件 工程条件决定了供水系统的供水能力。现有工程参数的变化，不同的调度运行条件以及不同发展时期新增工程设施，都将决定出不同的供水能力。

（4）水质条件 可供水量是指符合一定使用标准的水量，不同用户有不同的标准。在供需分析中计算可供水量时要考虑到水质条件。例如从多沙河流引水，高含沙量河水就不宜引用；高矿化度地下水不宜开采用于灌溉；对于城市的被污染水、废污水在未经处理和论证时也不能算作可供水量。

总之，可供水量不同于天然水资源量，也不等于可利用水资源量。一般情况下，可供水量小于天然水资源量，也小于可利用水资源量。对于可供水量，要分类、分工程、分区逐项逐时段计算，最后还要汇总成全区域的总供水量。

另外，需要说明的是所谓的供水保证率是指多年供水过程中，供水得到保证的年数占总年数的百分数，常用下式计算。

$$P = \frac{m}{n+1} \times 100\% \tag{4-1}$$

式中　P——供水保证率；

　　　m——保证正常供水的年数；

　　　n——供水总年数。

在供水规划中，按照供水对象的不同，应规定不同的供水保证率。例如居民生活供水保证率 $P=95\%$ 以上，工业用水 $P=90\%$ 或 95%，农业用水 $P=50\%$ 或 75% 等。保证正常供水是指通常按用户性质，能满足其需水量的 $90\%\sim98\%$（即满足程度），视作正常供水。对供水总年数，通常指统计分析中的样本总数，如所取降雨系列的总年数或系列法供需分析的总年数。

根据上述供水保证率的概念，可以得出两种确定供水保证率的方法：

（1）上述的在今后多年供水过程中有保证年数占总供水年数的百分数。今后多年是一个计算系列，在这个系列中，不管哪一个年份，只要有保证的年数足够，就可以达到所需的保证率。

（2）规定某一个年份（例如 2000 年这个水平年），这一年的来水可以是各种各样的。现在把某系列各年的来水都放到 2000 年这一水平年去进行供需分析，计算其供水有保证的年数占系列总年数的百分数，即为 2000 年这一水平年的供水遇到所用系列的来水时的供水保证率。

2. 需水量的计算与预测

（1）需水量概述

需水量可分为河道内用水和河道外用水两大类。河道内用水包括水力发电、航运、放牧、冲淤、环境、旅游等，主要利用河水的势能和生态功能，基本上不消耗水量或污染水质，属于非耗损性清洁用水。河道外用水包括生活需水量、工业需水量、农业需水量、生态环境需水量等四种。

生活需水量是指为满足居民高质量生活所需要的用水量。生活需水量分为城市生活需水量和农村生活需水量。城市生活需水量是供给城市居民生活的用水量，包括居民家庭生活用水和市政公共用水两部分。居民家庭生活用水是指维持日常生活的家庭和个人需水，主要指饮用和洗涤等室内用水；市政公共用水包括饭店、学校、医院、商店、浴池、洗车场、公路冲洗、消防、公用厕所、污水处理厂等用水。农村生活需水量可分为农村家庭需水量、家养禽畜需水量等。

工业需水量是指在一定的工业生产水平下，为实现一定的工业生产产品量所需要的用水量。工业需水量分为城市工业需水量和农村工业需水量。城市工业需水量是供给城市工业企业的工业生产用水，一般是指工业企业在生产过程中，用于制造、加工、冷却、空调、制造、净化、洗涤和其他方面的用水，也包括工业企业内工作人员的生活用水。

农业需水量是指在一定的灌溉技术条件下，供给农业灌溉、保证农业生产产量所需要的用水量，主要取决于农作物品种、耕作与灌溉方法。农业需水量分为种植业需水量、畜牧业需水量、林果业需水量和渔业需水量。

生态环境需水量是指为达到某种生态水平，并维持这种生态系统平衡所需要的用水量。

生态环境需水量由生态需水量和环境需水量两部分构成。生态需水量是达到某种生态水平或者维持某种生态系统平衡所需要的水量，包括维持天然植被所需水量、水土保持及水保范围外的林草植被建设所需水量以及保护水生生物所需水量；环境需水量是为保护和改善人类居住环境及其水环境所需要的水量，包括改善用水水质所需水量、协调生态环境所需水量、回补地下水量、美化环境所需水量及休闲旅游所需水量。

需水量分类见表 4-1。

表 4-1　需水量分类结构

Ⅰ级分类	Ⅱ级分类	Ⅲ级分类	Ⅳ级分类
生活需水	城市生活	居民家庭生活 市政公共设施	生活饮食、盥洗洗涤 浇洒道路、公共卫生、消防、城市水景、绿化
	农村生活	居民家庭生活 家养禽畜	生活饮食、盥洗洗涤、自用菜园需水 以自用为目的的家禽与牧畜饲养用水
工业需水	城市工业	一般工业	采掘；食品、纺织、造纸、木材； 化工、石化、机械、冶金、建材、其他
		电力工业	火电、核电
	农村工业	村以上乡镇企业 村属乡镇企业	乡级企业、县级企业 村企业、个体企业
农业需水	种植业	大　　田 水　　田 菜　　田	
	畜牧业	牲畜用水 草场用水	
	渔业	鱼塘	
	林果业	材　林 炭　林 果　园	
生态环境需水	生态需水	维护天然植被需水 水土保持需水 保护水生生物需水	森林、草地、湿地植被、荒漠植被 绿洲、生态防护林 维持河流、湖泊中鱼类、浮游植物生存需水
	环境需水	改善用水水质需水 协调生态环境需水	维持河流基本功能的最小流量 维持水沙平衡、水盐平衡的水量
		回补地下水需水	保持地下水位稳定需水量 地下水位恢复需水量
		美化环境需水 休闲旅游需水	城市净化、绿化、公园湖泊需水 维持游泳、划船、垂钓等活动的需水

（2）用水定额

用水定额是用水核算单元规定或核定的使用新鲜水的水量限额，即单位时间内，单位产品、单位面积或人均生活所需要的用水量。用水定额一般可分为生活用水定额、工业用水定额和农业用水定额三部分。核算单元，对于城市生活用水可以是人、床位、面积等，对于城市工业用水可以是某种单位产品、单位产值等，对于农业用水可以是灌溉面积、单位产量等。

用水定额随社会、科技进步和国民经济发展而变化，经济发展水平、地域、城市规模、工业结构、水资源重复利用率、供水条件、水价、生活水平、给排水及卫生设施条件、生活方式等，都是影响用水定额的主要因素。如生活用水定额随社会的发展、文化水平提高而逐渐提高。通常，住房条件较好、给水排水设备较完善、居民生活水平相对较高的大城市，生活用水定额也较高。而工业用水定额和农业用水定额因科技进步而逐渐降低。

用水定额是计算与预测需水量的基础，需水量计算与预测的结果正确与否，与用水定额的选择有极大的关系，应该根据节水水平和社会经济的发展，通过综合分析和比较，确定适应地区水资源状况和社会经济特点的合理用水定额。

城市生活需水量取决于城市人口、生活用水定额和城市给水普及率等因素。国外部分国家人均居民生活用水量见表 4-2，我国各省区和部分城市人均居民生活用水量见表 4-3。

表 4-2　国外部分国家人均居民生活用水量　　　　单位：L/（人·d）

国　家	美国	日本	瑞士	意大利	瑞典	西班牙	荷兰	法国	英国	芬兰	德国	比利时
人均 用水量	425	300	260	214	195	181	173	161	160	150	135	116

表 4-3　我国各省区和部分城市人均居民生活用水量　　　　单位：L/（人·d）

省市区	人均生活用水量	省市区	人均生活用水量
广　西	308	浙　江	179
广　东	304	辽　宁	177
湖　南	303	四　川	174
上　海	287	河　北	163
江　苏	285	新　疆	158
海　南	285	西　藏	157
北　京	268	云　南	157
湖　北	261	贵　州	152
福　建	230	内蒙古	151
江　西	224	甘　肃	149
安　徽	214	吉　林	143
陕　西	209	山　东	139
宁　夏	206	黑龙江	134
青　海	193	山　西	132
河　南	187	天　津	128

由表 4-2 及表 4-3 可以看出，美国城市用水消耗水平很高，反映了宽裕的用水水平；我国部分沿海和南部经济发达城市的用水水平较高，接近日本城市用水水平，高于瑞士、意大利等国；我国平均用水水平与芬兰、德国、法国、英国、荷兰、瑞典等国基本接近，高于比利时。

1）城市用水定额

我国城市生活用水定额主要包括人均综合用水定额和居民生活用水定额，可按照相关标准及设计规范所规定的指标值选取。

① 居民生活用水定额

确定城市居民生活用水定额时应充分考虑各影响因素，可根据所在分区按《城市居民生活用水量标准》（GB/T 50331—2002）中规定的指标值选取（表4-4）。当居民实际生活用水量与表中规定有较大出入时，可按当地生活用水量统计资料适当增减，做适当的调整，使其符合当时当地的实际情况。

表 4-4　城市居民生活用水量标准　　　　　　单位：L/（人·d）

地域分区	日用水量	适用范围
一	85～135	黑龙江、吉林、辽宁、内蒙古
二	85～140	北京、天津、河北、山东、河南、山西、陕西、宁夏、甘肃
三	120～180	上海、江苏、浙江、福建、江西、湖北、湖南、安徽
四	150～220	广西、广东、海南
五	100～140	重庆、贵州、四川、云南
六	75～125	新疆、西藏、青海

② 人均综合用水定额

城市综合用水指标是指从加强城市水资源宏观控制，合理确定城市用水需求的目的出发，为城市水资源总量控制管理以及城市相关规划服务，反映城市总体用水水平的特定用水指标。城市综合用水指标包括人均综合用水指标、地均综合用水指标、经济综合用水指标三类。人均综合用水指标是指将城市用水总量折算到城市人口特定指标上所反映的用水量水平。综合生活用水为城市居民日常生活用水和公共建筑用水之和，不包括浇洒道路、绿地、市政用水和管网漏失水量。

城市综合生活用水定额应根据当地国民经济和社会发展、水资源充沛程度、用水习惯，在现有用水定额基础上，结合城市总体规划，本着节约用水的原则，综合分析确定。人均综合生活用水定额宜按我国《室外给水设计规范》（GB 50013—2006）中给定的指标值（表4-5）选择确定。

表 4-5　城市综合生活用水定额　　　　　　单位：L/（人·d）

城市规模 分区	特大城市		大城市		中、小城市	
	最高日	平均日	最高日	平均日	最高日	平均日
一　区	260～410	210～340	240～390	190～310	220～370	170～280
二　区	190～280	150～240	170～260	130～210	150～240	110～180
三　区	170～270	140～230	150～250	120～200	130～230	100～170

注：特大城市指市区和近郊区非农业人口100万及以上的城市；大城市指市区和近郊区非农业人口50万及以上、不满100万的城市；中、小城市指市区和近郊区非农业人口不满50万的城市。一区包括湖北、湖南、江西、浙江、福建、广东、广西、海南、上海、江苏、安徽、重庆；二区包括四川、贵州、云南、黑龙江、吉林、辽宁、北京、天津、河北、山西、河南、山东、宁夏、陕西、内蒙古河套以东和甘肃黄河以东的地区；三区包括新疆、青海、西藏、内蒙古河套以西和甘肃黄河以西的地区。经济开发区和特区城市，根据用水实际情况，用水定额可酌情增加。当采用海水或污水再生水等作为冲厕用水时，用水定额相应减少。

2) 工业取水定额

我国的工业取水定额国家标准是按单位工业产品编制的，主要包括 7 类工业企业产品的取水定额：《取水定额 第 1 部分：火力发电》（GB/T 18916.1—2012）、《取水定额 第 2 部分：钢铁联合企业》（GB/T 18916.2—2012）、《取水定额 第 3 部分：石油炼制》（GB/T 18916.3—2012）、《取水定额 第 4 部分：纺织染整产品》（GB/T 18916.4—2012）、《取水定额 第 5 部分：造纸产品》（GB/T 18916.5—2012）、《取水定额 第 6 部分：啤酒制造》（GB/T18916.6—2012）和《取水定额 第 7 部分：酒精制造》（GB/T 18916.7—2012），分别见表 4-6～表 4-13。

① 火力发电厂取水定额

表 4-6　单位发电量取水量定额指标　　　　单位：$m^3/(MW \cdot h)$

机组冷却形式	单机容量＜300MW	单机容量 300MW	单机容量 600MW 及以上
循环冷却	3.20	2.75	2.40
直流冷却	0.79	0.54	0.46
空气冷却	0.95	0.63	0.53

表 4-7　单位装机容量取水量定额指标　　　　单位：$m^3/(MW \cdot h)$

机组冷却形式	单机容量＜300MW	单机容量 300MW	单机容量 600MW 及以上
循环冷却	0.88	0.77	0.77
直流冷却	0.19	0.13	0.11
空气冷却	0.23	0.15	0.13

② 钢铁联合企业取水定额

表 4-8　钢厂联合企业吨钢取水量定额指标　　　　单位：m^3/t

	现有企业	新建企业
普通钢厂	4.9	4.5
特殊钢厂	7.0	4.5

③ 石油炼制厂取水定额

表 4-9　炼油厂取水量定额指标　　　　单位：m^3/t（原油）

	现有企业	新建企业
单位产品取水量	0.75	0.60

④ 纺织染整产品取水定额

表 4-10　现有纺织染整企业单位产品取水量定额指标

产品名称	单位	单位纺织染整产品取水量
棉、麻、化纤及混纺机织物	$m^3/100m$	3.0
棉、麻、化纤及混纺机织物及纱线	m^3/t	150.0
真丝绸机织物	$m^3/100m$	4.5
精梳毛织物	$m^3/100m$	22.0

表4-11　棉针织印染产品取水定额指标

产品名称	单位	单位纺织染整产品取水量
棉、麻、化纤及混纺机织物	m³/100m	2.0
棉、麻、化纤及混纺机织物及纱线	m³/t	100.0
真丝绸机织物	m³/100m	3.0
精梳毛织物	m³/100m	18.0

⑤ 造纸产品取水定额

表4-12　造纸产品取水量定额指标　　　　　　　单位：m³/t

产品名称	标准分级	现有企业	新建企业
纸浆	漂白化学木（竹）浆	90	70
	本色化学木（竹）浆	60	50
	漂白化学非木（麦草、芦苇、甘蔗渣）浆	130	100
	脱墨废纸浆	30	25
	未脱墨废纸浆	20	20
	化学机械木浆	35	30
纸	新闻纸	20	16
	印刷书写纸	35	30
	生活用纸	30	30
	包装用纸	25	20
纸板	白纸板	30	30
	纸箱板	25	22
	瓦楞原纸	25	20

6）啤酒制造取水定额

表4-13　啤酒制造取水量定额指标　　　　　　　单位：m³/kL

项　　目	现有企业	新建企业
单位产品取水量	6.0	5.5

3）农业用水定额

农业用水定额主要包括农业灌溉用水定额和畜禽养殖业用水定额。由于农业用水量中约90％以上为灌溉用水量，所以对农业灌溉用水定额的研究较多，资料也较丰富。

农业灌溉用水定额指某一种作物在单位面积上的各次灌水定额总和，即在播种前以及全生育期内单位面积上的总灌水量。其中，灌水时间和灌水次数根据作物的需水要求和土壤水分状况来确定，以达到适时适量灌溉。

对于作物灌溉用水定额，由于干旱年和丰水年的交替变换，同一地区的同一种作物的灌溉定额是不同的；不同地区和不同年份的同一种作物，也会因降水、蒸发等气候上的差异和不同性质的土壤使灌溉定额有很大的不同；因灌水技术的改变，如采用地面灌溉、喷灌、滴灌、地下灌溉等不同技术，灌溉定额也会随之而改变。

进行农业需水量计算与预测分析时：综合考虑地理位置、地形、土壤、气候条件、水资源特征及管理等因素，结合水资源综合利用、农业发展及节水灌溉发展等规划，根据研究区域所属的不同省份、省内不同分区或不同作物类型及灌溉方式，按照各省现行或在编的灌溉定额标准选取合理适宜的农业灌溉用水定额，这里不再详细介绍。

（3）城市生活需水量计算与预测

随着经济与城市化进程发展，我国用水人口相应增加，城市居民生活水平不断提高，公共市政设施范围不断扩大与完善，用水量不断增加。影响城市生活需水量的因素很多，如城市的规模、人口数量、所处的地域、住房面积、生活水平、卫生条件、市政公共设施、水资源条件等，其中最主要的影响因素是人口数量和人均用水定额。城市生活需水量常用人均生活用水定额法推算，其计算公式为：

$$W_{生活} = 365qm/1000 \tag{4-2}$$

式中　$W_{生活}$——城市生活需水量，m^3/a；

q——人均生活用水定额，$L/(人 \cdot d)$；

m——用水人数。

第 i 年的城市生活需水量可用下式进行预测：

$$W_{生活} = P_0(1+R_1)^n K_i \tag{4-3}$$

式中　P_0——基准年份人口数；

R_1——城市人口计划增长率；

K_i——第 i 水平年拟订的生活用水定额；

n——从基准年到 i 水平年的年数。

（4）城市工业需水量计算与预测

城市工业需水量可按产品数量和生产单位产品用水量计算：

$$W_{工业} = \Sigma M_i q_i \tag{4-4}$$

式中　$W_{工业}$——城市工业需水量，m^3/a；

M_i——第 i 种工业产品数量，$(t，件)/a$；

q_i——第 i 种产品的单位需水量，$m^3/(t，件)$。

也可按万元产值需水量确定，即用现状年万元产值或预测水平年万元产值乘以工业万元产值需水量定额：

$$W_{工业} = Pq \tag{4-5}$$

式中　q——万元产值的单位需水量，$m^3/万元$；

P——工业总产值，万元$/a$。

此方法是通过调查工业万元产值取水量的现状和历史变化趋势，推测目前或将来为实现某一工业产值目标所需的工业用水量。

由于不同行业或同一行业的不同产品、不同生产工艺之间的万元产值取水量相差很大，因此确定万元产值需水量指标非常困难。

另一种计算城市工业需水量的方法是需水增长趋势分析法。此法是根据历年工业用水增长率计算推测第 i 年的工业需水量，能在历年工业用水增长率中反映出各影响因素的变化规律和趋向性。这一方法要求有系列历史资料，计算的准确性取决于资料系列的长短和代表性。计算公式如下：

$$W_{工业} = W_0(1+R_2)^n \tag{4-6}$$

式中　W_0——基准年份城市工业需水量；

R_2——工业用水量年平均增长率；

n——基准年到预测年之间的年数。

采用趋势法预测的关键是对工业用水平均增长率的确定是否准确合理，它与工业结构、用水水平、水源条件等有关。随着用水水平的提高，单位产值耗水量降低，重复利用率的提高，工业用水呈下降趋势。趋势法是一种较为简便快捷的需水预测方法，对资料的要求不高，但该方法由于所考虑的因素较少，预测结果往往与实际的偏差很大，故一般不宜单独使用，应配合其他的方法进行预测。

（5）农业需水量计算与预测

农业用水主要包括农业灌溉、林牧灌溉、渔业用水及农村居民生活用水、农村工业企业用水等。与城市工业和生活用水相比，具有面广量大、一次性消耗的特点，而且受气候的影响较大，同时也受作物的组成和生长期的影响。农业灌溉用水是农业用水的主要部分，约占90%以上，所以农业需水量可主要计算农业灌溉需水量。农业灌溉用水的保证率要低于城市工业用水和生活用水的保证率。因此，当水资源短缺时，一般要减少农业用水以保证城市工业用水和生活用水的需要。区域水资源供需平衡分析研究所关心的是区域的农业用水现状和对未来不同水平年、不同保证率需水量的预测，因为它的大小和时空分布极大地影响到区域水资源的供需平衡。

农业灌溉需水量按农田面积和单位面积农田的灌溉用水量计算与预测：

$$W_{灌溉} = \sum m_i q_i \tag{4-7}$$

式中　$W_{灌溉}$——农业灌溉需水量；

　　　　m_i——第 i 种农田的总面积；

　　　　q_i——第 i 种农田的灌溉用水定额。

其他农业需水量也可按类似的用水定额与用水数进行计算或估算。

（6）生态环境需水量计算

生态环境需水量的计算方法分为水文学和生态学两类方法。水文学方法主要关注最小流量的保持，生态学方法主要基于生态管理的目标。这里以河道为例，介绍生态环境需水量的计算方法。

河道生态环境需水量是维持水生生物正常生长及保护特殊生物和珍稀物种生存所需要的水量。河道最小生态需水量是为维系和保护河流的最基本生态功能不受破坏而必须在河道内保留的最小水量，理论上由河流的基流量组成。

河道环境需水量是为保护和改善河流水体水质、为维持河流水沙平衡、水盐平衡及维持河口地区生态环境平衡所需要的水量。河道最小环境需水量是为维系和保护河流的最基本环境功能不受破坏，所必须在河道内保留的最小水量，理论上由河流的基流量组成。

① 河道生态环境需水量计算

国内外对河流生态环境需水量的计算主要有标准流量法、水力学法、栖息地法等方法。其中标准流量法包括 7Q10 法和 Tennant 法。7Q10 法采用 90%保证率、连续 7 天最枯的平均水量作为河流的最小流量设计值；Tennant 法以预先确定的年平均流量的百分数为基础，通常作为在优先度不高的河段研究时使用。我国一般采用的方法有 10 年最枯月平均流量法，即采用近 10 年最枯月平均流量或 90%保证率河流最枯月平均流量作为河流的生态环境需水量。另外，还有以水质目标为约束的生态环境需水量计算方法。

根据水量平衡原理，如果河段河道一定，并按照年平均状况计算，则任一河段 i 的河道水量平衡方程为：

$$Q_{ti} = [Q_s \pm Q_g + Q_R + Q_b + Q_w - Q_e - Q_d \pm \Delta W] \tag{4-8}$$

式中 Q_{ti}——任一河段河道中的总水量；

$\quad\quad Q_s$——上游进入 i 河段河道中的来水；

$\quad\quad Q_R$——i 河段降水量；

$\quad\quad Q_b$——i 河段支流汇入的水量；

$\quad\quad Q_e$——i 河段河道的水面蒸发损失；

$\quad\quad Q_d$——i 河段河道两岸引用水量；

$\quad\quad Q_w$——i 河段污废水排入量；

$\quad\quad \Delta W$——i 河段某一时段始末河道中储水量差值；

$\quad\quad Q_g$——i 河段地下水进入该河段河道的水量。

该河段中总的地下水可表示为：

$$Q_{(gt)i} = \pm Q_{gi} + q_{gi} + q_{(bg)i} \tag{4-9}$$

式中 $Q_{(gt)i}$——该河段的地下水来水，即该河段河道的基流量；

$\quad\quad Q_{gi}$——河段本身进入河道的地下水；

$\quad\quad q_{gi}$——河道上游来的地下水；

$\quad\quad q_{(bg)i}$——支流进入河道的地下水。

可以看出，要保证河道基本环境功能不受破坏，必须同时流不至于断流；$Q_{(gt)i} > 0$，使河流不至于断流；$Q_{(gt)i}$ 大于某一给定值，使河道中具有足够流动的水；河道中常年流动的总水量必须满足该河段的基本环境功能。将河道的环境需水量表示为：

$$Q_{vi} = Q_{(gt)i} \pm Q_{mi} \tag{4-10}$$

式中 Q_{vi}——i 河段的河道环境需水量；

$\quad\quad Q_{mi}$——i 河段除河道基流外，为满足 i 河段一定的河道环境功能要求所必须具有的水量。

河道基流基本能够满足设定的环境功能要求时，$Q_{mi} = 0$，表示环境需水量等于河道基流量；河道基流不能满足设定的环境功能要求时，$Q_{mi} \geqslant 0$，表示环境需水量大于河道基流量；河道基流不但满足设定的环境功能要求，而且有盈余时，$Q_{mi} \leqslant 0$，表示环境需水量小于河道基流量，有一部分基流量可以作为经济用水。

河道基流量设定方法可采用月（年）保证率设定法，以 90% 保证率最枯月连续 7 天的平均水量作为河流最小流量设计值。我国一般河流采用近 10 年最枯月平均流量或 90% 保证率最枯月平均流量。也可采用 Tennant 法，即以预先确定的年平均流量的百分数为基础，见表 4-14。

表 4-14 保护水生生态等有关环境资源的河流流量标准　　　　　单位：%

流　量	推荐的基流（10～3 月）平均流量百分比	推荐的基流（4～9 月）平均流量百分比
最大	200	200
最佳范围	60～100	60～100
极好	40	60
非常好	30	50
好	20	40
中或差	10	30
差或最小	10	10
极差	0～10	0～10

② 河道基本环境需水量计算

根据系列水文统计资料，在不同的月（年）保证率前提下，以不同的天然径流量百分比作为河道环境需水量的等级，分别计算不同保证率、不同等级下的月（年）河道基本环境需水量，并以计算出的河道基本环境需水量作为约束条件，计算相应于不同水质目标的污染物排放量及废水排放量，以满足河流的纳污能力。

按照上述原则，即可对河道生态环境用水进行评价。以地表水供水量与地表水资源量为指标，将地表水供水量看作河道外经济用水，地表水资源总量即天然径流量，则天然径流量与经济用水之差就是当年的河道生态环境用水。

3. 水资源供需平衡分析——典型年法

（1）典型年法的含义

典型年（又称代表年）法，是指对某一范围的水资源供需关系，只进行典型年份平衡分析计算的方法。其优点是可以克服资料不全（如系列资料难以取得时）及计算工作量太大的问题。首先，根据需要来选择不同频率的若干典型年。我国规范规定：平水年频率 $P=50\%$，一般枯水年频率 $P=75\%$，特别枯水年频率 $P=90\%$（或 95%）。在进行区域水资源供需平衡分析时，北方干旱和半干旱地区一般要对 $P=50\%$ 和 $P=75\%$ 两种代表年的水供需进行分析；而在南方湿润地区，一般要对 $P=50\%$、$P=75\%$ 和 $P=90\%$（或 95%）三种代表年的水供需进行分析。实际上，选哪几种代表年，要根据水供需的目的来确定，可不必拘泥于上述的情况。如北方干旱缺水地区，若想通过水供需分析来寻求特枯年份的水供需对策措施，则必须对 $P=90\%$（或 95%）代表年进行水供需分析。

（2）计算分区和时段划分

水资源供需分析，就某一区域来说，其可供水量和需水量在地区上和时间上分布都是不均匀的。如果不考虑这些差别，在大尺度的时间和空间内进行平均计算，往往使供需矛盾不能充分暴露出来，那么其计算结果不能反映实际的状况，这样的供需分析不能起到指导作用。所以，必须进行分区和确定计算时段。

1）区域划分

分区进行水资源供需分析研究，便于弄清水资源供需平衡要素在各地区之间的差异，以便针对不同地区的特点采取不同的措施和对策。另外，将大区域划分成若干个小区后，可以使计算分析得到相应的简化，便于研究工作的开展。

在分区时一般应考虑以下原则：

① 尽量按流域、水系划分，对地下水开采区应尽量按同一水文地质单元划分。

② 尽量照顾行政区划的完整性，便于资料的收集和统计，更有利于水资源的开发利用和保护的决策和管理。

③ 尽量不打乱供水、用水、排水系统。

分区的方法是应逐级划分，即把要研究的区域划分成若干个一级区，每一个一级区又划分为若干个二级区。依此类推，最后一级区称为计算单元。分区面积的大小应根据需要和实际的情况而定；分区过大，往往会掩盖水资源在地区分布的差异性，无法反映供需的真实情况。而分区过小，不仅增加计算工作量，而且同样会使供需平衡分析结果反映不了客观情况。因此，在实际的工作中，在供需矛盾比较突出的地方，或工农业发达的地方，分区宜小；对于不同旧的地貌单元（如山区和平原）或不同类型的行政单元（如城镇和农村），宜划为不同的计算区。对于重要的水利枢纽所控制的范围，应专门划出进行研究。

根据《中国可持续发展水资源战略研究报告》第一卷，针对我国各地水资源条件、生态环境状况与社会经济发展的差异，将我国划分为九大片，对 2030 年和 2050 年的供需平衡进行了预测分析，成果见表 4-15。

表 4-15　2030 年和 2050 年全国各流域片供需分析　　　　　单位：$10^8 m^3$

年份	分区	当地供水量	调入量	调出量	可供水量	利用量	利用率/(%)	需水量	缺水量	缺水率/(%)
2030	全国	6640	350	350	6990	6800	24.7	7119	129	1.8
	松辽流域片	746			746	721	37.4	759	13	1.8
	海滦河流域片	352	135		487	311	73.8	539	52	9.7
	淮河流域片	644	130		774	600	62.4	815	41	5.1
	黄河流域片	443	85	30	528	443	59.6	535	7	1.3
	长江流域片	2340		320	2340	2647	27.5	2341	1	0.0
	珠江流域片	1005			1005	989	21.0	1006	1	0.1
	东南诸河流域片	344			344	328	16.7	345	1	0.2
	西南诸河流域片	126			126	126	2.2	127	1	0.6
	内陆河流域片	640			640	635	48.7	652	12	1.8
	北方 5 片	2825	350	30	3175	2710	50.6	3300	125	3.8
	南方 4 片	3815		320	3815	4090	18.5	3819	4	0.1
2050	全国	6850	450	450	7300	7050	25.6	7319	19	0.3
	松辽流域片	766			766	733	38.0	767	1	0.1
	海滦河流域片	364	190		554	311	73.8	556	2	0.3
	淮河流域片	673	165		838	606	63.1	839	1	0.1
	黄河流域片	448	95	30	543	439	59.0	545	1	0.3
	长江流域片	2428		420	2428	2833	29.5	2429	1	0.1
	珠江流域片	1020			1020	1003	21.3	1021	1	0.0
	东南诸河流域片	353			353	335	17.0	353	0	0.0
	西南诸河流域片	144			144	144	2.5	145	1	0.0
	内陆河流域片	654			654	646	49.5	664	10	1.6
	北方 5 片	2905	450	30	3355	2735	51.0	3371	16	0.5
	南方 4 片	3945		420	3945	4315	19.5	3948	3	0.1

注：调入量和调出量含现有调水量；利用量为当地水资源利用量，不含资源化供水量；利用率为利用量和水资源总量的百分比；缺水率为缺水量除以需水量。

2）时段划分

时段划分也是供需平衡分析中一项基本的工作，目前，分别采用年、季、月、旬和日等不同的时段。从原则上讲，时段划分得越小越好，但实践表明，时段的划分也受各种因素的影响，究竟按哪一种时段划分最好，应对各种不同情况加以综合考虑。

由于城市水资源供需矛盾普遍尖锐，管理运行部门为了最大限度地满足各地区的需水要求，将供水不足所造成的损失压缩到最低程度，需要紧密结合需水部门的生产情况，实行科学供水。同时，也需要供水部门实行准确计量，合理收费。因此，供水部门和需水部门都要求把计算时段分得小一些，一般以旬、日为单位进行供需平衡分析。

在做水资源规划（流域水资源规划、地区水资源规划、供水系统水资源规划）时，应着重方案的多样性，而不宜对某一具体方案做得过细，所以在这个阶段，计算时段一般不宜太小，以"年"为单位就可以。

对于无水库调节的地表水供水系统，特别是北方干旱、半干旱地区，由于来水年内变化很大，枯水季节水量比较稳定，在选取时段时，枯水季节可以选得长些，而丰水季节应短些。如果分析的对象是全市或与本市有关的外围区域，由于其范围大、情况复杂，分析时段一般以年为单位，若取小了，不仅加大工作量，而且也因资料差别较大而无法提高精度。如果分析对象是一个卫星城镇或一个供水系统，范围不大，则应尽量将时段选得小一些。

（3）典型年和水平年的确定

① 典型年来水量的选择及分布

典型年的来水需要用统计方法推求。首先根据备分区的具体情况来选择控制站，以控制站的实际来水系列进行频率计算，选择符合某一设计频率的实际典型年份，然后求出该典型年的来水总量。可以选择年天然径流系列或年降雨量系列进行频率分析计算。如北方干旱半干旱地区，降雨较少，供水主要靠径流调节，则常用年径流系列来选择典型年。南方湿润地区，降雨较多，缺水既与降雨有关，又与用水季节径流调节分配有关，故可以有多种的系列选择。例如在西北内陆地区，农业灌溉取决于径流调节，故多采用年径流系列来选择代表年，而在南方地区农作物一年三熟，全年灌溉，降雨量对灌溉用水影响很大，故常用年降雨量系列来选择典型年。至于降雨的年内分配，一般是挑选年降雨量接近典型年的实际资料进行缩放分配。

典型年来水量的分布常采用的一种方法是按实际典型年的来水量进行分配，但地区内降雨、径流的时空分配受所选择典型年所支配，具有一定的偶然性，为了克服这种偶然性，通常选用频率相近的若干个实际年份进行分析计算，并从中选出对供需平衡偏于不利的情况进行分配。

② 水平年

水资源供需分析是要弄清研究区域现状和未来的几个阶段的水资源供需状况，这几个阶段的水资源供需状况与区域的国民经济和社会发展有密切关系，并应与该区域的可持续发展的总目标相协调。一般情况下，需要研究分析四个发展阶段的供需情况，即所谓的四个水平年的情况，分别为现状水平年（又称基准年，系指现状情况以该年为标准）、近期水平年（基准年以后 5 年或 10 年）、远景水平年（基准年以后 15 年或 20 年）、远景设想水平年（基准年以后 30～50 年）。一个地区的水资源供需平衡分析究竟取几个水平年，应根据有关规定或当地具体条件以及供需分析的目的而定，一般可取前三个水平年即现状、近期、远景三个水平年进行分析。对于重要的区域多有远景水平年，而资料条件差的一般地区，也有只取两个水平年的。当资料条件允许而又需要时，也应进行远景设想水平年的供需分析的工作，如长江、黄河等七大流域为配合国家中长期的社会经济可持续发展规划，原则上都要进行四种阶段的供需分析。

4. 水资源供需平衡分析——动态模拟分析法

（1）水资源系统

一个区域的水资源供需系统可以看成是由来水、用水、蓄水和输水等子系统组成的大系统。供水水源有不同的来水、储水系统，如地面水库、地下水库等，有本区产水和区外来水或调水，而且彼此互相联系，互相影响。用水系统由生活、工业、农业、环境等用水部门组成，输、配水系统既相对独立于以上的两个子系统，又起到相互联系的作用。水资源系统可视为由既相互区别又相互制约的各个子系统组成的有机联系的整体，它既考虑到城市的用水，又要考虑到工农业和航运、发电、防洪除涝和改善水环境等方面的用水。水资源系统是一个多用途、多目标的系统，涉及社会、经济和生态环境等多项的效益，因此，仅用传统的方法来进行供需分析和管理规划，是满足不了要求的。应该应用系统分析的方法，通过多层次和整体的模拟模型和规划模型以及水资源决策支持系统，进行各个子系统和全区水资源多方案调度，以寻求解决一个区域水资源供需的最佳方案和对策。下面介绍一种水资源供需平衡分析动态模拟的方法。

（2）水资源系统供需平衡的动态模拟分析方法

该方法的主要内容包括以下几方面：

① 基本资料的调查收集和分析　基本资料是模拟分析的基础，决定了成果的好坏，故要求基本资料准确、完整和系列化。基本资料包括来水系列、区域内的水资源量和质、各部门用水（如城市生活用水、工业用水、农业用水等）、水资源工程资料、有关基本参数资料（如地下含水层水文地质资料、渠系渗漏、水库蒸发等）以及相关的国民经济指标的资料等。

② 水资源系统管理调度　包括水量管理调度（如地表水库群的水调度、地表水和地下水的联合调度、水资源的分配等）、水量水质的控制调度等。

③ 水资源系统的管理规划　通过建立水资源系统模拟来分析现状和不同水平年的各个用水部门（城市生活、工业和农业等）的供需情况（供水保证率和可能出现的缺水状况）；解决各种工程和非工程的水资源供需矛盾的措施，并进行定量分析；对工程经济、社会和环境效益的分析和评价等。

与典型年法相比，水资源供需平衡动态模拟分析方法有以下特点：

① 该方法不是对某一个别的典型年进行分析，而是在较长的时间系列里对一个地区的水资源供需的动态变化进行逐个时段模拟和预测，因此可以综合考虑水资源系统中各因素随时间变化及随机性而引起的供需的动态变化。例如，当最小计算时段选择为天，则既能反映水均衡在年际的变化，又能反映在年内的动态变化。

② 该方法不仅可以对整个区域的水资源进行动态模拟分析，而且由于采用不同子区和不同水源（地表水与地下水、本地水资源和外域水资源等）之间的联合调度，能考虑它们之间的相互联系和转化，因此该方法能够反映水在时间上的动态变化，也能够反映地域空间上的水供需的不平衡性。

③ 该方法采用系统分析方法中的模拟方法，仿真性好，能直观形象地模拟复杂的水资源供需关系和管理运行方面的功能，可以按不同调度及优化的方案进行多方案模拟，并可以对不同方案的供水的社会经济和环境效益进行评价分析，便于了解不同时间、不同地区的供需状况以及采取对策措施所产生的效果，使得水资源在整个系统中得到合理的利用，这是典型年法不可比的。

（3）模拟模型的建立、检验和运行

由于水资源系统比较复杂，涉及的方面很多，诸如水量和水质、地表水和地下水的联合调度、地表水库的联合调度、本地区和外区水资源的合理调度、各个用水部门的合理配水、污水处理及其再利用等。因此，在这样庞大而又复杂的系统中有许多非线性关系和约束条件在最优化模型中无法解决，而模拟模型具有很好的仿真性能，这些问题在模型中就能得到较好地模拟。但模拟并不能直接解决规划中的最优解问题，而是要给出必要的信息或非劣解集。可能的水供需平衡方案很多，需要决策者来选定。为了使模拟给出的结果接近最优解，往往在模拟中规划好运行方案，或整体采用模拟模型，而局部采用优化模型。也常常将这两种方法结合起来，如区域水资源供需分析中的地面水库调度采用最优化模型，使地表水得到充分的利用，然后对地表水和地下水采用模拟模型联合调度，来实现水资源的合理利用。水资源系统的模拟与分析，一般需要经过模型建立、调节参数与检验、运行方案的设计等几个步骤。

1）模型的建立

建立模型是水资源系统模拟的前提。建立模型就是要把实际问题概化成一个物理模型，按照一定的规则建立数学方程来描述有关变量间的定量关系。这一步骤包括有关变量的选择，以及确定有关变量间的数学关系。模型只是真实事件的一个近似的表达，并不是完全真实，因此，模型应尽可能的简单，所选择的变量应最能反映其特征。以一个简单的水库的调度为例，其有关变量包括水库蓄水量、工业用水量、农业用水量、水库的损失量（蒸发量和水库渗漏量）以及入库水量等，用水量平衡原理来建立各变量间的数学关系，并按一定的规则来实现水库的水调度运行，具体的数学方程如下所示：

$$W_t = W_{t-1} + WQ_t - WI_t - WA_t - WEQ_t \tag{4-11}$$

式中　　W_t、W_{t-1}——时段末、初的水库蓄水量，m^3；

　　　　WI_t、WA_t——时段内水库供给工业、农业的水量，m^3；

　　　　WEQ_t——时段内水库的蒸发、渗漏损失，m^3；

　　　　WQ_t——时段内水库水量，m^3。

当然要运行这个水库调度模型，还要有水库库容-水位关系曲线、水库的工程参数和运行规则等，且要把它放到整个水资源系统中去运行。

2）模型的调参和检验

模拟就是利用计算机技术来实现或预演某一系统的运行情况。水资源供需平衡分析的动态模拟就是在制定各种运行方案下重现现阶段水资源供需状况和预演今后一段时期水资源供需状况。但是，按设计方案正式运行模型之前，必须对模型中有关的参数进行确定以及对模型进行检验来判定该模型的可行性和正确性。

一个数学模型通常含有称为参数的数学常数，如水文和水文地质参数等，其中有的是通过实测或试验求得的，有的则是参考外地凭经验选取的，有的则是什么资料都没有。往往采用反求参数的方法取得，而这些参数必须用有关的历史数据来确定，这就是所谓的调参计算或称为参数估值。就是对模型实行正运算，先假定参数，算出的结果和实测结果比较，与实测资料吻合就说明所用（或假设的）参数正确。如果一次参数估值不理想，则可以对有关的参数进行调整，直至达到满意为止。若参数估值一直不理想，则必须考虑对模型进行修改，所以参数估值是模型建立的重要一环。

所建的模型是否正确和符合实际，要经过检验。检验的一般方法是输入与求参不同的另外一套历史数据，运行模型并输出结果，看其与系统实际记录是否吻合，若能吻合或吻合较好，反映检验的结果具有良好的一致性，说明所建模型具有可行性和正确性，模型的运行结果是可靠的。若和实际资料吻合不好，则要对模型进行修正。

模型与实际吻合好坏的标准，要作具体分析。计算值和实测值在数量上不需要也不可能要求吻合得十分精确。所选择的比较项目应既能反映系统特性又有完整的记录，例如有地下水开采地区，可选择实测的地下水位进行比较，比较时不要拘泥于个别观测井个别时段的值，根据实际情况，可选择各分区的平均值进行比较；对高离散型的有关值（如地下水有限元计算结果）可给出地下水位等值线图进行比较。又如，对整个区域而言，可利用地面径流水文站的实测水量和流量的数据，进行水量平衡校核。该法在水资源系统分析中用得最多，它可作各个方面的水量平衡校核，这里不再一一叙述。

在模型检验中，当计算结果和实际不符时，就要对模型进行修正。若发现模型对输入没有响应，比如地下水模型在不同开采的输入条件下，所计算的地下水位没有什么变化，则说明模型不能反映系统的特性，应从模型的结构是否正确、边界条件处理是否得当等方面去分析并加以相应的修正，有时则要重新建模。如果模型对输入有所响应，但是计算值偏离实测值太大，这时也可以从输入量和实际值两方面进行检查和分析，总之，检验模型和修正模型是很重要也是很细致的工作。

3）模型运行方案的设计

在模拟分析方法中，决策者希望模拟结果能尽量接近最优解，同时，还希望能得到不同方案的有关信息，如高、低指标方案，不同开源节流方案的计算结果等。所以，就要进行不同运行方案的设计。在进行不同的方案设计时，应考虑以下的几个方面：

① 模型中所采用的水文系列，既可用一次历史系列，也可用历史资料循环系列；

② 开源工程的不同方案和开发次序。例如，是扩大地下水源还是地面水源、是开发本区水资源还是区外水资源、不同阶段水源工程的规模等，都要根据专题研究报告进行运行方案设计；

③ 不同用水部门的配水或不同小区的配水方案的选择；

④ 不同节流方案、不同经济发展速度和用水指标的选择。在方案设计中要根据需要和可能，主观和客观等条件，排除一些明显不合理的方案，选择一些合理可行的方案进行运行计算。

4）水资源系统的动态模拟分析成果的综合

水资源供需平衡动态模拟的计算结果应该加以分析整理，即称作成果综合。该方法能得出比典型年法更多的信息，其成果综合的内容虽有相似的地方，但要体现出系列法和动态法的特点。

① 现状供需分析

现状年的供需分析和典型年法一样，都是用实际供水资料和用水资料进行平衡计算的，可用列表表示。由于模拟输出的信息较多，对现状供需状况可作较详细的分析。例如备分区的情况，年内各时段的情况以及各部门用水情况等。

② 不同发展时期的供需分析

动态模拟分析计算的结果所对应的时间长度和采用的水文系列长度是一致的。对于宏观决策者来说不一定需要逐年的详细资料，而制订发展计划则需要较为详尽的资料。所以在实际工程中，应根据模拟计算结果，把水资源供需平衡整理成能满足不同需要的成果。

结合现状分析，按现有的供水设施和本地水资源，并借助于数学模型及计算机高速计算技术，对研究区域进行一次今后不同时期的供需模拟计算，通常叫第一次供需平衡分析。通过这次供需平衡分析，可以发现研究区域地面水和地下水的相互联系和转化，区域内不同用水部门用水及各地区用水之间的合理调度，以及由于各种制约条件发生变化而引起的水资源供需的动态变化，并可以预测水资源供需矛盾的发展趋势，揭示供需矛盾在地域上的不平衡性等。然后制定不同方案，进行第二次供需平衡分析，对研究区水资源动态变化做出更科学的预测和分析。对不同的方案，一般都要分析如下几方面的内容：

① 若干个阶段（水平年）的可供水量和需水量的平衡情况；

② 一个系列逐年的水资源供需平衡情况；

③ 开源、节流措施的方案规划和数量分析；

④ 各部门的用水保证率及其他评价指标等。

总之，水资源动态模拟模型可作为水资源动态预测的一种基本工具，根据实际情况的变更、资料的积累及在研究工作深入的基础上加以不断完善，可进行重复演算，长期为研究区水资源规划和管理服务。

4.3 取水工程

取水工程是由人工取水设施或构筑物从各类水体取得水源，通过输水泵站和管路系统供给各种用水。取水工程是给水系统的重要组成部分，其任务是按一定的可靠度要求从水源取水井将水送至给水处理厂或者用户。由于水源类型、数量及分布情况对给水工程系统组成、布置、建设、运行管理、经济效益及可靠性有着较大的影响，因此取水工程在给水工程中占有相当重要的地位。

4.3.1 水资源供水特征与水源选择

1. 地表水源的供水特征

地表水资源在供水中占据十分重要的地位。地表水作为供水水源，其特点主要表现为：

（1）水量大，总溶解固体含量较低，硬度一般较小，适合于作为大型企业大量用水的供水水源；

（2）时空分布不均，受季节影响大；

（3）保护能力差，容易受污染；

（4）泥沙和悬浮物含量较高，常需净化处理后才能使用；

（5）取水条件及取水构筑物一般比较复杂。

2. 水源地选择原则

（1）水源选择前，必须进行水源的勘察。为了保证取水工程建成后有充足的水量，必须先对水源进行详细勘察和可靠性综合评价。对于河流水资源，应确定可利用的水资源量，避免与工农业用水及环境用水发生矛盾；兴建水库作为水源时，应对水库的汇水面积进行勘察，确定水库的蓄水量。

（2）水源的选用应通过技术经济比较后综合考虑确定。水源选择必须在对各种水源进行全面分析研究，掌握其基本特征的基础上，综合考虑各方面因素，并经过技术经济比较后确定。确保水源水量可靠和水质符合要求是水源选择的首要条件。水量除满足当前的生产、生活需要外，还应考虑到未来发展对水量的需求。作为生活饮用水的水源应符合《生活饮用水卫生标准》中关于水源的若干规定；国民经济各部门的其他用水，应满足其工艺要求。

随着国民经济的发展，用水量逐年上升，不少地区和城市，特别是水资源缺乏的北方干旱地区，生活用水与工业用水、工业用水与农业用水、工农业用水与生态环境用水的矛盾日益突出。因此，确定水源时，要统一规划，合理分配，综合利用。此外，选择水源时，还需考虑基建投资、运行费用以及施工条件和施工方法，例如施工期间是否影响航行，陆上交通是否方便等。

（3）用地表水作为城市供水水源时，其设计枯水流量的保证率，应根据城市规模和工业大用水户的重要性选定，一般可采用 $90\% \sim 97\%$。

用地表水作为工业企业供水水源时，其设计枯水流量的保证率，应视工业企业性质及用水特点，按各有关部门的规定执行。

（4）地下水与地表水联合使用。如果一个地区和城市具有地表和地下两种水源，可以对不同的用户，根据其需水要求，分别采用地下水和地表水作为各自的水源；也可以对各种用户的水源采用两种水源交替使用，在河流枯水期地表水取水困难和洪水期河水泥沙含量高难以使用时，改用抽取地下水作为供水水源。国内外的实践证明，这种地下水和地表水联合使用的供水方式不仅可以同时发挥各种水源的供水能力，而且能够降低整个给水系统的投资，提高供水体统的安全可靠性。

（5）确定水源、取水地点和取水量等，应取得水资源管理机构以及卫生防疫等有关部门的书面同意。对于水源卫生防护应积极取得环保等有关部门的支持配合。

4.3.2　地表水取水工程

地表水取水工程的任务是从地表水水源中取出合格的水送至水厂。地表水水源一般是指江河、湖泊等天然的水体，运河、渠道、水库等人工建造的淡水水体，水量充沛，多用于城市供水。

地表水污水工程直接与地表水水源相联系，地表水水源的种类、水量、水质在各种自然或人为条件下所发生的变化，对地表水取水工程的正常运行及安全性产生影响。为使取水构筑物能够从地表水中按需要的水质、水量安全可靠地取水，了解影响地表水取水的主要因素是十分必要的。

1. 影响地表水取水的主要因素

地表水取水构筑物与河流相互作用、相互影响。一方面，河流的径流变化、泥沙运动、河床演变、冰冻情况、水质、河床地质与地形等影响因素影响着取水构筑物的正常工作及安全取水；另一方面，取水构筑物的修建引起河流自然状况的变化，对河流的生态环境、净流量等产生影响。因此，全面综合地考虑地表水取水的影响因素。对取水构筑物位置选择、形式确定、施工和运行管理，都具有重要意义。

地表水水源影响地表水取水构筑物运行的主要因素有：水中漂浮物的情况、径流变化、河流演变及泥沙运动等。

（1）河流中漂浮物

河流中的漂浮物包括：水草、树枝、树叶、废弃物、泥沙、冰块甚至山区河流中所排放的木排等。泥沙、水草等杂物会使取水头部淤积堵塞，阻断水流；水中冰絮、冰凌在取水口处冻结会堵塞取水口；冰块、木排等会撞损取水构筑物，甚至造成停水。河流中的漂浮杂质，一般汛期较平时更多。这些杂质不仅分布在水面，而且同样存在于深水层中。河流中的含沙量一般随季节的变化而变化，绝大部分河流汛期的含沙量高于平时的含沙量。含沙量在河流断面上的分布是不均匀的：一般情况下。沿水深分布，靠近河底的含沙量最大；沿河宽分布，靠近主流的含沙量最大。含沙量与河流流速的分布规律有着密切的关系。河心流速大，相应含沙量就大；两侧流速小，含沙量相应小些。处于洪水流量时，相应的最高水位可能高于取水构筑物，使其淹没而无法运行；处于枯水流量时，相应的最低水位可能导致取水构筑物无法取水。因此，河流历年来的径流资料及其统计分析数据是设计取水构筑物的重要依据。

（2）取水河段的水位、流量、流速等径流特征

由于影响河流径流的因素很多，如气候、地质、地形及流域面积、形状等，上述径流特征具有随机性。因此，应根据河道径流的长期观测资料，计算河流在一定保证率下的各种径流特征值，为取水构筑物的设计提供依据。取水河段的径流特征值包括：① 河流历年的最小流量和最低水位；② 河流历年的最大流量和最高水位；③ 河流历年的月平均流量、月平均水位以及年平均流量和年平均水位；④ 河流历年春秋两季流冰期的最大、最小流量和最高、最低水位；⑤ 其他情况下，如潮汐、形成冰坝冰塞时的最高水位及相应流量；⑥ 上述相应情况下河流的最大、最小和平均水流速度及其在河流中的分布情况。

（3）河流的泥沙运动与河床演变

河流泥沙运动引起河床演变的主要原因是水流对河床的冲刷及挟沙的沉积。长期的冲刷和淤积，轻者使河床变形，严重者将使河流改道。如果河流取水构筑物位置选择不当，泥沙的淤积会使取水构筑物取水能力下降，严重的会使整个取水构筑物完全报废。因此，泥沙运动和河床演变是影响地表水取水的重要因素。

① 泥沙运动

河流泥沙是指所有在河流中运动及静止的粗细泥沙、大小石砾以及组成河床的泥沙。随水流运动的泥沙也称为固体径流，它是重要的水文现象之一。根据泥沙在水中的运动状态，可将泥沙分为床沙、推移质及悬移质三类。决定泥沙运动状态的因素除泥沙粒径外，还有水流速度。

对于推移质运动，与取水最为密切的问题是泥沙的启动。在一定的水流作用下，静止的泥沙开始由静止状态转变为运动状态，叫做"启动"，这时的水流速度称为启动流速。泥沙的启动意味着河床冲刷的开始，即启动流速是河床不受冲刷的最大流速，因此在河渠设计中应使设计流速小于启动流速值。

对于悬移质运动，与取水最为密切的问题是含沙量沿水深的分布和水流的挟沙能力。由于河流中各处水流脉动强度不同，河中含沙量的分布亦不均匀。为了取得含沙量较少的水，需要了解河流中含沙量的分布情况。

② 河床演变

河流的径流情况和水力条件随时间和空间不断地变化，因此河流的挟沙能力也在不断变化，在各个时期和河流的不同地点产生冲刷和淤积，从而引起河床形状的变化，即引起河床演变。这种河床外形的变化往往对取水构筑物的正常运行有着重要的影响。

河床演变是水流和河床共同作用的结果。河流中水流的运动包括纵向水流运动和环流运动。二者交织在一起，沿着流程变化，并不断与河床接触、作用；在此同时，也伴随着泥沙的运动，使河床发生冲刷和淤积，不仅影响河流含沙量，而且使河床形态发生变化。河床演变一般表现为纵向变形、横向变形、单向变形和往复变形。这些变化总是错综复杂地交织在一起，发生纵向变形的同时往往发生横向变形，发生单向变形的同时，往往发生往复变形。

为了取得较好的水质，防止泥沙对取水构筑物及管道形成危害，并避免河道变迁造成取水脱流，必须了解河段泥沙运动状态和分布规律，观测和推断河床演变的规律和可能出现的不利因素。

（4）河床和岸坡的稳定性

从江河中取水的构筑物有的建在岸边，有的延伸到河床中。因此，河床与岸坡的稳定性对取水构筑物的位置选择有重要的影响。此外，河床和岸坡的稳定性也是影响河床演变的重

要因素。河床的地质条件不同，其抵御水流冲刷的能力不同，因而受水流侵蚀影响所发生的变形程度也不同。对于不稳定的河段，一方面河流水力冲刷会引起河岸崩塌，导致取水构筑物倾覆和沿岸滑坡，尤其河床土质疏松的地区常常会发生大面积的河岸崩塌；另一方面，还可能出现河道淤塞、堵塞取水口等现象。因此，取水构筑物的位置应选在河岸稳定、岩石露头、未风化的基岩上或地质条件较好的河床处。当地区条件达不到一定的要求时，要采取可靠的工程措施。在地震区，还要按照防震要求进行设计。

（5）河流冰冻过程

北方地区冬季，当温度降至零摄氏度以下时，河水开始结冰。若河流流速较小（如小于 0.4~0.5m/s），河面很快形成冰盖；若流速较大（如大于 0.4~0.5m/s），河面不能很快形成冰盖。由于水流的紊动作用，整个河水受到过度冷却，水中出现细小的冰晶，冰晶在热交换条件良好的情况下极易结成海绵状的冰屑、冰絮，即水内冰。冰晶也极易附着在河底的沙粒或其他固体物上聚集成块，形成底冰。水内冰及底冰越接近水面越多。这些随水漂流的冰屑、冰絮及漂浮起来的底冰，以及由它们聚集成的冰块统称为流冰。流冰易在水流缓慢的河湾和浅滩处堆积，以后随着河面冰块数量增多，冰块不断聚集和冻结，最后形成冰盖，河流冻结。有的河段流速特别大，不能形成冰盖，即产生冰穴。在这种河段下游水内冰较多，有时水内冰会在冰盖下形成冰塞，上游流冰在解冻较迟的河段聚集，春季河流解冻时，通常因春汛引起的河水上涨时冰盖破裂，形成春季流冰。

冬季流冰期，悬浮在水中的冰晶及初冰，极易附着在取水口的格栅上，增加水头损失，甚至堵塞取水口，故需考虑防冰措施。河流在封冻期能形成较厚的冰盖层，由于温度的变化，冰盖膨胀所产生的巨大压力，易使取水构筑物遭到破坏。冰盖的厚度在河段中的分布并不均匀，此外冰盖会随河水下降而塌陷，设计取水构筑物时，应视具体情况确定取水口的位置。春季流冰期冰块的冲击、挤压作用往往较强，对取水构筑物的影响很大；有时冰块堆积在取水口附近，可能堵塞取水口。

为了研究冰冻过程对河流正常情况的影响，正确地确定水工程设施情况，需了解下列冰情资料：① 每年冬季流冰期出现和延续的时间，水内冰和底冰的组成、大小、粘结性、上浮速度及其在河流中的分布，流冰期气温及河水温度变化情况；② 每年河流的封冻时间、封冻情况、冰层厚度及其在河段上的分布情况；③ 每年春季流冰期出现和延续的时间，流冰在河流中的分布运动情况，最大冰块面积、厚度及运动情况；④ 其他特殊冰情。

（6）人类活动

废弃的垃圾抛入河流可能导致取水构筑物进水口的堵塞；漂浮的木排可能撞坏取水构筑物；从江河中大量取水用于工农业生产和生活、修建水库调蓄水量、围堤造田、水土保持、设置护岸、疏导河流等人为因素，都将影响河流的径流变化规律与河床变迁的趋势。

河道中修建的各种水工构筑物和存在的天然障碍物，会引起河流水力条件的变化，可能引起河床沉积、冲刷、变形，并影响水质。因此，在选择取水口位置时，应避开水工构筑物和天然障碍物的影响范围，否则应采取必要的措施。所以在选择取水构筑物位置时，必须对已有的水工构筑物和天然障碍物进行研究，通过实地调查估计河床形态的发展趋势，分析拟建构筑物将对河道水流及河床产生的影响。

（7）取水构筑物位置选择

如应有足够的施工场地、便利的运输条件；尽可能减少土石方量；尽可能少设或不设人工设施，用以保证取水条件；尽可能减少水下施工作业量等。

2. 地表水取水类别

由于地表水源的种类、性质和取水条件的差异，地表水取水构筑物有多种类型和分法。按地表水的种类可分为江河取水构筑物、湖泊取水构筑物、水库取水构筑物、山溪取水构筑物、海水取水构筑物。按取水构筑物的构造可分为固定式取水构筑物和移动式取水构筑物。固定式取水构筑物适用于各种取水量和各种地表水源，移动式取水构筑物适用于中小取水量，多用于江河、水库和湖泊取水。

（1）河流取水

河流取水工程若按取水构筑物的构造形式划分，则有固定式取水构筑物、活动式取水构筑物两类。固定式取水构筑物又分为岸边式、河床式、斗槽式三种，活动式取水构筑物又分为浮船式、缆车式两种；在山区河流上，则有带低坝的取水构筑物和底栏栅取水构筑物。每种类型又有多个形式，详见表 4-16。

表 4-16 河流取水构筑物分类

形式		特点	适用条件	组成及图示
固定式	岸边式 合建式	进水间与泵房合建在岸边，从江河岸边取水，布置紧凑占地小，吸水管短，管理方便，结构、施工复杂	岸边较陡，主流近岸边，岸边有足够水深，水质条件较好，地质条件较好，水位变幅不大	进水间、泵房 最高水位 最低水位
	岸边式 分建式	进水间建在岸边，泵房建在岸内，地质条件较好地点，土建结构简单，施工容易，吸水管长，运行安全性差，操作管理不便	岸边地质条件差，进水间不宜与泵房合建	进水间、泵房 最高水位 最低水位
	河床式	取水头部集水，进水管伸入河中	河岸较为平坦，枯水期主流离岸边较远，岸边水深较浅，水质不好。河床中部水质好且水深较大	取水头部、进水管、进水间、泵房 最高水位 最低水位 合建式自流管取水

形式		特点	适用条件	组成及图示
固定式	斗槽式	岸边式取水构筑物，进水口之前设"斗槽"，减少泥沙和冰凌进入取水口，设在河流凹岸边，槽内排泥困难	岸边地质稳定，主流近岸，河流含沙量大，冰凌较多，取水量大	
活动式	缆车式	泵车由牵引设备带动随着河流涨落沿坡道上下移动，移动方便、稳定、受风浪影响小、施工工程量大，只取岸边表层水，水质较差	河床较稳定，河岸地质条件好，水位变幅大，无冰凌，少漂浮物的河流	
	浮船式	浮船取水，易于施工，灵活性强，适应性强，取到含沙量少的表层水，需随水位涨落拆换接头、移动船位、操作频繁	河岸较稳定，河岸有适宜坡度，水流不稳定，水位变幅大，河势复杂的河流	
	低坝	利用坝上下游，水位差将上游沉积的泥砂排至下游	枯水期流量很小，取水深度小，推移质不多	

119

形式		特点	适用条件	组成及图示
活动式	底栏栅	通过坝顶栏栅的引水廊道取水，沉沙池去除粗颗粒泥沙，河水携带推移质或漂浮物溢流越过坝顶至下游	河床较窄，水深较浅，河底纵坡大，大粒径推移质，或漂浮物较多	 1—溢流坝；2—底栏栅；3—冲沙室；4—侧面进水闸； 5—第二冲沙室；6—沉沙池；7—二次排沙明渠； 8—冲沙防洪护坦

（2）水库取水

根据水库的位置与形态，其类型一般可分为：

① 山谷水库 用拦河坝横断河谷，拦截天然河道径流，抬高水位而成。绝大部分水库属于这一类型。

② 平原水库 在平原地区的河道、湖泊、洼地的湖口处修建闸、坝，抬高水位形成，必要时还应在库周围筑围堤，如当地水源不足还可以从邻近的河流引水入库。

③ 地下水库 在干旱地区的透水地层，建筑地下截水墙，截蓄地下水或潜流而形成地下水库。

水库的总容积称为库容，然而不是所有的库容都可以进行径流量调节。水库的库容可以分为死库容、有效库容（调蓄库容、兴利库容）、防洪库容。

水库主要的特征水位有：

① 正常蓄水位 指水库在正常运用情况下，允许为兴利蓄水的上限水位。它是水库最重要的特征水位，决定着水库的规模与效益，也在很大程度上决定着水工建筑物的尺寸。

② 死水位 指水库在正常运用情况下，允许消落到的最低水位。

③ 防洪限制水位 指水库在汛期允许兴利蓄水的上限水位，通常多根据流域洪水特性及防洪要求分期拟定。

④ 防洪高水位 指下游防护区遭遇设计洪水时，水库（坝前）达到的最高洪水位。

⑤ 设计洪水位 指大坝遭遇设计洪水时，水库（坝前）达到的最高洪水位。

⑥ 校核洪水位 指大坝遭遇校核洪水时，水库（坝前）达到的最高洪水位。

水库工程一般由水坝、取水构筑物、泄水构筑物等组成。水坝是挡水构筑物用于拦截水流、调蓄洪水、抬高水位形成蓄水库；泄水构筑物用于下泄水库多余水量，以保证水坝安全，主要有河岸溢洪道、泄水孔、溢流坝等形式；取水构筑物是从水库取水，水库常用取水构筑物有隧洞式取水构筑物、明渠取水、分层取水构筑物、自流管式取水构筑物。

由于水库的水质随水深及季节等因素而变化，因此大多采用分层取水方式，以取得最优水质的水。水库取水构筑物可与坝、泄水口合建或分建。与坝、泄水口合建的取水构筑物一般采用取水塔取水，塔身上一般设置3～4层喇叭管进水口，每层进水口高差约4～8m，以便分层取水。单独设立的水库取水构筑物与江河取水构筑物类似，可采用岸边式、河床式、浮船式，也可采用取水塔。

（3）海水取水

我国海岸线漫长，沿海地区的工业生产在国民经济中占很大比重，随着沿海地区的开放、工农业生产的发展及用水量的增长，淡水资源已经远不能满足要求，利用海水的意义也日渐重要。因此，了解海水取水的特点、取水方式和存在的问题是十分必要的。

1）海水取水的条件

由于海水的特殊性，海水取水设备会受到腐蚀、海生物堵塞以及海潮侵袭等问题，因此在海水取水时要加以注意。主要包括：

① 海水对金属材料的腐蚀及防护

海水中溶解有 NaCl 等多种盐分，会对金属材料造成严重腐蚀。海水的含盐量、海水流过金属材料的表面相对速度以及金属设备的使用环境都会对金属的腐蚀速度造成影响。预防腐蚀主要采用提高金属材料的耐腐蚀能力、降低海水通过金属设备时的相对速度以及将海水与金属材料以耐腐蚀材料相隔离等方法。具体措施如：a. 选择海水淡化设备材料时要在进行经济比较的基础上尽量选择耐腐蚀的金属材料，比如不锈钢、合金钢、铜合金等。b. 尽量降低海水与金属材料之间的过流速度，比如使用低转速的水泵。c. 在金属表面刷防腐保护层，比如钢管内外表面涂红丹两道、船底漆一道。d. 采用外加电源的阴极保护法或牺牲阳极的阴极保护法等电化学防腐保护。e. 在水中投加化学药剂消除原水对金属材料的腐蚀性或在金属管道内形成保护性薄膜等方法进行防腐。

② 海生物的影响及防护

海洋生物，如紫贻贝、牡蛎、海藻等会进入吸水管或随水泵进入水处理系统，减少过水断面、堵塞管道、增加水处理单元处理负荷。为了减轻或避免海生物对管道等设施的危害，需要采用过滤法将海生物截留在水处理设施之外，或者采用化学法将海生物杀灭，抑制其繁殖。目前，我国用以防治和清除海洋生物的方法有：加氯、加碱、加热、机械刮除、密封窒息、含毒涂料、电极保护等。其中，以加氯法采用的最多，效果较好。一般将水中余氯控制在 0.5mg/L 左右，可以抑制海洋生物的繁殖。为了提高取水的安全性，一般至少设两条取水管道，并且在海水淡化厂运行期间，要定期对格栅、滤网、大口径管道进行清洗。

③ 潮汐等海水运动的影响

潮汐等海水运动对取水构筑物有重要影响，如构筑物的挡水部位及所开孔洞的位置设计、构筑物的强度稳定计算、构筑物的施工等。因此在取水工程的建设时要加以充分注意。比如，将取水构筑物尽量建在海湾内风浪较小的地方，合理选择利用天然地形，防止海潮的袭击；将取水构筑物建在坚硬的原土层和基岩上，增加构筑物的稳定性等。

④ 泥沙淤积

海滨地区，特别是淤泥滩涂地带，在潮汐及异重流的作用下常会形成泥沙淤积。因此，取水口应该避免设置于此地带，最好设置在岩石海岸、海湾或防波堤内。

⑤ 地形、地质条件

取水构筑物的形式，在很大程度上同地形和地质条件有关。而地形和地质条件又与海岸线的位置和所在的港湾条件有关。基岩海岸线与沙质海岸线、淤泥沉积海岸线的情况截然不同。前者条件比较有利，地质条件好，岸坡稳定，水质较清澈。

此外，海水取水还要考虑到赤潮、风暴潮、海冰、暴雪、冰雹、冻土等自然灾害对取水设施可能引起的影响，在选择取水点和进行取水构筑物设计、建设时要予以充分的注意。

2）海水取水方式

海水取水方式有多种，大致可分为海滩井取水、深海取水、浅海取水三大类。通常，海滩井取水水质最好，深海取水其次，而浅海取水则有着建设投资少、适用性广的特点。

① 海滩井取水

海滩井取水是在海岸线边上建设取水井，从井里取出经海床渗滤过的海水，作为海水淡化厂的源水。通过这种方式取得的源水由于经过了天然海滩的过滤，海水中的颗粒物被海滩截留，浊度低，水质好。

能否采用这种取水方式的关键是海岸构造的渗水性、海岸沉积物厚度以及海水对岸边海底的冲刷作用。适合的地质构造为有渗水性的砂质构造，一般认为渗水率至少要达到 $1000m^3/$（d•m），沉积物厚度至少达到 15m。当海水经过海岸过滤，颗粒物被截留在海底，波浪、海流、潮汐等海水运动的冲刷作用能将截留的颗粒物冲回大海，保持海岸良好的渗水性；如果被截留的颗粒物不能被及时冲回大海，则会降低海滩的渗水能力，导致海滩井供水能力下降。此外，还要考虑到海滩井取水系统是否会污染地下水或被地下水污染，海水对海岸的腐蚀作用是否会对取水构筑物的寿命造成影响，取水井的建设对海岸的自然生态环境的影响等因素。

海滩井取水的不足之处主要在于建设占地面积较大、所取原水中可能含有铁锰以及溶解氧较低等问题。

② 深海取水

深海取水是通过修建管道，将外海的深层海水引导到岸边，进行取水。一般情况下，在海面以下 1～6m 取水会含有沙、小鱼、水草、海藻、水母及其他微生物，水质较差，而当取水位＞海面下 35m 时，这些物质的含量会减少 20 倍，水温更低，水质较好。

这种取水方式适合海床比较陡峭，最好在离海岸 50m 内，海水深度能够达到 35m 的地区。如果在离海岸 500m 外才能达到 35m 深海水的地区，采用这种取水方式投资巨大，除非是由于特殊要求，需要取到浅海取不到的低温优质海水，否则不宜采用这种取水方式。由于投资较大等因素，这种取水方式一般不适用于较大规模取水工程。

③ 浅海取水

浅海取水是最常见的取水方式，虽然水质较差，但由于投资少、适应范围广、应用经验丰富等优势仍被广泛采用。一般常见的浅海取水形式有：海岸式、海岛式、海床式、引水渠式、潮汐式等。

a. 海岸式取水　海岸式取水多用于海岸陡、海水含泥沙量少、淤积不严重、高低潮位差值不大、低潮位时近岸水深度＞1.0m，且取水量较少的情况。这种取水方式的取水系统简单，工程投资较低，水泵直接从海边取水，运行管理集中。缺点是易受海潮特殊变化的侵袭，受海生物危害较严重，泵房会受到海浪的冲击。为了克服取水安全可靠性差的缺点，一般一台水泵单独设置一条吸水管，至少设计两套引水管线，并在引水管上设置闸阀。为了避免海浪的冲击，可将泵房设在距海岸 10～20m 的位置。

b. 海岛式取水　海岛式取水适用于海滩平缓，低潮位离海岸很远处的海边取水工程建设。要求建设海岛取水构筑物处周围低潮位时水深≥1.5～2.0m，海底为石质或沙质且有天然或港湾的人工防波堤保护，受潮水袭击可能性小。可修建长堤或栈桥将取水构筑物与海岸联系起来。这种取水方式的供水系统比较简单，管理比较方便，而且取水量大，在海滩地形不利的情况下可保证供水。缺点是施工有一定难度，取水构筑物如果受到潮汐突变威胁，供水安全性较差。

c. 海床式取水　海床式取水适用于取水量较大、海岸较为平坦、深水区离海岸较远或者潮差大、低潮位离海岸远以及海湾条件恶劣（如风大、浪高、流急）的地区。这种取水方式将取水主体部分（自流干管或隧道）埋入海底，将泵房与集水井建于海岸，可使泵房免受海浪的冲击，取水比较安全，且经常能够取到水质变化幅度小的低温海水。缺点是自流管（隧道）容易积聚海生物或泥沙，清除比较困难；施工技术要求较高，造价昂贵。

d. 引水渠式取水　引水渠式取水适用于海岸陡峻，引水口处海水较深，高低潮位差值较小，淤积不严重的石质海岸或港口、码头地区。这种取水方式一般自深水区开挖引水渠至泵房取水，在进水端设防浪堤，引水渠两侧筑堤坝。其特点是取水量不受限制，引水渠有一定的沉淀澄清作用，引水渠内设置的格栅、滤网等能截留较大的海生物。缺点是工程量大、易受海潮变化的影响。设计时，引水渠入口必须低于工程所要求的保证率潮位以下至少0.5m，设计取水量需按照一定的引水渠淤积速度和清理周期选择恰当的安全系数。引水渠的清淤方式可以采用机械清淤或引水渠泄流清淤，或者同时采用两种清淤方式，设计泄流清淤时需要引水渠底坡向取水口。

e. 潮汐式取水　潮汐式取水适用于海岸较平坦、深水区较远、岸边建有调节水库的地区。在潮汐调节水库上安装自动逆止闸板门，高潮时闸板门开启，海水流入水库蓄水，低潮时闸板门关闭，取用水库水。这种取水方式利用了潮涨潮落的规律，供水安全可靠，泵房可远离海岸，不受海潮威胁，蓄水池本身有一定的净化作用，取水水质较好，尤其适用于潮位涨落差很大，具备可利用天然的洼地、海滩修建水库的地区。这种取水方式的主要不足是退潮停止进水的时间较长时，水库蓄水量大，占地多，投资高。另外，海生物的滋生会导致逆止闸门关闭不严的问题，设计时需考虑用机械设备清除闸板门处滋生的海生物。在条件合适的情况下，也可以采用引水渠和潮汐调节水库综合取水方式。高潮时调节水库的自动逆止闸板门开启蓄水，调节水库由引水渠通往取水泵房的闸门关闭，海水直接由引水渠通往取水泵房；低潮时关闭引水渠进水闸门，开启调节水库与引水渠相通的闸门，由蓄水池供水。这种取水方式同时具备引水渠和潮汐调节水库两种取水方式的优点，避免了两者的缺点。

4.3.3　地下水取水工程

地下水取水是给水工程的重要组成部分之一。它的任务是从地下水水源中取出合格的地下水，并送至水厂或用户。地下水取水工程研究的主要内容为地下水水源和地下水取水构筑物。

地下水取水构筑物位置的选择主要取决于水文地质条件和用水要求，应选择在水质良好，不易受污染的富水地段；应尽可能靠近主要用水区；应有良好的卫生条件防护，为避免污染，城市生活饮用水的取水点应设在地下水的上游；应考虑施工、运行、维护管理的方便，不占或少占农田；应注意地下水的综合开发利用，并与城市总体规划相适应。

由于地下水类型、埋藏条件、含水层的性质等各不相同，开采和集取地下水的方法以及地下水取水构筑物的形式也各不相同。地下水取水构筑物按取水形式主要分为两类：垂直取水构筑物——井；水平取水构筑物——渠。井可用于开采浅层地下水，也可用于开采深层地下水，但主要用于开采较深层的地下水；渠主要依靠其较大的长度来集取浅层地下水。在我国利用井集取地下水更为广泛。

井的主要形式有管井、大口井、辐射井、复合井等，其中以管井和大口井最为常见，渠的主要形式为渗渠。各种取水构筑物适用的条件各异。正确设计取水构筑物，能最大限度地截取补给量、提高出水量、改善水质、降低工程造价。管井主要用于开采深层地下水，适用于含水层厚度大于4m，底板埋藏深度大于8m的地层，管井深度一般在200m以内，但最大深度也可达 1000m 以上。大口井广泛应用于集取浅层地下水，适用于含水层厚度在 5m 左右，地板埋藏深度小于 15m 的地层。渗渠适用于含水层厚度小于 5m，渠底埋藏深度小于 6m 的地层，主要集取地下水埋深小于 2m 的浅层地下水，也可集取河床地下水或地表渗透水，渗渠在我国东北和西北地区应用较多。辐射井由集水井和若干水平铺设的辐射形集水管组成，一般用于集取含水层厚度较薄而不能采用大口井的地下水。含水层厚度薄、埋深大、不能用渗渠开采的，也可采用辐射井集取地下水，故辐射井适应性较强，但施工较困难。复合井是大口井与管井的组合，上部为大口井，下部为管井，复合井适用于地下水位较高、厚度较大的含水层，常常用于同时集取上部空隙潜水和下部厚层基岩高水位的承压水。在已建大口井中再打入管井称为复合井，以增加井的出水量和改善水质，复合井在一些需水量不大的小城镇和不连续供水的铁路给水站中应用较多。

我国地域辽阔，水资源状况和施工条件各异，取水构筑物的选择必须因地制宜，根据水文地质条件，通过经济技术比较确定取水构筑物的形式。

各种地下水取水构筑物详见表 4-17。

表 4-17　地下水取水构筑物分类

形式	特点	适用条件	组成及图示
管井	井壁为管状，进水部分为管状，施工方便，适应性强	深层地下水，深度一般 200m，可达 1000m 以上	井室、井壁管、过滤器、沉淀管 完整井　　非完整井
大口井	井径较大，较管井浅，施工方便，适应性强	开采浅层地下水，深度一般 10～20m，含水层厚度 5～20m	井口、井筒、进水部分（进水井壁、井底反滤层、透水孔、吸水管）
辐射井	出水量大，大范围控制地下水位，运行费用低，维护方便，施工难度较高	含水层较薄的地下水，不宜采用大口井时	集水井、集水管（辐射管）

续表

形式	特点	适用条件	组成及图示
渗渠	水平或倾斜，铺设的集水管或暗渠	浅层地下水，埋深小于 2m，含水层厚度 4～6m	 **完整式** 1—集水管；2—集水井；3—泵站；4—检查井
复合井	充分利用厚度较大的含水层，增加井的出水量	地下水位高，含水层厚度大	大口井与管井组合

习题与思考题

1. 水资源供需平衡分析的目的是什么？
2. 水资源供需平衡分析的原则有哪些？
3. 简述典型年和水平年是如何确定的。
4. 区域可供水量的影响因素有哪些？
5. 区域需水量包括哪几部分？
6. 简述水资源系统供需平衡的动态模拟分析方法。

第5章 水环境保护

学 习 提 示

重点掌握水环境的概念、水环境保护的任务和内容、水环境质量监测、水环境保护法律法规及管理体制建设、水环境保护的经济措施、工程技术措施、水环境保护规划等内容。难点是水环境质量监测、水环境保护的工程技术措施、水环境保护规划。推荐学时6～8学时。

5.1 水环境保护概述

5.1.1 水环境的概念

水环境是指自然界中水的形成、分布和转化所处的空间环境。因此，水环境既可指相对稳定的、以陆地为边界的天然水域所处的空间环境，又可指围绕人群空间及可直接或间接影响人类生活和发展的水体，其正常功能的各种自然因素和有关的社会因素的总体，也有的指相对稳定的、以陆地为边界的天然水域所处空间的环境。水环境主要由地表水环境和地下水环境两部分组成。地表水环境包括河流、湖泊、水库、海洋、池塘、沼泽、冰川等；地下水环境包括泉水、浅层地下水、深层地下水等。水环境是构成环境的基本要素之一，是人类社会赖以生存和发展的重要场所，也是受人类干扰和破坏最严重的领域。

通常，"水环境"与"水资源"两个词很容易混淆，其实两者既有联系又有区别。如第一章所述，狭义上的水资源是指人类在一定的经济技术条件下能够直接使用的淡水。广义上的水资源是指在一定的经济技术条件下能够直接或间接使用的各种水和水中物质。从水资源这一概念引申，也可以将水环境分为两方面：广义水环境是指所有的以水作为介质来参与作用的空间场所，从该意义上来看基本地球表层都是水环境系统的一部分；而狭义水环境是指与人类活动密切相关的水体的作用场所，主要是针对水圈和岩石圈的浅层地下水部分。

5.1.2 水环境问题的产生

水环境问题是伴随着人类对自然环境的作用和干扰而产生的。长期以来，自然环境给人类生存发展提供了物质基础和活动场所，而人类则通过自身的种种活动来改变环境。随着科学技术的迅速发展，使得人类改变环境的能力日益增强，但发展引起的环境污染则使人类不断受到种种惩罚和伤害，甚至使赖以生存的物质基础受到严重破坏。目前，环境问题已成为当今制约、影响人类社会发展的关键问题之一。从人类历史发展来看，环境问题的发展过程可以分为以下三个阶段：

1. 生态环境早期环境破坏阶段

此阶段包括人类出现以后直至工业革命的漫长时期，所以又称为早期环境问题。在原始社会中，由于生产力水平极低，人类依赖自然环境，过着以采集天然植物为生的生活。此时，人类主要是利用环境，而很少有意识地改造环境，因此，当时环境问题并不突出。到了奴隶社会和封建社会时期，由于生产工具不断进步，生产力逐渐提高，人类学会了驯化野生动植物，出现了耕作业和渔牧业的劳动分工。人类利用和改造环境的力量增强，与此同时，也产生了相应的生态破坏问题。由于过量地砍伐森林，盲目开荒，乱采乱捕，滥用资源，破坏草原，造成了水土流失、土地沙化和环境轻度污染问题。但这一阶段的人类活动对环境的影响还是局部的，没有达到影响整个生物圈的程度。

2. 近代城市环境问题

此阶段从工业革命开始到 20 世纪 80 年代发现南极上空的臭氧洞为止。18 世纪后期欧洲的一系列发明和技术革新大大提高了人类社会的生产力，人类以空前的规模和速度开采和消耗能源和其他自然资源。新技术使英国、欧洲和美国等地在不到一个世纪的时间里先后进入工业化社会，并迅速向世界蔓延，在世界范围内形成发达国家和发展中国家的差别。这一阶段的环境问题跟工业和城市同步发展。发生了震惊世界的"八大公害"事件，其中日本的水俣病事件、富山骨痛病事件均与水污染有关。

与前一时期的环境问题相比，这一时期的特点是：环境问题由工业污染向城市污染和农业污染发展；点源污染向面源污染发展；局部污染正迈向区域性和全球性污染，构成了世界上第一次环境问题高潮。

3. 全球性环境问题阶段

它始于 1984 年由英国科学家发现在南极上空出现"臭氧空洞"，构成了第二次世界环境问题高潮。这一阶段环境问题的核心，是与人类生存休戚相关的"淡水资源污染""海洋污染""全球气候变暖""臭氧层破坏""酸雨蔓延"等全球性环境问题，引起了各国政府和全人类的高度重视。

该阶段环境问题影响是大范围的、乃至全球性的，不仅对某个国家、某个地区造成危害，而且对人类赖以生存的整个地球环境造成危害，因此是致命的，又是人人难以回避的。第二阶段环境问题高潮主要出现在经济发达国家，而当前出现的环境问题，既包括经济发达国家，也包括众多的发展中国家。发展中国家不仅与国际社会面临的环境问题休戚相关，而且本国面临的诸多环境问题，像植被和水土流失加剧造成的生态破坏，是比发达国家的环境污染更大、更难解决的环境问题。当前出现的高潮既包括了对人类健康的危害，又显现了生态环境破坏对社会经济持续发展的威胁。

总体来看，水环境问题自古就有，并且随着人类社会的发展而发展，人类越进步，水环境问题也就越突出。发展和环境问题是相伴而生的，只要有发展，就不能避免环境问题的产生。要解决环境问题，就要从人类、环境、社会和经济等综合的角度出发，找到一种既能实现发展又能保护好生态环境的途径，协调好发展和环境保护的关系，实现人类社会的可持续发展。

5.1.3 水环境保护的任务和内容

水环境保护工作，是一个复杂、庞大的系统的工程，其主要任务与内容有：

（1）水环境的监测、调查与试验，以获得水环境分析计算和研究的基础资料；

（2）对排入研究水体的污染源的排污情况进行预测，称污染负荷预测，包括对未来水平年的工业废水、生活污水、流域径流污染负荷的预测；

（3）建立水环境模拟预测数学模型，根据预测的污染负荷，预测不同水平年研究水体可能产生的污染时空变化情况；

（4）水环境质量评价，以全面认识环境污染的历史变化、现状和未来的情况，了解水环境质量的优劣，为环境保护规划与管理提供依据；

（5）进行水环境保护规划，根据最优化原理与方法，提出满足水环境保护目标要求的水污染负荷防治最佳方案；

（6）环境保护的最优化管理，运用现有的各种措施，最大限度地减少污染。

5.2　水体污染与水环境监测

5.2.1　水体污染概述

1. 水环境污染

水体就是江河湖海、地下水、冰川等的总称，是被水覆盖地段的自然综合体。它不仅包括水，还包括水中溶解物质、悬浮物、底泥、水生生物等。水体受人类或自然因素的影响，使水的感官性状、物理化学性质、化学成分、生物组成及底质情况等产生恶化，污染指标超过水环境质量标准，称为水污染或水环境污染。

2. 水体自净

污染物进入水体以后，一方面对水体产生污染，另一方面水体本身有一定的净化污染物的能力，使污染物浓度和毒性逐渐下降，经一段时间后恢复到受污染前的状态，这就是水体自净作用产生的结果。

广义的水体自净指的是受污染的水体由于物理、化学、生物等方面的作用，使污染物浓度逐渐降低，经一段时间后恢复到受污染前的状态；狭义的是指水体中的微生物氧化分解有机污染物而使得水体得以净化的过程。水体的自净能力是有限度的。

影响水体自净过程的因素很多，主要有：河流、湖泊、海洋等水体的地形和水文条件；水中微生物的种类和数量；水温和富氧（大气中的氧接触水面溶入水体）状况；污染物的性质和浓度等。

水体自净是一个物理、化学、生物作用极其复杂的过程。

物理净化过程，是指污染物在水体中混合、稀释、沉淀、吸附、凝聚、向大气挥发和病菌死亡等物理作用下使水体污染物浓度降低的现象，例如污水排入河流后，在下游不远的地方污染浓度就会大大降低，就主要是扩散作用混合、稀释的结果。

化学净化过程，是指污染物在水中由于分解与化合、氧化与还原、酸碱反应等化学作用下，致使污染浓度降低或毒性丧失的现象，例如水在流动中，大气里的氧气不断溶入，使铁、锰等离子氧化成难溶的盐类而沉淀，从而减少了它们在水中的含量。

生物净化过程，是水体内的庞大的微生物群，在它们分泌的各种酶的作用下，使污染物不断发生分解和转化为无害物质的现象，例如有机物在细菌作用下，部分转化为菌体，部分转化为无机物；接着细菌又成为水中原生动物的食料，原生动物又成为后生动物、高等水生动物的食物，无机物为藻类等植物吸收，使之发育成长，这样有机物逐步转化为无害无机物和高等水生生物，达到无害化，从而起到净化作用。污水处理厂很多就是根据水体的自净原理，人为地在一个很小的范围内营造一套非常有利的使水体净化的优良条件，使污水在很短的时间内转化为无害的物质，并从水中分离出去，从而达到净化。但也必须指出：污染物在水中的转化，有时也会使水体污染加重，如无机汞的甲基化，可使毒性大大增加。

3. 水环境污染物

水中存在的各种物质（包括能量），其含量变化过程中，凡有可能引起水的功能降低而危害生态健康，尤其人类的生存与健康时，则称它们造成了水环境污染，于是它们被称为污染物，如水中的泥沙、重金属、农药、化肥、细菌、病毒、藻类等。可以说，几乎水中的所有物质，当超过一定限度时都会形成水体污染，因此，一般均称其为污染物。显然，水中的污染物含量不损害要求的水体功能时，尽管它们存在，并不造成污染。例如水中适当的氮、磷、温度、动植物等，对维持良好的生态系统持续发展还是有益的。所以，千万不能认为水中有污染物存在就一定会造成水体污染。

4. 水环境污染的类别

自然界中的水环境污染，从不同的角度可以划分为各种污染类别。

（1）从污染成因上划分

可以分为自然污染和人为污染。自然污染是指由于特殊的地质或自然条件，使一些化学元素大量富集，或天然植物腐烂中产生的某些有毒物质和生物病原体进入水体，从而污染了水质。例如，某一地区地质化学条件特殊，某种化学元素大量富集于地层中，由于降水、地表径流，使该元素和其盐类溶解于水或夹杂在水流中而被带入水体，造成水环境污染。或者地下水在地下径流的漫长路径中，溶解了比正常水质多的某种元素和其盐类，造成地下水污染。当它以泉的形式涌出地面流入地表水体时，造成了地表水环境的污染。人为污染则是指由于人类活动（包括生产性的和生活性的）向水体排放的各类污染物质的数量达到使水和水体底泥的物理、化学性质或生物群落组成发生变化，从而降低了水体原始使用价值而造成的水环境污染。

（2）从污染源划分

可分为点污染源和面污染源。

点污染源主要有生活污水和工业废水。由于产生废水的过程不同，这些污水、废水的成分和性质有很大差别。

生活污水主要来自家庭、商业、学校、旅游服务业及其他城市公共设施，包括厕所冲洗水、厨房洗涤水、洗衣机排水、沐浴排水及其他排水等。污水中主要含有悬浮态或溶解态的有机物质，还有氮、磷、硫等无机盐类和各种微生物。

工业废水产自工业生产过程，其水量和水质随生产过程而异，根据其来源可以分为工艺废水、原料或成品洗涤水、场地冲洗水以及设备冷却水等；根据废水中主要污染物的性质，可分为有机废水、无机废水、兼有机物和无机物的混合废水、重金属废水、放射性废水等；根据产生废水的企业性质，又可分为造纸废水、印染废水、焦化废水、农药废水、电镀废水等。

点污染源的特点是经常排污，其变化规律服从工业生产废水和城市生活污水的排放规律，它的量可以直接测定或者定量化，其影响可以直接评价。

面污染源主要指农村灌溉排水形成的径流，农村中无组织排放的废水，地表径流及其他废水。分散排放的小量污水，也可以列入面污染源。

农村废水一般含有有机物、病原体、悬浮物、化肥、农药等污染物，禽畜养殖业排放的污水，常含有很高的有机物浓度。由于过量施加化肥、使用农药，农田地面径流中含有大量的氮、磷营养物质和有毒农药。

大气中含有的污染物随降雨进入地表水体，也可以认为是面污染源，如酸雨。此外，天然性的污染源，如水与土壤之间的物质交换，也是一种面污染源。

面源污染的排放是以扩散方式进行的，时断时续，并与气象因素有联系。

（3）从污染的性质划分

可分为物理性污染、化学性污染和生物性污染。

物理性污染是指水的浑浊度、温度和水的颜色发生改变，水面的漂浮油膜、泡沫以及水中含有的放射性物质增加等。常见的物理性污染有悬浮物污染、热污染和放射性污染三种。

化学性污染包括有机化合物和无机化合物的污染，如水中溶解氧减少，溶解盐类增加，水的硬度变大，酸碱度发生变化或水中含有某种有毒化学物质等。常见的化学性污染有酸碱污染、重金属污染、需氧性有机物污染、营养物质污染、有机毒物污染等。

生物性污染是指水体中进入了细菌和污水微生物，导致病菌及病毒的污染。事实上，水体不只受到一种类型的污染，而是同时受到多种性质的污染，并且各种污染互相影响，不断地发生着分解、化合或生物沉淀作用。

各类污染的主要污染物、污染的危害标志及污染物的来源部门、场所见表 5-1。

表 5-1 水污染类型、污染物、污染标志及来源

污染类型		污染物	污染标志	废水来源
物理性污染	热污染	热的冷却水等	升温、缺氧或气体过饱和、富营养化	火电、冶金、石油、化工等工业
	放射性污染	铀、钍、锶、铯等	放射性玷污	核研究生产、试验、医疗、核电站等
	表观污染 水的混浊度	泥、沙、渣、屑、漂浮物	混浊、泡沫	地表径流、农田排水、生活污水、大坝冲沙、工业废水
	水色	腐殖质、色素、染料、铁、锰等	染色	食品、印染、造纸、冶金工业污水和农田排水
	水臭	酚、氨、胺、硫醇、硫化氢等	恶臭	污水、食品、制革、炼油、化工、农肥
化学性污染	酸碱污染	无机或有机的酸碱物质	pH 值异常	矿山、石油、化工、化肥、造纸、电镀、酸洗工业、酸雨
	重金属污染	汞、镉、铬、铜、铅、锌等	毒性	矿山、冶金、电镀、仪表、颜料等工业
	非金属污染	砷、氰、氟、硫、硒等	毒性	化工、火电站、农药、化肥等工业
	耗氧有机物污染	糖类、蛋白质、油脂、木质素等	耗氧，进而引起缺氧	食品、纺织、造纸、制革、化工等工业污水，生活污水，农田排水
	农药污染	有机氯、多氯联苯、有机磷等农药	严重时水中生物大量死亡	农药、化工、炼油、炼焦等工业、农田排水
	易分解有机物污染	酚类、苯、醛等	耗氧、异味、毒性	制革、炼油、化工、煤矿、化肥等及地面径流
	油类污染	石油及其制品	漂浮和乳化、增加水色、毒性	石油开采、炼油、油轮等

污染类型		污染物	污染标志	废水来源
生物性污染	病原菌污染	病菌、虫卵、病毒	水体带菌、传染疾病	医院、屠宰、牲畜、制革等工业污水、生活污水，地面径流
	霉菌污染	霉菌毒素	毒性、致癌	制药、酿造、食品、制革等
	藻类污染	无机和有机氮、磷	富营养化、恶臭	化肥、化工、食品等工业污水，生活污水、农田排水

（4）从环境工程学角度划分

环境工程学划分水体污染是依污染物质和能量（如热污染）所造成的各类型环境问题以及不同的治理措施，具体可以分为病原体污染、需氧物质污染、植物营养物质污染、石油污染、有毒化学物质污染、盐污染和放射性污染等。

5. 水体污染的危害

（1）水体污染严重危害人的健康

水污染后，通过饮水或食物链，污染物进入人体，使人急性或慢性中毒。砷、铬、铵类、苯并 [a] 芘等，还可诱发癌症。被寄生虫、病毒或其他致病菌污染的水，会引起多种传染病和寄生虫病。重金属污染的水，对人的健康均有危害。被镉污染的水、食物，人饮食后，会造成肾、骨骼病变，摄入硫酸镉 20mg，就会造成死亡。铅造成的中毒，引起贫血、神经错乱。六价铬有很大毒性，引起皮肤溃疡，还有致癌作用。饮用含砷的水，会发生急性或慢性中毒。砷使许多酶受到抑制或失去活性，造成机体代谢障碍，皮肤角质化，引发皮肤癌。有机磷农药会造成神经中毒，有机氯农药会在脂肪中蓄积，对人和动物的内分泌、免疫功能、生殖机能均造成危害。稠环芳烃多数具有致癌作用。氰化物也是剧毒物质，进入血液后，与细胞的色素氧化酶结合，使呼吸中断，造成呼吸衰竭窒息死亡。我们知道，世界上 80％ 的疾病与水有关。伤寒、霍乱、胃肠炎、痢疾、传染性肝炎是人类五大疾病，均由水的不洁引起。

（2）对工农业生产的危害

水质污染后，工业用水必须投入更多的处理费用，造成资源、能源的浪费，食品工业用水要求更为严格，水质不合格，会使生产停顿。这也是工业企业效益不高，质量不好的因素。农业使用污水，如果灌溉水中的污染物质浓度过高会杀死农作物，有些污染物又会引起农作物变种，如只开花不结果，或者只长杆不结籽等。污染物质滞留在土壤中还会恶化土壤，积聚在农作物中的有害成分会危及人的健康。海洋污染的后果也十分严重，如石油污染，造成海鸟和海洋生物死亡。

（3）水污染造成水生态系统破坏

水环境的恶化破坏了水体的水生态环境，导致水生生物资源的减少、中毒，以致灭绝。

水污染使湖泊和水库的渔业资源受到威胁。如素有"高原明珠"美誉的云南省最大的淡水湖——滇池，从 20 世纪 70 年代中后期开始，由于昆明市生活污水及工业废水的大量排入，致使滇池重金属污染和富营养化十分严重，藻类数量暴增，夏秋季 84％ 的水面被藻类覆盖，作为饮用水源已有多项指标未达标。水污染使得滇池特产的银鱼大幅度减产，1987年产量仅为最高产量的 1/10。近 60 年来，滇池流域 46.3％ 的高等植物已经灭绝，84％ 的本地鱼类已经灭绝。受水体富营养化的影响，汉江先后在 1992 年、1998 年、2000 年、2002

年、2008 年发生了多次硅藻水华；太湖、巢湖、洪泽湖等淡水湖泊也多次爆发了蓝藻水华。同时，由于水体污染，珠江、长江河口的溯河性鱼虾资源遭到破坏，产量大幅度下降，部分内湾渔场荒废。

水污染恶化了水域原有的清洁的自然生态环境。水质恶化使许多江河湖泊水体浑浊，气味变臭，尤其是富营养化加速了湖泊衰亡。从 20 世纪 50 年代至今，湖北省面积百亩以上的湖泊从 1332 个锐减为 574 个，20 世纪 50 年代减少 56.9％。并且，五千亩以上的湖泊从 322 个减少到了 110 个。湖北"千湖之省"美誉不再，名难符实。我国众多人口居住在江湖沿岸地区，特别是许多大中城市位于江湖岸旁，江湖的水体污染严重损害了人的生存环境。城市水域的污染，还使水域景观恶化，降低了这些城市的旅游开发价值。

（4）水污染加剧了缺水状况

中国是一个干旱缺水严重的国家。淡水资源总量为 28000×10^8 m³，占全球水资源的 6％，仅次于巴西、俄罗斯和加拿大，居世界第四位，但人均只有 2200 m³，仅为世界平均水平的 1/4、美国的 1/5，在世界上名列 121 位，是全球 13 个人均水资源最贫乏的国家之一。随着经济发展和人口的增加，对水的需求将更为迫切。水污染实际上减少了可用水资源量，使中国面临的缺水问题更为严峻。在城市地区。这一问题尤为突出，如北京市人均水资源占有量不足 200 m³，不到全国平均水平的 1/10，大大低于国际公认的人均 1000m³ 的缺水警戒线，成为我国最为缺水的大城市之一。目前，全国 669 座城市中有 400 座供水不足，110 座严重缺水；在 32 个百万人口以上的特大城市中，有 30 个长期受缺水困扰。在 46 个重点城市中，45.6％水质较差，14 个沿海开放城市中有 9 个严重缺水。显然，如果对水污染趋势不加以控制，我国今后的缺水状况将更加严重。

（5）水污染造成了较大的经济损失

近 20 年来，在全国范围内水污染事故时有发生。据不完全统计，在 1993～2004 年期间，全国共发生环境污染事故 21152 起，其中特大事故 374 起，重大事故 566 起，污染事故发展态势不容忽视。这些事故对工农业生产和人民生活造成极大危害，直接经济损失达数百亿元。例如，1994 年淮河水污染事故造成直接经济损失约 2 亿元，沿淮水厂被迫停止供水达 54 天；2005 年发生的松花江水污染事故造成直径经济损失 6900 万元，哈尔滨全城停止供水 4 天。据欧共体的统计，因污染造成的经济损失通常占国民经济总产值的 3％～5％。与国外相比，我国生产管理和技术水平相对落后，单位产值排污量大，处理效率低，污染造成的经济损失比他们还要高。

6. 我国水体污染的现状

根据国家环境保护部 2012 年中国环境公报资料，我国的地表水及地下水均受到了不同程度的污染。

（1）河水

① 长江流域，水质良好。160 个国控断面中，Ⅰ～Ⅲ类、Ⅳ～Ⅴ类和劣Ⅴ类水质断面比例分别 86.2％、9.4％和 4.4％。长江干流水质为优，长江支流水质良好，长江主要支流中，螳螂川、乌江、涢水、府河和釜溪河为重度污染，外秦淮河和黄浦江为中度污染，普渡河、岷江、沱江、滁河、白河、唐河和唐白河为轻度污染，其他河流水质均为优良。

② 黄河流域，轻度污染。61 个国控断面中，Ⅰ～Ⅲ类、Ⅳ～Ⅴ类和劣Ⅴ类水质断面比例分别为 60.7％、21.3％和 18.0％。主要污染指标为五日生化需氧量、化学需氧量和氨氮。黄河干流水质为优。26 个国控断面中，Ⅰ～Ⅲ类和Ⅳ～Ⅴ类水质断面比例分别为

96.2％和 3.8％。黄河支流为中度污染。35 个国控断面中，Ⅰ～Ⅲ类、Ⅳ～Ⅴ类和劣Ⅴ类水质断面比例分别为 34.3％、34.3％和 31.4％。主要污染指标为五日生化需氧量、化学需氧量和氨氮。

③ 珠江流域，水质为优。54 个国控断面中，Ⅰ～Ⅲ类、Ⅳ～Ⅴ类和劣Ⅴ类水质断面比例分别为 90.7％、5.6％和 3.7％。珠江干流水质为优、珠江支流水质良好。

④ 松花江流域，轻度污染。88 个国控断面中，Ⅰ～Ⅲ类、Ⅳ～Ⅴ类和劣Ⅴ类水质断面比例分别为 58.0％、36.3％和 5.7％。主要污染指标为化学需氧量、高锰酸盐指数和五日生化需氧量。其中松花江干流水质良好，松花江支流、黑龙江水系、乌苏里江水系、图们江均为轻度污染。绥芬河 1 个国控断面为Ⅳ类水质，主要污染指标为化学需氧量。

⑤ 淮河流域，轻度污染。95 个国控断面中，Ⅰ～Ⅲ类、Ⅳ～Ⅴ类和劣Ⅴ类水质断面比例分别为 47.4％、34.7％和 17.9％。主要污染指标为化学需氧量、五日生化需氧量和总磷。淮河干流水质为优、淮河支流为中度污染、沂沭泗水系为轻度污染、淮河流域其他水系为中度污染。

⑥ 海河流域，中度污染。64 个国控断面中，Ⅰ～Ⅲ类、Ⅳ～Ⅴ类和劣Ⅴ类水质断面比例分别为 39.1％、28.1％和 32.8％。主要污染指标为化学需氧量、五日生化需氧量和氨氮。海河干流 2 个国控断面分别为Ⅴ类和劣Ⅴ类水质。主要污染指标为氨氮、高锰酸盐指数和总磷。海河主要支流为中度污染、滦河水系为轻度污染、徒骇马颊河水系为重度污染。

⑦ 辽河流域，轻度污染。55 个国控断面中，Ⅰ～Ⅲ类、Ⅳ～Ⅴ类和劣Ⅴ类水质断面比例分别为 43.6％、41.9％和 14.5％。主要污染指标为五日生化需氧量、氨氮和石油类。辽河干流为轻度污染、辽河支流为中度污染、大辽河、大凌河为中度污染、鸭绿江水质为优。

⑧ 浙闽片河流，水质良好。45 个国控断面中，Ⅰ～Ⅲ类和Ⅳ～Ⅴ类水质断面比例分别为 80.0％和 20.0％。

⑨ 西北诸河，水质为优。51 个国控断面中，Ⅰ～Ⅲ类和劣Ⅴ类水质断面比例分别为 98.0％和 2.0％。

⑩ 西南诸河，水质为优。31 个国控断面中，Ⅰ～Ⅲ类和Ⅳ～Ⅴ类水质断面比例分别为 96.8％和 3.2％。

（2）湖泊（水库）

① 太湖，轻度污染。主要污染指标为总磷和化学需氧量。从分布看，西部沿岸区为中度污染，北部沿岸区、湖心区、东部沿岸区和南部沿岸区均为轻度污染。

营养状态评价结果表明，全湖总体为轻度富营养状态。从分布看，西部沿岸区为中度富营养状态，北部沿岸区、湖心区、东部沿岸区和南部沿岸区均为轻度富营养状态。

太湖主要出入湖河流中，梁溪河为中度污染，乌溪河、洪巷港、殷村港、百渎港、太㶚运河和武进港为轻度污染，其他主要出入湖河流水质均为优良。

② 滇池，重度污染。主要污染指标为总磷、化学需氧量和高锰酸盐指数。从分布看，草海和外海均为重度污染。

营养状态评价结果表明，全湖总体为中度富营养状态。从分布看，草海和外海均为中度富营养状态。

滇池主要入湖河流中，新河、老运粮河、海河、乌龙河、船房河、捞渔河和西坝河为重度污染，柴河、马料河、中河和大观河为中度污染，盘龙江、宝象河、洛龙河和东大河为轻度污染。

③ 巢湖，轻度污染。主要污染指标为石油类、总磷和化学需氧量。

从分布看，西半湖为中度污染，东半湖为轻度污染。

营养状态评价结果表明，全湖总体为轻度富营养状态。从分布看，西半湖为中度富营养状态，东半湖为轻度富营养状态。

巢湖主要出入湖河流中，南淝河、十五里河和派河为重度污染，兆河为中度污染，其他主要出入湖河流水质均为优良。

④ 重要湖泊：

鄱阳湖水质良好。全湖总体为中营养状态。

洞庭湖为轻度污染，主要污染指标为总磷。全湖总体为中营养状态。

洪泽湖为中度污染，主要污染指标为总磷。全湖总体为轻度富营养状态。

其他 29 个国控大型淡水湖泊中，达赉湖、白洋淀、淀山湖、贝尔湖、乌伦古湖和程海等 6 个湖泊为重度污染；小兴凯湖、兴凯湖、南四湖、阳澄湖、高邮湖、升金湖、菜子湖、龙感湖、武昌湖、阳宗海和博斯腾湖等 11 个湖泊为轻度污染；南漪湖、瓦埠湖、东平湖、骆马湖、洱海、镜泊湖和班公错等 7 个湖泊水质良好；斧头湖、梁子湖、洪湖、泸沽湖和抚仙湖等 5 个湖泊水质为优。

28 个湖泊的营养状态评价结果表明，达赉湖、白洋淀和淀山湖等 3 个湖泊为中度富营养状态；小兴凯湖、贝尔湖、兴凯湖、南四湖、南漪湖、阳澄湖和高邮湖等 7 个湖泊为轻度富营养状态；瓦埠湖、升金湖、东平湖、菜子湖、乌伦古湖、龙感湖、武昌湖、阳宗海、斧头湖、骆马湖、洱海、程海、梁子湖、博斯腾湖、镜泊湖和洪湖等 16 个湖泊为中营养状态；泸沽湖和抚仙湖为贫营养状态。重要水库 27 个重要水库中，25 个水质为优良；尼尔基水库和莲花水库为轻度污染，主要污染指标均为总磷。

26 个重要水库的营养状态评价结果表明，崂山水库为轻度富营养状态，其他水库均为中营养或贫营养状态。

（3）地下水环境质量

2012 年，全国 198 个地市级行政区开展了地下水水质监测，监测点总数为 4929 个，其中国家级监测点 800 个。依据《地下水质量标准》（GB/T 14848—1993），综合评价结果为水质呈优良级的监测点 580 个，占全部监测点的 11.8%；水质呈良好级的监测点 1348 个，占 27.3%；水质呈较好级的监测点 176 个，占 3.6%；水质呈较差级的监测点 1999 个，占 40.5%；水质呈极差级的监测点 826 个，占 16.8%。

主要超标指标为铁、锰、氟化物、"三氮"（亚硝酸盐氮、硝酸盐氮和氨氮）、总硬度、溶解性总固体、硫酸盐、氯化物等，个别监测点存在重（类）金属超标现象。

（4）海洋环境

① 渤海，近岸海域水质一般。一、二类海水比例为 67.3%；三、四类海水比例为 20.5%；劣四类海水比例为 12.2%。主要超标指标为无机氮、pH 值和非离子氨。

② 黄海，近岸海域水质良好。一、二类海水比例为 87.0%；三、四类海水比例为 13.0%；无劣四类海水。主要超标指标为无机氮。

③ 东海，近岸海域水质极差。一、二类海水比例为 37.9%；三、四类海水比例为 15.8%；劣四类海水比例为 46.3%。主要超标指标为无机氮和活性磷酸盐。

④ 南海，近岸海域水质良好。一、二类海水比例为 90.3%；三、四类海水比例为 3.9%；劣四类海水比例为 5.8%。主要超标指标为无机氮。

⑤ 重要海湾，9 个重要海湾中，黄河口水质优，北部湾水质良好，辽东湾、胶州湾和闽江口水质差，渤海湾、长江口、杭州湾和珠江口水质极差。与 2011 年相比，黄河口和闽江口水质变好，其他各海湾水质基本稳定。

⑥ 远海海域，2012 年，南海中南部中沙群岛及南沙群岛海域水质良好，海水中无机氮、活性磷酸盐、石油类和化学需氧量等指标均符合第一类海水水质标准。

5.2.2　水环境质量监测

水环境质量是指水环境对人群的生存和繁衍以及社会经济发展的适宜程度，通常指水环境遭遇污染的程度。水环境监测是指按照水的循环规律，对水的质和量以及水体中影响生态与环境质量的各种人为和天然因素所进行的统一的定时或随时监测。随着经济的不断发展，环境问题日益严重，对于环境质量的监测也就显得尤为重要。

1. 水环境质量监测的实施部门

（1）政府事业部门

环保局下辖环境监测站，几乎每个省市县（区）都有环境监测站，例如：深圳市环境监测站、北京市环境监测站。

（2）军区的环境监测站

军区的环境监测站，涉及国家军事机密的环境监测由军区的环境监测站实施，例如，广州军区环境监测站。

（3）学校科研单位

一些学校拥有实验室，并通过国家认证，开展环境监测，主要目的是教学科研，也接受一些委托性质的环境监测业务，例如：广东省环境保护学校实验室、长沙环境保护职业技术学院实验室等。

（4）民营环境类监测机构

环境保护日益被重视起来，随之环境监测市场不断扩大，传统的环境监测站已经不能完全满足社会的环境监测需求，国家逐步开放了环境监测领域，民营力量加入了进来。专业从事环境监测，且具备 CMA 资质，开展的项目与环境监测站几乎相同的民营监测机构已成为社会委托性质的环境监测的首选。

2. 水环境质量监测的内容

水环境质量监测的对象可分为纳污水体水质监测和污染源监测：前者包括地表水（江、河、湖、库、海水）和地下水；后者包括生活污水、医院污水及各种工业废水，有时还包括农业退水、初级雨水和酸性矿山排水等。对它们进行监测的目的可概括为以下几个方面：

① 对进入江、河、湖泊、水库、海洋等地表水体的污染物质及渗透到地下水中的污染物质进行经常性的监测，以掌握水质现状及其发展趋势；

② 对生产过程、生活设施及其他排放源排放的各类废水进行监视性监测，为污染源管理和排污收费提供依据；

③ 对水环境污染事故进行应急监测，为分析判断事故原因、危害及采取对策提供依据；

④ 为国家政府部门制订环境保护法规、标准和规划，全面开展环境保护管理工作提供有关数据和资料；

⑤ 为开展水环境质量评价、预测预报及进行环境科学研究提供基础数据和手段；

⑥ 收集本底数据、积累长期监测资料，为研究水环境容量、实施总量控制与目标管理

提供依据。

3. 水环境质量监测程序

水环境质量监测的基本程序，如图 5-1 所示。

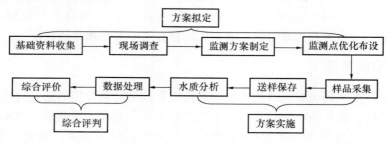

图 5-1 水环境质量监测的基本程序

4. 水环境质量监测站网

水环境质量监测站网是在一定地区，按一定原则，用适当数量的水质监测站构成的水质资料收集系统。根据需要与可能，以最小的代价，最高的效益，使站网具有最佳的整体功能，是水质站网规划与建设的目的。

目前，我国地表水的监测主要有水利和环保部门承担。

水质监测站进行采样和现场测定工程，是提供水质监测资料的基本单位。根据建站的目的以及所要完成的任务，水质监测站又可分为如下几类：

（1）基本站　通过长期的检测掌握水系水质动态，收集和积累水质的基本资料。

（2）辅助站　配合基本站进一步掌握水系水质状况。

5. 水质监测分析方法

一个监测项目往往具有多种监测方法。为了保证监测结果的可比性，在大量实践的基础上，世界各国对各类水体中的不同污染物都颁布了相应的标准分析方法。我国现行的监测分析方法有国家标准分析方法、统一分析方法和等效分析方法三类。

（1）标准分析方法　包括国家和行业标准分析方法，这是较经典、准确度较高的方法，是环境污染纠纷法定的仲裁方法，也是用于评价其他测试分析方法的基准方法。

（2）统一分析方法　有些项目的监测方法还不够成熟，但又急需测定，为此，经过比较研究，暂时确定为统一的分析方法予以推广，在使用中积累经验，不断完善，为上升为国家标准分析方法创造条件。

（3）等效分析方法　与上述两类方法的灵敏度、准确度、精确度具有可比性的分析方法称为等效方法。这类方法常常是一些比较新的技术，测试简便快速，但必须经过方法验证和对比试验，证明其与标准方法或统一方法是等效的才能使用。

选择方法时应尽可能采用标准分析方法，在涉及污染纠纷的仲裁时，必须选用国家标准分析方法。在某些项目的监测中，尚无"标准"和"统一"分析方法时，可采用 ISO、美国 EPA 和日本 JIS 方法体系等其他等效分析方法，但应经过验证合格。在经常性的测定中，或者待测项目的测定次数频繁时，要尽可能选择方法稳定、操作简单、易于普及、试剂无毒或毒性较小的方法。

6. 水环境质量监测项目

水环境监测的水质项目，随水体功能和污染源的类型不同而异，其污染物种类繁多，可达成千上万种，不可能也无必要——监测，而是根据实际情况和监测目的，选择环境标准中那些要求控制的影响大、分布范围广、测定方法可靠的环境指标项目进行监测。一般的必测项目有 pH 值、总硬度、悬浮物含量、电导率、溶解氧、生化耗氧量、三氮、挥发酚、氰化物、汞、铬、铅、镉、砷、细菌总数及大肠杆菌等。各地还应根据当地水污染的实际情况，增选其他测定项目。

（1）地表水监测项目

① 以河流（湖、库）等地表水为例进行说明。河流（湖、库）等地表水全国重点基本站监测项目首先应符合表 5-2 中必测项目要求；同时根据不同功能水域污染物的特征，增加表中部分选测项目；

② 潮汐河流潮流界内、入海河口及港湾水域应增测总氮、无机磷和氯化物；

③ 重金属和微量有机污染物等可参照国际、国内有关标准选测；

④ 若水体中挥发酚、总氰化物、总砷、六价铬、总汞等主要污染物连续三年未检出时，附近又无污染源，可将监测采样频率减为每年一次，在枯水期进行。一旦检出后，仍按原规定执行。

表 5-2　地表水监测项目

	必测项目	选测项目
河流	水温、pH 值、悬浮物、总硬度、电导率、溶解氧、高锰酸钾指数、五日生化需氧量、氨氮、硝酸盐氮、亚硝酸盐氮、挥发酚、氰化物、氟化物、硫酸盐、氯化物、六价铬、总汞、总砷、镉、铅、铜、大肠菌群（共 23 项）	硫化物、矿化度、非离子氨、凯氏氮、总磷、化学需氧量、溶解性铁、总锰、总锌、硒、石油类、阴离子表面活性剂、有机氯农药、苯并［a］芘、丙烯醛、苯类、总有机碳（共 17 项）
饮用水源地	水温、pH 值、悬浮物、总硬度、电导率、溶解氧、高锰酸盐指数、五日生化需氧量、氨氮、硝酸盐氮、亚硝酸盐氮、挥发酚、氰化物、氟化物、硫酸盐、氯化物、六价铬、总汞、总砷、镉、铅、铜、大肠菌群、细菌总数（共 24 项）	铁、锰、铜、锌、硒、银、浑浊度、化学需氧量、阴离子表面活性剂、六六六、滴滴涕、苯并［a］芘、总 α 放射性、总 β 放射性（共 14 项）
湖泊水库	水温、pH 值、悬浮物、总硬度、透明度、总磷、总氮、溶解氧、高锰酸盐指数、五日生化需氧量、氨氮、硝酸盐氮、亚硝酸盐氮、挥发酚、氰化物、氟化物、六价铬、总汞、总砷、镉、铅、铜、叶绿素 a（共 23 项）	钾、钠、锌、硫酸样、氯化物、电导率、溶解性总固体、侵蚀性二氧化碳、游离二氧化碳、总碱度、碳酸盐、重碳酸盐、大肠菌群（共 13 项）

（2）地下水监测项目

① 全国重点基本站应符合表 5-3 中必测项目要求，同时根据地下水用途增加相关的选测项目。

② 源性地方病源流行地区应另增测碘、钼等项目。

③ 工业用水应另增测侵蚀性二氧化碳、磷酸盐、总可溶性固体等项目。

④ 沿海地区应另增测碘等项目。

⑤ 矿泉水应另增测硒、锶、偏硅酸等项目。

⑥ 农村地下水，可选测有机氯、有机磷农药及凯氏氮等项目；有机污染严重地区选择苯系物、烃类、挥发性有机碳和可溶性有机碳等项目。

表 5-3 地下水监测项目

必测项目	选测项目
pH 值、总硬度、溶解性总固体、氯化物、氟化物、硫酸盐、氨氮、硝酸盐氮、亚硝酸盐氮、高锰酸盐指数、挥发酚、氰化物、砷、汞、六价铬、铅、铁、锰、大肠菌群（共 19 项）	色、臭、味、浑浊度、肉眼可见物、铜、铅、钼、钴、阴离子合成洗涤剂、碘化物、硒、铍、钡、镍、六六六、滴滴涕、细菌总数、总 α 放射性，总 β 放射性（共 20 项）

7. 采样时间和采样频率的确定

为反映水质随时间的变化，必须确定合理的采样时间和采样频率，其原则如下：

（1）对于较大水系的干流和中小河流，全年采样不少于 6 次，采样时间为丰水期、枯水期和平水期，每期采样 2 次；

（2）城市工业区、污染较重的河流、游览水域、饮用水源地全年采样不少于 12 次，采样时间为每月 1 次或视具体情况选定；

（3）底泥每年在枯水期采样 1 次；

（4）潮汐河流，全年丰、平、枯水期采样，每期采样 2 天，分别在大潮期和小潮期进行，每次应采集当天涨、退潮水样分别测定；

（5）设有专门监测站的湖库，每月采样 1 次，全年不少于 12 次；其他湖库，每年枯、丰水期各 1 次；污染较重的湖库、应酌情增加采样次数，背景断面每年采样 1 次；

（6）地下水背景点每年采样 1 次；全国重点基本站每年采样 2 次；丰、枯水期各 1 次；地下水污染较重的控制井，每季度采样 1 次；在以地下水做生活饮用水源的地区每月采样 1 次。

8. 水样采集、运输与保存

（1）水样的采集

为了在现场顺利完成采样工作，采样前，要根据监测项目的性质和采样方法的要求，选择适宜材料的盛水容器和采样器，并清洗干净。此外，还要准备好交通工具，如船只、车辆。采样器具的材质要求化学性能稳定，大小和形状适宜，不吸附欲测组分，容易清洗并可反复使用。

① 地表水水样的采集

采集表层水样时，可用桶、瓶直接采样，一般将其沉至水面下 0.3～0.5m 处采集。采集深层水样时，可使用带有重锤的采样器沉入水中指定的位置（采样点）采集，对于溶解气体（如溶解氧）的水样，常用双瓶采集器采集。此外，还有许多结构复杂的采样器，如深层采水器、电动采水器、自动采水器、连续自动定时采水器等，按使用说明对指定的水体位置采集水样。

② 地下水水样的采集

从监测井中采集水样，常用抽水机抽取地下水取样。抽水机启动后，先放水数分钟，将积留在管道内的杂质及陈旧水排出，然后用采样器接取水样。对于无抽水设备的水井，可选择合适的专用采水器采集水样。

对于自喷泉水，可在涌水口处直接采样。

③ 底质样品（沉积物）的采集

底质监测断面的布设与水质监测断面相同，其位置应尽可能与水质监测断面一致，以便于将沉积物的组分及其物理化学性质与水质监测情况进行比较。

由于底质比较稳定，故采样频率远较水样低，一般每年枯水期采样一次，必要时可在丰水期增采一次。

底质样品采集量视监测项目、目的而定，一般为 1～2kg。表层底质样品一般采用抓式采样器或锥式采样器采集。前者适用于采集量较大的情况，后者采集量较小。管式泥心采样器用于采集柱状样品，以便了解底质中污染物的垂直分布。

（2）水样的运输

各种水质的水样，从采集到分析测定这段时间里，由于环境条件的改变，微生物新陈代谢活动和化学作用的影响，都可能引起水样中某些水质指标的变化。为将这些变化降低到最低程度，应尽可能地缩短运输时间、尽快分析测定和采取适当的保护措施，有些项目则必须在现场测定。

对采集的每一个水样，都要做好记录，在采集容器上贴好标签，尽快运送到实验室。运输过程中，应注意：① 要塞紧样品容器口的塞子，必要时用封口胶等密封；② 为避免水样在运输过程中因振动、碰撞损坏和沾污，最好将样瓶装箱，并用泡沫塑料等填充物塞紧；③ 需冷藏的样品，应放入冷藏设备中运输，避免日晒；④ 冬季应防止水样结冰冻裂样品瓶；⑤ 水样如通过铁路或公路部门托运，样品瓶上应附上能够清晰识别样品来源及托运到达目的地的装运标签；⑥ 样品运输必须专门押运，防止样品损坏或沾污；样品移交实验室分析时，接收者与送样者双方应在样品登记表上签名，采样单和采样记录应由双方各存一份备查。

（3）水样的保存

储存水样的容器可能吸附欲测水样中的某些组分，或沾污水样，因此要选择性能稳定杂质含量低的材料制作的容器。常用的容器材质有硼硅玻璃、石英、聚乙烯、聚四氟乙烯。其中石英、聚四氟乙烯杂质含量少，但价格昂贵，较少使用，一般常规监测中广泛使用硼硅玻璃、聚乙烯材质的容器。

如果采集的水样不能及时分析测定时，应根据监测项目的要求，采取适当的保存措施储放。保存水样的措施一般有：① 选择材质性能稳定的容器，以免沾污水样；② 控制水样的pH 值如用 HNO_3 酸化，可防止重金属离子水解沉淀，或用 NaOH 碱化，使水样中的挥发性酚生成稳定的酚盐，防止酚的挥发等；③ 加入适宜的化学试剂，如生物抑制剂，抑制氧化还原反应和生化作用；④ 冷藏或冷冻降低细菌活性和化学反应速度。若是样品超过了保存期则应按照废样处理，具体情况可参考《水环境监测规范》（SL 219—2013），见表5-4。

表 5-4　采样容器和常用水样保存方法

项 目	采样容器	保存方法及保存剂用量	保存时间
色度 *	G、P		12h
pH 值 *	G、P		12h
电导率 *	G、P		12h
酸度	G、P	0～4℃避光保存	30d
碱度	G、P	0～4℃避光保存	12h

续表

项　目	采样容器	保存方法及保存剂用量	保存时间
总硬度	G、P	HNO_3，1L 水样中加浓 HNO_3 10mL	14d
悬浮物	G、P	0～4℃避光保存	14d
化学需氧量	G	H_2SO_4，pH≤2	2d
高锰酸盐指数	G	0～4℃避光保存	2d
溶解氧*	溶解氧瓶	加入 $MnSO_4$，碱性 KI、NaN_3 溶液，现场固定	24h
生化需氧量	溶解氧瓶		6h
总有机碳	G	H_2SO_4，pH≤2	7d
氨氮	G、P	H_2SO_4，pH≤2	24h
硝酸盐氮	G、P	0～4℃避光保存	24h
总氮	G、P	H_2SO_4，pH≤2	7d
磷酸盐	G、P	NaOH，H_2SO_4，调 pH＝7，$CHCl_3$ 0.5%	7d
总磷	G、P	HCl，H_2SO_4，pH≤2	24h
阴离子表面活性剂	G、P		24h
挥发酚	G、P	NaOH，pH≥9	12h
镉	G、P	HNO_3，1L 水样中加浓 HNO_3 10mL	14d
铅	G、P	HNO_3，1%；如水样为中性，1L 水样中加浓 HNO_3 10mL	14d
砷	G、P	HNO_3，1L 水样中加浓 HNO_3 10mL，DDTC 法，HCl 2mL	14d
六价铬	G、P	NaOH，pH＝8～9	14d
汞	G、P	HCl，1%；如水样为中性，1L 水样中加浓 HCl 10mL	14d
油类	G	HCl，pH≤2	7d
农药类	G	加入 $C_6H_8O_6$ 0.01～0.02g 除去残余氯，0～4℃避光保存	24h
挥发性有机物	G	用 1+10HCl 调至 pH＝2，加入 $C_6H_8O_6$ 0.01～0.02g 除去残余氯，0～4℃避光保存	12h
酚类	G	用 H_3PO_4 调至 pH＝2，用 0.01～0.02g $C_6H_8O_6$ 除去残余氯，0～4℃避光保存	24h
微生物	G	加入 $Na_2S_2O_3$ 至 0.2～0.5g/L 除去残余物，0～4℃避光保存	12h
生物	G、P	不能现场测定时用 HCHO 固定，0～4℃避光保存	12h

　*表示现场测定；G——硬质玻璃瓶；P——聚乙烯瓶（桶）。

9. 水样的预处理

　　环境水样所含组分复杂，并且多数污染组分含量低，存在形态各异，所以在分析测定之前，往往需要进行预处理，以得到欲测组分适合测定方法要求的形态、浓度和消除共存组分干扰的试样体系。在预处理过程中，常因挥发、吸附、污染等原因，造成欲测组分含量的变化，故应对预处理方法进行回收率考核。下面介绍常用的预处理方法。

当测定含有机物水样中的无机元素时，需进行消解处理。消解处理的目的是破坏有机物，溶解悬浮性固体，将各种价态的欲测元素氧化成单一高价态或转变成易于分离的无机化合物。消解后的水样应清澈、透明、无沉淀。消解水样的方法有湿式消解法和干式消解法（干灰化法）。

（1）湿式消解法

① 硝酸消解法　对于较清洁的水样，可用硝酸消解在混匀的水样中加入适量浓硝酸，在电热板上加热煮沸，得到清澈透明、呈浅色或无色的试液。蒸至近干，取下稍冷后加 2％硝酸（或盐酸）20mL，过滤后的滤液冷至室温备用。

② 硝酸-高氯酸消解法　方法要点是：取适量水样（100mL）加入 5mL 硝酸，在电热板上加热，消解至大部分有机物被分解。取下稍冷后加入高氯酸，继续加热至开始冒白烟，如试液呈深色，再补加硝酸，继续加热至冒浓厚白烟将尽（不可蒸干）。取下样品冷却，加入2％硝酸，过滤后滤液冷至室温定容备用。

③ 硝酸-硫酸消解法　两种酸都有较强的氧化能力，其中硝酸沸点低，而硫酸沸点高，二者结合使用，可提高消解温度和消解效果。常用的硝酸与硫酸的比例为 5＋2。消解时，先将硝酸加入水样中，加热蒸发至小体积，稍冷，再加入硫酸、硝酸，继续加热蒸发至冒大量白烟，冷却，加适量水，温热溶解可溶盐，若有沉淀，应过滤。为提高消解效果，常加入少量过氧化氢。

④ 硫酸-磷酸消解法　两种酸的沸点都比较高，其中硫酸氧化性较强，磷酸能与一些金属离子如 Fe^{3+} 等络合，故二者结合消解水样，有利于测定时消除 Fe^{3+} 等离子的干扰。

⑤ 硫酸-高锰酸钾消解法　该方法常用于消解测定汞的水样。高锰酸钾是强氧化剂，在中性、碱性、酸性条件下都可以氧化有机物，其氧化产物多为草酸根，但在酸性介质中还可继续氧化。消解要点是：取适量水样，加适量硫酸和 5％高锰酸钾，混匀后加热煮沸，冷却，滴加盐酸羟胺溶液破坏过量的高锰酸钾。

⑥ 多元消解法　为提高消解效果，在某些情况下需要采用三元以上酸或氧化剂消解体系。例如，处理测总铬的水样时，用硫酸、磷酸和高锰酸钾消解。

⑦ 碱分解法　当用酸体系消解水样造成易挥发组分损失时，可改用碱分解法，即在水样中加入氢氧化钠和过氧化氢溶液，或者氨水和过氧化氢溶液，加热煮沸至近干，用水或稀碱溶液温热溶解。

（2）干式消解法

干式消解法也称干灰化法。多用于固态样品（如沉积物、底泥等底质）以及土壤样品的分解。其处理过程一般是：取适量样品于白瓷或石英蒸发皿中，置于水浴锅上蒸干后移入马弗炉内，于 450～550℃灼烧到残渣呈灰白色，使有机物完全分解除去。取出蒸发皿，冷却，用适量 2％硝酸（或盐酸）溶解样品灰分，过滤，滤液定容后供测定。

干式消解法的优点是安全、快速、没有试剂对样品和环境的污染；缺点是待测成分因挥发或与坩埚壁的组分（如硅酸盐）形成不溶性化合物而不能定量回收。故本方法不适用于处理测定易挥发组分（如砷、汞、镉、硒、锡等）的水样。

（3）微波消解法

该方法的原理是在 2450MHz 的微波电磁场作用下，样品与酸的混合物通过吸收微波能量，使介质中的分子相互摩擦，产生高热；同时，交变的电磁场使介质分子产生极化，由极化分子的快速排列引起张力。由于这两种作用，样品的表面层不断被搅动破裂，产生新的表面与酸反应。由于溶液在瞬间吸收了辐射能，取代了传统分解方法所用的热传导过程，因而分解快速。

微波消解法与经典消解法相比具有以下优点：样品消解时间大大缩短；由于参与作用的消化试剂量少，因而消化样品具有较低的空白值；由于使用密闭容器，样品交叉污染的机会少，同时也消除了常规消解时产生大量酸气对实验室环境的污染，另外，密闭容器减少了或消除了某些易挥发元素的消解损失。

当水样中的欲测组分含量低于测定方法的测定下限时，就必须进行富集或浓缩；当有共存干扰组分时，就必须采取分离或掩蔽措施。富集和分离过程往往是同时进行的，常用的方法有过滤、挥发、蒸馏、溶剂萃取、离子交换、吸附、共沉淀、色谱分离、低温浓缩等，要根据具体情况选择使用。

① 挥发　挥发分离法是利用某些污染组分易挥发，用惰性气体带出而达到分离目的的方法。例如，用冷原子荧光法测定水样中的汞时，先将汞离子用氯化亚锡还原为原子态汞，再利用汞易挥发的性质，通入惰性气体将其带出并送入仪器测定；用分光光度法测定水中的硫化物时，先使其在磷酸介质中生成硫化氢，再用惰性气体载入乙酸锌-乙酸钠溶液中吸收，从而达到与母液分离的目的。

② 蒸馏　蒸馏法是利用水样中各组分具有不同的沸点而使其彼此分离的方法，分为常压蒸馏、减压蒸馏、水蒸气蒸馏、分馏法等。测定水样中的挥发酚、氰化物、氟化物时，均需在酸性介质中进行常压蒸馏分离；测定水样中的氨氮时，需在微碱性介质中常压蒸馏分离。蒸馏具有消解、分离和富集三种作用。

③ 溶剂萃取　根据物质在不同的溶剂中分配系数不同，从而达到组分的分离与富集的目的，常用于水中有机化合物的预处理。根据相似相溶原理，用一种与水不相溶的有机溶剂与水样一起混合振荡，然后放置分层，此时有一种与或几种组分进入到有机溶剂中，另一些组分仍留在试液中，从而达到分离、富集的目的。该法常用于常量元素的分离及痕量元素的分离与富集；若萃取组分是有色化合物，可直接用于测定吸光度。

④ 吸附法　利用多孔性的固体吸附剂处理流体混合物，使其中所含的一种或数种组分吸附于固定表面上已达到分离的目的。再按照吸附机理可分为物理吸附和化学吸附。在水质分析中，常用活性炭、多孔性聚合物树脂等具有大的比表面和吸附能力的物质进行富集痕量污染物，然后用有机溶剂或加热解析后测定。吸附法富集倍数大，一般可达 $10^5 \sim 10^6$，适合低浓度有机污染物的富集；溶剂用量较少；可处理大量的水样；操作较简单。

⑤ 离子交换法　该方法是利用离子交换剂与溶液中的离子发生交换反应进行分离的方法。离子交换法几乎可以分离所有的无机离子，同时也能用于许多结构复杂、性质相似的有机化合物的分离。在水样前处理中常用作超微量组分的分离和浓集。缺点是工作周期长。离子交换剂分为无机离子交换剂和有机离子交换剂两大类，广泛应用的是有机离子交换剂，即离子交换树脂。

⑥ 共沉淀法　共沉淀法系指溶液中一种难溶化合物在形成沉淀（载体）过程中，将共存的某些的痕量组分一起载带沉淀出来的现象。共沉淀现象在常量分离和分析中是力图避免的，但却是一种分离富集痕量组分的手段。

⑦ 冷冻浓缩法　冷冻浓缩法是取已除悬浮物的水样，使其缓慢冻结，随之析出相对纯

净和透明的冰晶，水样中的溶质保留在剩余的液体部分中，残留的溶液逐渐浓缩，液体中污染物的浓度相应增加。其主要优点是对于由挥发或化学反应及某些沾污所引起的误差可降到最低水平，不会导致明显的生物、化学或物理变化。

5.2.3　水环境质量监测在水环境保护中的应用

水的各种用途不仅有量的要求还必须有质的保证。但是，人类在生产与生活活动中，将大量的生活污水、工业废水、农业退水及各种废弃物未经处理直接排入水体，造成江河湖库和地下水等水源的污染，引起水质恶化，影响生态系统，威胁人类健康。因此，需要及时了解和掌握水环境质量状况。水环境的质量状况是通过对水质进行连续不断的监测得来的。水质监测是以江河湖库、地下水等水体和工业废水及生活污水的排放口为对象，利用各种先进的科技手段来测定水质是否符合国家规定的有关水质标准的过程。主要作用如下：

（1）水资源保护的基本手段

水质监测是进行水资源保护科学研究的基础，根据长期收集的大量水质监测数据，就可研究污染物的来源、分布、迁移和变化的规律，对水质污染趋势做出预测，还可在此基础上开展模拟研究，正确评价水环境质量，确定水环境污染的控制对象，为研究水环境污染的控制对策、保护管理好水资源提供科学依据。

（2）监测水资源质量变化

目前的水质监测方式为定期、定点监测各水系的水质，一般河流采样频次每年不得少于12 次，每月中旬采样分析。正因为水质监测是重复不断地对某处的水质状况连续跟踪监测，所以它可以准确、及时、全面地反映水环境质量状况及发展趋势。同时，针对突发性水污染事件进行快速反应和跟踪监测的水污染应急监测，可以为保证人民群众的生活、生产用水安全及时提供可靠的信息。

（3）保障饮用水源区的供水安全

饮用水源区水质直接关系到人民群众生命安全，为确保水源地的水量、水质能够满足饮用水安全标准要求，需要强化对水源地水量、水质的长期监控措施。

（4）在流域水资源管理中的应用

流域水资源环境监测系统是处理、管理和分析流域内有关水及其生态环境的各种数据的计算机技术系统，主要分析、研究各种水体要素与自然生态环境、人类社会经济环境间相互制约、相互作用、相互耦合的关系，为相关决策的制定提供科学依据。流域水资源环境监测系统以空间信息技术为支持，数据库技术为基础平台，在综合研究流域内自然地理与生态环境、社会经济发展等因素的基础上，提供与水资源时空分布密切相关的多源信息，建立水资源环境监测数据库和流域水资源环境监测系统，实现流域水资源环境管理信息化，使流域的水资源开发利用，水利工程管理等建立在及时、准确、科学的信息基础之上，更好地为流域可持续发展服务。

5.3　水环境保护措施

随着经济社会的迅速发展，人口的不断增长和生活水平的大大提高，人类对水环境所造成的污染日趋严重，正在严重地威胁着人类的生存和可持续发展，为解决这一问题，必须做好水环境的保护工作。水环境保护是一项十分重要、迫切和复杂的工作。

5.3.1 水环境保护法律法规及管理体制建设

1. 水环境保护法律法规

立法是政策制定的依据，执法是政策落实的保障。1978 年冬改革开放以来，随着我国法制化建设进程的稳步推进，水法律法规体系逐步完善，大大促进了水管理和政策水平的提高。伴随着法制建设的加强，水环境管理执法体系不断健全，有力地保障了各项水环境政策的落实。水环境管理方面已经建立有专项法律法规、行政法规、部门规章以及地方法规和行政规章等。具体内容见第 9 章中 9.3 节，这里不再赘述。

2. 水环境保护管理体制建设

目前，我国已经初步建立符合我国国情的水环境管理体制，水环境管理归口环境保护部门，水利、建设、农业等部门各负其责，参与水环境管理，形成了"一龙主管、多龙参与"的管理体制。我国的水环境行政管理体制主要在《环境保护法》《水法》和《水污染防治法》这三部法律以及国务院"三定"方案中给予了规定。

《环境保护法》规定：县级以上地方人民政府环境保护行政主管部门，对本辖区的环境保护工作实施统一管理。国家海洋行政主管部门港务监督、渔政渔港监督、军队环境保护部门和各级公安、交通、铁道、民航管理部门，依照有关法律的规定对环境污染防治实施监督管理。县级以上人民政府的土地、矿产、林业、水行政主管部门，依照有关法律规定对资源的保护实施监督管理。

《水法》规定：国家对水资源实行流域管理与行政区域管理相结合的管理体制。国务院水行政主管部门负责全国水资源的统一管理和监督工作。国务院水行政主管部门在国家确定的重要江河、湖泊设立的流域管理机构，在所管辖的范围内行使法律、行政法规规定的和国务院水行政主管部门授予的水资源管理和监督职责。县级以上地方人民政府水行政主管部门按照规定的权限，负责本行政区域内水资源的统一管理和监督工作。

《水污染防治法》规定：县级以上人民政府环境保护主管部门对水污染防治措施统一管理。交通主管部门的海事管理机构对船舶污染水域的防治实施监督管理。县级以上人民政府水行政、国土资源、卫生、建设、农业、渔业等部门以及重要江河、湖泊的流域水资源保护机构，在各自的职责范围内，对有关水污染防治实施监督管理。

从中央层面来看，我国水环境管理职能主要集中在环境保护部与水利部，其他相关部门在各自的职责范围内配合环境保护部和水利部对水环境进行管理。环境保护部与水利部在水环境管理方面的职能交叉主要表现为：

（1）环境保护部主管负责编制水环境保护规划、水污染防治规划，水利部门负责编制水资源保护规划。由于水资源具有不同于其他自然资源的整体性和系统性，因此这几类规划间不可避免地存在着重合。

（2）环境保护部和水利部各自拥有一套水环境监测系统，存在重复监测现象，而且由于采用的标准不一样，导致环境监测站和水文站的监测数据不一致，在协调跨地区水环境纠纷时，很难综合运用这些数据。由于部门之间职能交叉重叠，导致水环境管理效率低下，因此应加大部门间的协调沟通力度，进一步改革水环境管理体制。目前我国主要涉及水环境管理的部门见表 5-5。

表 5-5　我国主要涉及水环境管理的部门

部门	水环境管理方面的职责
环境保护部	组织制定水环境质量标准、水污染排放标准等水环境保护标准、基准和技术规范；组织拟定并监督实施重点区域、流域水污染防治规划和饮用水水源地环境保护规划；从源头上预防、控制水环境污染，受国务院委托对重大经济和技术政策、发展规划以及重大经济开发计划进行环境影响评价；制定水环境监测规范，统一发布国家水环境状况信息，会同国务院水行政等部门组织监测网络；组织实施排污申报登记与水污染物排污许可证、污染源限期治理及污染源达标排放制度，并监督检查；组织重点流域水污染防治执法检查活动；重大水污染事故调查、处理，协调解决有关跨区域水污染纠纷
水利部	实施水资源统一管理，组织拟定全国和省际水量分配和调度方案；负责节约用水工作；负责水资源保护工作，组织编制水资源保护规划，组织拟订重要江河湖泊的水功能区划并监督实施，核定水域纳污能力，组织指导入河排污口设置管理工作，提出限制排污总量建议，指导饮用水水源保护工作，指导地下水开发利用和城市规划区地下水资源管理保护工作；负责水文水资源监测、国家水文站网建设和管理，对江河湖库和地下水的水量、水质实施监测，发布水文水资源信息、情报预报和国家水资源公报
城乡建设部	指导城市节水、供水、污水处理等工作，根据城市总体规划，指导城市排水和污水处理专业规划，指导城镇污水处理设施和管网配套建设
农业部	指导农业生产者科学、合理地施用化肥和农药，控制化肥和农药的过量使用，防止造成水污染；对农业灌溉利用工业废水和城市污水的水质、灌溉后的土壤以及农产品进行监测
国家发展和改革委员会	制定排污费征收标准、制定污水处理费征收标准；水环境基础设施建设和投资管理

5.3.2　水环境保护的经济措施

采取经济手段进行强制性调控是保护水环境的重要手段。目前，我国在水环境保护方面主要的经济手段是征收污水排污费，污染许可证可交易。

1. 工程水费征收

新中国成立后，为支援农业，基本上实行无偿供水。这样使得用户认为水不值钱，没有节水观念和措施；大批已建成的水利工程缺乏必要的运行管理和维修费用；国家财政负担过重，影响着水利事业的进一步发展。水费改革工程在水利电力部的指导下迅速开展起来，1965 年水利电力部制定并经由国务院批准颁布了《水利工程水费征收使用和管理试行办法》，1985 年国务院颁布了《水利工程收费核定、计收和管理办法》，这是在系统总结各地水费制度的经验基础上制定的，从而改变了过去人们对水是取之不尽和不值钱的传统观念。从 1988 年到现在，在水费计收方面，各省（区、市）相继都颁布了计收办法和标准，国务院水资源费征收办法也正在制定中。2002 年我国颁布的《水法》对征收水费和征收水资源费做出了规定。

2. 征收水资源费

1988 年的《水法》规定：使用供水工程供应的水，应当按照规定向供水单位交纳水费，对城市中直接从地下取水的单位征收水资源费；其他直接从地下或江河、湖泊取水的单位和个人，由省、自治区、直辖市人民政府决定征收水资源费。这项费用，按照取之于水和用之于水的原则，纳入地方财政，作为开发利用水资源和水管理的专项资金。我国在 20 世纪 80 年代初期，开始对工矿企业的自备水资源征收水资源费。但仅收取水费和水资源费还是不够的，收取水资源费只限定于直接取用江河、湖泊和地下水，用途也不够全面。因此，2002 年修订的《水法》中规定，国家对水资源依法实行取水许可制度和有偿使用制度。2006 年 1 月 24 日国务院第 123 次常务会议通过了《取水许可和水资源费征收管理条例》，自 2006 年 4 月 15 日起施行。条例主要内容如下：规定取用水资源的单位和个人，除本条例第四条规定的情形外，都应当申请领取取水许可证，并缴纳水资源费；由县级以上人民政府水行政主管部门、财政部门和价格主管部门负责水资源费的征收、管理和监督；任何单位和个人都有节约和保护水资源的义务。对节约和保护水资源有突出贡献的单位和个人，由县级以上人民政府给予表彰和奖励；对水资源费如何征收及水资源费的使用管理进行了规定。

目前，我国征收的水资源费主要用于加强水资源宏观管理，如水资源的勘测、监测、评价规划以及为合理利用、保护水资源而开展的科学研究和采取的具体措施。

3. 征收排污收费

（1）排污收费制度

排污收费制度是指国家以筹集治理污染资金为目的，按照污染物的种类、数量和浓度，依照法定的征收标准，对向环境排放污染物或者超过法定排放标准排放污染物的排污者征收费用的制度，其目的是促进排污单位对污染源进行治理，同时也是对有限环境容量的使用进行补偿。

排污费征收的依据：排污费的征收主要依据是《环境保护法》《水污染防治法》《排污费征收使用管理条例》《水污染防治法实施细则》《排污费征收标准管理办法》《排污费资金收缴使用管理办法》等法律、法规和规章。例如，《环境保护法》规定"排放污染物超过国家或者地方规定的污染物排放标准的企事业单位，依照国家规定缴纳超标准排污费，并负责治理。水污染防治法另有规定的，依照水污染防治法的规定执行"；《水污染防治法》规定"直接向水体排放污染物的企事业单位和个体工商户，应当按照排放水污染物的种类、数量和排污费征收标准缴纳排污费"；《排污费征收使用管理条例》规定"直接向环境排放污染物的单位和个体工商户，应当依照本条例的规定缴纳排污费"。

排污费征收的种类：污水排污费的征收对象是直接向水环境排放污染物单位和个体工商户。根据《水污染防治法》的规定，向水体排放污染物的，按照排放污染物的种类、数量缴纳排污费；向水体排放污染物超过国家或者地方规定的排放标准的，按照排放污染物的种类、数量加倍缴纳排污费；根据《排污费征收使用管理条例》第二条的规定，排污者向城市污水集中处理设施排放污水、缴纳污水处理费用的，不再缴纳排污费。即污水排污费分为污水排污费和污水超标排污费两种。

（2）排污费征收工作程序

① 排污申报登记

向水体排放污染物的排污者，必须按照国家规定向所在地环境保护部门申报登记所拥有的污染物排放设施，处理设施和正常作业条件下排放污染物的种类、数量、浓度、强度等与排污有关的各种情况，并填报《全国排放物污染物申报登记表》。

② 排污申报登记审核

环境保护行政主管部门（环境监察机构）在收到排污者的《排污申报登记表》或《排污变更申报登记表》后，应依据排污者的实际排污情况，按照国家强制核定的污染物排放数据、监督性监测数据、物料衡算数据或其他有关数据对排污者填报的《排放污染物申报登记报表》或《排污变更申报登记表》项目和内容进行审核。经审核符合要求的应于当年元月15 日前向排污者寄回一份经审核同意的《排污申报登记表》；不符合规定的责令补报，不补报的视为拒报。

③ 排污申报登记核定

环境监察机构根据审核合格的《排污申报登记表》，于每月或季末 10 日内，对排污者每月或每季的实际排污情况进行调查与核定。经核定符合要求的，应在每月或每季终了后 7 日内向排污者发出《排污核定通知书》。不符合要求的，要求排污者限期补报。

排污者对核定结果有异议的，应在接到《排污核定通知书》之日起 7 日内申请复核，环境监察机构应当自接到复核申请之日起 10 日做出复核决定，并将《排污核定复核决定通知书》送达排污者。

环境监察部门对拒报、谎报、漏报拒不改正的排污者，可根据实际排污情况，依法直接确认其核定结果，并向排污者发出《排污核定通知书》，排污者对《排污核定通知书》或《排污核定复核通知书》有异议的，应先缴费，而后依法提起复议或诉讼。

④ 排污收费计算

环境监察机构应依据排污收费的法律依据、标准，依据核定后的实际排污事实、依据（排污核定通知书或排污核定复核通知书），根据国家规定的排污收费计算方法，计算确定排污者应缴纳的废水、废气、噪声、固废等收费因素的排污费。

⑤ 排污费征收与缴纳

排污费经计算确定后，环境监察机构应向排污者送达《排污费缴纳通知单》。

排污者应当自接到《排污费缴纳通知单》之日起 7 日内，向环保部门缴纳排污费。对排污收费行政行为不服的，应在复议或诉讼期间提起复议或诉讼，对复议决定不服的还可对复议决定提起诉讼。当裁定或判决维持原收费行为决定的，排污者应当在法定期限内履行，在法定期限内未自动履行的，原排污收费做出行政机关应申请人民法院强制执行；当裁定或制决撤销或部分撤销原排污收费行政行为的，环境监察机构依法重新核定并计征排污费。

排污者在收到《排污费缴纳通知书》7 日内不提起复议或诉讼，又不履行的，环境监察机构可在排污者收到《排污费缴纳通知书》之日起 7 日后，责令排污者限期缴纳；经限期缴纳拒不履行的，环境监察机构应依法按不按规定缴纳排污费处以罚款，并从滞纳之日起（即第 8 天起）每天加收 2‰滞纳金。

排污者对排污收费或处罚决定不服，在法定期限内未提起复议或诉讼，又不履行的，环境监察机构在诉讼期满后的 180 天内可直接申请法院强制执行。

（3）《排污费征收使用管理条例》

2002 年 1 月 30 日国务院第 54 次常务会议通过了《排污费征收使用管理条例》，自 2003 年 7 月 1 日起施行，同时废止了 1982 年 2 月 5 日国务院发布的《征收排污费暂行办法》和 1988 年 7 月 28 日国务院发布的《污染源治理专项基金有偿使用暂行办法》。《排污费征收使用管理条例》同《征收排污费暂行办法》和《污染源治理专项基金有偿使用暂行办法》相比，有以下一些进步：

① 扩大了征收排污费的对象和范围。在征收的对象上，原《征收排污费暂行办法》中

的征收对象是单位排污者，对个体排污者不收费，而《排污费征收使用管理条例》将单位和个体排污者，统称为排污者，即只要向环境排污，无论是单位还是个人都要收费。随着城市的发展，生活垃圾、生活废水增长迅速，为了减轻排污压力，调动治污积极性，推动污水、垃圾处理产业化发展，《排污费征收使用管理条例》规定向城市污水集中处理设施排放污水，缴纳污水处理费的，不再缴纳排污费。排污者建成工业固体废弃物储存或处置设施、场所经改造符合环境保护标准的，自建成或者改造自完成之日起，不再缴纳排污费。

在收费范围上，原《征收排污费暂行办法》主要针对超标排放收费，未超标排放不收费，而鉴于《水污染防治法》的规定，新制度中对向水体排放污染物的，规定了超标加倍收费。排污费已由单一的超标收费改为排污收费与超标收费共存。

② 确立了排污费的"收支两条线"的原则。排污者向指定的商业银行缴纳排污费，再由商业银行按规定的比例将收到的排污费分别解缴到中央国库和地方国库。排污费不再用于补助环境保护执法部门所需的行政经费，该项经费列入本部门预算，由本级财政予以保障。

③《排污费征收使用管理条例》规定了罚则，是对排污者未按规定缴纳排污费、以欺骗手段骗取批准减缴、免缴或者缓缴排污费以及环境保护专项资金使用者不按照批准的用途使用环境保护专项资金等违法行为进行处罚的依据，使收取排污费以及排污费的专款专用有了保障。

《排污费征收使用管理条例》关于污水排水费的具体规定：对向水体排放污染物的，按照排放污染物的种类、数量计征污水排污费；超过国家或者地方规定的水污染物排放标准的，按照排放污染物的种类、数量和本办法规定的收费计征的收费额加一倍征收超标准排污费。对向城市污水集中处理设施排放污水、按规定缴纳污水处理费的，不再征收污水排污费。对城市污水集中处理设施接纳符合国家规定标准的污水，其处理后排放污水的有机污染物（化学需氧量、生化需氧量、总有机碳）、悬浮物和大肠杆菌群超过国家或地方排放标准的，按上述污染物的种类、数量和本办法规定的收费标准计征的收费额加一倍，向城市污水集中处理设施运营单位征收污水排污费，对氨氮、总磷暂不收费。对城市污水集中处理设施达到国家或地方排放标准排放的水，不征收污水排污费。

该条例的颁布实施，将为我国环保事业的发展提供有力的法律保障。通过排污收费这一经济杠杆，将鼓励排污者减少污染物的排放，促进污染治理，进而提高资源利用效率，保护和改善环境。

4. 污染许可证可交易

（1）排污许可制度

排污许可制度是指向环境排放污染物的企事业单位，必须首先向环境保护行政主管部门，申请领取排污许可证，经审查批准发证后，方可按照许可证上规定的条件排放污染物的环境法律制度。国家环保总局根据《中华人民共和国水污染防治法》和《中华人民共和国海洋环境保护法》，制定了《水污染物排放许可证管理暂行办法》，规定：排污单位必须在规定的时间内，持当地环境保护行政主管部门批准的排污申请登记表申请《排放许可证》。逾期未申报登记或谎报的，给予警告处分和处以 5000 元以下（含 5000 元）罚款。在拒报或谎报期间，追缴 1～2 倍的排污费。逾期未完成污染物削减量以及超出《排放许可证》规定的污染物排放量的，处以 1 万元以下（含 1 万元）罚款，并加倍收缴排污费。拒绝办理排污申报登记或拒领《排放许可证》的，处以 5 万元以下（含 5 万元）罚款，并加倍收缴排污费。被中止或吊销《排放许可证》的单位，在中止或吊销《排放许可证》期间仍排放污染物的，按无证排放处理。

但是，排污许可制度在经济效益上存在很多缺陷：许可排污量是根据区域环境目标可达性确定的，只有在偶然的情况下，才可出现许可排污水平正好位于最优产量上，通常是缺乏经济效益的；只有当所有排污者的边际控制成本相等时，总的污染控制成本才达到最小，即使对各企业所确定的许可排污量都位于最优排污水平，由于各企业控制成本不同，难以符合污染控制总成本最小的原则。由于排污许可证制是指令性控制手段，要有特定的实施机构，还必须从有关行业雇佣专业人员，同时，排污收费制的实施还需要建立预防执法者与污染者相互勾结的配套机制，这些都导致了执行费用的增加。此外，排污许可证制是针对现有排污企业进行许可排污总量的确定，对将来新建、扩建、改建项目污染源的排污指标分配没有设立系统的调整机制，对污染源排污许可量的频繁调整不仅增加了工作量和行政费用，而且容易使企业对政策丧失信心。这些都可能导致排污许可证制度在达到环境目标上的低效率。

（2）污染许可证可交易

可交易的排污许可证制避免了以上两种污染控制制度的弊端。所谓可交易的排污许可证制，是对指令控制手段下的排污许可证制的市场化，即建立排污许可证的交易市场，允许污染源及非排污者在市场上自由买卖许可证。排污权交易制具有以下优点：一是只要规定了整个经济活动中允许的排污量，通过市场机制的作用，企业将根据各自的控制成本曲线，确定生产与污染的协调方式，社会总控制成本的调整将趋于最低。二是与排污收费制相比，排污交易权不需要事先确定收费率，也不需要对费用率做出调整。排污权的价格通过市场机制的自动调整，排除了因通货膨胀影响而降低调控机制有效性的可能，能够提供良好的持续激励作用。三是污染控制部门可以通过增发或收购排污权来控制排污权价格，与排污许可证制相比，可大幅度减少行政费用支出。同时非排污者可以参与市场发表意见，一些环保组织可以通过购买排污权达到降低污染物排放、提高环境质量的目的。总之，可交易的排污许可证制是总量控制配套管理制度的最优选择。

可交易排污许可证制是排污许可证制的附加制度，它以排污许可证制度为基础。随着计划经济体制向市场经济体制的过渡，建立许可证交易制的市场条件逐步成熟，新建、扩建企业对排污许可有迫切的要求，构成排污交易市场足够庞大的交易主体。因此，污染控制部门应当积极引导，尽快建成适应我国社会经济发展与环境保护需要的市场化的排污许可交易制，在我国社会经济可持续发展过程中实现经济环保效益的整体最优化。

20 世纪 90 年代以后，中国一些地方也开始尝试应用污染许可证制度来解决污染问题。下面是一个上海的例子。位于黄浦江上游水源保护区的上海吉田拉链有限公司，因扩大生产规模，其污水污染物排放量超过排污许可证允许的指标。而上海中药三厂由于实施了污水治理设施改造，污水污染物排放量大大减少，致使该厂排污指标有剩余。于是，这两家厂在环保部门的见证审批下，签订了排污指标有偿转让协议：由吉田拉链公司出资 60 万元转让费，从中药三厂获得每天 680t 污水和每天 40kgCOD（化学需氧量）的排放指标。两厂的排污指标有偿转让后，吉田厂为实现扩大再生产赢得了时间，而上海中药三厂长期致力于环境投入在经济效益上取得了一定的回报。

5.3.3 水环境保护的工程技术措施

水环境保护还需要一系列的工程技术措施，主要包括以下几类：

1. 加强水体污染的控制与治理

（1）地表水污染控制与治理

由于工业和生活污水的大量排放，以及农业面源污染和水土流失的影响，造成地面水体和地下水体污染，严重危害生态环境和人类健康。对于污染水体的控制和治理主要是减少污水的排放量。大多数国家和地区根据水源污染控制与治理的法律法规，通过制定减少营养物和工厂有毒物排放标准和目标，建立污水处理厂，改造给水、排水系统等基础设施建设，利用物理、化学和生物技术加强水质的净化处理，加大污水排放和水源水质监测的力度。对于量大面广的农业面源污染、通过制定合理的农业发展规划，有效的农业结构调整，有机和绿色农业的推广以及无污染小城镇的建设，对面源污染进行源头控制。

污染地表水体的治理另一个重要措施就是内源的治理。由于长期污染，在地表水体的底泥中存在着大量的营养物及有毒有害污染物质。在合适的环境和水文条件下不断缓慢地释放出来。在浓度梯度和水流的作用下，在水体中不断地扩散和迁移，造成水源水质的污染与恶化。目前，底泥的疏浚、水生生态系统的恢复、现代物化与生物技术的应用成为内源治理的重要措施。

（2）地下水污染控制与治理

近年来，随着经济社会的快速发展，工业及生活废水排放量的急剧增加，农业生产活动中农药、化肥的过量使用，城市生活垃圾和工业废渣的不合理处置，导致我国地下水环境遭受不同程度的污染。地下水作为重要的水资源，是人类社会主要的饮水来源和生活用水来源，对于保障日常生活和生态系统的需求具有重要作用。尤其对我国而言，地下水约占水资源总量的1/3，地下水资源在我国总的水资源中占有举足轻重的地位。

关于地下水污染治理，国内做了不少基础工作，但在具体的地下水污染治理技术方面积累的不多。国外在这方面开展的研究较早，大约在20世纪初欧美就开始了相关的研究工作，到20世纪70年代，这些国家逐渐形成较为成熟的地下水污染治理技术。地下水污染治理技术主要有：物理处理法、水动力控制法、抽出处理法、原位处理法。

① 物理处理法

物理法包括屏蔽法和被动收集法。

屏蔽法是在地下建立各种物理屏障，将受污染水体圈闭起来，以防止污染物进一步扩散蔓延。常用的灰浆帷幕法是用压力向地下灌注灰浆，在受污染水体周围形成一道帷幕，从而将受污染水体圈闭起来。其他的物理屏障法还有泥浆阻水墙、振动桩阻水墙、块状置换、膜和合成材料帷幕圈闭法等。适合在地下水污染初期用作一种临时性的控制方法。

被动收集法是在地下水流的下游挖一条足够深的沟道，在沟内布置收集系统，将水面漂浮的污染物质收集起来，或将受污染地下水收集起来以便处理的一种方法。在处理轻质污染物（如油类等）时比较有效。

② 水动力控制法

水动力控制法是利用井群系统通过抽水或向含水层注水，人为地区别地下水的水力梯度，从而将受污染水体与清洁水体分隔开来。根据井群系统布置方式的不同，水力控制法又可分为上游分水岭法和下游分水岭法。水动力法不能保证从地下环境中完全、永久地去除污染物，被用作一种临时性的控制方法，一般在地下水污染治理的初期用于防止污染物的蔓延。

③ 抽出处理法

抽出处理法是最早使用、应用最广的经典方法，根据污染物类型和处理费用分为物理法、化学法和生物法三类。在受污染地下水的处理中，井群系统的建立是关键，井群系统要控制整个受污染水体的流动。处理地下水的去向主要有两个，一是直接使用，另一个则是多用于回灌。后者为主要去向，用于回灌多一些的原因是回灌一方面可以稀释被污染水体，冲洗含水层；另一方面可以加速地下水的循环流动，从而缩短地下水的修复时间。此方法能去除有机污染物中的轻非水相液体，而对重非水相液体的治理效果甚微。此外，地下水系统的复杂性和污染物在地下的复杂行为常常干扰此方法的有效性。

④ 原位处理法

原位处理法是当前地下水污染治理研究的热点，该方法不单成本低，而且还可减少地标处理设施，减少污染物对地面的影响。该方法又可划分为物理化学处理法和生物处理法。物理化学处理法技术手段多样，包括通过井群系统向地下加入化学药剂，实现污染的降解。

对于较浅较薄的地下水污染，可以建设渗透性处理床，污染物在处理床上生成无害化产物或沉淀，进而除去，该方法在垃圾场渗液处理中得到了应用。生物处理法主要是人工强化原生菌的自身降解能力，实现污染物的有效降解，常用的手段包括：添加氧、营养物质等。

地下水污染治理难度大，因此要注重污染的预防。对于遭受污染的水体，在污染初期要将污染水体圈闭起来，尽可能的控制污染面积，然后根据地下水文地质条件和污染物类型选择合适的处理技术，实现地下水污染的有效治理。

2. 节约用水、提高水资源的重复利用率

节约用水、提高水资源的重复利用率，可以减少废水排放量，减轻环境污染，有利于水环境的保护。

节约用水是我国的一项基本国策，节水工作近年来得到了长足的发展。据估计，工业用水的重复利用率全国平均在 $40\%\sim50\%$ 之间，冷却水循环率约为 $70\%\sim80\%$。节约用水、提高水资源的重复利用率可以从下面几个方面来进行。

（1）农业节水

农业节水可通过喷灌技术、微灌技术、渗灌技术、渠道防渗以及塑料管道节水技术等农艺技术来实现。这部分内容详述见第 6 章 6.4.3 内容，此处不再赘述。

（2）工业节水

目前我国城市工业用水占城市用水量的比例约为 $60\%\sim65\%$，其中约 80% 由工业自备水源供应。因为工业用水量所占比例较大、供水比较集中，具有很大的节水潜力。工业可以从以下三个方面进行节水：① 加强企业用水管理。通过开源节流，强化企业的用水管理。② 通过实行清洁生产战略，改变生产工艺或采用节水以至无水生产工艺，合理进行工业或生产布局，以减少工业生产对水的需求。③ 通过改变生产用水方式，提高水的循环利用率及回用率。提高水的重复利用率，通常可在生产工艺条件基本不变的情况下进行，是比较容易实施的，因而是工业节水的主要途径。

（3）城市节水

城市用水量主要包括综合生活用水、工业企业用水、浇洒道路和绿地用水、消防用水以及城市管网输送漏损水量等其他未预见用水。城市节水可以从以下五个方面进行：① 提高全民节水意识。通过宣传教育，使全社会了解我国的水资源现状、我国的缺水状况，水的重要性，使全社会都有节水意识，人人行动起来参与到节水行动中，养成节约用水的好习惯。② 控制城市管网漏失。改善给水管材，加强漏算管理。③ 推广节水型器具。常用的节水型器具包括节水型阀门、节水型淋浴器、节水型卫生器具等，据统计，节水型器具设备的应用能够降低城市居民用水量32％以上。④ 污水回用。污水回用不仅可以缓解水资源的紧张问题，又可减轻江河、湖泊等受纳水体的污染。目前处理后的污水主要回用于农业灌溉、工业生产、城市生活等方面。⑤ 建立多元化的水价体系。水价应随季节、丰枯年的变化而改变；水价应与用水量的大小相关，宜采用累进递增式水价；水价的制定应同行业相关。

3. 市政工程措施

（1）完善下水道系统工程，建设污水、雨水截流工程

减少污染物排放量，截断污染物向江、河、湖、库的排放是水污染控制和治理的根本性措施之一。我国老城市的下水道系统多为雨污合流制系统，既收集、输送污水，又收集、输送雨水，在雨季，受管道容量所限，仅有一部分的雨污混合水送入污水处理厂，而剩下的未经处理的雨污混合水直接排入附近水体，造成了水体污染。应采取污染源源头控制，改雨污合流制排水系统为分流制、加强雨水下渗与直接利用等措施。

（2）建设城市污水处理厂和天然净化系统

排入城市下水道系统的污水必须经过城市污水处理厂处理后达标才能排放。因此，城市污水处理厂规划和工艺流程设计是项十分重要的工作。应根据城市自然、地理、社会经济等具体条件，考虑当前及今后发展的需要，通过多种方案的综合比较分析确定。

许多国家从长期的水系治理中认识到普及城市下水道，大规模兴建城市污水处理厂，普遍采用二级以上的污水处理技术，是水环境保护的重要措施。例如：20世纪英国的泰晤士河、美国的芝加哥河都是随着大型污水处理厂的建立和使用水质得到改善；美国、加拿大两国五大湖也是由于在湖边建立了大量三级污水处理厂使湖水富营养化得到了有效的控制。

（3）城市污水的天然净化系统

城市污水天然净化系统利用生态工程学的原理及自然界微生物的作用，对废水、污水实现净化处理。在稳定塘、水生植物塘、水生动物塘、湿地、土地处理系统的组合系统中，菌藻及其他微生物、浮游动物、底栖动物、水生植物和农作物及水生动物等进行多层次、多功能的代谢过程，并伴随着物理的、化学的、生物化学的多种过程，使污水中的有机污染物、氮、磷等营养成分及其他污染物进行多级转换、利用和去除，从而实现废水的无害化、资源化与再利用。因此，天然净化符合生态学的基本原则，并具有投资少、运行维护费低、净化效率高等优点。

4. 水利工程措施

水利工程在水环境保护中具有十分重要的作用。包括引水、调水、蓄水、排水等各种措施的综合应用，可以调节水资源时空分布，可以改善也可以破坏水环境状况。因此，采用正确的水利工程措施来改善水质，保护水环境是十分必要的。

（1）调蓄水工程措施

通过江河湖库水系上修建的水利工程，改变天然水系的丰、枯水量不平衡状况，控制江

河径流量，使河流在枯水期具有一定的水量以稀释净化污染物质，改善水资源质量。特别是水库的建设，可以明显改变天然河道枯水期径流量，改变水环境质量。

（2）进水工程措施

从汇水区来的水一般要经过若干沟、渠、支河而流入湖泊、水库，在其进入湖库之前可设置一些工程措施控制水量水质。

① 设置前置库　对库内水进行渗滤或兴建小型水库调节沉淀，确保水质达到标准后才能汇入到大、中型江、河、湖、库之中。

② 兴建渗滤沟　此种方法适用于径流量波动小、流量小的情况，这种沟也适用于农村、禽畜养殖场等分散污染源的污水处理，属于土地处理系统。在土壤结构符合土地处理要求且有适当坡度时可考虑采用。

③ 设置渗滤池　在渗滤池内铺设人工渗滤层。

（3）湖、库底泥疏浚

利用机械清除湖、库的污染底泥。它是解决内源磷污染释放的重要措施，能将营养物直接从水体中取出，但会产生污泥处置和利用的问题。可将挖出来的污泥进行浓缩，上清液经除磷后回送至湖、库中，污泥可直接施向农田，用作肥料，并改善土质。在底泥疏浚过程中必须把握好几个关键技术环节：① 尽量减少泥沙搅动，并采取防扩散和泄漏的措施，避免悬浮状态的污染物对周围水体造成污染。② 高定位精度和高开挖精度，彻底清除污染物，并尽量减少挖方量，在保证疏浚效果的前提下，降低工程成本。③ 避免输送过程中的泄漏对水体造成二次污染。④ 对疏浚的底泥进行安全处理，避免污染物对其他水系和环境产生污染。

5. 生物工程措施

利用水生生物及水生态环境食物链系统达到去除水体中氮、磷和其他污染物质的目的。其最大的特点是投资省、效益好，有利于建立水生生态循环系统。

5.3.4　水环境保护规划

1. 水环境保护规划概述

水环境保护规划是指将经济社会与水环境作为一个有机整体，根据经济社会发展以及生态环境系统对水环境质量的要求，以实行水污染物排放总量控制为主要手段，从法律、行政、经济、技术等方面，对各种污染源和污染物的排放制定总体安排，以达到保护水资源、防治水污染和改善水环境质量的目的。

水环境保护规划是区域规划的重要组成部分，在规划中需遵循可持续发展和科学发展观的总体原则；并根据规划类型和内容的不同而体现如下的一些基本原则：前瞻性和可操作性原则；突出重点和分期实施原则；以人为本、生态优先、尊重自然的原则；坚持预防为主、防治结合原则；水环境保护和水资源开发利用并重、社会经济发展与水环境保护协调发展的原则。

我国水环境保护规划编制工作始于 20 世纪 80 年代，先后完成了洋河、渭河、沱江、湘江、深圳河等河流的水环境保护规划编制工作。水环境保护规划曾有水质规划、水污染控制系统规划、水环境综合整治规划、水污染防治综合规划等几种不同的提法，在国内应用的起始时间、特点及发展过程不尽相同，但是从保护水环境，防治水污染的目的出发，又有许多相同之处，目前已交叉融合，趋于一体化。随着人口、工农业及城市的快速发展，水污染日趋严重，水环境保护也从单一的治理措施，发展到同土地利用规划、水资源综合规划、国民经济社会发展规划等协调统一的水环境保护综合规划。

2. 水环境保护规划的目的、任务和内容

水环境保护规划的目的是：协调好经济社会发展与水环境保护的关系，合理开发利用水资源，维护好水域水量、水质的功能与资源属性，运用模拟和优化方法，寻求达到确定的水环境保护目标的最低经济代价和最佳运行管理策略。

水环境保护规划的基本任务是：根据国家或地区的经济社会发展规划、生态文明建设要求、结合区域内或区域间的水环境条件和特点，选定规划目标，拟定水环境治理和保护方案，提出生态系统保护、经济结构调整建议等。

水环境保护规划的主要内容包括：水环境质量评估、水环境功能区划、水污染物预测、水污染物排放总量控制、水污染防治工程措施和管理措施拟定等。

3. 水环境保护规划的类型

水环境保护规划按不同的划分方法，可将其分为三类。

（1）按规划层次分类

根据水污染控制系统的特点，可将水环境保护规划分成三个相互联系的规划层次，即流域规划、区域（城市）规划、水污染控制设施规划。不同层次的规划之间相互联系、相互衔接，上一层规划对下一层规划提出了限制条件和要求，具有指导作用，下一层规划又是上一层规划实施的基础。一般来说，规划层次越高、规模越大，需要考虑的因素越多，技术越复杂。

① 流域规划　流域是一个复杂的巨系统，各种水环境问题都可能发生。流域规划研究受纳水体控制的流域范围内的水污染防治问题。其主要目的是确定应该达到或维持水体的水质标准；确定流域范围内应控制的主要污染物和主要污染源；依据使用功能要求和水环境质量标准，确定各段水体的环境容量，并依次计算出每个污水排放口的污染物最大容许排放量；提出规划实施的具体措施和途径；最后，通过对各种治理方案的技术、经济和效益分析，提出一、两个最佳的规划方案供决策者决策。流域规划属于高层次规划，通常需要高层次的主管部门主持和协调。

② 区域规划　区域规划是指流域范围内具有复杂的污染源的城市或工业区的水环境规划。区域规划是在流域规划的指导下进行的，其目的是将流域规划的结果——污染物限制排放总量分配给各个污染源，并以此制定具体的方案，作为环境管理部门可以执行的方案。区域规划既要满足上层规划——流域规划对该区域提出的限制，又要为下一层次的规划——设施规划提供依据。

我国地域辽阔，区域经济社会发展程度不同，水环境要素有着显著的地域特点。不同区域的水环境保护规划有不同的内容和侧重点，按地区特点制定区域水环境保护规划能较好地符合当地实际情况，既经济合理，也便于实施。

③ 设施规划　设施规划是对某个具体的水污染控制系统，如一个污水处理厂及与其有关的污水收集系统做出的建设规划。该规划应在充分考虑经济、社会和环境诸因素的基础上，寻求投资少、效益大的建设方案。设施规划一般包括以下几个方面：关于拟建设施的可行性报告，包括要解决的环境问题及其影响，对流域和区域规划的要求等；说明拟建设施与其他现有设施的关系，以及现有设施的基本情况；第一期工程初步设计、费用估计和执行进度表。可能的分阶段发展、扩建和其他变化及其相应的费用；被推荐的方案和其他可选方案

的费用——效益分析；对被推荐方案的环境影响评价，其中应包括是否符合有关的法规、标准和指控指标，设施建成后对受纳水体水质的影响等；当地有关部门、专家和公众代表的评议，并经地方主管机构批准。

（2）按水体分类

① 河流规划　河流规划是以一条完整河流为对象而编制的水环境保护规划，规划应包括水源、上游、下游及河口等各个环节。

② 河段规划　河段规划是以一条完整河流中污染严重或有特殊要求的河段为对象、在河流规划指导下编制的局部河段水环境保护规划。

③ 湖泊规划　湖泊规划是以湖泊为主要对象而编制的水环境保护规划，规划时要考虑湖泊的水体特征和污染特征。

④ 水库规划　水库规划是以水库及库区周边区域为主要对象而编制的水环境保护规划。

（3）按管理目分类

① 水污染控制系统规划　水污染控制系统是由污染物的产生、处理、传输以及在水体中迁移转化等各种过程和影响因素所组成的系统。广义上讲，它涉及到人类的资源开发、社会经济发展规划以及与水环境保护之间的协调问题。它以国家或地方颁布的法规和标准为基本依据，在考虑区域社会经济发展规划的前提下，识别区域发展可能存在的水环境问题，以水污染控制系统的最佳综合效益为总目标，以最佳适用防治技术为对策集合，统筹考虑污染发生—防治—排污体制—污水处理—水质及其与经济发展、技术改进和综合管理之间的关系，进行系统的调查、监测、评价、预测、模拟和优化决策，寻求整体优化的近、中、远期污染控制规划方案。

② 水质规划　水质规划是为使既定水域的水质在规划水平年能满足水环境保护目标需求而开展的规划工作。在规划过程中通过水体水质现状分析，建立水质模型，利用模拟优化技术，寻求防治水体污染的可行性方案。

③ 水污染综合防治规划　水污染综合防治规划是为保护和改善水质而制定的一系列综合防治措施体系。在规划过程中要根据规划水平年的水域水质保护目标，运用模拟和优化方法，提出防治水污染的综合措施和总体安排。

4. 水环境保护规划的基本原则

水环境保护规划是一个反复协调决策的过程，一个最佳的规划方案应是整体与局部、主观与客观、近期与长远、经济与环境效益等各方面的统一。因此，要想制定一个好的、切实可行的水环境规划并使之得到最佳的效果，必须按照一定的原则，合理规划，正确执行。应考虑的主要原则如下：

① 水环境保护规划应符合国家和地方各级政府制定的有关政策，遵守有关法律法规，以使水环境保护工作纳入"科学治水、依法管水"的正确轨道；

② 以经济、社会可持续发展的战略思想为依据，明确水环境保护规划的指导思想；

③ 水环境目标要切实可行，要有明确的时间要求和具体指标；

④ 在制定区域经济社会发展规划的同时，制定区域水环境保护规划，两者要紧密结合，经济目标和环境目标之间要综合平衡后加以确定；

⑤ 要进行全面的效益分析，实现环境效益与经济效益、社会效益的统一；

⑥ 严格执行水污染物排放实现总量控制制度和最严格水资源管理制度，推进水环境、水资源的有效保护。

5. 水环境保护规划的过程与步骤

水环境保护规划的制定是一个科学决策的过程，往往需要经过多次反复论证，才能使各部门之间以及现状与远景、需要与可能等多方面协调统一。因此，规划的制定过程实际上就是寻求一个最佳决策方案的过程。虽然不同地区会有其侧重点和具体要求，但大都按照以下四个环节来开展工作。水环境保护规划工作流程如图5-2所示。

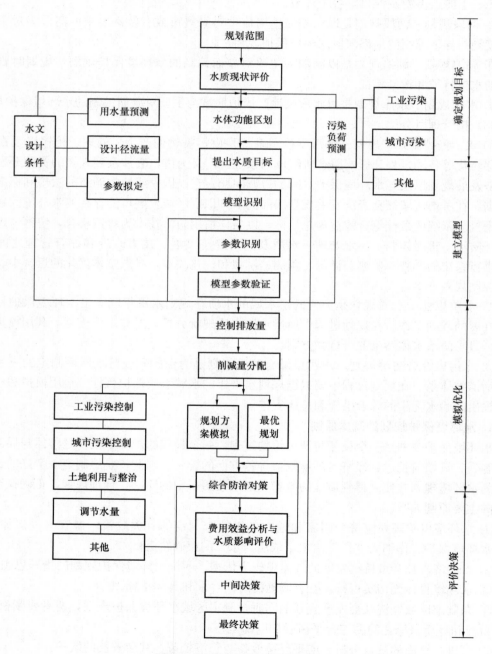

图 5-2　水环境保护规划工作流程

（1）确定规划目标

在开展水环境保护规划工作之前，首先要确立规划的目标与方向。规划目标主要包括规划范围、水体使用功能、水质标准、技术水平等。它应根据规划区域的具体情况和发展需求来制定，特别要根据经济社会发展要求，从水质和水量两个方面来拟定目标值。规划目标是经济社会与环境协调发展的综合体现，是水环境保护规划的出发点和归宿。规划目标的提出需要经过多方案比较和反复论证，在规划目标最终确定前要先提出几种不同的目标方案，在经过对具体措施的论证以后才能确定最终目标。

（2）建立模型

为了进行水污染控制规划的优化处理，需要建立污染源发生系统、水环境（污水承纳）系统水质与污染物控制系统之间的定量关系，亦即水环境数学模式，包括污染量计算模式、水质模拟模式、优化计算模式等。同时包括模式的概念化、模式结构识别、模式参数估计、模式灵敏度分析、模式可靠性验证及应用等步骤。

（3）模拟和优化

寻求优化方案是水环境保护规划的核心内容。在水环境保护规划中，通常采用两种寻优方法：数学规划法和模拟比较法。数学规划法是一种最优化的方法，包括线性规划法、非线性规划法和动态规划法。它是在满足水环境目标，并在与水环境系统有关要素约束和技术约束的条件下，寻求水环境最优的规划方案。其缺点是要求资料详尽，而且得到的方案是理想状态下的方案。模拟比较法是一种多方案模拟比较的方法。它是结合城市、工业区的发展水平与市政的规划建设水平，拟定污水处理系统的各种可行方案，然后根据方案中污水排放与水体之间的关系进行水质模拟，检验规划方案的可行性，通过损益分析或其他决策分析方法来进行方案优选。应用模拟比较法得到的解，一般不是规划的最优解。由于这种方法的解的好坏在很大程度上取决于规划人员的经验和能力，因此在规划方案的模拟选优方法时，要求尽可能多提出一些初步规划方案，以供筛选。当数学规划法的条件不具备、应用受限制时，模拟比较法是一种更为有效的使用方法。

（4）评价与决策

影响评价是对规划方案实施后可能产生的各种经济、社会、环境影响进行鉴别、描述和衡量。为此，规划者应综合考虑政治、经济、社会、环境、资源等方面的限制因素，反复协调各种水质管理矛盾，做出科学决策，最终选择一个切实可行的方案。

 习题与思考题

1. 水环境保护工作主要包括哪些内容？

2. 何谓点源污染和非点源（面源）污染？各自有何特点？

3. 介绍水环境质量监测的一般工作程序。

4. 了解水样预处理的方法。

5. 简述水环境保护的经济措施。

6. 简述水环境保护规划的概念、类型及主要工作流程。

第6章 节 水 技 术

╔══╗
学 习 提 示
  重点掌握节水内涵及潜力分析、城市节水、工业节水、农业节水的技术与措施，熟悉海水淡化、雨水利用等内容。推荐学时 4～6 学时。
╚══╝

6.1   节水内涵及潜力分析

  随着城市化进程，我国许多城市均存在不同程度的水资源短缺现象。城市日益严重的水资源短缺和水环境污染问题不但严重困扰着国计民生，而且已经成为制约社会经济发展的主要因素。解决水资源供需矛盾的重要途径就是合理开发和利用水资源，开源节流，探索各种节水方法，让有限的水资源获得最大的利用效益，实现水资源利用与环境、社会经济的可持续发展。

6.1.1   节水的含义

  节水，即节约用水。其最初含义是"节省"和"尽量少用水"概念。随着节水研究和节水工作的开展，节水概念增添了新的含义。

  20 世纪 70～80 年代，美国内务部、水资源委员会、土木工程师协会从不同角度对节水予以解释和说明。1978 年美国内务部对节约用水的定义是，有效利用水资源，供水设施与供水系统布局合理，减少需水量；1979 年提出减少水的使用量，减少水的浪费与损失，增加水的重复利用和回用。1978 年美国水资源委员会认为，节约用水是减少需水量，调整需水时间，改善供水系统管理水平，增加可用水量。1983 年美国政府对节约用水的内涵重新给予说明：减少用水量，提高水的使用效率并减少水的损失和浪费，为了合理用水改进土地管理技术，增加可供水量。

  我国对节水内涵具有代表性的定义是：在合理的生产力布局与生产组织前提下，为最佳实现一定的社会经济目标和社会经济可持续发展，通过采用多种措施，对有限的水资源进行合理分配与可持续利用。

  节约用水不是简单消极的少用水概念，它是指通过行政、法律、技术、经济、管理等综合手段，应用必要的、可行的工程措施和非工程措施，加强用水的管理，调整用水结构，改进用水工艺，实行计划用水，降低水的损失和浪费。运用先进的科学技术建立科学用水体系，有效的使用水资源，保护水资源，保证环境、生态、社会和经济的可持续发展。综上所述，节约用水涵义已经超出节省水量概念，它包括水资源的保护、控制和开发，保证其可获得最大水量并合理利用、精心管理和文明使用自然资源的意义。

按行业划分，节水可分为农业节水、工业节水、城市生活及服务业节水等。节水途径包括节约用水、杜绝浪费、提高水的利用率和开辟新水源等。

6.1.2　节水现状与潜力

据统计，过去 50 年全世界淡水使用量增加将近 4 倍。用水量增大，水资源短缺，已成为制约世界大多数国家和地区发展的重要因素。我国随着国民经济的发展和城市生活水平的提高，很多地区特别在北方和某些沿海城市发生水资源短缺和水污染问题。水资源不足和水源的污染已经严重影响了国民经济的可持续发展。节水是解决水资源短缺促进社会经济发展的一项重要措施。加强节水的科学管理，总结节水经验，全面开展节水工作，通过多种途径开辟新水源，保护生态环境，促进社会经济的可持续发展。

1. 国外节水现状

近几十年以来，国外许多国家不仅制定一系列节水法规，并一直注重提高公众的节水意识。无论在水资源贫乏国家还是在水资源丰沛国家，节水已成为各国水资源管理的一项重要内容，挖掘节水潜力，在工业、农业、城市生活等方面都施行了各种节水技术和措施，取得了成功的节水经验。

（1）工业用水循环使用，提高工业用水重复率

为了解决水资源不足的问题，许多国家和城市把节约工业用水作为节水的重点。主要措施是重复利用工业内部已使用过的水，即提倡水的循环使用和循序使用。日本大阪 1970 年的工业用水重复利用率只有 47.4%，到 1982 年就已经提高到 81.7%，横滨市 1982 年工业用水的重复利用率达 92.7%，其中冷却水为 95.2%，锅炉水为 77.9%，冲洗水为 91.2%，其他为 50%。美国 1978 年制造工业的需水量为 $490×10^8 m^3$，每立方米的水循环使用 3.42次，这就相当于减少 $1200×10^8 m^3$ 的需水量。美国制造工业的水重复利用次数，1985 年为8.63 次，2000 年达到 17.08 次。因此，2000 年美国制造业的需水量不仅不增加，反而比1978 年的需水量减少 45%，而美国工业总需水量将由 1975 年的 $2033×10^8 m^3$ 降至 2000 年的 $1528×10^8 m^3$。

（2）农业节水，潜力巨大

世界各国，特别是发达国家都把发展节水高效农业作为农业可持续发展的重要措施。农业用水量占世界总用水量比例最大。据 2007 年世界银行数据统计，世界农业用水量占淡水消费量的 70%，印度农业用水量占 86.5%，日本农业用水量占 68.5%，中国农业用水量占67.7%，美国农业用水量占 41.3%。发达国家在生产实践中，始终把提高灌溉水的利用率、作物水分生产率、水资源的再生利用率和单方水的农业生产效益作为研究重点和主要目标，在研究农业节水基础理论和农业节水应用技术的基础上，将高新技术、新材料和新设备与传统农业节水技术相结合，加大了农业节水技术和产品中的高科技含量，加快了传统粗放农业向现代节水高效农业的转变。仅以改变灌溉方式为例，其节水量就相当可观，例如，采用喷灌、微灌技术可在传统的沟、畦灌等地面灌溉基础上节水 30%～50%；膜下滴灌技术比常规灌溉节水 30%以上。

在世界范围内，农业节水因不同国家的经济发展水平和缺水的程度不同而存在不同的发展模式。埃及、巴基斯坦、印度等经济欠发达国家，由于受其经济条件和技术水平的限制，农业节水主要采用以渠道防渗技术和地面灌水技术为主，配合相应的农业措施以及天然降水

资源利用技术的模式。而以色列、美国、日本等经济发达国家，农业节水主要采用以高标准的固化渠道和管道输水技术、现代喷灌、微灌技术和改进后的地面灌水技术为主，并与天然降水资源利用技术，生物节水技术、农业节水技术与用水系统的现代化管理技术相结合的模式。

（3）推广节水工艺，减少用水浪费

依靠科技进步，推广节水工艺。国外很重视节水技术和节水设备的开发与改进。开发应用节水型卫生器具，减少用水浪费。从一些国家的家庭用水调查来看，洗衣、冲厕、洗澡等用水占家庭用水量的80%左右。改进卫生设施，采用节水型卫生器具是生活节约用水的重点。节水产品的使用，既节约了水资源，又减少了污、废水的排放量，是非常有效的节水措施。

（4）加强管道检漏工作，减少城市供水漏损

城市供水最大的漏损途径是管网输水。国外城市供水管道漏损率一般都在10%左右。在美国洛杉矶供水部门中有1/10人员专门从事管道检漏工作，使漏损率降低至6%。在维也纳，由于采用防漏损措施得当，每天可减少损失64000m³的洁净水，足以满足40万居民生活用水的需要。因此降低供水管网系统的漏损水量是供水设计、供水施工和供水管理中重要的节水环节。

（5）革新工艺，使用非传统水源

采用空气冷却器、干法空气洗涤法、原材料的无水制备等工艺，不仅可节省工业用水量，而且减少废水的排放量。海水、雨水以及再生水等非传统水源均可作为城市新水源，其中以城市污水处理后的再生水是最稳定的城市第二水源。目前，国外很多城市将污水和废水经适当处理后回用，已成为替代城市水源的一个重要途径。城市污水经二级或深度处理后，可用于冲厕、浇灌绿地、景观水体、洗车，作为工业和商业设施的冷却水，补给地下水或补充地表水。再生水的利用，减少了城市淡水取用量，提高了水的利用率。

（6）利用经济杠杆，促进节约用水

目前，世界各国均已颁布了众多法律法规，严格实行限制供水和用水，对违者进行不同程度的罚款处理。据美国一项研究认为，通过计量和安装节水装置，家庭用水量可降低11%，如果水价增加一倍，家庭用水量可再降低25%。许多城市通过制订水价政策来促进高效率用水，偿还投资和支付维护管理费用。国外比较流行的是采用累进制水价和高峰用水价。

2. 国内节水现状与潜力分析

我国的节水运动始于20世纪80年代，经过30多年的努力，取得了较大的进展。目前，在我国668个城市中85%以上已建立节约用水办公室，50%以上的县建立了节约用水机构，并且有组织有计划地开展节水工作。

我国目前的节水阶段仍处于从水资源的"自由"开发松弛管理阶段向合理开发与科学管理阶段转化的过渡时期，即限制开发与强化管理阶段。同时，我国的工业生产及相应的节水水平与国外发达国家相比还比较落后，其特点是新水量的节约主要来源于增加重复利用水量取得，在保持较高再用率的前提下大量的水在重复循环，其结果是徒耗许多能量。我国的节水进程表明，今后单靠提高水系统的用水效率即再用率以节约新水的潜力越来越小，应转向依靠工业生产技术进步去减少单位产品需水量，也即以工艺节水为主。

节水与不同社会发展时期的经济、技术条件以及人们的水资源意识密切相关。目前，中

国的水资源节水潜力主要是农业节水、工业节水和生活节水三个方面。

（1）我国农业节水现状与潜力

农业节水指采用节水灌溉方式和节水技术对农业蓄水、输水工程采取必要的防渗漏措施，对农田进行必要的整理，提高农业用水效率。

农业用水主要是指种植业灌溉、林业、牧业、渔业以及农村人畜饮水等方面的用水，其中种植业灌溉占农业用水量的90%以上。

我国农业灌溉方法落后，用水量大，浪费严重。据《2012年中国水资源公报》报道，2012年全国总用水量 $6131.2 \times 10^8 m^3$，其中农业用水量占全国总用水量的 63.6%，农田灌溉面积 9.65 亿亩，农田实灌面积亩均用水量为 $404 m^3$，农田灌溉有效利用系数为 0.516，而世界先进水平约为 $0.7 \sim 0.8$。如果灌溉水利用率提高 10%～15%，每年可减少灌溉用水量约 $(600 \sim 800) \times 10^8 m^3$。

近年来，通过节水灌溉工程建设，我国灌溉水利用率由"八五"末的不足 0.40 提高到目前 2012 年的 0.516 左右。通过节水工程措施、管理措施以及农艺措施，全国形成了约 $300 \times 10^8 m^3$ 的年节水能力，有效缓解了全国水资源的供需矛盾。

输水损失是农业灌溉用水损失中的主要部分，绝大部分消耗于渠系渗漏。美国输水损失约占引水量的 22%，日本占 39%，而我国引黄地区平均输水损失高达 67%。

尽管我国农业用水所占比重近年来明显下降，但农业仍是我国第一用水大户。我国的节水灌溉面积约占总灌溉面积的 35%，土渠占 95%以上，全国 2/3 的灌溉面积上灌水方法十分粗放，灌溉水利用率低，浪费了大量水资源。因此，推广农业科学灌溉和节水技术是当前我国农业节水的潜力所在。

（2）我国工业节水现状与节水潜力

工业用水主要包括冷却用水、热力和工艺用水、洗涤用水、锅炉用水、空调用水等。工业节水指采用先进技术、工艺设备，降低单位产品耗水量，增加循环用水次数，提高水的重复利用率，提高工业用水效率。

工业节水是城市节水的重点。2012 年我国工业用水占总用水量的 22.5%。据《中国水资源公报》中数据统计，2000 年我国万元工业增加值用水量为 $288 m^3/$万元，2012 年已降至 $69 m^3/$万元。图 6-1 反映了近十年来我国逐年万元工业增加值用水量变化情况。

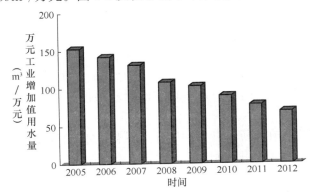

图 6-1　我国逐年万元工业增加值用水量变化

从整体分析来看，万元工业增加值用水量呈下降趋势与近年来我国大力推行节水政策、有效落实节能减排工作有关，但与发达国家的 $20 \sim 30 m^3/$万元相比还有很大差距。我国浪费水的现象仍然存在，就工业产品单位耗水量而言，我国与国外先进指标差距很大。以用水量较多的冶金工业为例，国外每吨钢耗水量的先进指标为 $4 \sim 10 m^3$，而一般国内钢铁企业要比先进的国外指标高出 $2 \sim 5$ 倍。国外先进大电厂耗水指标每度电为 3L，而我国大电厂耗水一般要高出 2~3 倍。我国生产 1t 啤酒一般耗水 20~60m³，而国外先进水平低于 10m³。因此，我国的工业节水潜力还有很大空间。

（3）城市生活节水现状与节水潜力

随着社会的进步，生活用水量在逐年提高。据 2007 年世界银行相关数据统计，高收入国家生活用水量约占淡水消费量的 15%，低收入国家生活用水量约占淡水消费量的 5.3%，世界生活用水量占淡水消费量的 10%，我国生活用水量占淡水消费量的 6.6%。2012 年我国的生活用水量占总用水量的比例已上升到 12.1%（不包括牲畜用水量）。城市生活节水已势在必行。

城市生活节水指因地制宜地采取有效措施，推广节水型生活器具，降低管网漏损率，杜绝浪费，提高生活用水效率。目前，普通器具耗水量大，浪费严重，节水器具普及率低，海水淡化、再生水处理回用率低。我国近三分之二的城市存在不同程度的缺水，有 110 座城市严重缺水。全国缺水量达 400×10⁸m³。

城镇生活用水包括城镇居民生活用水和市政公共用水。我国城镇供水管网中的"跑、冒、滴、漏"现象严重。其中每年因城镇供水管网漏损的水量为最大。按照我国相关规定管网漏损率应控制在 12% 左右较为正常。目前全国有一半以上的城市供水管网漏损率高于国家标准规定值，年漏损水量达 60×10⁸m³，而日本、美国等先进国家漏失率仅为 8%~10%。

生活节水器具的使用可以节约用水。节水器具包括节水便器、节水淋浴器和节水龙头等。与普通用水器具相比，节水便器及节水淋浴器可节水 20%~35%，节水龙头可节水 10%。

据有关部门分析预测，如采取节水措施，强化推行节水卫生器具，尤其对洗车行、浴场、市政公共用水等大型场所中配合节水器具设备使用，合理利用雨水和再生水资源，同时辅以水价调控，发挥经济杠杆作用，城市节水潜力有望在现有基础上节约城市生活用水量的 1/3~1/2。

6.1.3　节水型社会建设

1. 节水型社会

2001 年发布了《关于进一步开展创建节水型城市活动的通知》，并提出了《节水型城市目标考核标准》，推动了城市的节水工作。2002 年 12 月印发了《开展节水型社会建设试点工作指导意见》，在甘肃张掖市和四川绵阳市启动了节水型社会试点工作。为进一步加强节水型城市建设工作的指导，规范国家节水型城市管理，切实提高城市用水效率、改善城市水环境，2012 年 4 月 12 日，住房和城乡建设部、国家发展和改革委员会以建城［2012］57 号印发《国家节水型城市考核标准》。这一标准的实施为节水型城市的建设提供了量化标准，促进了节水型社会的建立。

节水型社会指人们在生活和生产过程中，在水资源开发利用各个环节通过政府调控、市场引导、公众参与，以完备的管理体制、运行机制和法制体系为保障，运用制度管理，通过法律、行政、经济、技术和工程等措施，建立与水资源承载能力相适应的经济结构体系，结合社会经济结构的调整，实现全社会的合理用水和高效益用水，促进经济社会的可持续发展。

我国经济发展迅速，水资源供需矛盾突出，水资源短缺已成为社会经济发展的限制性因素。解决水资源不足的根本方法就是建设节水型社会，应用综合配套措施，提高水资源利用效率和效益，改善水环境，保障经济发展和社会进步。

2. 节水型社会建设

建立节水型社会，重点是建设三大体系：一是建立以水权管理为核心的水资源管理制度体系，这是节水型社会建立的核心；二是建立与区域水资源承载力相协调的经济结构体系；三是建立与水资源优化配置相适应的节水工程和技术体系。

开展节水型社会建设应从以下几方面进行：

（1）节水型社会建设的前期准备

节水型社会工作的前期准备包括：水资源调查评价、编制用水定额、节水型社会建设规划、编制节水型社会建设实施方案等。

（2）明确节水型社会建设指导思想和建设目标

2012 年《国务院关于实行最严格水资源管理制度的意见》（国发〔2012〕3 号）文件，明确提出了实行最严格水资源管理制度的指导思想、基本原则、目标任务、管理措施和保障措施。其主要内容概括为确定"三条红线"，实施"四项制度"。进一步强调加强用水效率控制红线管理，全面推进节水型社会建设。

"三条红线"：一是确立水资源开发利用控制红线，到 2030 年全国用水总量控制在 $7000 \times 10^8 \text{m}^3$ 以内；二是确立用水效率控制红线，到 2030 年用水效率达到或接近世界先进水平，万元工业增加值用水量降低到 40m^3 以下，农田灌溉水有效利用系数提高到 0.6 以上；三是确立水功能区限制纳污红线，到 2030 年主要污染物入河湖总量控制在水功能区纳污能力范围之内，水功能区水质达标率提高到 95% 以上。为实现上述红线目标，进一步明确了 2015 年和 2020 年水资源管理的阶段性目标。

"四项制度"：一是用水总量控制制度。加强水资源开发利用控制红线管理，严格实行用水总量控制，包括严格规划管理和水资源论证，严格控制流域和区域取用水总量，严格实施取水许可，严格水资源有偿使用，严格地下水管理和保护，强化水资源统一调度。二是用水效率控制制度。加强用水效率控制红线管理，全面推进节水型社会建设，包括全面加强节约用水管理，把节约用水贯穿于经济社会发展和群众生活生产全过程，强化用水定额管理，加快推进节水技术改造。三是水功能区限制纳污制度。加强水功能区限制纳污红线管理，严格控制入河湖排污总量，包括严格水功能区监督管理，加强饮用水水源地保护，推进水生态系统保护与修复。四是水资源管理责任和考核制度。将水资源开发利用、节约和保护的主要指标纳入地方经济社会发展综合评价体系，县级以上人民政府主要负责人对本行政区域水资源管理和保护工作负总责。

（3）节水型社会建设内容

节水型社会建设主要包括以下三个方面内容：

① 全面加强节约用水管理

各级人民政府要切实履行推进节水型社会建设的责任，把节约用水贯穿于经济社会发展和群众生活生产全过程，建立健全有利于节约用水的体制和机制。稳步推进水价改革。各项引水、调水、取水、供水、用水工程建设必须首先考虑节水要求。水资源短缺、生态脆弱地区要严格控制城市规模过度扩张，限制高耗水工业项目建设和高耗水服务业发展，遏制农业粗放用水。

② 强化用水定额管理

加快制定高耗水工业和服务业用水定额国家标准。各省、自治区、直辖市人民政府要根据用水效率控制红线确定的目标，及时组织修订本行政区域内各行业用水定额。对纳入取水许可管理的单位和用水大户实行计划用水管理，建立用水单位重点监控名录，强化用水监控管理。新建、扩建和改建建设项目应制订节水措施方案，保证节水设施与主体工程同时设计、同时施工、同时投产（即"三同时"制度）。

③ 加快推进节水技术改造

制定节水强制性标准，逐步实行用水产品的用水效率标识管理，禁止生产和销售不符合节水强制性标准的产品。加大农业节水力度，完善和落实节水灌溉的产业支持、技术服务、财政补贴等政策措施，大力发展管道输水、喷灌、微灌等高效节水灌溉技术。加大工业节水技术改造，合理确定节水目标，及时公布落后的、耗水量高的用水工艺、设备和产品淘汰名录。加大城市生活节水工作力度，逐步淘汰公共建筑中不符合节水标准的用水设备及产品，大力推广使用生活节水器具，降低供水管网漏损率。鼓励并积极发展污水处理回用、雨水和微咸水开发利用、海水淡化和直接利用等非常规水源开发利用。加快城市再生水回用管网建设，逐步提高城市再生水回用比例。

3. 相关节约用水国家标准

目前我国节水相关标准有《取水定额》（GB/T 18916 1～16），《节水型企业评价导则》（GB/T 7119—2006），《取水许可技术考核与管理通则》（GB/T 17367—1998），《工业企业产品取水定额编制通则》（GB/T 18820—2011），《节水型产品通用技术条件》（GB/T 18870—2011），《企业水平衡测试通则》（GB/T 12452—2008）。再生水设计和利用标准有《城市污水再生利用分类》（GB/T 18919—2002）在内的"6 个标准、1 个规范和 1 个行业标准"。上述相关节水标准和规范为节水管理和节水工作开展奠定了基础，是节水工程设计的重要依据。

6.2 城市节水

6.2.1 城市节水概述

随着经济发展和城市人口的迅速增长，世界城市化进程不断加快，城市需水量占总用水量的比例越来越大。近 20 年以来，我国城市工业与生活用水比重已经上升到 35% 以上。由于我国水资源分布极不均衡，致使很多水资源丰富地区城市居民节水观念淡薄，存在很严重的用水浪费现象。此外，由于给水管网漏失严重、节水器具未得到普遍推广及水价制定不合理等原因，城市用水浪费现象仍比较严重。

城市节水是指通过对用水和节水的科学预测及规划，调整用水结构、强化用水管理，合理开发、配置、利用水资源，有效地解决城市用水量的不断增长与水资源短缺的供需矛盾，实现城市水的健康社会循环。

6.2.2 节水指标及计算

1. 城市节水指标体系

节约用水指标是衡量节水（用水）水平的一种尺度参数，但不同的节水指标只能反映其用水（节水）状况的一个侧面。为了全面衡量其节水水平，就需要用若干个指标所组成的节水指标体系进行考核评价。所建立的城市节约用水指标体系，既要能衡量城市节约用水中合理用水、科学用水、计划用水的水平，又要具有高度概括性，便于实际应用。城市节约用水指标体系由城市节约用水水量指标及城市节约用水率指标构成，它们分别反映城市节约用水的总体和分体水平，具体见表 6-1。

表 6-1　城市节水指标体系

类别	指标名称	反映内容
城市节约用水水量指标	万元国内生产总值取水量	总体节水水平
	城市人均综合取水量	总体节水水平
	第二、第三产业万元增加值取水量	产业节水水平
	主要用水工业单位产品取水量	行业节水水平
	城市人均日生活用水取水量	生活节水水平
城市节约用水率指标	城市水资源利用率	水资源状况
	城市自来水供水有效利用率	供水状况
	城市工业用水重复利用率	重复利用状况
	第二、三产业万元增加值取水量降低率	纵向水平比较
	城市污水回用率	污水再用水平
	节水器具普及率	节水管理水平
	节水率	节水管理水平

2. 城市用水量指标

（1）万元国内生产总值取水量

万元国内生产总值取水量又称万元 GDP 取水量，是综合反映一定经济实力下城市的宏观用水水平的指标。该指标能较好的宏观反映水资源利用效率，是计算水资源利用量和测算未来水资源需求量、水资源规划和节水规划中必不可少的指标，也是世界各国通用的、可比性较强的指标。计算公式为：

$$Q_{GDP} = \frac{Q_T}{C_{GDP}} \tag{6-1}$$

式中　Q_{GDP}——万元国内生产总值取水量，m^3/万元；

　　　Q_T——报告期取水总量，m^3；

　　　C_{GDP}——报告期生产总值，万元。

（2）城市人均综合取水量

某统计年的城市人均综合取水量在数值上就等于该统计年内城市中每个居民的平均综合取水量，此处"综合取水量"系指各种取水量之和，即包括工业取水、居民住宅取水、公共建筑取水、市政取水、环境景观与娱乐取水、供热取水及消防取水等。因此，城市的人均综合取水量与城市的性质、规模、城市化程度、工业结构布局、水资源丰缺状况、地理位置、水文、气象等有关，同时也充分反映了上述各种因素的影响，可以作为城市节水用水的宏观指标。计算公式为：

$$Q_Z = (K_1 + K_2 + K_3)Q_L \tag{6-2}$$

式中　Q_Z——城市人均综合取水量指标，L/（人·d）；

　　　Q_L——城市人均生活用水量指标（综合考虑了城市管网漏失和未预见因素后的指标

值），L/（人·d）；

K_1——综合生活用水量与生活用水量的比例系数；

K_2——工业用水量与生活用水量的比例系数；

K_3——其他市政用水量与生活用水量的比例系数。

目前，国内外在进行城市节约用水水平评判、城市需水量预测、城市节水发展规划编制中均有较多的应用。

（3）第二、第三产业万元增加值取水量

第二、三产业是指除农业之外的工业、建筑业和其他各业。显然第二、三产业是城市经济的主体。具体计算时，取报告期内（通常为年），城市行政区划（不含市辖县）的取水总量与其第二、三产业增加值之和的比值。计算公式为：

$$Q_A = \frac{Q_T}{C_A} \tag{6-3}$$

式中　Q_A——第二、第三产业万元增加值取水量，m^3/万元；

Q_T——报告期取水总量，m^3；

C_A——报告期第二、第三产业增加值之和，万元。

该指标综合反映城市的用水效率，提高用水效率是节约用水的一个重要方面，以较小的用水量创造出较大的经济效益。

（4）主要用水工业单位产品取水量

工业用水中，常用工业重点行业生产单位产品所消耗的水量来进行比较。重点行业包括：石油加工及炼焦业、化学原料及制品制造业、黑色金属冶炼及压延加工业、纺织业、食品饮料制造业、造纸及纸制品业、电力燃气及水的生产和供应业。规定用水量大的主要工业产品（如钢、铜、铝、化肥、纸等产品）的单位产品取水量，作为城市水量指标中的专项指标。具体是指在一定的计算时间（年）内主要工业单位产品的取水量。计算公式为：

$$Q_M = \frac{Q_T}{C_M} \tag{6-4}$$

式中　Q_M——主要用水工业单位产品取水量，m^3/单位产品；

Q_T——主要用水工业取水总量，m^3；

C_M——主要工业年产品总量，单位产品。

该指标可用于城市本身的纵向对比，也可用于同类城市之间的比较。从宏观上看，主要用水工业单位产品取水量，基本上能反映城市用水的主要情况，从而为城市用水管理部门科学地开展节约用水、计划用水提供依据。

（5）城市人均日生活用水取水量

城市人均日生活用水取水量包括城市居民居住用水取水量、城市公共设施用水取水量及城市管网漏失量。计算公式为：

$$Q_L = \frac{Q_T}{NT} \tag{6-5}$$

式中　Q_L——人均生活用水量指标，L/（人·d）；

Q_T——报告期生活用水总量，m^3；

N——报告期用水人数，人；

T——报告期天数，d。

城市人均日生活用水取水量是我国城市民用水统计分析的常用指标，也是国外城市用水统计的内容。我国地域辽阔，地理、气候条件差异较大，用水习惯有所不同，不同城市应有不同的生活用水标准，制定合理的城市生活用水标准对城市节约用水具有重要意义。

3. 城市用水率指标

（1）水资源利用率

水资源利用率是反映水资源合理开发和利用程度的指标。水资源利用率是指某流域或区域内地表水和地下水总供水量占该范围内总水资源量的百分比。计算公式为：

$$R_U = \frac{Q_{PT}}{Q_M} \times 100\% \tag{6-6}$$

式中　R_U——水资源利用率，%；

　　　Q_{PT}——某流域或区域内地表水和地下水总供水量，m^3；

　　　Q_M——某流域或区域内总水资源量，m^3。

供水量和水资源量均指某一特定流域或区域范围内，包括地表水、地下水，但不包含污水处理再利用、集雨工程和海水淡化等水源工程的供水量，也不包含调入该范围内的供水量和水资源量，但包含调出该范围内的供水量和水资源量。根据水资源的分类，可以分为地表水资源利用率、地下水资源利用率。水资源量和水资源利用率计算与频率有关，如 75% 频率水资源利用率和多年平均水资源利用率。一个城市，在一定技术经济条件下，城市水资源存在着一个极限容量，只要在人口和经济上没有重大突破，极限水资源容量就会在长期内保持相对稳定。城市水资源的开发和利用绝不能超越这个极限，并使城市的供水能力能满足城市用水需求，一方面要控制对水资源的过量开采，保持一定的水资源利用率，做到合理开发利用；另一方面必须调整经济结构并加大节约用水力度，建设节水型城市，否则就会破坏供需平衡，破坏水资源的再生平衡，使水资源逐步枯竭。

（2）城市自来水供水有效利用率

城市自来水供水有效利用率是评价城市供水利用程度的重要指标，也是城市节约用水指标体系的主要组成部分。城市用水户总取水量与水厂供出的总水量的比值称为自来水供水有效利用率，供水有效利用率的大小取决于城市输配水系统实际状况。计算公式为：

$$R_E = \frac{Q_{CT}}{Q_{ST}} \times 100\% \tag{6-7}$$

式中　R_E——城市自来水供水有效利用率，%；

　　　Q_{CT}——城市用水户总取水量（有效供水量），m^3；

　　　Q_{ST}——城市水厂总供水量，m^3。

我国城市供水漏损率相当可观，一般 20% 左右，特别是部分城市由于管网陈旧失修，使漏损量加大。加强输水管道和供水管网的维护管理，降低漏损率，提高城市供水有效利用率是城市节约用水工作的重要内容之一。

（3）城市工业用水重复利用率

城市工业用水重复利用率是指工业重复用水量与工业总用水量之比。计算公式为：

$$R_r = \frac{Q_r}{Q_t} \times 100\% \tag{6-8}$$

式中　R_r——城市工业用水重复利用率，%；

Q_r——工业重复用水量（指工业内部生产及生活用水中循环及循序使用的水量），m^3；

Q_t——工业总用水量（新水量和重复用水量之和），m^3。

城市工业用水重复利用率是从宏观上评价城市用水及节水水平的重要指标。提高工业用水重复利用率是城市节约用水的主要途径之一。值得指出的是，由于火力发电业、矿业及盐业的用水特殊性，为便于城市间的横向对比，在计算城市工业重复利用率时不包括这三个工业行业部门。

（4）第二、第三产业万元增加值取水量降低率

第二、第三产业万元增加值取水量降低率是指基期与报告期第二、第三产业每万元增加值取水量的差值与基期第二、第三产业每万元增加值取水量之比。计算公式为：

$$R_d = \left(1 - \frac{Q_A}{Q_{AZ}}\right) \times 100\%$$ (6-9)

式中 R_d——第二、第三产业万元增加值取水量降低率，%；

Q_A——报告期第二、第三产业万元增加值取水量，m^3/万元；

Q_{AZ}——基期第二、第三产业万元增加值取水量，m^3/万元。

与第二、第三产业万元增加值取水量指标不同的是该指标排除了城市间产业结构的影响，具有城市间的可比性。第二、第三产业万元增加值取水量降低率的高低反映城市节水工作的好坏，表明城市节约用水、计划用水的开展程度，可用于评价节约用水与计划用水的执行情况。

（5）城市污水回用率

城市污水回用率是指报告期内，城市污水处理后直接回收利用总量与城市污水总量之比。计算公式为：

$$R_w = \frac{Q_{wcy}}{Q_{wt}} \times 100\%$$ (6-10)

式中 R_w——城市污水回用率，%；

Q_{wcy}——城市污水回收利用量，m^3；

Q_{wt}——城市污水总量，m^3。

城市污水是城市可靠的第二水源。城市污水的再生与回用，将节省自来水，减少清洁淡水取用量，并能减轻对城市水体的污染，保护环境。城市污水回用率是评价城市污水再生回用的重要指标，应将城市污水回用率作为近、远期规划的实施指标。

（6）节水率

节水率是指城市节约用水总量与城市取水量的比值。计算公式为：

$$R_c = \frac{Q_{et}}{Q_{ct}} \times 100\%$$ (6-11)

式中 R_c——节水率，%；

Q_{et}——城市实际节约的总水量，m^3；

Q_{ct}——城市取水总量，m^3。

节水率指标是体现城市节约用水工作成效，反映城市节约用水水平的重要指标之一。

6.2.3 城市节水措施

1. 加强城市节水管理

（1）建立节水创新管理体系

各地区应建立统一的水管理机构，负责统筹管理城市（或流域）范围内的给排水循环系统，使得城市水系统能良性循环。健全节约用水法规体系，加强法制管理。建立科学的节水管理模式，制定严格、合理的考核指标，使节水工作得以有效进行。

（2）做好节水教育宣传

通过宣传教育，使全社会均有节水意识，人人参与到节水行动中，养成节约用水的好习惯。节水宣传教育首先要改变传统的用水观念，建立可持续发展的用水理念。充分认识到地球上的水资源是有限的，并非"取之不尽，用之不竭"；水是有价值的资源，维持水的健康社会循环，才能实现水资源的可持续利用。让人们认识到节约用水是解决水资源短缺的有效途径之一，具有十分重要的意义。

（3）建立多元化的水价体系

水资源是具有使用价值，能满足人们生产及生活的需要，通过合理开发和利用水资源，能促进社会经济发展。水资源属国家所有，绝大部分水利设施为国有资产。因此水资源对使用者而言是一种特殊商品，应有偿使用。目前我国的水价主要采用行业固定收费法，即相同用水对象水价固定不变，不随用水量而变化，且水价低于制水成本，背离价值。这样就会造成水资源浪费，无法实现水资源可持续利用。所以必须进行水价改革，建立一种科学的、适应市场经济的水价管理体系，建立多元化水价体系。

① 因地制宜，采用丰枯年际浮动水价或季节浮动价格

季节水价即根据需水量调整价格，需水量大的季节水价高，需水量小的季节水价低。年际浮动水价即根据不同年的水资源实际情况调整水价，丰水年水价低，枯水年水价高。一般情况下，居民夏季用水会高于冬季 15%～20%。因此，夏季提高单位水价会促使用户节约用水，缓解用水高峰期供需矛盾。

② 实行累进递增式水价

以核定的计划用水为基数，计划内实行基本水价，当用水量超过计划指标时，其超过部分水量实行不同等级水价，超出越多水价越高，以价格杠杆促进水资源的优化配置。这种以低价供应的定额水量，保证了用户基本用水需求，但又不会造成很重的负担；而对超量部分实行高价，能够很好地实现节水目的。

③ 不同行业采用不同水费标准，以节制用水

对市政用水、公共建筑用水，取低费率，但实行累进递增收费制；对工业企业，提高其用水的水费基准，以增加水在成本费中的构成比例，促进工业节水；对服务行业用水，取高费率，实行累进递增收费制。

④ 增加工业和生活排污费用

根据水的健康可持续循环理念，在自来水水价之中必须包括污水排放、收集和处理的费用。自来水价格应按照商品经济规律定价，即包括给水工程和相应排水工程的投资和经营成本以及企业盈利部分。这样从经济上保证了水的社会循环呈良性发展，保护天然水环境不受污染和水资源的可持续利用。

2. 节水型卫生器具的应用

节水型器具设备是指与同类型器具相比具有显著节水功能的用水器具设备或其他检测控制装置。节水型器具设备具有使用方便、长时间内免除维修、较传统用水器具能明显减少用水量等特征。

节水型器具设备的种类很多，主要包括节水型阀门类，节水型淋浴器类，节水型卫生器具类，水量、水压控制类及节水装置设备类等。据统计，节水型器具设备的应用能够降低城市居民生活用水量的32%以上。

（1）节水型阀门

主要包括延时自闭冲洗阀、水位控制阀、表前专用控制阀、防漏密封闸阀、减压阀、疏水阀及恒温混水阀。

（2）节水型水龙头

在各类建筑的盥洗、洗涤节能产品中，水龙头是应用范围最广、数量最多的一种。主要包括延时自闭水龙头、磁控水龙头、充气水龙头（泡沫水龙头）、陶瓷片式水龙头、手压、脚踏、肘动式水龙头、停水自动关闭水龙头及高效节水喷头。

近期，部分高档洁具品牌推出了自动充电感应水龙头，可利用出水解决自身所需电能。这种水龙头内装电脑板和水力发电机，配有红外线感应器，形成一个完整系统。将手伸到水龙头下，感应器将信号传入水龙头内的电脑板，开通水源，水流时经水力发电机发电、充电，提供自身所需电力。这种水龙头还可自动限制水的流量，达到节水、省电的目的。

（3）节水型卫生器具

节水型卫生器具包括节水型淋浴器具、节水型坐便器、节水型小便器、节水型净身器等。

淋浴器为各种浴室的主要洗浴设施，在生活中淋浴用水量约占生活总用水量的1/3。节水型淋浴器与传统手持花洒淋浴器比较，可以节省30%～70%的水。

坐便器是卫生间的必备设施，用水量占到家庭用水量的30%，除利用中水外，采用节水器具仍是当前节水的主要努力方向。近些年来，由于提倡节约用水，各类用于冲洗便器的低位冲洗水箱、高位冲洗水箱、延时自闭冲洗阀、定时冲洗装置的形式层出不穷。

3. 城市管网减少漏损量的技术

我国城市普遍管网漏损率较大，降低城市管网的漏损量对节水工作具有重要意义。城市管网的漏损量减少应该从以下两个方面开展工作。

（1）给水管材选择

作为供水管道，应满足卫生、安全、节能、方便的要求。目前使用的给水管材主要有四大类。第一类是金属管，如钢管、球墨铸铁管、不锈钢管等。第二类是混凝土管材，如预应力钢筋混凝土管材。第三类是塑料管，如高密度聚乙烯管（HDPE）、聚丙烯管（PP）、交联聚丙烯高密度网状工程塑料（PP-R）、玻璃钢管（GPR）。第四类是金属－塑料复合管材，如塑复钢管，铝塑复合管、PE衬里钢管等。据统计，金属管材中，球墨铸铁管事故率最少，其机械性能高，强度、抗腐蚀性能远高于钢管，承压大、抗压、抗冲击性能好，对较复杂的土质状况适应性较好，是理想的管材。它的重量较轻，很少发生爆管、渗水和漏水现象，可以减少管网漏损率。球墨铸铁管采用推入式楔形胶圈柔性接口，施工安装方便，接口的水密性好，有适应地基变形的能力，只要管道两端沉降差在允许范围内，接口不至于发生渗漏。非金属管材中，预应力钢筋混凝土管事故率较低。给水塑料管，如应用较广 HDPE

管材，PP-R 管具有优良的耐热性及较高的强度，而且制作成本较低，采用热熔连接，施工工艺简单，施工质量容易得到保证，抗震和水密性较好，不易漏水。目前市场上应用广泛。

（2）加强漏损管理

加强漏损管理，即应进行管网漏损检测和管道漏损控制。目前管道检漏主要有音听检漏法、区域装表法及区域检漏法。

管道漏损的控制一般采用被动检修及压力调整法。

被动检修是发现管道明漏后，再去检修控制漏损的方法。根据管材及接口的不同选择相应的堵塞方法。若漏水处是管道接口，可采用停水检修或不停水检修两种方法。停水检修时，若胶圈损坏，可直接将接口的胶圈更换；灰口接口松动时，将原灰口材料抠出，重新做灰口；非灰口时可灌铅。不能停水检修时，一般采用钢套筒修漏。当管段出现裂缝而漏水时，可采用水泥砂浆充填法和 PBM 聚合物混凝土等方法堵漏。

管道的漏损量与漏洞大小和水压高低有密切关系，通过降低管内过高的压力以降低漏损量。压力调节法要根据具体水压情况使用。如果整个区域或大多数节点压力偏高，则应考虑降低出厂水压，仅在少数压力不够的用水节点采取局部增压设施以满足用户水压要求；如靠近水厂地区或地势较低地区的压力经常偏高，可设置压力调节装置；实行分时分压供水，在白天的某些用水高峰时段维持较高压力，而在夜间的某些用水低谷时段维持较低的压力；在地形平坦而供水距离较长时，宜用串联分区加装增压泵站的方式供水，在山区或丘陵地带地面高差较大的地区，按地区高低分区，可串联供水或并联供水。

4. 建筑节水技术

建筑给水系统是将城镇给水管网或自备水源给水管网的水引入室内，将室内给水管输送至生活、生产和消防的用水设备，并能满足各用水点对水量、水质及水压的要求。

建筑节水工作涉及建筑给水排水系统的各个环节，应从建筑给水系统限制超压出流、热水系统的无效冷水量及建筑给水系统二次污染造成的水量浪费三个方面着手，实施建筑中水回用；同时还应合理配置节水器具和水表等硬件设施。只有这样才能获得良好的节水效果。

（1）卫生系统真空排水节水技术

为了保证卫生洁具及下水道的冲洗效果，可将真空技术运用于排水工程，用空气代替大部分水，依靠真空负压产生的高速气水混合物，快速将洁具内的污水、污物冲吸干净，达到节约用水、排走污浊空气的效果。一套完整的真空排水系统包括：带真空阀和特制吸水装置的洁具、密封管道、真空收集容器、真空泵、控制设备及管道等。真空泵在排水管道内产生 $40\sim50kPa$ 的负压，将污水抽吸到收集容器内，再由污水泵将收集的污水排到市政下水道。在各类建筑中采用真空技术，平均节水超过 40%。若在办公楼中使用，节水率可超过 70%。

（2）建筑给水超压出流的防治

当给水配件前的静水压力大于流出水头，其流量就大于额定流量。超出额定流量的那部分流量未产生正常的使用效益，是浪费的水量。由于这种水量浪费不易被人们察觉和认识，因此可称之为隐形水量浪费。

为减少超压出流造成的隐形水量浪费，应从给水系统的设计、安装减压装置及合理配置给水配件等多方面采取技术措施。首先是采取减压措施，控制超压出流。在设计住宅建筑给水系统时，应对限制入户管的压力，超压时需采用减压措施。对已有建筑，也可在水压超标处增设减压装置。减压装置主要有减压阀、减压孔板及节流塞等。

（3）建筑热水供应节水措施

随着人民生活水平的提高和建筑功能的完善，建筑热水供应已逐渐成为建筑供水不可缺少的组成部分。据统计，在住宅和宾馆用水量中，淋浴用水量分别占 30% 和 75% 左右。而各种热水供应系统，大多存在着严重的水量浪费现象，例如一些太阳能热水器等装置开启热水后，往往要放掉不少冷水后才能正常使用。这部分流失的冷水，未产生使用效益，可称为无效冷水，也就是浪费的水量。

我国现行的《建筑给水排水设计规范》（GB 50015—2003）（2009 年版）中提出了应保证干管和立管中的热水循环，要求随时取得不低于规定温度的热水的建筑物，应保证支管中的热水循环，或有保证支管中热水温度的措施。所以新建建筑热水系统应根据规范要求和建筑物的具体情况选用支管循环或立管循环方式；对于现有定时供应热水的无循环系统进行改造，增设热水回水管；选择性能良好的单管热水供应系统的水温控制设备，双管系统应采用带恒温装置的冷热水混合龙头。

（4）建筑给水系统二次污染的控制技术

建筑给水系统二次污染是指建筑供水设施对来自城镇供水管道的水进行贮存、加压和输送至用户的过程中，由于人为或自然的因素，使水的物理、化学及生物学指标发生明显变化，水质不符合标准，使水失去原有使用价值的现象。

建筑给水系统的二次污染不但影响供水安全，也造成了水的浪费。为了防止水质二次污染、节约用水，目前主要采取措施有：在高层建筑给水中采用变频调速泵供水；生活与消防水池分开设置；严格执行设计规范中有关防止水质污染的规定；水池、水箱定期清洗，强化二次消毒措施、推广使用优质给水管材和优质水箱材料，加强管材防腐。

（5）大力发展建筑中水设施

中水设施是将居民洗脸、洗澡、洗衣服等洗涤水集中起来，经过去污、除油、过滤、消毒、灭菌处理，输入中水回用管网，以供冲厕、洗车、绿化、浇洒道路等非饮用水之用。中水系统回用 1m³ 水，等于少用 1m³ 自来水，减少向环境排放近 1m³ 污水，一举两得。所以，中水回用系统已在世界许多缺水城市广泛采用。

6.3 工业节水

6.3.1 工业用水概述

工业用水指工业生产过程中使用的生产用水及厂区内职工生活用水的总称。生产用水主要用途是：① 原料用水，直接作为原料或作为原料一部分而使用的水；② 产品处理用水；③ 锅炉用水；④ 冷却用水等。其中冷却用水在工业用水中一般占 60%～70%。工业用水量虽较大，但实际消耗量并不多，一般耗水量约为其总用水量的 0.5%～10%，即有 90% 以上的水量使用后经适当处理仍可以重复利用。

目前我国工业万元产值用水量为 78m³，美国是 8m³，日本只有 6m³；我国工业用水的重复利用率近年来虽然有所提高，但仍然低于发达国家平均值 75%～85%。我国城市工业用水占城市用水量的比例约 60%～65%，其中约 80% 由工业自备水源供给。因为工业用水量所占比例大、供水比较集中、节水潜力大，而且能够产生较大的节水效果。

工业节水的基本途径，大致可分为三个方面：

1. 加强企业用水管理

通过开源与节流并举，加强企业用水管理。开源指通过利用海水、大气冷源、人工制冷、一水多用等，以减少水的损失或冷却水量，提高用水效率。节流是指通过强化企业用水管理，企业建立专门的用水管理机构和用水管理制度，实行节水责任制，考核落实到生产班组，并进行必要的奖惩，达到杜绝浪费、节约用水的目的。

2. 通过工艺改革以节约用水

实行清洁生产战略，改变生产工艺或采用节水以至无水生产工艺，合理进行工业或生产布局，以减少工业生产对水的需求。通过生产工艺的改革实行节约用水，减少排放或污染才是根本措施。

3. 提高工业用水的重复利用率

提高工业用水重复利用率的主要途径：改变生产用水方式（如改用直流水为循环用水），提高水的循环利用率及回用率。提高水的重复利用率，通常可在生产工艺条件基本不变的情况下进行，是比较容易实现的，因而是工业节水的主要途径。

6.3.2　工业节水指标及计算

1. 工业节水指标体系

工业节水指标体系由工业节约用水水量指标及工业节约用水率指标构成，它们分别反映工业节约用水的总体和分体水平，节水指标体系组成见表 6-2。

表 6-2　工业节水指标体系

类　　别	指标名称	反映内容
工业节约用水水量指标	万元工业产值取水量	总体节水水平
	万元工业产值取水减少量	纵向水平比较
	单位产品取水量	行业节水水平
	附属生产人均日生活取水量	生活节水水平
	城市污水处理工业回用量	污水再用水平
工业节约用水率指标	工业用水重复利用率	重复利用状况
	间接冷却水循环率	重复利用状况
	工艺水回用率	行业节水水平
	循环比	重复利用状况
	工业用水漏失率	节水管理水平

2. 工业节约用水水量指标

（1）万元工业产值取水量

万元工业产值取水量是在一定时期内，工业生产中，每生产一万元产值的产品需要的取水量。计算公式为：

$$Q_V = \frac{Q_f}{C} \tag{6-12}$$

式中　Q_V——万元工业产值取水量，$m^3/$万元；

　　　Q_f——同一范围工业年取水总量（包括生产和生活），m^3；

　　　　C——工业年生产总值，万元。

　　该指标是一项反映综合经济效益的水量指标，它宏观反映了工业用水的水平，并可用于纵向评价工业用水水平的变化程度。其主要作用表现为：从指标上可看出节约用水水平的提高或降低的情况。另外，在宏观评价大范围的工业用水水平时，此项指标也是简易实用的。但是由于万元工业产值取水量受产品结构、产业结构、产品价格和产品加工深度等因素的影响较大，所以该指标的横向可比性较差，有时难以真实反映用水效率和科学评价其合理用水程度，因此城市间不宜使用该指标进行比较。

　　（2）万元工业产值取水减少量

　　万元工业产值取水减少量计算时可用基期万元工业产值取水量减去报告期万元工业产值取水量的差值。计算公式为：

$$Q_{减少} = Q_J - Q_B \qquad (6\text{-}13)$$

式中　$Q_{减少}$——万元工业产值取水减少量，m^3/万元；

　　　　Q_J——基期万元工业产值取水量，m^3/万元；

　　　　Q_B——报告期万元工业产值取水量，m^3/万元。

　　万元工业产值取水减少量指标淡化了工业内部行业结构等因素的影响，适用于城市间的横向对比，也适用于行业间的横向对比。

　　（3）单位产品取水量

　　单位产品取水量是在一定时期内，工业生产中，每生产单位产品需要的生产和辅助性生产的取水量（不包括厂区生活用水）。计算公式为：

$$V = \frac{Q_P}{P} \qquad (6\text{-}14)$$

式中　V——单位产品取水量，m^3/单位产品；

　　　　Q_P——同一范围年生产取水量，m^3；

　　　　P——工业产品年产量，单位产品。

　　式（6-14）适用于企业、工业部门、城市、全国等主要产品的单位产品取水量的计算。如果企业生产多种产品，每种产品生产取水量应分别计算。各种产品单位由工业部门统一规定。单位产品取水量是考核工业企业用水水平较为科学、合理的指标，它能客观地反映生产用水情况及工业生产行业或者区域的实际用水水平，也可较为准确地反映出工业产品对水的依赖程度，为用水部门科学、合理分配水量，有效利用水资源提供依据。单位产品取水量与产品的取水时间（如季节）、空间（如工序）分布状况有关。

　　（4）附属生产人均日生活取水量

　　附属生产人均日生活取水量是在一定时期内，工业生产中，每个职工平均每天用于生活的取水量（包括职工在生产过程总的生活用水和厂区绿化用水）。计算公式为：

$$Q_S = \frac{Q_L}{M \times T} \qquad (6\text{-}15)$$

式中　Q_S——附属生产人均日生活取水量，L/（人·d）；

　　　　Q_L——企业年生活取水量，L；

　　　　M——职工人数，人；

　　　　T——每年工作天数，d。

　　该指标反映不同企业、不同工业部门职工生活取水情况，也能反映生产和生活用水组成情况。由于其受地域、行业及生产环境等因素影响较大，该指标一般只作为企业考核指标。

（5）城市污水处理工业回用量

城市污水处理工业回用量是在一定时期内，工业生产中，采用处理后的城市污水作为工业用水的水量。

城市污水处理工业回用量是考核城市污水再生回用水平的重要指标。城市污水经处理后回用于工业生产，可减少工业企业的取水量，节省自来水用量，还能减轻城市污水对环境的污染，具有开源节流和控制污染的双重作用。

3. 工业节约用水率指标

（1）工业用水重复利用率

工业用水重复利用率是指工业生产中，重复利用水量占用水量的百分比。计算公式为：

$$R = \frac{C}{Y} \times 100\% = \frac{C}{C+Q} \times 100\% \tag{6-16}$$

式中　R——城市工业用水重复利用率，%；

$\quad\quad C$——工业年重复用水量（包括工业内部生产及生活用水中，循环及循序使用的水量），m^3；

$\quad\quad Y$——工业年总用水量（新水量和重复用水量之和），m^3；

$\quad\quad Q$——工业年取水量（新水量），m^3。

重复利用率是考核工业用水水平的一个重要指标。提高工业用水的重复利用率是节约用水的重要途径之一，取水量减少，外排水量也相应地减少，工业企业的排放对水体的污染就会减轻。

（2）间接冷却水循环率

间接冷却水循环率是指工业生产中，在一定的计量时间（年或月）内，冷却水循环量与冷却水总用量之比。计算公式为：

$$R_n = \frac{C_n}{Y_n} \times 100\% \tag{6-17}$$

式中　R_n——间接冷却水循环率，%；

$\quad\quad C_n$——冷却水循环量，m^3；

$\quad\quad Y_n$——冷却总用水量（新水量和循环用水量之和），m^3。

间接冷却水循环率是考核工业用水水平的一个重要指标。在工业用水中，间接冷却水所占的比例较大，使用后的水基本不受污染，一般只是水温升高，所以易于回用，且回用成本较低。

（3）工艺水回用率

工艺水回用率是指工业生产中，工艺用水中回用水量占工艺用水量的百分比。计算公式为：

$$R_y = \frac{C_y}{Y_y} \times 100\% = \frac{C_y}{C_y+Q_y} \times 100\% \tag{6-18}$$

式中　R_y——工艺水回用率，%；

$\quad\quad C_y$——年工艺用水中回用水量，m^3；

$\quad\quad Y_y$——年工艺用水量（新水量和重复用水量之和），m^3；

$\quad\quad Q_y$——工艺用水年取水量（新水量），m^3。

工艺水回用率是考核工业生产中工艺水回用程度的专项性指标，是重复利用率的一个重要组成部分。工艺用水的回用程度受行业特点的影响较大，不同工艺用水的污染程度差异很大，回收利用的途径和方法也不相同，回用的难度较高。采用工艺水回用率进行分析和考核，有助于发展工艺水回用技术，提高工艺用水的回用率，保护环境，提高企业经济效益。

（4）循环比

循环比是指用水系统总用水量与新水量（即取水量）的比值，反映了新水的循环利用次数。计算公式为：

$$R = \frac{C_z}{Q_x} \tag{6-19}$$

式中　　R——循环比；

C_z——用水系统年总用水量，m^3；

Q_x——用水系统年取用的新水量（即年取用水量），m^3。

（5）工业用水漏失率

工业用水漏失率是指在工业生产过程中漏失的水量占新水量的百分比。计算公式为：

$$R_s = \frac{Q_s}{Q_n} \times 100\% \tag{6-20}$$

式中　　R_s——漏失率，%；

Q_s——年工业生产漏失水量，m^3；

Q_n——年工业生产新水量，m^3。

漏失率的大小体现了企业节水管理的水平，是企业节水管理的重要指标之一。

工业节约用水率指标是评价工业用水重复利用程度的依据。一般在工业企业的总用水量稳定的情况下，上述工业节约用水指标（除工业用水漏失率外）越高，说明企业用水的合理程度越高，企业取水的新水补充量越少。因此，这类指标可作为考核和评价工业用水合理程度的重要依据。

6.3.3　工业节水措施

工业用水需求呈增长趋势将进一步凸显水资源短缺的矛盾。目前，我国工业取水量约占总取水量的四分之一左右，其中高用水行业取水量占工业总取水量60%左右。随着工业化、城镇化进程的加快，工业用水量还将继续增长，水资源供需矛盾将更加突出。

为加强对水资源的管理，近年来，我国制定了《工业节水管理办法》，规范企业用水行为，将工业节水纳入了法制化管理。编制了《全国节水规划纲要》《中国节水技术政策大纲》《重点工业行业取水指导指标》《节水型企业评价导则》《用水单位水计量器具配备和管理通则》《企业水平衡测试通则》及《企业用水统计通则》等文件；颁布了火力发电、钢铁、石油、印染、造纸、啤酒、酒精、合成氨、味精等九个行业的取水定额；加大了以节水为重点的结构调整和技术改造力度。根据国内各地水资源状况，按照以水定供、以供定需的原则，调整了产业结构和工业布局。缺水地区严格限制新上高取水工业项目，禁止引进高取水、高污染的工业项目，鼓励发展用水效率高的高新技术产业；围绕工业节水发展重点，在注重加快节水技术和节水设备、器具及污水处理设备的研究开发的同时，将重点节水技术研究开发项目列入了国家和地方重点创新计划和科技攻关计划，一些节水技术和新设备得到了利用。

工业节水措施主要可以分为三种类型。

1. 调整产业结构，改进生产工艺

加快淘汰落后高用水工艺、设备和产品。依据《重点工业行业取水指导指标》，对现有企业达不到取水指标要求的落后产品，要进一步加大淘汰力度。大力推广节水工艺技术和设备。围绕工业节水重点，组织研究开发节水工艺技术和设备，大力推广当前国家鼓励发展的节水设备（产品），重点推广工业用水重复利用、高效冷却、热力和工艺系统节水、洗涤节水等通用节水技术和生产工艺。重点在钢铁、纺织、造纸和食品发酵等高耗水行业推进节水技术。

钢铁行业：推广干法除尘、干熄焦、干式高炉炉顶余压发电（TRT）、清污分流、循环串级供水技术等。纺织行业：推广喷水织机废水处理再循环利用系统、棉纤维素新制浆工艺节水技术、缫丝工业污水净化回用装置、洗毛污水零排放多循环处理设备、印染废水深度处理回用技术、逆流漂洗、冷轧堆染色、湿短蒸工艺、高温高压气流染色、针织平幅水洗，以及数码喷墨印花、转移印花、涂料印染等少用水工艺技术、自动调浆技术和设备等在线监控技术与装备。造纸行业：推广连续蒸煮、多段逆流洗涤、封闭式洗筛系统、氧脱木素、无元素氯或全无氯漂白、中高浓技术和过程智能化控制技术、制浆造纸水循环使用工艺系统、中段废水物化生化多级深度处理技术，以及高效沉淀过滤设备、多元盘过滤机、超效浅层气浮净水器等。食品与发酵行业：推广湿法制备淀粉工业取水闭环流程工艺、高浓糖化醪发酵（酒精、啤酒等）和高浓度母液（味精等）提取工艺，浓缩工艺普及双效以上蒸发器，推广应用余热型溴化锂吸收式冷水机组，开发应用发酵废母液、废糟液回用技术，以及新型螺旋板式换热器和工业型逆流玻璃钢冷却塔等新型高效冷却设备等。切实加强重点行业取水定额管理。严格执行取水定额国家标准，对钢铁、染整、造纸、啤酒、酒精、合成氨、味精和医药等行业，加大已发布取水定额国家标准实施监察力度，对不符合标准要求的企业，限期整改。

2. 提高工业用水重复利用率，加强非常规水资源利用

发展工业用水重复利用技术、提高工业用水重复利用率是当前工业节水的主要途径。发展重复用水系统，淘汰直流用水系统，发展水闭路循环工艺、冷凝水回收再利用技术、节水冷却技术。工业冷却水用量占工业用水量的 80% 以上，取水量占工业取水量的 30%～40%，发展高效节水冷却技术、提高冷却水利用效率、减少冷却水用量是工业节水的重点之一。

节水冷却技术主要包括以下几点：

（1）改直接冷却为间接冷却。在冷却过程中，特别是化学工业，如采用直接冷却的方法，往往使冷却水中夹带较多的污染物质，使其丧失再利用的价值，如能改为间接冷却，就能克服这个缺点。

（2）发展高效换热技术和设备。换热器是冷却对象与冷却水之间进行热交换的关键设备。必须优化换热器组合，发展新型高效换热器，例如盘管式敞开冷却器应采用密封式水冷却器代替。

（3）发展循环冷却水处理技术。循环冷却系统在运行过程中，需要对冷却水进行处理，以达到防腐蚀、阻止结垢、防止微生物粘泥的目的。处理方法有化学法、物理法等，现在使用较多的是化学法。目前，正广泛使用的磷系缓蚀阻垢剂、聚丙烯酸等聚合物和共聚物阻垢剂曾经使冷却水处理技术取得了突破性的进展，一直是国内外研究开发的重点，并被认为是无毒的。但研究表明，它们会使水体富营养化，又是高度非生物降解的，因而均属于对环境不友好产品。近年来，受动物代谢过程启发合成的一种新的生物高分子——聚天冬氨酸，被誉为是更新换代的绿色阻垢剂。

（4）发展空气冷却替代水冷的技术。空气冷却技术是采用空气作为冷却介质来替代水冷却，不存在环境污染和破坏生态平衡等问题。空气冷却技术有节水、运行管理方便等优点，适用于中、低温冷却对象。空气冷却替代水冷是节约冷却水的重要措施，间接空气冷却可以节水90%。

（5）发展汽化冷却技术。汽化冷却技术是利用水汽化吸热，带走被冷却对象热量的一种冷却方式。受水汽化条件的限制，在常规条件下，汽化冷却只适用于高温冷却对象，冷却对象要求工作温度最高为100℃，多用于平炉、高炉、转炉等高温设备。对于同一冷却系统，用汽化冷却所需的水量仅有温升为10℃时水冷却水量的2%，并减少了90%的补充水量。实践证明，在冶金工业中以汽化冷却技术代替水冷却技术后，可节约用水80%；同时，汽化冷却所产生的蒸汽还可以再利用，或者并网发电。

加强海水、矿井水、雨水、再生水、微咸水等非常规水资源的开发利用。在不影响产品质量的前提下，靠近海边的钢铁、化工、发电等工厂可用海水代替淡水冷却。海滨城市也可将海水用于清洁卫生。我国工业用水中冷却水及其他低质用水占70%以上，这部分水可以用海水、苦咸水和再生水等非传统水资源替代。积极推进矿区开展矿井水资源化利用，鼓励钢铁等企业充分利用城市再生水。支持有条件的工业园区、企业开展雨水集蓄利用。

鼓励在废水处理中应用臭氧、紫外线等无二次污染消毒技术。开发和推广超临界水处理、光化学处理、新型生物法、活性炭吸附法、膜法等技术在工业废水处理中的应用。这样，经处理后的污水就可以重复利用；不能利用的，外排也不会污染水源。

3. 加强企业用水管理

加强企业用水管理是节水的一个重要环节。只有加强企业用水管理，才能合理使用水资源，取得增产、节水的效果。工业企业要做到用水计划到位、节水目标到位、节水措施到位、管水制度到位。积极开展创建节水型企业活动，落实各项节水措施。

企业应建全用水管理制度，健全节水管理机构，进行节水宣传教育，实行分类计量用水并定期进行企业水平衡测试，按照《节水型企业评价导则》，对企业用水情况进行定期评价与改进。

6.4 农业节水

6.4.1 农业节水概述

我国是农业大国，2011年居住在乡村的人口为6.74亿，占总人口的50.32%。农业灌溉面积8.77亿亩，占全国耕地面积的48%。2010年农业用水量$369110^8 m^3$，占全国用水量的61.3%。以农业经济为主的我国西北地区，农业用水占整个地区用水的比重更大，甘肃、内蒙、宁夏和新疆等省区农业用水量占当地总用水量比例超过75%。区域性缺水极大地限制了当地经济和工业的发展。从干旱分布情况来看，我国黄河以北地区的干旱面积较大。我国目前农业用水的有效利用率不到50%，与发达国家的70%~80%的利用率相差甚远，农业节水灌溉对我国农业以及经济的发展具有深远意义。如果灌溉水利用率提高10%~15%，同时灌溉水生产率也提高10%~15%，可减少灌溉用水量约（800~1000）$\times 10^8 m^3$。

节水农业以水、土、作物资源综合开发利用为基础，以提高农业用水效率和效益为目标。衡量节水农业的标准是作物的产量及其品质、水的利用率及水分生产率。节水农业包括节水灌溉农业和旱地农业。节水灌溉农业综合运用工程技术、农业技术及管理技术，合理开发利用水资源，以提高农业用水效益。旱地农业指在降水偏少、灌溉条件差的地区所从事的农业生产。节水农业包含的内容：① 农学范畴的节水，如调整农业结构、作物结构，改进作物布局，改善耕作制度（调整熟制、发展间套作等），改进耕作技术（整地、覆盖等），培育耐旱品种等；② 农业管理范畴的节水，包括管理措施、管理体制与机构，水价与水费政策，配水的控制与调节，节水措施的推广应用等；③ 灌溉范畴的节水，包括灌溉工程的节水措施和节水灌溉技术，如喷灌、滴灌等。

6.4.2　农业灌溉节水指标及计算

为更好地进行农业节水管理，我国先后颁布了《灌溉与排水渠系建筑物设计规范》（SL 482—2011）、《灌溉与排水工程设计规范》（GB 50288—1999）、《渠道防渗工程技术规范》（GB/T 50600—2010）、《喷灌工程技术规范》（GB/T 50085—2007）、《微灌工程技术规范》（GB/T 50485—2009）、《农田低压管道输水灌溉工程技术规范》（GB/T 20203—2006）及《节水灌溉工程技术规范》（GB/T 50363—2006）等，对我国节水灌溉体系中的灌溉水源、灌溉用水量、灌溉水利用系数、灌溉效益等主要技术指标给予具体的说明和要求。

1. 农业灌溉水源

农业灌溉水源包括地表水、地下水、灌溉回归水和净化处理并达到回用标准的再生水。灌溉水源应满足灌溉对水量、水质的要求。灌溉水源在水量及时空分布上与农业灌溉的要求常不相适应，需建蓄水、引水、提水等水利工程，以满足农田灌溉要求。灌溉水源的水质，如水的化学、物理性状，水中含有污染物的成分及其含量等，对农业生产也有一定的影响。它应符合作物生长和发育的要求，并兼顾人畜饮用及鱼类生长的要求。灌溉水源的水质不能满足灌溉要求时，可通过工程、生物等措施加以改善，符合标准后再用于灌溉。

2. 灌溉用水量

灌溉用水量是指为满足作物正常生长需要的灌溉水量和渠系输水损失以及田间灌水损失水量之总和。灌溉用水量可分一个时段的及整个生育期的灌溉用水量。前者常按月、旬划分时段统计，可得灌溉用水过程。各时段作物灌水定额乘以种植面积即得相应时段的净灌溉用水量，其和即为整个生育期的净灌溉用水量。再计入灌溉输水系统渗漏、蒸发等损失，即得毛灌溉用水量。农作物在整个生育期需水量，因地区水土等自然条件、农业措施、工程措施、作物种类及品种、管理水平等不同而异，可通过实验资料确定。

3. 灌溉水利用系数

灌溉水利用系数是指在一次灌水期间被农作物利用的净水量与水源渠首处总引进水量的比值，是衡量从水源引水到田间植物吸收利用水的过程中水利用效率的一个重要指标，也是集中反映灌溉工程质量、灌溉技术水平和灌溉用水管理的一项综合指标，等于渠系水利用系数与田间水利用系数乘积。

（1）渠系水利用系数

渠系水利用系数是指各农渠放水量之和与总干渠渠首引水总量的比值。该指标反映各级输、配水渠道总的输水损失，其值等于各级渠道水利用系数的乘积。考虑到不同类型灌区渠道规模、渠系构成、输配水工程质量与管理水平的差异，《灌溉与排水工程设计规范》要求：

大型灌溉区不应低于 0.55，中型灌溉区不应低于 0.65，小型灌溉区不应低于 0.75，井灌区采用渠道防渗不应低于 0.90，采用管道输水不应低于 0.95。

（2）田间水利用系数

田间水利用系数是指净灌溉定额与末级固定渠道放出的单位面积灌溉水量的比值。计算公式为：

$$\eta_t = \frac{mA}{W} \tag{6-21}$$

式中　η_t——田间水利用系数；

m——设计灌溉定额，m^3/hm^2；

A——末级固定渠道控制的实灌面积，hm^2；

W——末级固定渠道放出的总水量，m^3。

田间水利用系数的大小直接反映灌溉过程中的水量损失的程度。田间水利用系数低，表明单位面积上的灌水量超过农作物的利用量，无效灌溉水量所占的比例高，田间灌水量损失较大，节水灌溉无法实现。因此，要求水稻灌区不宜低于 0.95，旱作物灌区不宜低于 0.90。

（3）田间用水效率

目前，在国际节水灌溉研究和评价中，广泛采用田间用水效率概念。田间用水效率指满足植物生长周期内用于蒸发、蒸腾所需水量与供给田间水量的比值。计算公式为：

$$E_a = \frac{V_m}{V_f} \times 100\% \tag{6-22}$$

式中　E_a——田间用水效率，%；

V_m——满足植物生长周期内用于蒸发、蒸腾所需水量，即作物需水量减去有效降雨量，m^3；

V_f——供给田间水量，为灌溉水总和，包括前期和生产期的灌溉水量，m^3。

（4）灌溉水利用系数

灌溉水利用系数是指在一次灌水期间被农作物利用的净水量与水源渠首处总引进水量的比值。大型灌溉区不应低于 0.50，中型灌溉区不应低于 0.60，小型灌溉区不应低于 0.70，井灌区不应低于 0.80，喷灌、微喷灌区不应低于 0.85，滴灌区不应低于 0.90。

（5）井渠结合灌区的灌溉水利用系数

井渠结合灌区的灌溉水利用系数是指井渠地下及地表利用水量与井渠灌区总用水量之比。计算公式为：

$$\eta_t = \frac{\eta_j W_j + \eta_q W_q'}{W} \tag{6-23}$$

式中　η_t——井渠结合灌区的灌溉水利用系数；

η_j——井灌水利用系数；

W_j——地下水用量，m^3；

η_q——渠灌水利用系数；

W_q——地表水用量，m^3；

W——井渠灌区总用水量，m^3。

（6）水分生产率

水分生产率指单位水资源量在一定的作物品种和耕作栽培条件下所获得的产量或产值，

作物消耗单位水量的产出，其值等于作物产量（一般指经济产量）与作物净耗水量或蒸发、蒸腾量之比值。计算公式为：

$$I = \frac{y}{m + p + d} \tag{6-24}$$

式中　I——作物水分生产率，kg/m³ 或元/m³；

　　　y——作物生量或产值，kg/hm² 或元/hm²；

　　　m——净灌溉水量，m³/hm²；

　　　P——生育期内的有效降雨量，能保持在田间被作物吸收利用的那部分降水量，为总降水量与地表径流量、深层渗漏量之差值。降雨的有效性取决于降水强度、土壤质地、植被覆盖情况等，m³/hm²；

　　　d——地下水补给量，与地下水埋深、土壤质地、作物种类有关，m³/hm²。

4. 节水效益

用增量费用效益比分析节水灌溉项目的经济效益。计算公式为：

$$R = \frac{(1+i)^n - 1}{i\,(1+i)^n} \cdot \frac{B-C}{K} \tag{6-25}$$

式中　R——增量效益费用比；

　　　B——节水灌溉工程多年平均增产值，元/年；

　　　C——节水灌溉工程多年平均运行费，元/年；

　　　K——节水灌溉工程总投资，元；

　　　n——节水灌溉工程使用年限，年；

　　　i——资金年利率，%。

节水灌溉应有利于提高经济效益、社会效益和环境效益，改善劳动条件，减小劳动强度，促进农业产业化和农村经济的发展。节水灌溉应综合运用工程措施、农艺措施和管理措施，以提高灌溉水的产出效率。

6.4.3　农业节水措施

1. 喷灌节水技术

喷灌是把有压力的水通过装有喷头的管道喷射到空中形成水滴洒到田间的灌水方法。这种灌溉方法比传统的地面灌溉节水 30%～50%，增产 20%～30%，具有保土、保水、保肥、省工和提高土地利用率等优点。喷灌在使用过程不断改进，喷灌节水设备已从固定式发展到移动式，提高了喷灌的适应性。

2. 滴灌节水技术

滴灌是利用塑料管（滴灌管）道将水通过直径约 10mm 毛管上的孔口或滴头送到作物根部进行局部灌溉。滴灌几乎没有蒸发损失和深层渗漏，在各种地形和土壤条件下都可使用，最为省水。实验结果表明，滴灌比喷灌节水 33.3%，节电 41.3%，比畦灌节水 81.6%，节电 85.3%，与大水漫灌相比，一般可增产 20%～30%。

3. 微灌节水技术

微灌是介于喷灌、滴灌之间的一种节水灌溉技术，它比喷灌需要的水压力小，雾化程度高，喷洒均匀，需水量少。喷头也不像滴灌那样易堵塞，但出水量较少，适于缺水地区蔬菜、果木和其他经济作物灌溉。

4. 渗灌节水技术

渗灌是利用埋设在地下的管道，通过管道本身的透水性能或出水微孔，将水渗入土壤中，供作物根系吸收，这种灌溉技术适用的条件是地下水位较深，灌溉水质好，没有杂物，暗管的渗水压强应和土壤渗吸性相适应，压强过小则出水慢，不能满足作物需水要求，压强过大则增加深层渗漏，达不到节水的目的。常用砾石混凝土管、塑料管等作为渗水管，管壁有一定的孔隙面积，使水流通过渗入土壤。渗灌比地面灌溉省水省地，但因造价高、易堵塞和不易检修等原因，所以发展较慢。

5. 渠道防渗

渠道防渗不仅可以提高流速，增加流量，防止渗漏，而且可以减少渠道维修管理费用。渠道防渗方法有两种：一种是通过压实改变渠床土壤渗透性能，增加土壤的密实度和不透水性；二是用防渗材料如混凝土、塑料薄膜、砌石、水泥、沥青等修筑防渗层。混凝土衬砌是较普遍采用的防渗方法，防渗防冲效果好，耐久性强，但造价高。塑料薄膜防渗效果好，造价也较低，但为防止老化和破损，需加覆盖层，在流速小的渠道中，加盖 30cm 以上的保护土层；在流速大的渠道中，加混凝土保护。防渗渠道的断面有梯形、矩形和 U 形，其中 U 形混凝土槽过水流量大，占地少，抗冻效果好，所以应用较多。

6. 塑料管道节水技术

塑料管道有两种：一种是适用于地面输水的软塑管道，另一种是埋入地下的硬塑管道。地面管道输水有使用方便、铺设简单、可以随意搬动、不占耕地、用后易收藏等优点，最主要的是可避免沿途水量的蒸发渗漏和跑水。据实测，水的有效利用率 98%，比土渠输水节省 30%～36%。地下管道输水灌溉，它有技术性能好、使用寿命长、节水、节地、节电、增产、增效、输水方便等优点。塑料管材的广泛应用，可以有效节约水资源，为增产增收提供了可靠的保证。

我国目前灌溉面积占总耕地面积不足一半，灌溉水利用率低，不到 50%，而先进国家达到 70%～80%。我国 $1m^3$ 水粮食生产能力只有 1.2kg 左右，而先进国家为 2kg，以色列达 2.32kg。全国节水灌溉工程面积占有效灌溉面积的 1/3，采用喷灌、滴灌等先进节水措施的灌溉面积仅占总灌溉面积的 4.6%，而有些发达国家占灌溉面积的 80% 以上，美国占 50%。国内防渗渠道工程仅占渠道总长的 20%。由此可以看出，我国农业节水技术水平还比较低，农业节水潜力很大。

6.5　海水淡化

6.5.1　海水利用概述

在沿海缺乏淡水资源的国家和地区，海水资源的开发利用越来越得到重视。海水利用包括直接利用和海水淡化利用两种途径。

1. 国内外海水利用概况

国外沿海国家都十分重视对海水的利用，美国、日本、英国等发达国家都相继建立了专门机构，开发海水的代用及淡化技术。据统计，全球海水淡化总产量已达到日均 6348 万 t，海水冷却水年用量超过 $7000×10^8 m^3$。美国在 20 世纪 80 年代用于冷却水的海水量就已达到

$720×10^8 m^3/a$，目前工业用水的 20％～30％仍为海水。日本在 20 世纪 30 年代就开始将海水用于工业冷却水。日本每年直接利用海水近 $2000×10^8 m^3$。当今海水淡化装置主要分布在两类地区。一是沿海淡水紧缺的地区，如中东的科威特、沙特阿拉伯、阿联酋、美国的圣选戈市等国家和地区。二是岛屿地区，如美国的佛罗里达群岛和基韦斯特海军基地，中国的西沙群岛等。

目前我国沿海城市发展速度迅速，城市需水量大，淡水资源严重不足，供需矛盾日益突出。沿海城市的海水综合利用开发是解决淡水资源缺乏的重要途径之一。青岛、大连、天津等沿海城市多年来直接利用海水用于工业生产，节约了大量淡水资源。2010 年全国直接利用海水共计 $488×10^8 m^3$，主要作为火（核）电的冷却用水。

图 6-2 呈现了自 2000 年以来，我国海水利用量正呈逐年上升趋势。

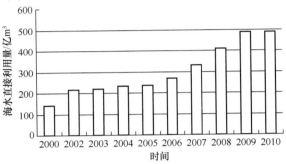

图 6-2 历年我国海水直接利用量情况

2. 海水水质特征

海水化学成分十分复杂，主要是含盐量远高于淡水。海水中总含盐量高达 $6000～50000mg/L$，其中氯化物含量最高，约占总含盐量 89％左右；硫化物次之，再次为碳酸盐及少量其他盐类。海水中盐类主要是氯化钠，其次是氯化镁、硫酸镁和硫酸钙等。与其他天然水源所不同的一个显著特点是海水中各种盐类和离子的质量比例基本衡定。海水中盐类组成及含量见表 6-3。

表 6-3 海水盐类组成及含量

盐类名称	海水中盐类浓度/（g/kg）	盐类含量/％
氯化钠	27.213	77.751
氯化镁	3.807	10.877
硫酸镁	1.658	4.738
硫酸钙	1.260	3.600
硫酸钾	0.863	2.466
碳酸钙	0.123	0.351
溴化镁	0.076	0.217
合 计	35.000	100.00

按照海域的不同使用功能和保护目标，我国将海水水质分成四类：第一类，适用于海洋渔业水域，海上自然保护区和珍稀濒危海洋生物保护区。第二类，适用于水产养殖区，海水浴场，人体直接接触海水的海上运动或娱乐区，以及与人类食用直接有关的工业用水区。第三类，适用于一般工业用水区，滨海风景旅游区。第四类，适用于海洋港口水域，海洋开发作业区。具体分类标准可参考《海水水质标准》（GB 3097—1997）。

3. 海水利用途径

海水作为水资源的利用途径有直接利用和海水淡化后综合利用。直接利用指海水经直接或简单处理后作为工业用水或生活杂用水，可用于工业冷却、洗涤、冲渣、冲灰、除尘、印染用水、海产品洗涤、冲厕、消防等用途。海水经淡化除盐后可作为高品质的用水，用于生活饮用，工业生产等，可替代生活饮用水。

直接取用海水作为工业冷却水占海水利用总量的 90% 左右。使用海水冷却的对象有：火力发电厂冷凝器、油冷器、空气和氨气冷却器等；化工行业的蒸馏塔、炭化塔、煅烧炉等；冶金行业气体压缩机、炼钢电炉、制冷机等；食品行业的发酵反应器、酒精分离器等。

6.5.2 海水利用技术

1. 海水直接利用技术

（1）工业冷却用水

工业冷却水占工业用水量的 80% 左右，工业生产中海水被直接用作冷却水的用量占海水总用量的 90% 左右。利用海水冷却的方式有间接冷却和直接冷却两种。其中以间接冷却方式为主，它是一种利用海水间接换热的方式达到冷却目的，如冷却装置、发电冷凝、纯碱生产冷却、石油精炼、动力设备冷却等都采用间接冷却方式。直接冷却是指海水与物料接触冷却或直喷降温冷却方式。在工业生产用水系统方面，海水冷却水的利用有直流冷却和循环冷却两种系统。直流冷却效果好，运行简单，但排水量大，对海水污染严重；循环冷却取水量小，排污量小，总运行费用低，有利于保护环境。海水冷却的优点：① 水源稳定，水量充足；② 水温适宜，全年平均水温 0～25℃，利于冷却；③ 动力消耗低，直接近海取水，降低输配水管道安装及运行费用；④ 设备投资较少，水处理成本较低。

（2）海水用于再生树脂还原剂

在采用工业阳离子交换树脂软化水处理技术中，需要用定期对交换树脂床进行再生。用海水替代食盐作为树脂再生剂对失效的树脂进行再生还原，这样既节省盐又节约淡水。

（3）海水作为化盐溶剂

在制碱工业中，利用海水替代自来水溶解食盐，不仅节约淡水，而且利用了海水中的盐分减少了食盐原材用量，降低制碱成本。例如，天津碱厂使用海水溶盐，每吨海水可节约食盐 15kg，仅此一项每年可创效益约 180 万元。

（4）海水用于液压系统用水

海水可以替代液压油用于液压系统，海水水温稳定、黏度较恒定，系统稳定，使用海水作为工作介质的液压系统，构造简单，不需要设冷却系统、回水管路及水箱。海水液压传动系统能够满足一些特殊环境条件下的工作，如潜水器浮力调节、海洋钻井平台及石油机械的液压传动系统。

（5）冲洗用水

海水简单处理后即可用于冲厕。香港从 20 世纪 50 年代末开始使用海水冲厕，通过进行海水、城市再生水和淡水冲厕三种方案的技术经济对比，最终选择海水冲厕方案。我国北方沿海缺水城市，天津、青岛、大连也相继采用海水冲厕技术，节约了淡水资源。

（6）消防用水

海水可以作为消防系统用水，应用时应注意消防系统材料的防腐问题。

（7）海产品洗涤

在海产品养殖中，海水用于洗涤海带、海鱼、虾、贝壳类等海产品的清洗加工。用于洗涤的海水需要进行简单的预处理，加以澄清以去除悬浮物、菌类，可替代淡水进行加工洗涤，节约大量淡水资源。

（8）印染用水

海水中一些成分是制造染料的中间体，对染整工艺中染色有促进作用。海水可用于印染行业中煮炼、漂白、染色和漂洗等工艺，节约淡水资源和用水量，减少污染物排放量。我国第一家海水印染厂 1986 年建于山东荣成石岛镇，该厂采用海水染色纯棉平纹，比淡水染色工艺节约染料、助剂约 30％～40％；染色牢固度提高两级，节约用水 1/3。

（9）海水脱硫及除尘

海水脱硫工艺是利用海水洗涤烟气，并作为 SO_2 吸收剂，无需添加任何化学物质，几乎没有副产物排放的一种湿式烟气脱硫工艺。该工艺具有较高的脱硫效率。海水脱硫工艺系统由海水输送系统、烟气系统、吸收系统、海水水质恢复系统、烟气及水质监测系统等组成。海水不仅可以进行烟气除尘，还可用于冲灰。国内外很多沿海发电厂采用海水作冲灰水，节约大量淡水资源。

2. 海水淡化技术

海水淡化是指除去海水中的盐分而获得淡水的工艺过程。海水淡化是实现水资源利用的开源增量技术，可以增加淡水总量，而且不受时空和气候影响，水质好、价格渐趋合理。淡化后海水可以用于生活饮用、生产等各种用水领域。目前，已有 100 多个国家在应用海水淡化技术，海水淡化日产量 $3775 \times 10^4 \, m^3$，国内海水淡化实际产水量日均 $24 \times 10^4 \, m^3$。到 2020 年，海水利用对解决沿海地区缺水问题的贡献率将达 26％～37％。

不同的工业用水对水的纯度要求不同。水的纯度常以含盐量或电阻率表示。含盐量指水中各种阳离子和阴离子总和，单位为 mg/L 或％。电阻率指 $1 \, cm^3$ 体积的水所测得的电阻，单位为欧姆厘米（$\Omega \cdot cm$）。根据工业用水水质不同，将水的纯度分为四种类型，见表 6-4。

表 6-4　水的纯度类型

类　　型	含盐量/（mg/L）	电阻率/（$\Omega \cdot cm$）
淡化水	$n \sim n \times 100$	$n \times 100$
脱盐水	1.0～5.0	$(0.1 \sim 1.0) \times 10^6$
纯水	＜1.0	$(1.0 \sim 10) \times 10^6$
高纯水	＜0.1	$> 10 \times 10^6$

淡化水，一般指将高含盐量的水如海水，经过除盐处理后成为生活及生产用的淡水。脱盐水相当于普通蒸馏水。水中强电解质大部分已去除，剩余含盐量约为 1～5mg/L。25℃时水的电阻率为 0.1～1.0MΩ·cm。纯水，亦称去离子水。纯水中强电解质的绝大部分已去除，而弱电解质也去除到一定程度，剩余含盐量在 1mg/L 以下，25℃时水的电阻率为 1.0～10MΩ·cm。高纯水又称超纯水，水中的电解质几乎已全部去除，而水中胶体微粒微生物、溶解气体和有机物也已去除到最低的程度。高纯水的剩余含盐量应在 0.1mg/L 以下，25℃时，水的电阻率在 10MΩ·cm 以上。理论上纯水（即理想纯水）的电阻率应等于 18.3MΩ·cm（25℃时）。

目前，海水淡化方法有蒸馏法、反渗透法、电渗析法和海水冷冻法等。目前，中东和非洲国家的海水淡化设施均以多级闪蒸法为主，其他国家则以反渗透法为主。各种淡化海水方法所耗的能量见表 6-5。

表 6-5　海水淡化所需能量　　　　　　　　　　　单位：kW·h/m³

淡化方法	反渗透法	冷冻法	电渗析法	多级闪蒸法
所需能量	3.5～4.7	9.3	18～22	62.8

（1）蒸馏法　蒸馏法是将海水加热气化，待水蒸气冷凝后获取淡水的方法。蒸馏法依据所用能源、设备及流程的不同，分为多级闪蒸、低温多效和蒸汽压缩蒸馏等，其中以多级闪蒸工艺为主。

（2）反渗透法　反渗透法指在膜的原水一侧施加比溶液渗透压高的外界压力，原水透过半透膜时，只允许水透过，其他物质不能透过而被截留在膜表面的过程。反渗透法是 20 世纪 50 年代美国政府援助开发的净水系统。60 年代用于海水淡化。采用反渗透法制造纯净水的优点是脱盐率高，产水量大，化学试剂消耗少，水质稳定，离子交换树脂和终端过滤器寿命长。由于反渗透法在分离过程中，没有相态变化，无需加热，能耗少，设备简单，易于维护和设备模块化，正在逐渐取代多级闪蒸法。

（3）电渗析法　电渗析法是利用离子交换膜的选择透过性，在外加直流电场的作用下使水中的离子有选择的定向迁移，使溶液中阴阳离子发生分离的一种物理化学过程，属于一种膜分离技术，可以用于海水淡化。海水经过电渗析，所得到的淡化液是脱盐水，浓缩液是卤水。

（4）海水冷冻法　冷冻法是在低温条件下将海水中的水分冻结为冰晶并与浓缩海水分离而获得淡水的一种海水淡化技术。冷冻海水淡化法原理是利用海水三相点平衡原理，即海水汽、液、固三相共存并达到平衡的一个特殊点。若改变压力或温度偏离海水的三相平衡点，平衡被破坏，三相会自动趋于一相或两相。真空冷冻法海水淡化技术利用海水的三相点原理，以水自身为制冷剂，使海水同时蒸发与结冰，冰晶再经分离、洗涤而得到淡化水的一种低成本的淡化方法。真空冷冻海水淡化工艺包括脱气、预冷、蒸发结晶、冰晶洗涤、蒸汽冷凝等步骤。与蒸馏法、膜海水淡化法相比，冷冻海水淡化法腐蚀结垢轻，预处理简单，设备投资小，并可处理高含盐量的海水，是一种较理想的海水淡化技术。海水淡化法工艺的温度和压力是影响海水蒸发与结冰速率的主要因素。冷冻法在淡化水过程中需要消耗较多能源，获取的淡水味道不佳，该方法在技术中还存在一些问题，影响到其使用和推广。

6.5.3　海水利用实例

1. 大亚湾核电站——海水代用冷却水

大亚湾核电站位于广东省深圳市西大亚湾北岸，是我国第一个从国外引进的大型核能建设项目。核电站由两台装机容量为 $100×10^4$ kW 压水堆机组成，总投资 40 亿美元。自 1994 年投产，年发电量均在 $100×10^8$ kW·h 以上，运行状况良好。在核电站旁边还建有四台 $100×10^4$ kW 机组，分别于 2003 年和 2010 年投入运营。大亚湾核电站冷却水流量高达 90m³/s 以上，利用海水冷却。采用渠道输水，取水口设双层钢索拦网以防止轮船撞击。取水流速与湾内水流接近，以减少生物和其他物质的进入。泵站前避免静水区，减少海藻繁殖和泥沙沉积。

2. 华能玉环电厂海水淡化工程

华能玉环电厂位于浙江东南部。浙江东南部属于温带气候，海水年平均温度 15℃。规划总装机 600 万 kW，现运行有 4 台 100 万 kW 超临界燃煤机组。华能玉环电厂海水利用方式有两种：一种是海水直接利用，另一种是海水淡化利用。

华能玉环电厂直接取原海水作为循环冷却水，经过凝汽器后的排水实际水温上升可达9℃，基本满足反渗透工艺对水温的要求。按 1440m³/h 淡水制水量计算，若过滤装置回收率以 90%计，第一级反渗透水回收率以 45%计，第二级反渗透水回收率以 85%计，则反渗透淡化工程的原海水取用量 4200m³/h。

电厂使用的全部淡水，包括工业冷却水、锅炉补给水、生活用水等均通过海水淡化制取。海水淡化系统采用双膜法，即超滤＋反渗透工艺，设计制水能力 1440m³/h，每天约产淡水 35000m³，每年节约淡水资源（900～1200）×10⁴ m³，并可为当地居民用水提供后备用水。

华能玉环电厂海水淡化系统选用了浸没式超滤膜，其性能介于微滤和超滤之间。原海水经过反应沉淀后进入超滤装置处理，其产水再进入超滤产水箱，为后续反渗透脱盐系统待用。

常规的反渗透系统设计中一般需配置加热装置，维持 25℃的运行温度，以获得恒定的产水量。该厂取来源于经循环冷却水后已升温的海水，基本满足了反渗透工艺对水温的要求，冷却进水加热器，简化系统设备配置、节省投资，同时采用了可变频运行的高压泵，在冬季水温偏低时，可提高高压泵的出口压力，以弥补因水温而引起的产水量降低的缺陷。

超滤产水箱流出的清洁海水通过升压泵进入 5m 保安过滤器。通过保安过滤器的原水经高压泵加压后进入第一级反渗透膜堆，该单元为一级一段排列方式，配 7 芯装压力容器，单元回收率 45%，脱盐率大于 99%。产水分成两路，一路直接进入工业用水分配系统。由于产水的 pH 值在 6.0 左右，故需在输送管路上对这部分水加碱，以维持合适的 pH 值，减少对工业水管道的腐蚀。另一路进入一级淡水箱，作为二级反渗透的进水。

一级淡化单元中采用了目前国际上先进的 PX 型能量回收装置，将反渗透浓水排放的压力作为动力以推动反渗透装置的进水。此时高压泵的设计流量仅为反渗透膜组件进水流量的45%，而另 55%的流量只需通过大流量、低扬程的增压泵来完成即可。能量回收效率达95%以上。经过能量回收之后排出的浓盐水排至浓水池，作为电解海水制取次氯酸钠系统的原料水，由于这部分浓水是被浓缩了 1.8～2 倍的海水，提高了电解海水装置的效率。电解产品次氯酸钠被进一步综合利用。

一级淡水箱出水通过高压泵直接进入第二级反渗透膜堆，之间设置管式过滤器以除去大颗粒杂质。该单元为一级二段排列方式，配 6 芯装压力容器，单元回收率 85%，脱盐率大于 97%。二级产水直接进入二级淡水箱，作为化学除盐系统预脱盐水、生活用水。浓水被收集后返回至超滤产水箱回用。

6.6 雨水利用

6.6.1 雨水利用概述

雨水利用作为一种古老的传统技术一直在缺水国家和地区广泛应用。随着城镇化进程的推进，造成地面硬化改变了原地面的水文特性，干预了自然的水温循环。这种干预致使城市降水蒸发、入渗量大大减少，降雨洪峰值增加，汇流时间缩短，进而加重了城市排水系统的负荷，土壤含水量减少，热岛效应及地下水位下降现象加剧。

通过合理的规划和设计，采取相应的工程措施开展雨水利用，既可缓解城市水资源的供需矛盾，又可减少城市雨洪的灾害。雨水利用是水资源综合利用中的一项新的系统工程，具有良好的节水效能和环境生态效应。

1. 雨水利用的基本概念

雨水利用是一种综合考虑雨水径流污染控制、城市防洪以及生态环境的改善等要求。建立包括屋面雨水集蓄系统、雨水截污与渗透系统、生态小区雨水利用系统等。将雨水用作喷洒路面、灌溉绿地、蓄水冲厕等城市杂用水的雨水收集利用技术是城市水资源可持续利用的重要措施之一。雨水利用实际上就是雨水入渗、收集回用、调蓄排放等的总称。主要包括三个方面的内容：入渗利用，增加土壤含水量，有时又称间接利用；收集后净化回用，替代自来水，有时又称直接利用；先蓄存后排放，单纯消减雨水高峰流量。

雨水利用的意义可表现在以下四个方面：

第一，节约水资源，缓解用水供需矛盾。将雨水用作中水水源、城市消防用水、浇洒地面和绿地、景观用水、生活杂用等方面，可有效节约城市水资源，缓解用水供需矛盾。

第二，提高排水系统可靠性。通过建立完整的雨水利用系统（即由调蓄水池、坑塘、湿地、绿色水道和下渗系统共同构成），有效削减雨水径流的高峰流量，提高已有排水管道的可靠性，防止城市洪涝，减少合流制管道雨季的溢流污水，改善水体环境，减少排水管道中途提升容量，提高其运行安全可靠性。

第三，改善水循环，减少污染。强化雨水入渗，增加土壤含水量，增加地下水补给量，维持地下水平衡，防止海水入侵，缓解由于城市过度开采地下水导致的地面沉降现象；减少雨水径流造成的污染物。雨水冲刷屋顶、路面等硬质铺装后，屋面和地面污染物通过径流带入水中，尤其是初期雨水污染比较严重。雨水利用工程通过低洼、湿地和绿化通道等沉淀和净化，再排到雨水管网或河流，起到拦截雨水径流和沉淀悬浮物的作用。

第四，具有经济和生态意义。雨水净化后可作为生活杂用水、工业用水，尤其是一些必须使用软化水的场合。雨水的利用不仅减少自来水的使用量，节约水费，还可以减少软化水的处理费用，雨水渗透还可以节省雨水管道投资；雨水的储留可以加大地面水体的蒸发量，创造湿润气候，减少干旱天气，利于植被生长，改善城市生态环境。

2. 国内外雨水利用概况

人类对雨水利用的历史可以追溯到几千年前，古代干旱和半干旱地区的人们就学会将雨水径流贮存在窖里，以供生活和农业生产用水。自 20 世纪 70 年代以来，城市雨水利用技术迅速发展。在以色列、非洲、印度、中国西北等许多国家和地区修建了数以千万计的雨水收集利用系统。美国、加拿大、德国、澳大利亚、新西兰、新加坡和日本等许多发达国家也开展了不同规模、不同内容的雨水利用的研究和实施计划。1989 年 8 月在马尼拉举行的第四届国际雨水利用会议上建立了国际雨水利用协会（IRCSA），并于每两年举办一次国际雨水利用大会。

德国是国际上城市雨水利用技术最发达的国家之一。1989 年德国就出台了雨水利用设施标准（DIN 1989），到 21 世纪初就已经形成"第三代"雨水利用技术及相关新标准。其主要特征是设备的集成化，从屋面雨水的收集、截留、调蓄、过滤、渗透、提升、回用到控制都有一系列的定型产品和组装式成套设备。德国针对城市不透水地面对地下水资源的负面影响，提出了一项把城市 80％的地面改为透水地面的计划，并明文规定，新建小区均要设计雨洪利用项目，否则征收雨洪排水设施费和雨洪排放费。德国有大量各种规模和类型的雨水利用工程和成功实例。例如柏林 Potsdamer 广场 Daimlerchrysler 区域城市水体工程就是雨水利用生态系统成功范例。主要措施包括建设绿色屋顶，设置雨水调蓄池储水用于冲洗厕所和浇洒绿地，通过养殖动物、水生植物、微生物等协同净化雨水。该水系统达到了人、物、环境的和谐与统一。

日本是亚洲重视雨水利用的典范，十分重视环境、资源的保护和积极倡导可持续发展的理念。日本于 1963 年开始兴建滞洪和储蓄雨水的蓄洪池，许多城市在屋顶修建用雨水浇灌的"空中花园"，在大型建筑物地下建设储水池，建设许多小型入渗设施。1992 年颁布"第二代城市下水总体规划"正式将雨水渗沟、渗塘及透水地面作为城市总体规划的组成部分，要求新建和改建的大型公共建筑群必须设置雨水就地下渗设施。有关部门对东京附近 20 个主要降雨区 22 万 m^2 范围长达 5 年的观测和调查，平均降雨量 69.3mm 的地区"雨水利用"后，其平均出流量由原来的 37.95mm 降低到 5.48mm，流出率由 51.8％降低到 5.4％。

我国雨水利用技术历史悠久。在干旱、半干旱的西北部地区，创造出许多雨水集蓄利用技术，从 20 世纪 50 年代开始利用窖水点浇玉米、蔬菜等。80 年代末，甘肃实施"121 雨水集流工程"，同一时期宁夏实施"窖窖农业"，陕西省实施了"甘露工程"，山西省实施了"123"工程，内蒙古实施了"112 集雨节水灌溉工程"等一系列雨水利用措施。2010 年颁布的《雨水集蓄利用工程技术规范》（GB 50596—2010）为我国雨水利用提供了标准依据。

近年来随着城市建设发展，我国城市人口逐年增加，城市化速度加快，城市建成区面积在逐年扩大，城市道路、建筑等下垫面不同程度的硬化导致城市雨水径流增大，入渗土壤地下的水量减少。一些城市和地区出现水资源短缺、洪涝频繁发生现象，雨水利用是解决问题的重要措施之一。

据专家预测，我国城市雨水利用潜力巨大。表 6-6 中列出了全国城市化进程后各年的供水量与雨水资源量的对比情况。

表 6-6 城市雨水利用潜力分析表

年份	城市化率 /%	城市总人口/人	城市需水总量/ ($10^8 m^3$)	城市雨水总量/ ($10^8 m^3$)	按 20％利用率计算		按 40％利用率计算	
					可利用雨水量/ ($10^8 m^3$)	占新增供水量的比例/%	可利用雨水量/ ($10^8 m^3$)	占新增供水量的比例/%
1997	30.0	3.70	630	110	22	—	44	—
2010	40.0	5.49	910	190	40	12.5	80	25.0
2030	52.0	8.07	1220	283	60	9.1	120	18.2
2050	60.0	9.60	1540	348	70	7.1	140	14.2

3. 雨水水质特征

总体上雨水水质污染主要是由于大气污染、屋面、道路等杂质渗入引起的。城市路面径流雨水的污染常受到汽车尾气、轮胎磨损、燃油和润滑油、路面磨损以及路面沉积污染物的渗入引起，其 COD、SS、TN、P 和部分重金属的初期浓度和加权平均浓度都比屋面高。一般取前期 2～5min 降雨所产生的径流量为初期径流量，机动车道初期径流主要污染物浓度范围如下：COD 约 250～9000mg/L，SS 约 500～25000mg/L，TN 约 20～125mg/L。在弃除污染严重的初期径流后，随着降雨历时延长，后期雨水径流污染物浓度逐渐下降。后期径流中主要污染物浓度范围如下：COD 约 50～900mg/L，SS 约 50～1000mg/L，TN 约 5～20 mg/L。居住区内道路径流污染物浓度比市政机动车道路要轻。居住小区道路初期径流主要污染物浓度范围如下：COD 约 120～2000mg/L，SS 约 200～5000mg/L，TN 约 5～15mg/L，后期径流主要污染物浓度范围如下：COD 约 60～200mg/L，SS 约 50～200mg/L，TN 约 2～10mg/L。屋顶雨水径流污染物主要来源于降雨对大气污染物的淋洗、雨水径流对屋顶沉积物质的冲洗、屋顶自身材料析出物质等途径。沥青油毡屋顶初期径流中 COD 浓度约 500～1750mg/L、SS 浓度约 300～500mg/L、TN 浓度高达 10～50 mg/L，瓦屋顶初期径流中 COD 浓度约 100～1200mg/L、SS 浓度约 200～500mg/L、TN 浓度高达 5～15mg/L。总体而言，瓦屋顶初期径流中污染物浓度明显低于沥青油毡屋顶，屋顶材料类型及新旧程度是影响径流水质的根本原因。后期屋面径流中 COD 浓度约 30～100mg/L、SS 浓度约 20～200mg/L、TN 浓度高达 2～10mg/L。雨水经处理后的水质应根据用途决定，COD 和 SS 应满足表 6-7 中规定，其他指标应符合国家相关用水标准。雨水经处理后属于低质水，不能用于高质水用途。雨水可用于下列用途：景观、绿化、循环冷却系统补水、洗车、地面和道路冲洗、冲厕和消防等。

表 6-7　雨水处理后的水质指标　　　　　　　　　单位：mg/L

项目指标	循环冷却系统补水	观赏性水景	娱乐性水景	绿化	车辆冲洗	道路浇洒	冲厕
COD ≤	30	30	20	30	30	30	30
SS ≤	5	10	5	10	5	10	10

6.6.2　雨水利用技术

雨水利用可以分为直接利用（回用）、雨水间接利用（渗透）及雨水综合利用等。直接利用技术是通过雨水收集、储存、净化处理后，将雨水转化为产品水供杂用或景观用水，替代清洁的自来水。雨水间接利用技术是用于渗透补充地下水。按规模和集中程度不同分为集中式和分散式，集中式又分为干式及湿式深井回灌，分散式又分为渗透检查井、渗透管（沟）、渗透池（塘）、渗透地面、低势绿地及雨水花园等。雨水综合利用技术是采用因地制宜措施，将回用与渗透相结合，雨水利用与洪涝控制、污染控制相结合，雨水利用与景观、改善生态环境相结合等。

1. 雨水径流收集

（1）雨水收集系统分类及组成

雨水收集与传输是指利用人工或天然集雨面将降落在下垫面上的雨水汇集在一起，并通过管、渠等输水设施转移至存储或利用部位。根据雨水收集场地不同，分为屋面集水式和地面集水式两种。

屋面集水式雨水收集系统由屋顶集水场、集水槽、落水管、输水管、简易净化装置、储水池和取水设备组成。地面集水式雨水收集系统由地面集水场、汇水渠、简易净化装置、储水池和取水设备组成。

（2）雨水径流计算

雨水设计流量指汇水面上降雨高峰历时内汇集的径流流量，采用推理公式法计算雨水设计流量，应按下式计算。当汇水面积超过 $2km^2$ 时，宜考虑降雨在时空分布的不均匀性和管网汇流过程，采用数学模型法计算雨水设计流量。

$$Q = \varphi \times q \times F \tag{6-26}$$

式中　Q——雨水设计流量，L/s；

　　　φ——径流系数；

　　　q——设计暴雨强度，L/（s·hm^2）；

　　　F——汇水面积，hm^2。

径流系数，可按表 6-8 的规定取值，汇水面积的平均径流系数按地面种类加权平均计算；综合径流系数，可按表 6-9 的规定取值。

表 6-8　径流系数

地面种类	φ
各种屋面、混凝土或沥青路面	0.85～0.95
大块石铺砌路面或沥青表面处理的碎石路面	0.55～0.65
级配碎石路面	0.40～0.50
干砌砖石或碎石路面	0.35～0.40
非铺砌土路面	0.25～0.35
公园或绿地	0.10～0.20

表 6-9　综合径流系数

区域情况	φ
城市建筑密集区	0.60～0.85
城市建筑较密集区	0.45～0.6
城市建筑稀疏区	0.20～0.45

设计暴雨强度，应按下列公式计算：

$$q = \frac{167A_1(1 + ClgP)}{(t + b)^n} \tag{6-27}$$

式中　　　q——设计暴雨强度，L/（s·hm^2）；

　　　　　t——降雨历时，min；

　　　　　P——设计重现期，a；

A_1、C、n、b——参数，根据统计方法进行计算确定。

雨水管渠的降雨历时，应按下式计算：

$$t = t_1 + t_2 \tag{6-28}$$

式中　t——降雨历时，min；

　　　t_1——地面集水时间，min，应根据汇水距离、地形坡度和地面种类通过计算确定，一般采用 5～15 min；

　　　t_2——管渠内雨水流行时间，min。

雨水利用系统规模设计应满足对于相同的设计重现期，改建后的径流量不得超过原有径流量，设计重现期可参考《室外排水设计规范》（GB 50014—2006）（2014 年版）选取。

（3）雨水收集场

雨水收集场可分为屋面收集场和地面收集场。

屋面收集场设于屋顶，通常有平屋面和坡屋面两种形式。屋面雨水收集方式按雨落管的位置分为外排收集系统和内排收集系统。雨落管在建筑墙体外的称为外排收集系统，在外墙以内的称为内排收集系统。

地面集水场包括广场、道路、绿地、坡面等。地面雨水主要通过雨水收集口收集。街道、庭院、广场等地面上的雨水首先经雨水口通过连接管入排水管渠。雨水口的设置，应能保证迅速有效地收集地面雨水。雨水口及连接管的设计应参照《室外排水设计规范》（GB 50014—2006）（2014 年）执行。

（4）初期雨水弃流

由于径流初期雨污染严重，因此雨水利用时应先弃除初期雨水，再进行处理利用。初期雨水弃流量因下垫面情况而异，可按下式计算：

$$W_q = 10 \times \delta \times F \tag{6-29}$$

式中　W_q——设计初期径流弃流量，m^3；

　　　　δ——初期径流厚度，mm；一般屋面取 2～3mm，地面取 3～5mm；

　　　　F——汇水面积，hm^2。

（5）雨水集蓄利用系统设计例题

已知：HF 市 XX 中学，学生规模 4000 人，总用地面积 10.33hm^2，总建筑面积 87718m^2，建筑密度 15.3%，则屋面面积 15805m^2，容积率 0.85；道路广场面积 16618m^2；体育场用地面积 26550m^2；绿地面积 44349m^2。进行雨水利用水量分析，选择雨水收集方法，并计算所需雨水利用蓄水池容积。〔假设该地区设计暴雨强度为 10L/（s·hm^2）〕

① 用水量分析

该中学日雨水利用量包括绿化用水量 W_1，冲洒道路用水量 W_2，冲厕用水量 W_3，小学、中学冲厕用水量定额取 15L/（人·d），浇洒绿地用水量取 2.5L/（m^2·d），浇洒道路用水量取 2.0L/（m^2·d）。则总日雨水利用量 W_Y：

$$W_Y = W_1 + W_2 + W_3 = 204.11 m^3/d$$

式中　$W_1 = 2.5 \times 44349 \times 10^{-3} = 110.87 m^3/d$

　　　　$W_2 = 2.0 \times 16618 \times 10^{-3} = 33.24 m^3/d$

　　　　$W_3 = 15 \times 4000 \times 10^{-3} = 60 m^3/d$

② 雨水收集方法选择及计算

采用屋面雨水收集方法。屋面汇水面积 15805m^2，径流系数 0.9，设降雨暴雨强度取 82.1mm。屋面雨水收集回用于绿化、冲洒道路和冲厕。屋面雨水收集回用的主要优势是雨水水质较好和集水效率高，收集回用的总成本低于城市调水供水的成本。

雨水设计流量 Q：

$$Q = \varphi \times q \times F = 0.9 \times 10 \times 1.5805 = 14.22 L/s = 1228.61 m^3/d$$

③ 蓄水池容积（V）计算

根据《建筑与小区雨水利用工程技术规范》（GB 50400—2006）确定蓄水池的容积。雨水存储设施的有效储水容积不宜小于集水面重现期 1～2 年的日雨水设计径流总量扣除设计初期径流弃流量。

初期径流弃流量计算中的初期径流厚度 δ 取 3mm，则初期径流弃流量 W_q：

$$W_q = 10 \times \delta \times F = 10 \times 3 \times 1.5805 = 47.42 m^3$$

蓄水池容积 V：

$$V = W - W_q = 1228.61m^3 - 47.42m^3 = 1181.19m^3$$

故，经计算，该蓄水池设计容积取 $1182m^3$。

2. 雨水入渗

雨水入渗是通过人工措施将雨水集中并渗入补给地下水的方法。其主要功能可以归纳为以下方面：补给地下水维持区域水资源平衡；滞留降雨洪峰有利于城市防洪；减少雨水地面径流时造成的水体污染；雨水储流后强化水的蒸发，改善气候条件，提高空气质量。

（1）雨水入渗方式和渗透设施

雨水入渗可采用绿地入渗、透水铺装地面入渗、浅沟入渗、洼地入渗、浅沟渗渠组合入渗、渗透管沟、入渗井、入渗池、渗透管-排放组合等方式。在选择雨水渗透设施时，应首先选择绿地、透水铺装地面、渗透管沟、入渗井等入渗方式。

（2）雨水入渗量计算

设计渗透量与降雨历时之间呈线性关系。渗透设施在降雨历时 t 时段内设计的渗透量 W_s 按下式计算：

$$W_s = \alpha \cdot K \cdot J \cdot A_n \cdot t \tag{6-30}$$

式中　W_s——降雨历时 t 时段内的设计渗透量，m^3；

　　　α——综合安全系数，一般取 $0.5 \sim 0.8$；

　　　K——土壤渗透系数，m/s；

　　　J——水力坡降，若地下水位较深，远低于渗透装置底面时，一般可取 $J = 1.0$；

　　　A_n——有效渗透面积，m^2；

　　　t——渗透时间，s。

（3）设计储存容积

雨水入渗系统应设置储存容积，其有效容积应能调蓄产流历时内的蓄积雨水量。对于某一重现期，渗透设施需要提供一定量的容积暂时储存没有来得及入渗的雨水，所需储存的容积为渗透设施的储存容积 V_s，按下式计算：

$$V_s \geq \frac{W_P}{n_k} \tag{6-31}$$

式中　V_s——渗透设施储存容积，m^3；

　　　W_p——渗透设施产流历时内蓄积雨水量，m^3；

　　　n_k——填料孔隙率，一般不应小于 30%，无填料时取 1。

渗透设施产流历时内蓄积雨水量是设计渗透设施进水量 W_c 与设计渗透量 W_s 之差的最大值，按下式计算：

$$W_p = \max(W_c - W_s) \tag{6-32}$$

式中　W_p——渗透设施产流历时内蓄积水量，m^3；

　　　W_c——设计渗透设施进水量，m^3；

　　　W_s——设计渗透量，m^3。

设计渗透设施进水量不宜大于日雨水设计径流总量。设计渗透设施进水量与渗透设施径流历时对应的暴雨强度、受纳集水面积、渗透设施形式及产流历时有关，按下式计算：

$$W_c = 1.25 \times \left[60 \times \frac{q_c}{1000} \times (F_Y \times \varphi_m + F_0) \right] \times t \tag{6-33}$$

式中 W_c——设计渗透设施进水量，m^3；

$\quad q_c$——渗透设施径流历时对应的暴雨强度，$L/(s \cdot hm^2)$；

$\quad F_Y$——渗透设施受纳的集水面积，hm^2；

$\quad F_0$——渗透设施直接受水面积，hm^2，埋地渗透设施为0；

$\quad \varphi_m$——流量径流系数；

$\quad t$——渗透设施产流历时，min；渗透设施产流历时应通过计算获得，并宜小于120min。

（4）雨水渗透装置的设置

雨水渗透装置分为浅层土壤入渗和深层入渗。浅层土壤入渗的方法主要包括：地表直接入渗、地面蓄水入渗和利用透水铺装地板入渗等。雨水深层入渗是指城市雨水引入地下较深的土壤或砂、砾层入渗回补地下水。深层入渗可采用砂石坑入渗、大口井入渗、辐射井入渗及深井回灌等方式。

雨水入渗系统设置具有一定限制性，在下列场所不得采用雨水入渗系统：① 在易发生陡坡坍塌、滑坡灾害的危险场所；② 对居住环境和自然环境造成危害的场所；③ 自重湿陷性黄土、膨胀土和高含盐土等特殊土壤地质场所。

3. 雨水储留设施

雨水利用或雨水作为再生水的补充水源时，需要设置储水设施进行水量调节。储水形式可分为城市集中储水和分散储水。

（1）城市集中储水

城市集中储水是指通过工程设施将城市雨水径流集中储存，以备处理后回用于城市杂用或消防用水等，具有节水和环保双重功效。

储留设施由截留坝和调节池组成。截留坝用于拦截雨水，受地理位置和自然条件限制，难以在城市大量使用。调节池具有调节水量和储水功能。德国从20世纪80年代后期修建大量雨水调节池，用于调节、储存、处理和利用雨水，有效降低了雨水对城市污水厂的冲击负荷和对水体的污染。

（2）分散储水

分散储水指通过修建小型水库、塘坝、储水池、水窖、蓄水罐等工程设施将集流场收集的雨水储存，以备利用。其中水库、塘坝等储水设施易于蒸发下渗，储水效率较低。储水池、蓄水罐或水窖储水效率高，是常用的储水设施，如混凝土薄壳水窖储水保存率达97%，储水成本为0.41元/（$m^3 \cdot a$），使用寿命长。

雨水储水池一般设在室外地下，采用耐腐蚀、无污染、易清洁材料制作，储水池中应设置溢流系统，多余的雨水能够顺利排除。

储水池容积可以按照径流量曲线求得。径流曲线计算方法是绘制某设计重现期条件下不同降雨历时流入储水池的径流曲线，对曲线下面积求和，该值即为储水池的有效容积。在无资料情况下储水容积也可以按照经验值估算。

4. 雨水处理技术

雨水处理应根据水质情况、用途和水质标准确定，通常采用物理法、化学法等工艺组合。雨水处理可分为常规处理和深度处理。常规处理是指经济适用、应用广泛的处理工艺，主要有混凝、沉淀、过滤、消毒等净化技术；非常规处理则是指一些效果好但费用较高的处理工艺，如活性炭吸附、高级氧化、电渗析、膜技术等。

一般用于补充景观用水的雨水处理工艺流程，如图 6-3 所示。一般用于城市杂用的雨水处理工艺流程，如图 6-4 所示。

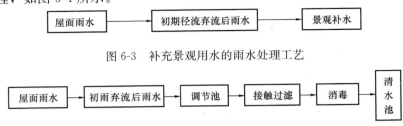

图 6-3　补充景观用水的雨水处理工艺

图 6-4　用于城市杂用水的雨水处理工艺

雨水水质好，杂质少，含盐量低，属高品质的再生水资源，雨水收集后经适当净化处理可以用于城市绿化、补充景观水体、城市浇洒道路、生活杂用水、工业用水、空调循环冷却水等多种用途。雨水处理装置的设计计算可参考《给水排水设计手册》。

6.6.3　雨水利用实例

1. 常德市江北区水系生态治理穿紫河船码头段综合治理工程

该工程由德国汉诺威水协与鼎蓝水务公司设计实施。穿紫河是常德市内最重要的河流之一，流经整个市区，但是由于部分河段不加管理的排放污水及倾倒垃圾，导致水质恶劣，同时缺乏与其他河流的连通，没有干净的水源补充，导致生态状态恶劣，影响了市民的居住环境及其生活质量。

该工程设计中雨水处理系统介绍：使用雨水调蓄池和蓄水型生态滤池联合处理污染雨水，让调蓄池设计融入城市景观，减少排入穿紫河的被污染的雨水量。通过地面过滤系统净化被污染的雨水水体，在不溢流的情况下安全的疏导暴雨径流，旱季、雨季及暴雨期间在径流中进行固体物分离，建造封闭式和开放式调蓄池各一处，在穿紫河回水区建造一处蓄水型生态滤池，在非降雨的情况下，对径流进行机械处理（至少 300L/s），即沉淀及采用格栅，同时/或者自动送往污水处理厂。一般降雨情况下，对来水进行调蓄，通过生态滤池处理，然后再排到穿紫河，暴雨时，污水处理厂、调蓄池及蓄水型生态滤池均无法再接纳的来水直接排入穿紫河，通过 KOSIM 模拟程序对必要的调蓄池容积及水泵功率等进行计算。

2. 伦敦世纪圆顶的雨水收集利用系统

为了研究不同规模的水循环方案，英国泰晤士河水公司设计了 2000 年的展示建筑——世纪圆顶示范工程。该建筑设计了 500m³/d 的回用水工程，其中 100m³ 为屋顶收集的雨水。

初期雨水以及溢流水直接通过地表水排放管道排入泰晤士河。收集储存的雨水利用芦苇床（高度耐盐性德芦苇，其种植密度为 4 株/m²）进行处理。处理工艺包括过滤系统、两个芦苇床（每个表面积为 250m²）和一个塘（容积为 300m³）。雨水在芦苇床中通过物理、化学、生物及植物根系吸收等多种机理协同净化作用，达到回用水质的要求。此外，芦苇床也容易纳入圆顶的景观设计中，取得了建筑与环境的协调统一。

习题与思考题

1. 简述节水型社会的本质特征和实现途径。
2. 简述城市节水措施有哪些。
3. 浅谈当前我国工业用水存在的问题及解决措施。
4. 作为传统农业大国，我国农业节水应从哪些方面着手？
5. 新能源在海水淡化领域的应用有哪些？
6. 雨水利用可以分为哪几个方面？
7. 简述雨水利用的发展前景。

第7章 水资源再生利用

学 习 提 示

重点水资源再生利用的定义、途径及处理技术，熟悉各种回用方式用水的水质标准。推荐学时 6～8 学时。

7.1 水资源再生利用概述

预计 2020 年前世界人口仍将快速增长，伴随着人口的增长，人类对水的需求不断增加，污水的产生量也越来越大。与此同时，全世界许多地区的可用水资源已经接近或达到极限，在这种情况下，水的再生利用无疑成为贮存和扩充水源的有效方法。此外，污水再生利用工程的实施，不再将处理出水排放到脆弱的地表水系，这也为社会提供了新的污水处理方法和污染减量方法。因此，正确实施非饮用性污水再生利用工程，可以满足社会对水的需求而不产生任何已知的显著健康风险，已经被越来越多的城市和农业地区的公众所接收和认可。

7.1.1 水资源再生利用定义

水资源的再生性是指水资源存储量可以通过某种循环不断补充，且能够重复开发利用的特征，这是水资源的一个基本属性，这种特性使得水资源可以通过水文循环不断地更新再生。而这种更新再生也是有一定限度的，国际上一致认为水资源最大利用量不能超过其再生量。北京师范大学环境学院曾维华教授从水资源可持续开发的角度提出开发度的概念，并指出水资源的开发不能超过水资源生态系统的承受能力（开发度）。法国在水资源管理中把水资源可再生性作为流域管理的主要原则之一。由此可见，水资源可再生性的研究有着重要意义。

水资源的可再生性有两个方面的含义：水质恢复和水量再生。水质恢复包括自然净化引起的水质恢复和人工处理净化引起的水质恢复；水量再生包括自然循环的水资源量再生和社会循环的水资源量再生。

水资源的可再生性包括自然再生和社会再生，而水资源的可再生能力是由可再生性决定的，具有相对性、波动性和时空分布变异性的特征。水资源的自然再生能力取决于水资源的自然循环：降水、径流、蒸发、地形以及水文地质条件等。自然再生是指水资源在自然环境中通过参与自然循环而得到再生，在此，水资源的可再生性与传统的可更新性或可恢复性同义。水资源的社会再生是指水资源在城乡地区通过参与社会循环，即人类的干预而再次获得使用价值的过程。综上所述，本章所讨论的水资源再生主要是指其社会再生。

水资源再生利用的定义可以用图 7-1 来具体说明。某一城市需要满足各种用途的供水，从水源取水的总量为 Q_0，经使用后排出的污水量为 Q_1。如果忽略用水过程中的各种损失，在使用后全部直接排放的情况下（图中的实线部分），我们近似地认为 $Q_0 = Q_1$。如果对本应排放的污水进行再生处理，处理量为 Q_R，且 $Q_R = \alpha Q_1$（$\alpha < 1$）。同样忽略再生处理过程中的水量损失，并假设再生处理后的水全部供给城市回用，则城市的总供水量为 $Q_0 + Q_R$。在这种情况下（图中的实线加虚线），假设城市的总用水量和排水量没有变化，即 Q_1 不变，则 $Q_0 + Q_R = Q_1$，或 $Q_0 = Q_1 - Q_R = (1-\alpha) Q_1$，即从水源的取水量降低了 α 倍。这样的粗略估算说明，通过水的再生利用可以大幅度减少对水源的需求，或者是在不增大水资源需求的情况下，大幅度增加可利用的水量，这就是水资源再生利用的作用。可以说，水资源再生利用是对有限水资源的一种扩充，而这种扩充是通过增加水的重复利用次数实现的，在减少对自然水资源需求的同时，也减少了污水的排放量，在资源和环境两个方面均能产生有益的效果。

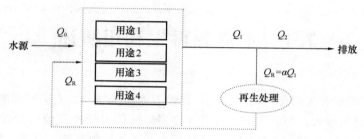

图 7-1　水资源再生利用的定义

7.1.2　水资源再生利用途径

水资源再生利用到目前为止已开展 60 多年，再生的污水主要为城市污水。城市污水量与城市供水量几乎相等。在如此大量的城市污水中，只含有 0.1% 的污染物质，比海水 3.5% 少得多，其余绝大部分是可再用的清水。水在自然界中是唯一不可替代、也是唯一可以重复利用不变质的资源。当今世界各国解决缺水问题时，再生水被视为"第二水源"。

不同的用水目的对水质的要求各不相同，因此，只要污水再生后能够达到相应的水质要求，就能够用于该用水目的。一般来说，污水再生利用主要针对直接饮用以外的用水目的。参照国内外水资源再生利用的实践经验，再生水的利用途径可以分为城市杂用、工业回用、农业回用、景观与环境回用、地下水回灌以及其他回用等几个方面。

1. 城市杂用

污水回用于城市杂用，主要是指为以下用水提供再生水：

（1）公园等娱乐场所、田径场、校园、运动场、高速公路中间带和路肩以及美化区周围公共场所和设施等灌溉；

（2）住宅园区内的绿化、一般冲洗和其他维护设施等用水；

（3）商业区、写字楼和工业开发区周围的绿化灌溉；

（4）高尔夫球场的灌溉；

（5）商业用途，如车辆冲洗、洗衣店、窗户清洗用水，用于杀虫剂、除草剂一级液态肥料的配制用水；

(6) 景观用水和装饰用水景，如喷泉、反射池和瀑布；

(7) 建筑工地扬尘和配制混凝土用水；

(8) 连接再生水消防栓的消防设备用水；

(9) 商业和工业建筑内的卫生间和便池的冲洗。

在城市杂用中，绿化用水通常是再生水利用的重点。在美国的一些城市，资料表明普通家庭的室内用水量∶室外用水量＝1∶3.6，其中室外用水主要是用于花园的绿化。如果能普及自来水和杂用水分别供水的"双管道供水系统"，则住宅区自来水用量可减少78％。我国的住宅区绿化用水比例虽然没有这么高，但也呈现逐年增长的趋势。在一些新开发的生态小区，绿化率可高达40％～50％，这就需要大量的绿化用水，约占小区总用水量的1/3或更高。

城市污水回用于生活杂用水可以减少城市污水排放量，节约资源，利于环境保护。城市杂用水的水质要求较低，因此处理工艺也相对简单，投资和运行成本低。因此，再生水城市杂用将是未来城市发展的重要依托。

2. 工业回用

自 20 世纪 90 年代以来，世界的水资源短缺和人口增长，以及关于水源保持和环境友好的一系列环境法规的颁布，使得再生水在工业方面的利用不断增加。将污水回用于工业生产，主要有以下途径。

(1) 工业冷却水　对大多数工业企业来说，再生水被大量用作冷却水，如果处理好冷却水系统中再生水使用时经常出现的沉淀、腐蚀和生物繁殖等问题，再生水的使用将更加广泛。使用再生水的冷却水系统有两种基本类型∶直流型和回流蒸发型，其中，回流蒸发型冷却水系统为最常用的再生水系统。直流型冷却水系统含有一条普通的冷却水通路，冷热流体流经热交换器，没有蒸发过程，因此，冷却水没有消耗或者浓缩。目前，有少数直流型冷却水系统使用再生水。回流蒸发型冷却水系统采用再生水吸收加工过程中释放的热量，然后通过蒸发转移吸收的热量。由于冷却水在回流过程中有损失，因此需要定期补充一定量的水。使用再生水的回流蒸发型系统有两种基本类型，冷却塔和喷淋冷却池，有各自适宜的使用范围。

(2) 锅炉用水　再生水回用于锅炉补给水和用于常规的公共用水区别不大，两者都需要附加处理措施。锅炉补给水的水质要根据锅炉运行压力而定。一般来说，压力越高，水质要求越高。超高压力（10340kPa 或以上）的锅炉需要相应高品质的再生水。一般来说，严格的再处理措施和相对少的再生水需求量，使得再生水作为锅炉补给水的应用受到限制。

(3) 工业过程用水　再生水回用于工业过程的适用性与工业企业的性质有关。例如，电子行业对水质的要求很高，要用蒸馏水冲洗电路板和其他电子器件。而与此相反，皮革厂就可以接受低品质的用水。纺织、制浆造纸以及金属制造等行业的用水水质介于上述两者之间。因此，对再生水的工业利用途径做可行性评价时，要注意不同工业对用水质量的需求条件。

(4) 生产厂区绿化、消防　将再生水回用于工厂厂区内的绿化、消防等杂用，这些应用对再生水的品质要求不是很高，但也要注意降低再生水内的腐蚀性因素。

3. 农业回用

在水资源的利用中，农业灌溉用水占的比例最大，且水质要求一般也不高，因此，农业灌溉是再生水回用的主要途径之一。再生水回用于农业灌溉，已有悠久历史，到目前，是各个国家最为重视的污水回用方式。再生水回用于农溉，既解决了缺水问题，又能利用污水的肥效（城市污水中含氮、磷、有机物等），还可利用土壤——植物系统的自然净化功能减轻污染。一般城市污水要求的二级处理或城市生活污水的一级处理即可满足农灌要求。除生食蔬菜和瓜果的成熟期灌溉外，对于粮食作物、饲料、林业、纤维和种子作物的灌溉，一般不必消毒。

就回用水应用的安全可靠性而言，再生水回用于农业灌溉的安全性是最高的，对其水质的基本要求也相对容易达到。再生水回用于农业灌溉的水质要求指标主要包括含盐量、选择性离子毒性、氮、重碳酸盐、pH 值等。

4. 景观与环境回用

再生水的景观回用途径包括景观用水、高尔夫球场的水障碍区和水上娱乐设施（如再生水与人体可能发生偶然接触的垂钓、划船以及再生水与人体发生全面接触的游泳、涉水等娱乐消遣项目）。再生水在环境方面的利用途径主要包括改善和修复现有湿地，建立作为野生动物栖息地和庇护所的湿地，以及补给河流等。

虽然城市污水厂的处理水一般都最终排入河流等水体，也起到了补充河流水量的作用，但这里所说的景观与环境回用是指有目的地将再生水回用到景观水体、水上娱乐设施等。这一方面的回用在国外已有许多范例，如在美国得克萨斯州的 Las Colinas 市，总面积为 108 公顷的 19 个人工湖都是用再生水来进行补水；佛罗里达州目前有约 6% 的再生水用于改善和修复湿地；日本许多城市广泛开展的"亲水事业"就是利用城市生活污水厂的再生水营造水景和溪流，增进人们与水的亲近感。

再生水回用于景观娱乐水体时，其基本的水质指标是细菌数、化学物质、浊度、DO 和pH 值等。对于人体直接接触的娱乐用水，再生水不应含有毒、有刺激性物质和病原微生物，通常要求再生水经过过滤和充分消毒后才可回用做娱乐用水。我国 2002 年底颁布了城市污水再生利用景观环境用水水质标准，并于 2003 年 5 月 1 日正式实施。美国许多州也已经制定了环境和娱乐用水的相关规范。加利福尼亚州对于娱乐回用方面再生水水质的确定，充分考虑了使用过程中再生水和人体的接触风险。对于用于垂钓、划船等人体非直接接触的再生水，要求进行二级处理，并保证消毒效果达到平均总大肠菌群数低于 2.2 个/100ml。而对于包括涉水、游泳等无限制的娱乐用水，再生水在经过二级处理后，还需要进行混凝、过滤处理，并保证消毒效果达到平均总大肠菌群数低于 2.2 个/100ml，任何样品总大肠菌群数的最大检出量不得超过 23 个/100ml，取样周期为 30d。

5. 地下水回灌

地下水回灌包括天然回灌和人工回灌，回灌方式有三种：一种是直接地表回灌，包括漫灌、塘灌、沟灌等，即在透水性较好的土层上修建沟渠、塘等蓄水建筑物，利用水的自重进行回灌，是应用最广泛的回用方式；第二种方式是直接地下回灌，即注射井回灌，它适合于地表土层透水性较差或地价昂贵，没有大片的土地用于蓄水，或要回灌承压含水层，或要解决寒冷地区冬季回灌越冬问题等情况；第三种方式是间接回灌，如通过河床利用水压实现污水的渗滤回灌，多用于被严重污染的河流。

城市污水处理后回用于地下水回灌的目的主要有：

(1) 增加可饮用或非饮用的地下蓄水层，补充地下水供应；

(2) 控制和防止地面沉降；

(3) 防止海水及苦咸水入侵；

(4) 贮存地表水（包括雨水、洪水和再生水）；

(5) 利用地下水层达到污水进一步深度处理的目的。

回灌再生水可用于农业、工业以及用于建立水力屏障。当再生水回灌到均匀砂粒含水层中时，在回灌点几百米距离内，绝大部分病毒和细菌都能有效去除。但回灌于砾石形成的不均匀含水层时，即使经过相当长距离，也可能仅去除很少或不能去除微生物。回灌的再生水预处理程度受抽取水的用途（出水水质要求）、土壤性质与地质条件（含水层性质）、地下水量与进水量（被稀释程度）、抽水量（抽取速度）以及回灌与抽取之间的平均停留时间、距离等因素影响。水在回灌前除需经生物处理（包括硝化与脱氮），还必须有效地去除有毒有机物与重金属。此外，影响再生水回灌的主要指标还有朗格利尔指数（产生结垢）、浑浊度（引起堵塞）、总细菌数（形成生物黏泥）、氧浓度（引起腐蚀）、硫化氢浓度（引起腐蚀）、悬浮物浓度（造成阻塞）、总溶解矿物质（抽取水用于灌溉时）。

污水处理后在回灌过程中通过土壤的渗滤能获得进一步的处理，最后使再生水和地下水成为一体。因此，采用直接注水到含水层需要重视公共卫生的问题，其污水处理应满足饮用水标准，而采用回灌水池，一般二级出水或增加流水线即可满足要求。用再生水回灌地下水必须注意以下四个水质要求，即传染病菌、矿物质总量、重金属和稳定的有机质。目前痕量有机污染物比无机或微生物污染物的威胁更大，有些化学污染物通过实验室动物试验具有致癌性和致变性。

再生水回用于地下水回灌，其水质一般应满足以下一些条件。首先，要求再生水的水质不会造成地下水的水质恶化；其次，再生水不会引起注水井和含水层堵塞；最后，要求再生水的水质不腐蚀注水系统的机械和设备。

在美国，地下水回灌已经有几十年的运行经验，1972 年投入运行的加利福尼亚州 21 世纪水厂将污水处理厂出水经深度处理后回灌入含水层以阻止海水入侵。人工地下水回灌也是以色列国家供水系统的重要组成部分，目前回灌水量超过 $8000 \times 10^4 \mathrm{m}^3/\mathrm{a}$，对这样一个缺水国家的供水保障起到了重要作用。我国山东省即墨市的田横岛将生活污水处理后回灌入地下，经土壤含水层处理后作为饮用水源，其各项水质指标均符合我国饮用水标准，解决了岛上水资源严重不足的问题，是国内再生水用于地下水回灌的成功范例。

6. 其他回用

再生水除了上述几种主要的回用方式外，还有其他一些回用方式，例如建筑中水回用和饮用水源扩充。

（1）建筑中水

建筑中水是指单体建筑、局部建筑楼群或小规模区域性的建筑小区各种排水，经适当处理后循环回用于原建筑物作为杂用的供水系统。建筑中水不仅是污水回用的重要形式之一，也是城市生活节水的重要方式。建筑中水具有灵活、易于建设、勿需长距离输水、运行管理方便等优点，是一种较有前途的污水直接再生利用方式，尤其对大型公共建筑、宾馆和新建高层住宅区。

在使用建筑中水时，为了确保用户的身体健康、用水方面和供水的稳定性，适应不同的用途，通常要求中水的水质条件应满足以下几点：① 不产生卫生上的问题。② 在利用时不产生故障。③ 利用时没有嗅觉和视觉上的不快感。④ 对管道、卫生设备等不产生腐蚀和堵塞等影响。

建筑中水回用处理工艺的典型流程如下：

生活污水→格栅→调节池→生物接触氧化沉淀池→净水器→贮水池→中水用户

（2）饮用水源扩充

从自然水循环的角度，无论是经过处理还是未处理的污水，最终都会以不同的方式直接或间接排入天然水体。这些天然水体很可能也是饮用水的水源地，因此，其结果也可以认为是饮用水源补充。但这里所讨论的饮用水源扩充不是指这种自然水循环过程，而是指有目的地利用再生水扩充饮用水源，其形式主要包括：① 直接饮用水回用。② 间接饮用水回用。③ 通过地下水回灌的饮用水回用。

直接饮用水回用是指经过深度处理的再生水直接作为饮用水的回用，称之为"管道对管道回用"。从水处理技术上，将城市生活污水处理到满足饮用目的的水质是完全可能的，例如新加坡的"新水"工程，通过"二级处理＋微滤（MF）＋反渗透（RO）＋紫外线消毒"的处理流程，处理水质已优于新加坡的自来水供水水质。但是，由于传统意识和法律等方面的原因，新加坡目前还未对处理水进行直接饮用水回用。世界上真正进行直接饮用水回用的工程仅有一例，是在纳米比亚的 Windhoek 市，采用"二级处理水（50%）＋水库水稀释（50%）＋臭氧预处理＋混凝＋气浮＋过滤＋臭氧氧化＋生物活性炭＋两级活性炭吸附＋超滤"的处理流程进行处理后，直接供应城市自来水。

间接饮用水回用是将再生水输送到城市地表水源地（如水库、河流）的上游，美国的费城、辛辛那提、新奥尔良等大城市都先后以这种方式进行再生水的间接饮用水回用。

通过地下水回灌的饮用水回用前面已经叙述。间接饮用水回用和通过地下水回灌的饮用水回用这两种方式比较容易实施，是目前国内外普遍考虑的再生水的饮用水回用方式。

7.1.3 水循环过程中的水资源再生

水循环过程实际上伴随着水的再生，包括量的再生和质的再生。人们使用过的水。不论是在设有集中排水系统的地方还是没有排水系统的地方，都会通过管渠、自然排水沟、地表径流、土壤渗透等不同方式最终流回天然水体（地表水体或地下含水层），实现水的再生。在伴随着人为用水的水再生过程中，水质的再生是由两个过程来完成的：一是城市集中排水系统中的污水处理厂，通过应用工程技术去除污水中的部分污染物；二是土壤和地下含水层、河流、湖泊等水体的自然净化过程。在没有设置污水处理厂的地区，水质的再生则仅有上述第二个过程。实际上，在人类社会长期发展的过程中，通过工程技术的应用来完成水质的部分再生仅仅是近两个世纪的事情。其主要原因是在工业革命之后，伴随着工业的集中发展，人类聚居区域的扩大和城市的发展，人为用水工程中所发生的水质变化已对这些地区的自然水体造成巨大影响，从而影响到人们用水的需求。因此，人们不得不通过工程技术的方法弥补水体自然净化能力的不足。而在此之前，自然水系的水质保障完全是通过水体的自然净化过程来完成的，其条件就是人为的污染负荷没有超过自然净化能力的界限。

随着人类对自然过程的认识不断深化，自然规律不断被掌握，从而也使工程技术得到发展。因此，了解水循环中水资源的量和质的自然再生过程对我们明确水资源再生的必要性和可行性是有益的。

7.2　水资源再生处理技术

再生水处理技术经历了几十年快速发展，已由最初的单体工艺逐渐发展为目前多工艺段组合运行的各类集成工艺。大致经过了传统物化深度处理、生物脱氮除磷、膜滤技术及复合处理技术等一系列的发展过程。总体来看，目前再生水工艺技术在处理效率、整体造价、运行操作简便等方面协调的基础上，体现出各单元技术综合运用的趋势。在污水再生利用工程中，单元技术一般很难保证出水达到高品质再生水水质要求，常需要多种水处理技术的合理配置。

通常人们按照以下方法将再生水处理技术进行分类，一种是按照再生水工艺发展的时间历程分类；一种是按照应用方向进行分类，还有一种分类最为常见，是按照再生水净化机理进行分类，分为物理法、化学法、物化法、生物法。物理法是利用物理作用来分离水中的悬浮物和乳浊液，常见的有离心、澄清、过滤等方法。化学法是利用化学反应的作用来去除水中的溶解物质或胶体物质，常见的有中和、沉淀、氧化还原、催化氧化、微电解、电解絮凝等。物化法是利用物理化学作用来去除水中的溶解物质或胶体物质，主要有混凝、吸附、离子交换、膜分离等方法。生物处理法是利用微生物的代谢作用，使水中的有机污染物和无机微生物营养物转化为稳定、无害的物质，主要包括生物膜法，其中又包括曝气生物滤池、反硝化生物滤池、湿地处理等方法。

7.2.1　物理处理法

1. 格栅

格栅是一种物理处理方法，由一组（或多组）相平行的金属栅条与框架构成，倾斜安装在格栅井内，设在集水井或调节池的进口处，用来去除可能堵塞水泵机组及管道阀门的较粗大的悬浮物及杂物，以保证后续处理设施的正常运行。

工业废水处理一般先经粗格栅后再经细格栅。粗格栅的栅条间距一般采用 $10\sim25\mathrm{mm}$，细格栅的栅条间距一般采用 $6\sim8\mathrm{mm}$。小规模废水处理可采用人工清理的格栅，较大规模或粗大悬浮物及杂物含量较多的废水处理可采用机械格栅。

人工格栅是用直钢条制成的，一般与水平面成 $45°\sim60°$ 倾角安放。倾角小时，清理时较省力，但占地面积较大。机械格栅的倾角一般为 $45°\sim60°$ 格栅栅条的断面形状有圆形、矩形及方形，目前多采用矩形断面的栅条。为了防止栅条间隙堵塞，废水通过栅条间距的流速一般采用 $0.6\sim1.0\mathrm{m/s}$。

有时为了进一步截留或回收废水中较大的悬浮颗粒，可在粗格栅后设置隔网。

2. 调节

在工业废水处理中，由于废水水质水量的不均匀性，一般设置调节池，进行水量和水质均衡调节，以改善废水处理系统的进水条件。

调节池的停留时间应满足调节废水水量和水质的要求。废水在调节池中的停留时间越长，均衡程度越高，但容积大，经济上不尽合理。通常根据废水排放量、排放规律和变化程度等因素，设计采用不同的调节时间，其范围可在 $4\sim24\mathrm{h}$ 取值，一般工业废水调节池的水力停留时间为 8h 左右。

在调节池中为了保证水质均匀，避免固体颗粒在池底部沉积，通常需要对废水进行混合。常用的混合方法有空气搅拌、机械搅拌、水泵强制循环、差流水力混合等方式。空气搅拌混合是通过所设穿孔管与鼓风机相连，用鼓风机将空气通入穿孔管进行搅拌，其曝气程度一般可取 $2m^3/(m^2 \cdot h)$ 左右。采用机械搅拌混合时，为保持混合液呈悬浮状态，所需动力为 $5 \sim 8W/m^3$ 水。机械搅拌设备有多种形式，如桨式、推进式、涡流式等。水泵强制循环混合方式是在调节池底设穿孔管，穿孔管与水泵压水管相连，用压力水进行搅拌，简单易行，混合也比较完全，但动力消耗较多。差流水力混合常采用穿孔导流槽布水进行均化，虽然无需能耗，但均化效果不够稳定，而且构筑物结构复杂，池底容易沉泥，目前还缺乏效果良好的构造形式。

空气搅拌的效果良好，能够防止水中悬浮物的沉积，且兼有预曝气及脱硫的效能，是工业废水处理中常用的混合方式。但是，这种混合方式的管路常年浸没于水中，易遭腐蚀，且有致使挥发性污染物逸散到空气中的不良后果，另外运行费用也较高。因此，在下列情况下，一般不宜采用空气搅拌：① 废水中含有有害的挥发物或溶解气体。② 废水中的还原性污染物有可能被氧化成有害物质。③ 空气中的二氧化碳能使废水中的污染物转化为沉淀物或有毒挥发物。

3. 沉淀

沉淀是利用水中悬浮颗粒的可沉降性能，在重力作用下产生下沉，以实现固液分离的过程，是废水处理中应用最广泛的物理方法。这种工艺简单易行，分离效果良好，是污水处理的重要工艺，应用非常广泛，在各种类型的污水处理系统中，沉淀几乎是不可缺少的一种工艺，而且还可能是多次采用，沉淀在污水处理系统中的各种功能如下：

在一级处理的污水处理系统中，沉淀是主要处理工艺，污水处理效果的高低，基本上是由沉淀的效果来控制的；在设有二级处理的污水处理系统中，沉淀具有多种功能，在生物处理设备前设初次沉淀池，以减轻后继处理设备的负荷，保证生物处理设备净化功能的正常发挥。在生物处理设备后设二次沉淀池，用以分离生物污泥，使处理水得到澄清；在灌溉或排入氧化塘前，污水也必须进行沉淀，以稳定水质，去除寄生虫卵和能够堵塞土壤孔隙的固体颗粒。

根据污水中可沉物质的性质、凝聚性能的强弱及其浓度的高低，沉淀可分为四种类型：

第一类是自由沉淀，污水中的悬浮固体浓度不高，而且不具有凝聚性能，在沉淀过程中，固体颗粒不改变形状、尺寸，也不互相粘合，各自独立的完成沉淀过程，颗粒在沉砂池和在初次沉淀池内的初期沉淀即属于此类。

第二类是絮凝沉淀，污水中的悬浮固体浓度也不高，但具有凝聚性能，在沉淀的过程中，互相粘合，结合成为较大的絮凝体，其沉淀速度（简称沉速）是变化的，初次沉淀池的后期、二次沉淀池的初期沉淀就属于这种类型。

第三类是集团沉淀（也称为成层沉淀），当污水中悬浮颗粒的浓度提高到一定浓度后，每个颗粒的沉淀将受到其周围颗粒存在的干扰，沉速有所降低，如浓度进一步提高，颗粒间的干涉影响加剧，沉速大的颗粒也不能超越沉速小的颗粒，在聚合力的作用下，颗粒群结合成为一个整体，各自保持相对不变的位置，共同下沉。液体与颗粒群之间，形成清晰的界面。沉淀的过程，实质上就是这个界面的下降过程。活性污泥在二次沉淀池的后期沉淀就属于这种类型。

第四类是压缩，这时浓度很高，固体颗粒相互接触，互相支承，在上层颗粒的重力作用下，下层颗粒间隙中的液体被挤出界面，固体颗粒群被浓缩。活性污泥在二次沉淀池污泥斗中和在浓缩池的浓缩即属于这一过程。

在二次沉淀池中，活性污泥能够一次地经历上述四种类型的沉淀。活性污泥的自由沉淀过程是比较短促的，很快就过渡到絮凝沉淀阶段，而在沉淀池内的大部分时间都是属于集团沉淀和压缩。

沉淀池是废水处理工艺中使用最广泛的一种物理构筑物，可以应用到废水处理流程中的多个部位，如初次沉淀池、混凝沉淀池、化学沉淀池、二次沉淀池、污泥浓缩池等。沉淀池工艺设计的内容包括确定沉淀池的数量、沉淀池的类型、沉淀区尺寸、污泥区尺寸、进出水方式和排泥方式等。沉淀池常按水流方向区分为平流沉淀池、竖流沉淀池、辐流沉淀池及斜板（斜管）沉淀池四种类型。不同类型沉淀池的特点及适用条件见表 7-1。

表 7-1　各种沉淀池的特点及适用条件

池型	优点	缺点	适用条件
平流式	对冲击负荷和温度变化的适应能力较强；施工简单、造价低	采用多斗排泥时，排泥操作工作量大；采用机械排泥时，排泥机械维修较麻烦	适用地下水位较高及地质较差的地区；适用于大、中、小型废水处理
竖流式	排泥方便，管理简单；占地面积小	池子深度大，施工困难；抗冲击负荷能力较差；池径不大于 8m	适用于小型废水处理
辐流沉淀池	采用机械排泥，运行较好，管理较简单；排泥设备已有定型产品	池水水流速度不稳定；机械排泥设备较复杂，对施工质量要求较高	适用于地下水位较高的地区；适用于大中型废水处理
斜板（斜管）	去除率高；停留时间短，占地面积小	造价较高；抗冲击负荷性能不佳	占地面积受限制时；不宜采用为生物处理后的二次沉淀池

4. 气浮

气浮是一种有效的固—液和液—液分离方法，常用于含油废水和颗粒密度接近或小于水的密度的细小颗粒的分离。废水的气浮法处理技术是将空气溶入水中，减压释放后产生微小气泡，与水中悬浮的颗粒黏附，形成水—气—颗粒三相混合体系。颗粒黏附上气泡后，由于密度小于水的密度即浮上水面，从水中分离出来，形成浮渣层。

气浮法通常作为对含油污水隔油后的补充处理，即为二级生物处理之前的预处理。气浮能保证生物处理进水水质的相对稳定，或是放在二级生物处理之后作为二级生物处理的深度处理，确保排放出水水质符合有关标准的要求。

气浮法可以分为布气气浮法、电气浮法、生物及化学气浮法，溶气气浮法。

（1）布气气浮法（分散空气气浮法）　该法利用机械剪切刀，将混合于水中的空气粉碎成细小气泡。例如水泵吸水管吸气气浮、射流气浮、扩散板曝气气浮及叶轮气浮等，皆属此类。

（2）电气浮法（电解凝聚气浮法）　该法在水中设置正负电极，当通上直流电后，一个电极（阴极）上即产生初生态微小气泡，同时还产生电解混凝等效应。

（3）生物及化学气浮法 该法利用生物的作用或在水中投加化学药剂絮凝后放出气体。

（4）溶气气浮法（溶解空气气浮法） 该法在青铜气液混合泵内使气体和液体充分混合，一定压力下使空气溶解于水并达到饱和状态，而后达到气浮作用。根据气泡析出时所处的压力情况，溶气气浮法又分压力溶气气浮法和溶气真空气浮法两种。压力溶气气浮法比溶气真空气浮法容易实现，只有特殊情况下，才使用溶气真空气浮法。

气浮法处理工艺必须满足下列基本条件才能完成气浮处理过程，达到污染物质从水中去除的目的：必须向水中提供足够量的微小气泡；必须使废水中的污染物质能形成悬浮状态；必须使气泡与悬浮物质产生粘附作用；气泡直径必须达到一定的尺寸（一般要求 $20\mu m$ 以下）。

气浮池有平流式、竖流式和浅层气浮池等三种类型。各种气浮池的主要特点及适用条件见表 7-2。

表 7-2 各种气浮池的主要特点和适用条件

类型	优点	缺点	适用条件
平流式	池身较浅、构造简单；造价低；施工、运行方便	容积利用率较低；单格宽度一般不超过 10m，长度不超过 15m	适用于中小型废水处理
竖流式	水力条件较好，排泥方便；占地面积较小	与反应池较难衔接；容积利用率较低；池径不宜过大	适用于小型废水处理
浅层	去除率高；停留时间短；占地面积小	造价较高；排泥机械维修较麻烦；抗冲击负荷性能不佳	适用于大中型废水处理，占地面积受到限制的情况

5. 过滤

通过滤料介质的表面或滤层去除水体中悬浮固体和其他杂质的工艺称为过滤。城市污水二级处理出水仍含有部分悬浮颗粒及其他污染物，一般需经过混凝、沉淀和过滤工艺进行深度处理。对回用水水质要求较高时，过滤出水还需经活性炭吸附、超滤和反渗透等工艺处理。因此，过滤已成为水的再生与回用处理技术中关键的单元工艺。

一般认为，过滤有以下两方面作用：第一是进一步减少水中的悬浮物、有机物、磷、重金属和细菌等污染物；第二是为后续处理工艺创造有利条件，保证后续工艺稳定、高效、节能地进行。

过滤是一个包括多种物理化学作用的复杂过程，主要是悬浮颗粒与滤料之间黏附作用的结果。经过众多学者的研究，悬浮颗粒必须经过迁移和附着两个过程才能被去除，这就是"两阶段理论"。颗粒迁移过程是悬浮颗粒去除的必要条件。被水挟带的颗粒随水流运动的过程中，悬浮颗粒脱离流线，向滤料表面迁移。Dr. Ives 等人认为颗粒的迁移分为五种情况，包括沉淀、扩散、惯性、阻截和水动力 Dr. O'melia 认为三种物理迁移，颗粒的布朗运动或分子扩散、流体运动以及重力将悬浮颗粒从流体中迁移至滤料表面。颗粒黏附是物理化学作用。当悬浮颗粒迁移到滤料表面时，如果滤料表面和悬浮颗粒表面性质能满足黏附条件，悬浮颗粒就被滤料捕捉。颗粒一般是在范德华力、静电力、化学键和化学吸附等作用下黏附在滤料表面的。研究发现，加药混凝后的颗粒在滤料表面的附着好于未经混凝的颗粒。对于胶体脱稳凝聚的絮体，主要是界面化学作用的结果，黏附效果较好。对于非脱稳凝聚的胶体粒子，则是分子架桥作用的结果，黏附效果较差。

当研究发现滤层的过滤随时间发生变化后，Dr. Moran 通过实验发现了明显颗粒脱附现象，此结论得到了科学家们的共识。因此，悬浮颗粒完整的去除过程应包括：颗粒迁移、颗粒黏附、颗粒脱附。

颗粒脱附是在水流剪切力作用下悬浮颗粒从滤料表面脱落的过程。在整个过滤过程中，黏附与脱落共存，颗粒可能会由于水流冲刷力而脱落，但它又会被下层的滤料所黏附，导致颗粒在滤层内重新分布。黏附力与水流剪切力的综合作用决定了颗粒是被黏附还是脱附。滤池冲洗时，剪切力大于黏附力，颗粒由滤料表面脱附，滤层被冲洗干净。

过滤池按作用水头分，有重力式滤池和压力式滤池两类。虹吸滤池、无阀滤池为自动冲洗滤池。各种滤池的工作原理都基本相似，主要有阻力截留或筛滤作用、重力沉降作用和接触絮凝作用。在实际过滤过程中，上述三种机理往往同时起作用，只是随条件不同而有主次之分。对粒径较大的悬浮颗粒，以阻力截留为主，因这一过程主要发生在滤料表层，通常称为表面过滤。对于细微悬浮物以发生在滤料深层的重力沉降和接触絮凝为主，称为深层过滤。

7.2.2 化学处理法

1. 氧化还原

氧化还原法是使废水中的污染物在氧化还原的过程中，改变污染物的形态，将它们变成无毒或微毒的新物质，或转变成与水容易分离的形态，从而使废水得到净化。用氧化还原法处理废水中的有机污染物 COD、BOD 以及色、臭、味等，以及还原性无机污染物如 CN^-、S^{2-}、Fe^{2+}、Mn^{2+} 等。通过化学氧化，氧化分解废水中的污染物，使有毒物质无害化。而废水中许多金属离子，如汞、铜、镉、银、金、六价铬、镍等，通过还原法以固体金属为还原剂，还原废水中污染物使其从废水中置换出来，予以去除。氧化还原法又分为化学氧化法和化学还原法。

（1）化学氧化

向废水中投加氧化剂，氧化废水中的有毒有害物质，使其转变为无毒无害的或毒性小的新物质的方法称为氧化法。根据所用氧化剂的不同，氧化法分为空气氧化法、氯氧化法、臭氧氧化法等。

① 氯氧化　氯的标准氧化还原电位较高，为 1.359V。次氯酸根的标准氧化还原电位也较高，为 1.2V，因此氯有很强的氧化能力。氯可氧化废水中的氰、硫、醇、酚、醛、氨氮及去除某些染料而脱色等。同时也可杀菌、防腐。氯作为氧化剂可以有如下形态：氯气、液氯、漂白粉、漂粉精、次氯酸钠和二氧化氯等。

② 臭氧氧化　20 世纪 50 年代臭氧氧化法开始用于城市污水和工业废水处理，70 年代臭氧氧化法和活性炭等处理技术相结合，成为污水高级处理和饮用水除去化学污染物的主要手段之一。用臭氧氧化法处理废水所使用的是含低浓度臭氧的空气或氧气。臭氧是一种不稳定、易分解的强氧化剂，因此要现场制造。臭氧氧化法水处理的工艺设施主要由臭氧发生器和气水接触设备组成。大规模生产臭氧的唯一方法是无声放电法。制造臭氧的原料气是空气或氧气。用空气制成臭氧的浓度一般为 10～20mg/L；用氧气制成臭氧的浓度为 20～40mg/L。这种含有 1%～4%（重量比）臭氧的空气或氧气就是水处理时所使用的臭氧化气。

臭氧发生器所产生的臭氧，通过气水接触设备扩散于待处理水中，通常是采用微孔扩散器、鼓泡塔或喷射器、涡轮混合器等。臭氧的利用率要力求达到 90% 以上，剩余臭氧随尾气外排，为避免污染空气，尾气可用活性炭或霍加拉特剂催化分解，也可用催化燃烧法使臭氧分解。

臭氧氧化法的主要优点是反应迅速，流程简单，没有二次污染问题。不过生产臭氧的电耗仍然较高，每公斤臭氧约耗电 20～35 度，需要继续改进生产，降低电耗，同时需要加强对气水接触方式和接触设备的研究，提高臭氧的利用率。

（2）化学还原

向废水中投加还原剂，使废水中的有毒物质转变为无毒的或毒性小的新物质的方法称为还原法。还原法常用的还原剂有硫酸亚铁、亚硫酸钠、亚硫酸氢钠、硫代硫酸钠、水合肼、二氧化硫、铁屑等。化学还原法主要用于含铬、汞废水的测定。例如含六价铬废水的处理，是在酸性条件下，利用化学还原剂将六价铬还原成三价铬，然后用碱使三价铬成为氢氧化铬沉淀而去除。

2. 中和

中和属于化学处理法。在工业废水中，酸性废水和碱性废水来源广泛，当废水酸碱度较大时，需考虑中和处理。通常可在调节池进行中和处理，或者单独设置中和反应池。

酸性废水的中和处理采用碱性中和剂，主要有石灰、石灰石、白云石、苏打、苛性钠等。碱性废水的中和处理采用酸性中和剂，主要有盐酸、硫酸和硝酸。有时烟道气也可以中和碱性废水。

3. 混凝

混凝是在混凝剂的作用下，胶体和悬浮物脱稳并相互聚集为数百微米乃至数毫米的絮凝体的过程。混凝后的絮凝体可以采用沉降、过滤或气浮等方法去除。

混凝沉淀是目前给水处理、中水处理和部分污水处理的核心工艺，它承担着水处理中 95％以上的负荷，已有 150 余年的历史。在近代水处理技术中，混凝技术广泛用于除臭味、除藻类、除氮磷、除细菌病毒、除天然有机物、除有机有毒物等。

混凝过程是包含混合、凝聚、絮凝三种连续作用的综合过程。凝聚过程中投加的药剂称为混凝剂或絮凝剂。传统的混凝剂是铝盐和铁盐如三氯化铝、硫酸铁等。20 世纪 60 年代开始出现并流行无机高分子絮凝剂，例如聚合氯化铁、聚合氯化铝及各种复合絮凝剂，因为性价比更好，得到迅速发展，目前已在世界许多地区取代传统混凝剂。近代发展起来的聚丙烯酰胺等有机高分子絮凝剂，品种甚多而效能优良，但因价格较高且不能完全消除毒性，始终不能代替传统混凝剂，主要作为助凝剂使用。

混凝的机理至今仍未完全清楚，因为它涉及的因素很多，如水中的杂质成分和浓度、水温、PH 值、碱度、水力条件以及混凝剂种类等。但归结起来，可以认为化学混凝主要是压缩双电层作用、吸附——电性中和、吸附架桥作用和网捕、卷扫作用。

（1）压缩双电层作用机理

根据胶体化学原理，要使胶粒碰撞结合，必须消除或降低微粒间的排斥能。双电层的构造和电位分布如图 7-2 所示。

当 ξ 电位降至胶粒间的排斥能且小于胶粒布朗运动的动能时，胶粒便开始聚结，该 ξ 电位称为临界电位。在水中投加电解质（混凝剂），可降低或消除胶粒的 ξ 电位，胶粒因此失去稳定性，我们称之为胶粒脱稳。脱稳胶粒相互聚结，发生凝聚。这种通过投加电解质压缩扩散层，使微粒间相互聚结发生凝聚的作用，称为压缩双电层作用。

（2）吸附-电性中和作用机理

由于异号离子、异号胶粒或高分子带异号电荷部位与胶核表面由于静电吸附，中和了胶体原来所带电荷，从而降低了胶体的 ξ 电位而使胶体脱稳的机理，称为吸附-电性中和作用机理。

（3）吸附架桥作用机理

高分子物质为线性分子、网状结构，其表面积较大，吸附能力强。拉曼（Lamer）等认为：当高分子链的一端吸附了某一胶粒以后，另一端又吸附另一胶粒，形成"胶粒-高分子-胶粒"的粗大絮凝体，这时，高分子物质在胶体之间起吸附架桥作用。图 7-3 为高分子物质或高聚合物在不同情况下对胶粒的吸附架桥作用示意图。

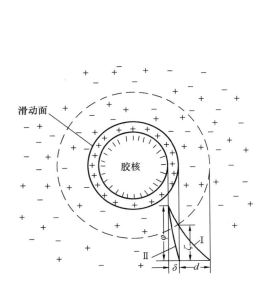

图 7-2　胶体双电层结构示意图

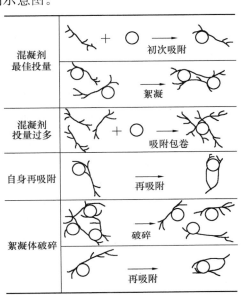

图 7-3　不同情况下高聚物对胶体
的吸附架桥作用

架桥作用主要利用高分子本身的长链结构来进行对胶粒的连接，而形成"胶粒-高分子-胶粒"的絮凝体。如果高分子线性长度不够，不能起架桥作用，只能吸附单个胶体，起电性中和作用。如果是异性高分子则兼有电性中和和架桥作用；同性或中性（非离子型）高分子只能起架桥作用。

（4）沉淀物的网捕、卷扫作用机理

无机盐混凝剂投量很多时（例如铝盐、铁盐），会在水中产生大量氢氧化物沉淀，形成一张絮凝网状结构，在下沉过程中网捕、卷扫水中胶体颗粒，以致产生沉淀分离。沉淀物的网捕、卷扫作用是一种机械作用。对于低浊度水，可以利用这个作用机理，在水中投加大量混凝剂，以达到去除胶体杂质的目的。

上述这四种混凝机理在水处理过程中不是各自孤立的现象，而往往是同时存在的。只不过随不同的药剂种类、投加量和水质条件而发挥作用的程度不同，以某一种作用机理为主。对于高分子混凝剂来说，主要以吸附架桥为主，而无机的金属盐混凝剂则同时具有电性中和和粘结架桥作用。

7.2.3　物理化学处理法

1. 吹脱与汽提

（1）吹脱

吹脱过程是将空气通入废水中，使空气与废水充分接触，废水中的溶解气体或挥发性溶质穿过气液界面，向气相转移，从而达到脱除污染物的目的。而汽提过程则是将废水与水蒸气直接接触，使废水中的挥发性物质扩散到气相中，实现从废水中分离污染物的目的。吹脱与汽提过程常用来脱除废水中的溶解性气体和挥发性有机物，如挥发酚、甲醛、硫化氢、氨等。

吹脱法的基本原理是：将空气通入废水中，改变有毒有害气体溶解于水中所建立的气液平衡关系，使这些易挥发物质由液相转为气相，然后予以收集或者扩散到大气中去。吹脱过程属于传质过程，其推动力为废水中挥发物质的浓度与大气中该物质的浓度差。吹脱法既可以脱除原来就存在于水中的溶解气体，也可以脱除化学转化而形成的溶解气体。如废水中的硫化钠和氰化钠是固态盐在水中的溶解物，在酸性条件下，它们会转化为 H_2S 和 HCN，经过曝气吹脱，就可以将它们以气体形式脱除。这种吹脱曝气称为转化吹脱法。

用吹脱法处理废水的过程中，污染物不断地由液相转入气相，易引起二次污染，防止的方法有以下三类：① 中等浓度的有害气体，可以导入炉内燃烧；② 高浓度的有害气体应回收利用；③ 符合排放标准时，可以向大气排放。而第二种方法是预防大气污染和利用三废资源的重要途径。

吹脱设备一般包括吹脱池和吹脱塔（填料塔或筛板塔）。前者占地面积大，而且易污染大气。为提高吹脱效率，回收有用气体，防止有毒气体的二次污染，常采用塔式设备。

填料塔的主要特征是在塔内装置一定高度的填料层，液体从塔顶喷下，在填料表面呈膜状向下流动；气体由塔底送入，从下而上同液膜逆流接触，完成传质过程。其优点是结构简单，空气阻力小；缺点是传质效率不够高，设备比较庞大，填料容易堵塞。

筛板塔是在塔内设一定数量的带有孔眼的塔板，水从上往下喷淋，穿过筛孔往下。空气则从下往上流动。气体以鼓泡方式穿过筛板上液层时，互相接触而进行传质。塔内气相和液相组成沿塔高呈阶梯变化。筛板塔的优点是结构简单，制造方便，传质效率高，塔体比填料塔小，不易堵塞；缺点是操作管理要求高，筛孔容易堵塞。

（2）汽提

汽提过程的原理与吹脱过程基本相同，根据挥发性污染物的性质的不同，汽提分离污染物的原理一般可分为简单蒸馏和蒸汽蒸馏两种。

① 简单蒸馏　对于与水互溶的挥发性物质，利用其在气液平衡条件下，在气相中的浓度大于在液相中的浓度这一特性。通过蒸汽直接加热，使其在沸点（水与挥发物两沸点之间的某一温度）下，按一定比例富集于气相。

② 蒸汽蒸馏　对于与水互不相溶或几乎不溶的挥发性污染物。利用混合液的沸点低于任一组分沸点的特性，可将高沸点挥发物在较低温度下挥发逸出，加以分离脱除。例如：废水中的松节油、苯胺、酚、硝基苯等物质在低于 100℃ 条件下，应用蒸汽蒸馏可有效脱除。

汽提操作一般是在封闭的塔内进行，采用的汽提塔可以分为填料塔和板式塔两大类。

填料塔是在塔内装有填料，废水从塔顶喷淋而下，流经填料后由塔底部的集水槽收集后排出。蒸汽从塔底部送入，从塔顶排出，由下而上与废水逆流接触进行传质。填料可以采用瓷环、木栅、金属螺丝圈、塑料板、蚌壳等。由于通入蒸汽，塔内温度高，所以在选择塔体材料和填料时，除了考虑经济、技术等一般原则外，还应该特别注意耐腐蚀的问题。与板式塔相比，填料塔的构造较简单，便于采用耐腐蚀材料，动力损失小。但是传质效率低，且塔体积庞大。

板式塔是一种传质效率较高的设备，这种塔的关键部件是塔板。按照塔板结构的不同，可以分为泡罩塔、浮阀塔和筛板塔等。

吹脱过程与汽提过程的比较见表 7-3。

表 7-3 吹脱过程与汽提过程的比较

过程	脱除对象	手 段	操作条件
吹脱	溶解性气体与易挥发物质	空气吹脱	在常温下的吹脱池或吹脱塔内进行
汽提	挥发性污染物	蒸汽蒸馏或蒸汽直接加热	在较高温度下的密闭塔内进行

2. 吸附

当流体与多孔固体接触时，流体中某一组分或多个组分在固体表面处产生积蓄，此现象称为吸附。吸附也指物质（主要是固体物质）表面吸住周围介质（液体或气体）中的分子或离子现象。

吸附过程是一种界面现象，其作用在两个相的界面上进行。吸附可分为化学吸附和物理吸附。化学吸附是吸附剂和吸附质之间发生的化学作用，由化学键力作用所致。物理吸附是吸附剂和吸附质之间发生的物理作用，由范德华力作用所致。

吸附过程是吸附质从水溶液中被吸附到吸附剂表面上或进而进行化学结合的过程。已被吸附在吸附剂表面的吸附质又会离开吸附剂表面而返回到水溶液中去，这就是解析过程。当吸附速度与解析速度相等时，溶液中被吸附物质的浓度和单位重量吸附剂的吸附量不再发生变化，吸附与解析达到动态平衡。

目前废水处理中常用的吸附剂有：活性炭、磺化煤、活性白土、硅藻土、活性氧化铝、活性沸石、焦炭、树脂吸附剂、炉渣、木屑、煤灰、腐殖酸等。对吸附剂性能的要求是吸附能力强，吸附选择性好，吸附容量大，吸附平衡的浓度低，机械强度高，化学性质稳定，容易再生和再利用，制作原料来源广，价格低廉。目前很多学者实验研究了一些新型或改性的吸附剂，如改性高铝水泥吸附剂、氧化铝负载氧化镧吸附剂、氢氧化铈吸附剂等，这些新型吸附剂对废水中一些污染物的吸附具有吸附性强、吸附量大、不易造成二次污染等优点，在未来的废水处理中将有广泛的应用前景。

由于吸附法对水的预处理要求高，吸附剂的价格昂贵，因此在废水处理中，吸附法主要用来去除废水中的微量污染物，达到深度净化的目的。或是从高浓度的废水中吸附某些物质达到资源回收和治理目的。如废水中少量重金属离子的去除、有害的生物难降解有机物的去除、脱色除臭等。

吸附操作可分为静态操作和动态操作。常用的吸附设备有固定床吸附装置。根据用水水量、原水水质及处理要求，固定床分为单床和多床系统，一般单床仅在处理规模较小时采用。多床又有并联和串联两种，前者适用于大规模处理，出水要求低，后者适用于处理流量较小、出水要求较高的场合。

3. 离子交换

废水离子交换处理法是废水物理化学处理法之一种。借助于离子交换剂中的交换离子同废水中的离子进行交换而去除废水中有害离子的方法。

离子交换的原理是被处理溶液中的某离子迁移到附着在离子交换剂颗粒表面的液膜中，然后该离子通过液膜扩散（简称膜扩散）进入颗粒中，并在颗粒的孔道中扩散而到达离子交换剂的交换基团的部位上（简称颗粒内扩散），在此部位上该离子同离子交换剂上的离子进行交换，被交换下来的离子沿相反途径转移到被处理的溶液中。离子交换反应是瞬间完成的，而交换过程的速度主要取决于历时最长的膜扩散或颗粒内扩散。

凡能够与溶液中的阳离子或阴离子具有交换能力的物质都称为离子交换剂。离子交换剂的种类很多，有无机质和有机质两类。前者如天然物质海绿砂或合成沸石；后者如磺化煤和树脂，目前常用合成的离子交换树脂。

交换剂由两部分组成：一是不参加交换过程的惰性物母体，如树脂的母体是由高分子物质交联而成的三维空间网络骨架；一是联结在骨架上的活性基团（带电官能团）。母体本身是电中性的。活性基团包括可离解为同母体紧密结合的惰性离子和带异号电荷的可交换离子。可交换离子为阳离子（活性基团为酸性基）时，称阳离子交换树脂；可交换离子为阴离子（活性基团为碱性基）时，称阴离子交换树脂。阳、阴离子交换树脂又可根据它们的酸碱性反应基的强度分为强酸性和弱酸性，强碱性和弱碱性等。强酸性阳离子交换树脂可用$R-SO_3H$表示，为母体，$-SO_3H$为活性基团。弱酸性阳离子交换树脂可用$R-COOH$表示。强碱性季胺型阴离子交换树脂可用$\equiv NOH$表示，弱碱性叔胺、仲胺、伯胺型阴离子交换树脂分别用$\equiv NHOH$、$=NH_2OH$、$-NH_3OH$表示；R代表母体，其他部分代表活性基团。

离子交换法的运行方式有静态运行和动态运行两种。静态运行是在待处理废水中加入适量的树脂进行混合，直至交换反应达到平衡状态。这种运行除非树脂对所需去除的同性离子有很高的选择性，否则由于反应的可逆性只能利用树脂交换容量的一部分。为了减弱交换时的逆反应，离子交换操作大多以动态运行为主，即置交换剂于圆柱形床中，废水连续通过床内交换。

离子交换法中的交换设备有固定床、移动床、流动床等形式。在离子交换一个周期内的四个过程（交换、反洗、再生、淋洗）中，树脂均固定在固定床内。移动床则是在交换过程中将部分饱和树脂移出床外再生，同时将再生的树脂送回床内使用。流动床则是树脂处于流动状态下完成上述四个过程。移动床称半连续装置，流动床则称全连续装置。

离子交换法处理废水具有广阔的前景，进展很快。当前研究的主要方向，一是合成适用于处理各种废水的树脂，以获得交换容量大、洗脱率高、洗脱峰集中、抗污染能力强的树脂；二是使离子交换设备小型化、系列化，并向生产装置连续化、操作自动化发展，以降低投资，减少用地，简化管理。

4. 电化学处理

20 世纪 60 年代初期，随着电力工业的迅速发展，电化学水处理技术开始引起人们的注意。电化学水处理技术的基本原理是使污染物在电极上发生直接电化学反应或间接电化学转化，即直接电解和间接电解。

（1）直接电解

直接电解是指污染物在电极上直接被氧化或还原而从废水中去除。直接电解可分为阳极过程和阴极过程。阳极过程就是污染物在阳极表面氧化而转化成毒性较小的物质或易生物降解的物质，甚至发生有机物无机化，从而达到削减、去除污染物的目的。阴极过程就是污染物在阴极表面还原而得以去除，主要用于卤代烃的还原脱卤和重金属的回收。

（2）间接电解

间接电解是指利用电化学产生的氧化还原物质作为反应剂或催化剂，使污染物转化成毒性更小的物质。间接电解分为可逆过程和不可逆过程。可逆过程（媒介电化学氧化）是指氧化还原物在电解过程中可电化学再生和循环使用。不可逆过程是指利用不可逆电化学反应产生的物质，如具有强氧化性的氯酸盐、次氯酸盐、H_2O_2 和 O_3 等氧化有机物的过程，还可以利用电化学反应产生强氧化性的中间体，包括溶剂化电子、·HO、·HO$_2$、O$_2^-$ 等自由基。

另外根据具体的使用方法还可分为：

① 电凝聚电气浮法　电压作用下，可溶性阳极（铁或铝）被氧化产生大量阳离子继而形成胶体使废水中的污染物凝聚，同时在阴极上产生的大量氢气形成微气泡与絮粒黏附在一起上浮，这种方法称为电凝聚电气浮。在电凝聚中，常常用铁铝做阳极材料。

② 电沉积法　电解液中不同金属组分的电势差，使自由态或结合态的溶解性金属在阴极析出。适宜的电势是电沉积发生的关键。无论金属处于何种状态，均可根据溶液中离子活度的大小，由能斯特方程确定电势的高低，同时溶液组成、温度、超电势和电极材料等也会影响电沉积过程。

③ 电化学氧化　电化学氧化分为直接氧化和间接氧化两种，属于阳极过程。直接氧化是通过阳极氧化使污染物直接转化为无害物质；间接氧化则是通过阳极反应产生具有强氧化作用的中间物质或发生阳极反应之外的中间反应，使被处理污染物氧化，最终转化为无害物质。对于阳极直接氧化而言，如反应物浓度过低会导致电化学表面反应受传质步骤限制；对于间接氧化，则不存在这种限制。在直接或间接氧化过程中，一般都伴有析出 H$_2$ 或 O$_2$ 的副反应，但通过电极材料的选择和电势控制可使副反应得到抑制。

④ 光电化学氧化　半导体材料吸收可见光和紫外光的能量，产生"电子-空穴"对，并储存多余的能量，使得半导体粒子能够克服热动力学反应的屏障，作为催化剂使用，进行一些催化反应。

⑤ 电渗析　在电场作用下选择性透过膜的独特功能，使离子从一种溶液进入另一种溶液中，达到对离子化污染物的分离和浓缩。利用电渗析处理金属离子时并不能直接回收到固体金属，但能得到浓缩的盐溶液，并使出水水质得到明显改善。目前研究最多的是单阳膜电渗析法。

⑥ 电化学膜分离　膜两侧的电势差进行的分离过程。常用于气态污染物的分离。

电化学水处理技术的优点是过程中产生的·OH 自由基可以直接与废水中的有机污染物反应，将其降解为二氧化碳、水和简单有机物，没有或很少产生二次污染，是一种环境友好技术；电化学过程一般在常温常压下就可进行，因此能量效率很高；电化学方法既可以单独使用，又可以与其他处理方法结合使用，如作为前处理方法，可以提高废水的生物降解性；再有，电解设备及其操作一般比较简单，费用较低。

5. 高级氧化

高级氧化技术又称做深度氧化技术，以产生具有强氧化能力的羟基自由基（·OH）为特点，在高温高压、电、声、光辐照、催化剂等反应条件下，使大分子难降解有机物氧化成低毒或无毒的小分子物质。根据产生自由基的方式和反应条件的不同，可将其分为光化学氧化、催化湿式氧化、声化学氧化、臭氧氧化、电化学氧化、Fenton 氧化等。

（1）光化学氧化法

由于反应条件温和、氧化能力强，光化学氧化法近年来迅速发展，但由于反应条件的限制，光化学法处理有机物时会产生多种芳香族有机中间体，致使有机物降解不够彻底，这成为了光化学氧化需要克服的问题。光化学氧化法包括光激发氧化法（如 O$_3$/UV）和光催化氧化法（如 TiO$_2$/UV）。光激发氧化法主要以 O$_3$、H$_2$O$_2$、O$_2$ 和空气作为氧化剂，在光辐射作用下产生·OH；光催化氧化法则是在反应溶液中加入一定量的半导体催化剂，使其在紫外光的照射下产生·OH，两者都是通过·OH 的强氧化作用对有机污染物进行处理。

（2）催化湿式氧化法

催化湿式氧化法（CWAO）是指在高温（123～320℃）、高压（0.5～10MPa）和催化剂（氧化物、贵金属等）存在的条件下，将污水中的有机污染物和氨氮氧化分解成 CO_2、N_2 和 H_2O 等无害物质的方法。

（3）声化学氧化

声化学氧化中主要是超声波的利用。超声波法用于垃圾渗滤液的处理主要有两个方面：一是利用频率在 15kHz～1MHz 的声波，在微小的区域内瞬间高温高压下产生的氧化剂（如·OH）去除难降解有机物。另外一种是超声波吹脱，主要用于废水中高浓度的难降解有机物的处理。

（4）Fenton 氧化法

Fenton 法是一种深度氧化技术，即利用 Fe 和 H_2O_2 之间的链反应催化生成·OH 自由基，而·OH 自由基具有强氧化性，能氧化各种有毒和难降解的有机化合物，以达到去除污染物的目的。特别适用于生物难降解或一般化学氧化难以奏效的有机废水如垃圾渗滤液的氧化处理。

（5）类 Fenton 法

类 Fenton 法就是利用 Fenton 法的基本原理，将 UV、O_3 和光电效应等引入反应体系，因此，从广义上讲，可以把除 Fenton 法外，通过 H_2O_2 产生羟基自由基处理有机物的其他所有技术都称为类 Fenton 法。作为对 Fenton 氧化法的改进，类 Fenton 法的发展潜力更大。

6. 膜分离

膜分离技术是指在分子水平上不同粒径分子的混合物在通过半透膜时，实现选择性分离的技术，在饮用水净化、工业用水处理等方面得到广泛应用，并迅速推广到纺织、化工、电力、食品等各个领域。分离膜因其独特的结构和性能，在环境保护和水资源再生方面异军突起，在环境工程，特别是废水处理和中水回用方面有着广泛的应用前景。

膜是具有选择性分离功能的材料，利用膜的选择性分离实现料液的不同组分的分离、纯化、浓缩的过程称作膜分离。它与传统过滤的不同在于，膜可以在分子范围内进行分离，并且这过程是一种物理过程，不需发生相的变化和添加助剂。根据膜的种类、功能和过程推动力的不同，工业化膜分离的过程有微滤（MF）、超滤（UF）、纳滤（NF）、反渗透（RO）和电渗析（ED）。根据材料的不同，可分为无机膜和有机膜，无机膜主要是陶瓷膜和金属膜，其过滤精度较低，选择性较小。有机膜是由高分子材料做成的，如醋酸纤维素、芳香族聚酰胺、聚醚砜、聚氟聚合物等。不同的膜有着不同的分离机理和适用范围。表 7-4 列举了膜过程及其性质、特点等。

表 7-4　膜过程及其性质、特点

膜过程	膜孔径	推动力	分离机理	分离物质	特点
微滤（MF）	0.1～0.2μm	压力差约 100kPa	机械筛分	微粒、亚微粒和细粒物质	膜孔径均匀，孔隙率高，过滤速度快，驱动压力低
超滤（UF）	0.05～1μm	压力差 0.1～1.0MPa	分子的大小和形态	大分子物质和胶体	驱动压力低，但不能截留无机离子，对水中氮、磷的去除率不高
纳滤（NF）	0.5～10nm	压力差 0.5～1.0MPa	筛分和一定性选择	粒径 1nm 左右溶解组分	对阴离子具有一定选择性，能透过部分无机离子，使用于给水处理

续表

膜过程	膜孔径	推动力	分离机理	分离物质	特　点
反渗透（RO）	<1nm	静压差 1~10MPa	反渗透膜的选择透过性	悬浮物、大分子低分子、离子	透水性好，脱盐率高，对入流水水质要求高，推动压差大
电渗析（ED）	—	电位差	离子交换膜的选择性	电解质离子	能耗和药耗低，污染少，水利用率高，不去除有机物，易结垢

（1）微滤

从 1907 年 Bechhold 制得系列化多孔火棉胶膜问世算起，微孔滤膜（微滤）至今有近百年历史。目前微滤技术在医药、饮料、饮用水、食品、分析测试和环保等领域有较广泛的应用。

微滤主要用来从气相和液相物质中截留微米及亚微米级的细小悬浮物、微生物、微粒、细菌、酵母、红细胞等污染物，以达到净化、分离和浓缩的目的。其操作压差为 0.01~0.2MPa，被分离粒子直径的范围为 0.8~10μm。微滤过滤时，介质不会脱落，没有杂质溶出，无毒，使用和更换方便，使用寿命长。同时，滤孔分布均匀，可将大于孔径的微粒、细菌、污染物截留在滤膜表面，滤液质量较高。

一般认为微滤膜的分离机理为筛分机理，膜的物理结构起决定性作用，膜表面层截留（机械截留、吸附截留、架桥作用等），膜内部截留。微滤是以静压差为推动力，利用膜的"筛分"作用进行分离的压力驱动型膜过程。微滤膜具有比较整齐、均匀的多孔结构，在静压差的作用下，小于膜孔的粒子通过滤膜，大于膜孔的粒子则被阻拦在膜面上，使大小不同的组分得以分离，其作用相当于"过滤"。由于每平方厘米滤膜中约包含 1000 万至 1 亿个小孔，孔隙率占总体积的 70%~80%，故阻力很小，过滤速度较快。

（2）超滤

早在 1861 年 A. Schmidt 首先发现超过滤现象，使用牛心包膜进行超滤截留实验。1960 年美国加利福尼亚大学的 Loeb-Sourirajan 研制成第一张具有实用价值的、不对称醋酸纤维素膜，超滤才逐渐付诸实际应用。目前超滤技术在水处理等很多领域都得到了广泛应用。在我国，近年来由于人口增长，用水量日益增加，超滤技术在水资源重复利用方面得到了迅猛发展。

超滤主要用于从液相物质中分离大分子化合物（蛋白质、核酸聚合物、淀粉、天然胶、酶等）、胶体分散液（黏土、颜料、矿物料、乳液离子、微生物）、乳液（润滑脂-洗涤剂及油-水乳液）；或采用先与适合的大分子复合的办法时，也可用超滤分离低分子量溶质，从而达到某些含有各种小分子量可溶性物质和高分子物质（如蛋白质、酶、病毒）等溶液的浓缩、分离、提纯和净化。超滤对去除水中的微粒、胶体、细菌、热源和各种有机物有较好的效果，但它几乎不能截留无机离子。

超滤属于压力驱动型膜分离技术，其操作静压差一般为 0.1~0.5MPa，被分离组分的直径大约为 0.01~0.1μm，这相当于大于 500~1000000 的大分子和胶体粒子，这种液体的渗透压很小，可以忽略，常用非对称膜，膜孔径为 10^{-3}~$10^{-1}μm$，膜表面的有效截留层厚度较小（0.1~10μm）。

一般认为超滤的分离机理为筛孔分离过程，但膜表面的化学性质也是影响超滤分离的重要因素。超滤过程中溶质的截留有膜表面的机械截留（筛分）、在孔中滞留而被除去（阻塞）、在膜表面及微孔内的吸附（一次吸附）三种方式。

（3）纳滤

纳滤是介于超滤与反渗透之间的一种膜分离技术，其截留分子量在 200~1000 的范围内，孔径为几纳米，因此称纳滤。纳滤膜是 20 世纪 80 年代初期继典型的反渗透膜之后开发出来的，最初用于水的软化。在水处理领域应用最为广泛的是一系列的低压膜，如纳滤膜、反渗透膜等。其中，纳滤膜法水处理技术以其特殊的优势，获得了世界各国的水处理工作者的普遍关注，在水处理技术的研究和开发领域取得了可喜的成绩。

纳滤是一种相对较新的压力驱动膜分离过程，它通过膜的渗透作用，借助外界能量或化学位差的推动，对两组分或多组分液体进行分离、分级、提纯和富集。

纳滤过程的关键是纳滤膜。对膜材料的要求是：具有良好的成膜性、热稳定性、化学稳定性、机械强度高、耐酸碱及微生物侵蚀、耐氯和其他氧化性物质、有高水通量及高盐截留率、抗胶体及悬浮物污染，价格便宜。目前采用的纳滤膜多为芳香族及聚酸氢类复合纳滤膜。复合膜为非对称膜，由两部分结构组成：一部分为起支撑作用的多孔膜，其机理为筛分作用；另一部分为起分离作用的一层较薄的致密膜，其分离机理可用溶解扩散理论进行解释。对于复合膜，可以对起分离作用的表皮层和支撑层分别进行材料和结构的优化，可获得性能优良的复合膜。膜组件的形式有中空纤维、卷式、板框式和管式等。其中，中空纤维和卷式膜组件的填充密度高，造价低，组件内流体力学条件好；但是这两种膜组件的制造技术要求高，密封困难，使用中抗污染能力差，对料液预处理要求高。而板框式和管式膜组件虽然清洗方便、耐污染，但膜的填充密度低、造价高。因此，在纳滤系统中多使用中空纤维式或卷式膜组件。

纳滤膜的分离作用主要是由于粒径筛分和静电排斥，传统软化纳滤膜对水中无机物和有机物都具有很高的截留率，这类纳滤膜主要是通过较小的孔径来截留和筛分杂质。一些新型的纳滤膜以去除水中的有机物为主要目标，它们由荷电、亲水性较高的原材料制成，具有一定的电荷，此类纳滤膜对有机物的截留机理除了孔径筛分外，还加入了膜与有机物的电性作用，甚至以电性作用为主要的有机物截留机理。这种新型纳滤膜对无机离子的截留率较低，因此特别适用于处理硬度、碱度低而 TOC 浓度高的微污染水源水，产水不需要再矿化或稳定，就能满足优质饮用水的要求。

（4）反渗透

反渗透的问世最早是在 1953 年，由美国的 Reid 研究发明。1961 年，美国 Hevens 公司首先研制出管式反渗透膜组件。20 世纪 70 年代，反渗透技术开始大规模应用于海水淡化处理，使其在脱盐领域占有领先地位。目前，反渗透技术在中水回用、废水处理、化工分离、纯水及超纯水制造等方面都有着广泛的应用。

反渗透又称逆渗透，它是一种以压力差为推动力，从溶液中分离出溶剂的膜分离操作。对膜一侧的料液施加压力，当压力超过它的渗透压时，溶剂会逆着自然渗透的方向作反向渗透。从而在膜的低压侧得到透过的溶剂，即渗透液；高压侧得到浓缩的溶液，即浓缩液。若用反渗透处理海水，在膜的低压侧得到淡水，在高压侧得到卤水。反渗透膜能截留水中的各种无机离子、胶体物质和大分子溶质，从而取得净化的水。也可用于大分子有机物溶液的预浓缩。

反渗透膜是实现反渗透的核心元件，是一种模拟生物半透膜制成的具有一定特性的人工半透膜。一般用高分子材料制成。如醋酸纤维素膜、芳香族聚酰肼膜、芳香族聚酰胺膜。表面微孔的直径一般在 $0.5 \sim 10nm$ 之间，透过性的大小与膜本身的化学结构有关。有的高分子材料对盐的排斥性好，而水的透过速度并不好。有的高分子材料化学结构具有较多亲水基团，因而水的透过速度相对较快。因此一种满意的反渗透膜应具有适当的渗透量或脱盐率。

反渗透膜应具有以下特征：① 在高流速下应具有高效脱盐率；② 具有较高机械强度和使用寿命；③ 能在较低操作压力下发挥功能；④ 能耐受化学或生化作用的影响；⑤ 受 pH 值、温度等因素影响较小；⑥ 制膜原料来源容易，加工简便，成本低廉。

反渗透膜的结构，有非对称膜和均相膜两类。当前使用的膜材料主要为醋酸纤维素和芳香聚酰胺类。其组件有中空纤维式、卷式、板框式和管式。可用于分离、浓缩、纯化等化工单元。

（5）电渗析

电渗析法的工作原理主要是膜室之间的离子迁移，也有电极反应。电渗析的关键部件是离子交换膜，它的性能对电渗析效果影响很大。废水成分复杂，所含的酸、碱、氧化物等物质对膜有损害作用，离子交换膜应具有抵抗这种损害的性能。

电渗析装置一般采用单膜（阳膜或阴膜）的两室布置，或双模（阳、阴膜，双阳膜或双阴膜）的三室布置。

电渗析法适用于废水的脱盐处理。但不适用于非电离分子（特别是有机物）去除。单级电渗析出水的含盐量一般高于 $300mg/L$。要得到较好的出水水质，需采用电渗析器串联系统。电渗析多用于废水深度处理。

7.2.4 生物处理法

1. 生物膜法

生物膜法是一种固定膜法，是利用附着生长于某些固体物表面的微生物（即生物膜）进行有机污水处理的方法，主要用于去除废水中溶解性的和胶体状的有机污染物。因微生物群体沿固体表面生长成黏膜状，故名生物膜法。废水和生物膜接触时，污染物从水中转移到膜上，从而得到去除。生物膜是由高度密集的好氧菌、厌氧菌、兼性菌、真菌、原生动物以及藻类等组成的生态系统，其附着的固体介质称为滤料或载体。生物膜自滤料向外可分为厌气层、好气层、附着水层、运动水层。生物膜法的原理是，生物膜首先吸附附着水层有机物，由好气层的好气菌将其分解，再进入厌气层进行厌气分解，流动水层则将老化的生物膜冲掉以生长新的生物膜，如此往复以达到净化污水的目的。

生物膜法依据所使用的生物器的不同可进一步分为生物滤池、生物转盘、曝气生物滤池或厌氧生物滤池。前三种用于需氧生物处理过程，后一种用于厌氧过程。

（1）生物滤池

生物膜法中最常用的一种生物器。使用的生物载体是小块料（如碎石块、塑料填料）或塑料型块，堆放或叠放成滤床，故常称滤料。与水处理中的一般滤池不同，生物滤池的滤床暴露在空气中，废水洒到滤床上。工作时，废水沿载体表面从上向下流过滤床，和生长在载体表面上的大量微生物和附着水密切接触进行物质交换。污染物进入生物膜，代谢产物进入水流。出水并带有剥落的生物膜碎屑，需用沉淀池分离。生物膜所需要的溶解氧直接或通过水流从空气中取得。

（2）生物转盘

是随着塑料的普及而出现的。数十片、近百片塑料或玻璃钢圆盘用轴贯串，平放在一个断面呈半圆形的条形槽的槽面上。盘径一般不超过 4m，槽径大约几厘米。有电动机和减速装置转动盘轴，转速 1.5～3 转/min 左右，决定于盘径，盘的周边线速度在 15m/min 左右。

废水从槽的一端流向另一端。盘轴高出水面，盘面约 40％浸在水中，约 60％暴露在空气中。盘轴转动时，盘面交替与废水和空气接触。盘面为微生物生长形成的膜状物所覆盖，生物膜交替地与废水和空气充分接触，不断地取得污染物和氧气，净化废水。膜和盘面之间因转动而产生切应力，随着膜的厚度的增加而增大，到一定程度，膜从盘面脱落，随水流走。

同生物滤池相比，生物转盘法中废水和生物膜的接触时间比较长。而且有一定的可控性。水槽常分段，转盘常分组，既可防止短流，又有助于负荷率和出水水质的提高，因负荷率是逐级下降的。生物转盘如果产生臭味，可以加盖。生物转盘一般用于水量不大时。

（3）曝气生物滤池

设置了塑料型块的曝气池。按其过程也称生物接触氧化法。它的工作类似活性污泥法中的曝气池，但是不要回流污泥，曝气方法也不能沿用，一般采用全池气泡曝气，池中生物量远高于活性污泥法，故曝气时间可以缩短。运行较稳定，不会出现污泥膨胀问题。也有采用粒料（如砂子、活性炭）的。这时水流向上，滤床膨胀、不会堵塞。因为表面积高，生物量多，接触又充分，曝气时间可缩短，处理效率可提高。

（4）厌氧生物滤池

构造和曝气生物滤池雷同，只是不要曝气系统。因生物量高，和污泥消化池相比，处理时间可以大大缩短（污泥消化池的停留时间一般在 10d 以上），处理城市污水等浓度较低的废水时有可能采用。

2. 活性污泥法

活性污泥法是使用最广泛的废水处理方法。它能从废水中去除溶解的和形成胶体的可生物降解的有机物，以及能被活性污泥吸附的悬浮固体和其他一些物质。无机盐类（氮和磷的化合物）也能部分地被去除。

活性污泥法是向废水中连续通入空气，经一定时间后因好氧性微生物繁殖而形成的污泥状絮凝物，其上栖息着以菌胶团为主的微生物群，具有很强的吸附与氧化有机物的能力。利用此吸附和氧化作用，以分解去除污水中的有机污染物，然后使污泥与水分离，大部分污泥再回流到曝气池，多余部分则排出活性污泥系统。

典型的活性污泥法是由曝气池、沉淀池、污泥回流系统和剩余污泥排除系统组成，其工艺基本流程如图 7-4 所示。

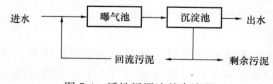

图 7-4　活性污泥法基本流程

污水和回流的活性污泥一起进入曝气池形成混合液。从空气压缩机站送来的压缩空气，通过铺设在曝气池底部的空气扩散装置，以细小气泡的形式进入污水中，目的是增加污水中的溶解氧含量，还使混合液处于剧烈搅动的状态，呈悬浮状态。溶解氧、活性污泥与污水互相混合、充分接触，使活性污泥反应得以正常进行。上述过程分两个阶段：

第一阶段：污水中的有机污染物被活性污泥颗粒吸附在菌胶团的表面上，这是由于其巨大的比表面积和多糖类黏性物质。同时一些大分子有机物在细菌胞外酶作用下分解成小分子有机物。

第二阶段：微生物在氧气充足的条件下，吸收这些有机物，并氧化分解，形成二氧化碳和水，一部分供给自身的增殖繁衍。活性污泥反应进行的结果，污水中有机污染物得到降解而去除，活性污泥本身得以繁衍增长，污水则达到净化处理。

活性污泥法的主要类型有推流式活性污泥法（CAS）、短时曝气法、阶段曝气法（SAAS）、生物吸附法（AB）、完全混合式活性污泥法（CMAS）、序批式间歇反应器（SBR）、深水曝气活性污泥法、氧化沟（氧化塘），各具有不同的使用特点。

7.2.5　其他处理法

1. 膜生物反应器（MBR）

膜生物反应器工艺是集合了传统污水处理技术与膜过滤技术的新型污水处理工艺，它是利用高效分离膜组件取代传统生物处理技术末端的二沉池，与生物处理中的生物单元组合形成的一套有机水净化再生技术。该方法首先利用生化技术降解水中的有机物，驯养优势菌类、阻隔细菌，然后利用膜技术过滤悬浮物和水溶性大分子物质，降低水浊度，达到排放标准。

膜生物反应器法与传统的生化水处理技术相比，具有处理效率高、出水水质好、设备紧凑、占地面积小、易实现自动控制、运行管理简单的特点。国内外研究和实际应用结果表明，MBR 是最理想的污水回用处理装置，处理水能够满足市政回用、景观与环境回用以及某些工业回用的水质要求。

膜生物反应器研究的重要内容是在保证出水水质的前提下，膜通量应尽可能大，这样减少膜的使用面积，降低膜生物反应器的基建费用和运行费用，这些都是由膜生物反应器参数决定的。

膜生物反应器的材料分为有机膜和无机膜两种。膜生物反应器曾普遍采用有机膜，常用的膜材料为聚乙烯、聚丙烯等。分离式膜生物反应器通常采用超滤膜组件，截留分子量一般在 2～30 万。膜生物反应器截留分子量越大，初始膜通量越大，但长期运行膜通量未必越大。当膜选定后，其物化性质也就确定了，因此，操作方式就成为影响膜生物反应器膜污染的主要因素。不仅污泥浓度、混合液黏度等影响膜通量，混合液本身的过滤性能，如活性污泥性状、生物相也影响膜生物反应器膜通量的衰减。改善膜面附近料液的流体力学条件也很重要，如提高流体的进水流速，减少浓差极化，能使被截留的溶质及时被带走。分离式膜生物反应器中，一般均采用错流过滤的方式，而一体式膜生物反应器实质上是一种死端过滤方式。与死端过滤相比，错流过滤更有助于防止膜面沉积污染。因此设计合理的流道结构，提高膜间液体上升流速，使较大的暖气量起到了冲刷膜表面的错流过滤效果对于淹没式膜生物反应器显得尤为重要。

膜生物反应器技术以其优质的出水水质被认为是具有较好经济、社会和环境效益的节水技术而备受关注。尽管还存在较高的运行费用问题，但随着膜制造技术的进步，膜质量的提高和膜制造成本的降低，MBR 的投资也会随之降低。如聚乙烯中空纤维膜，新型陶瓷膜的开发等已使其成本比以往有很大降低。另一方面，各种新型膜生物反应器的开发也使其运行费用大大降低，如在低压下运行的重力淹没式 MBR、厌氧 MBR 等与传统的好氧加压膜生物反应器相比，其运行费用大幅度下降。因此，从长远的观点来看，膜生物反应器在水处理中应用范围必将越来越广。

2. 消毒

再生水在使用过程中，除了与设备、生物和环境直接接触外，与使用者和公众也会不可避免地发生直接或间接地接触。因此，再生水除满足各种使用条件和用途的水质要求外，其卫生学问题关系到社会的公共安全，一直是各管理部门所关注的焦点。

消毒作为再生水处理的最后一个环节，是再生水安全的最后一道屏障，是安全利用再生水的关键。消毒剂的作用包括两个方面：在水进入输送管网前，消除水中病原体的致病作用；从水进入管网起到用水点前，维持水中消毒剂的持续作用，以防止可能出现的病原体危害或再增殖。

消毒是通过消毒剂或其他方法、手段对水中的致病微生物进行灭活，减少对人和生产活动的危害，通常采用化学试剂作消毒剂，但有时也采用物理方法。物理法采用热、紫外线照射、超声波辐射等方法破坏微生物的蛋白质或遗传物质，最终导致其死亡或停止繁殖。化学法则是利用化学药剂使微生物的酶失活，或通过剧烈的氧化反应使微生物灭活。下面是一些常用的消毒方式。

（1）液氯消毒

液氯具有强氧化性，是我国目前最常用的水处理消毒方法。用于城市水消毒时，氯主要以两种形态使用，即以气态元素，或以固态或液态含氯化合物（次氯酸盐）使用。气态氯通常被认为是能在大型设施中使用的氯的最经济形态。次氯酸盐形态主要一直用于小型再生水厂（人数少于 5000 人），或在大型再生水厂中对气态操作安全问题的考虑超过经济考虑时也可采用。

氯气溶解在水中后水解为 HCl 和次氯酸 $HClO$，次氯酸再离解为 H^+ 和 OCl^-。消毒主要是 $HClO$ 的作用。因为它是体积很小的中性分子，能扩散到带有负电荷的细菌表面，具有较强的渗透力，能穿透细胞壁进入细菌内部。氯对细菌的作用是破坏其酶系统，导致细菌死亡。而氯对病毒的作用，主要是对核酸破坏的致死性作用。pH 值高和温度低时，$HClO$ 含量高，消毒效果好。$pH<6$ 时，$HClO$ 含量接近 100%，$pH = 7.5$ 时，$HClO$ 和 OCl^- 大致相等，因此氯的杀菌作用在酸性水中比碱性水中更有效。

液氯消毒的优点是工艺成熟、消毒效果稳定可靠、成本低廉，且消毒后的余氯有持续的消毒能力，能防止残余细菌在管道内继续繁殖增生。然而不足之处是液氯消毒需要较长的接触时间（一般要求不少于 30min），因此需要建造容积较大的接触池。

（2）次氯酸钠消毒

次氯酸钠属于强碱弱酸盐，有较强的漂白作用，对金属器械有腐蚀作用。次氯酸钠消毒原理与氯相同。次氯酸钠水解生成次氯酸，次氯酸再进一步分解生成新生态氧 $[O]$，新生态氧具有极强氧化性。次氯酸钠水解生成的次氯酸不仅可以与细胞壁发生作用且因分子小，不带电荷故易侵入细胞内与蛋白质发生氧化作用或破坏其磷酸脱氢酶，使糖代谢失调而导致细菌死亡。次氯酸分解生成的新生态氧将菌体蛋白质氧化。

次氯酸钠同氨可以发生反应，在水中生成微量的带有气味的氨氮化合物，但这种化合物也是一种安全的药剂。次氯酸钠不存在液氯等的安全隐患，且其消毒效果被公认与氯气相当，因此它的应用也比较广泛。

（3）二氧化氯消毒

二氧化氯是一种广谱性消毒剂，通过渗入细菌细胞内，将核酸（RNA 或 DNA）氧化后，从而阻止细胞的合成代谢，并使细菌死亡。由于 ClO_2 在水中 100％以分子形态存在，所以易穿透细胞膜。二氧化氯在水中极易挥发，因此不能储存，必须在现场边生产边使用。

二氧化氯一般只起氧化作用，不起氯化作用，因此它与水中杂质形成的三氯甲烷等要比氯消毒少得多。二氧化氯在碱性条件下仍具有很好的杀菌能力，也不与氨起作用，因此在高 pH 值的含氯系统中可发挥极好的杀菌作用。二氧化氯的消毒作用与氯相近，但对含酚和污染严重的原水特别有效。

二氧化氯也是一种强氧化剂，消毒能力仅次于臭氧，高于液氯。但是，随着 ClO_2 的广泛应用，ClO_2 及其消毒副产物如亚氯酸盐、氯酸盐等对人体健康的影响日益被人们关注。低剂量的 ClO_2 对人体不会产生有害影响。由于 ClO_2 必须在现场边生产边使用，它的制备和运行成本很高，是次氯酸钠运行成本的 5 倍以上。

（4）其他药剂消毒

漂白粉 $Ca(ClO)_2$ 为白色粉末，有氯的气味，含有效氯 20％～25％。漂粉精 $Ca(OCl)_2$ 含有效氯 60％～70％，两者的消毒作用和氯相同，适用于小水量的消毒。

加氯到含氨氮的水中，或氯与氨（液氨、硫酸铵等）以一定重量比投加时，都可生成氯胺而起消毒作用。氯胺消毒的特点是，可减小氯仿生成量，避免加氯时生成的嗅味。其杀菌作用虽比氯差，但杀菌持续时间较长，因此可控制管网中的细菌再繁殖。适用于原水中有机物较多、管网延伸较长时。氯胺的杀菌效果差，不宜单独作为饮用水的消毒剂使用。但若将其与氯结合使用，既可以保证消毒效果，又可以减少三卤甲烷的产生，且可以延长在配水管网中的作用时间。

（5）臭氧消毒

臭氧是一种高活性的气体。臭氧可杀菌消毒的作用主要与它的高氧化电位和容易通过微生物细胞膜扩散有关。臭氧能氧化微生物细胞的有机物或破坏有机体链状结构而导致细胞死亡。

臭氧是一种强氧化剂，既有消毒作用也有氧化作用，杀菌和除病毒效果好，接触时间短，能除臭、去色、除酚，可氧化有机物、铁、锰、氰化物、硫化物、亚硝酸盐等。臭氧加入水中后，不会生成有机氯化物，无二次污染。

臭氧的半衰期很短，仅为 20min，因臭氧不易溶于水，且不稳定，故其无持续消毒功能，应设置氯消毒与其配合使用。臭氧运行、管理有一定的危险性，臭氧可引发中毒，操作复杂；制取臭氧的产率低；臭氧消毒法设备费用高，耗电大。这些都是限制或影响臭氧消毒广泛推广使用的主要原因。

（6）紫外消毒

紫外线应用于再生水消毒主要采用的是 C 波段紫外线（UV-C），又称灭菌紫外线。波长范围为 275～200nm，即 C 波段紫外线会使细菌、病毒、芽孢以及其他病原菌的 DNA 丧失活性，从而破坏它们的复制和传播疾病的能力。

紫外线消毒法是一种物理消毒方法，与化学法相比具有不产生有毒有害副产物、消毒速度快、设备操作简单、消毒成本低等优点。化学消毒法固然在目前的水处理领域占有重要的地位，但是随着人们对水质标准要求的提高和消毒副产物研究的不断深入，以及紫外线消毒机理的深入揭示、紫外线技术的不断发展以及消毒装置在设计上的日益完善，紫外线消毒法有望成为代替传统化学消毒法的主要物理消毒方法之一。

7.2.6 再生水处理新技术

1. 磁分离技术

磁分离技术是一门比较古老、较成熟的技术，最早应用于选矿和瓷土工业，但将它用于水处理工程，又可以称得上是一门新兴技术。从 20 世纪 60 年代开始，苏联首先用磁凝聚法处理钢厂除尘废水，60 年代末，美国 MIT 教授科姆发明高梯度磁过滤器，70 年代美国应用磁絮凝法和高梯度磁分离法处理钢铁、食品、化工等废水。近年来，随着对水环境质量要求的提高，对深度处理技术的要求也随之提高。磁分离技术作为一种可以高效去除磷的技术，在再生水处理领域得到很好的应用。

磁分离水处理技术利用废水中杂质颗粒的磁性进行分离，是在传统的混凝、沉淀、过滤处理工艺基础上发展起来的，不同之处是在投加混凝剂之后投加磁种，混凝过程中磁种被絮体包裹起来，在沉淀池中絮体包裹着磁种一起沉淀下来，磁种起到加速沉降的作用。对于水中非磁性或弱磁性的颗粒，利用磁性接种技术可使它们具有磁性。与传统混凝、沉淀、过滤工艺相比，磁分离技术可以缩短沉淀、过滤时间，节约占地面积。

根据工艺过程的不同，磁分离技术分为以下三类：

（1）磁凝聚法（CoMag）

CoMag 技术（Co：concrete 混凝，Mag：magnetism 磁分离）是传统深度处理工艺（混凝、沉淀、过滤）与高梯度磁分离技术（HGMS）的融合。其工艺流程为在反应池中投加混凝剂和磁种，混凝过程中磁种被絮体包裹起来，在沉淀池中絮体包裹着磁种一起沉淀下来，磁种起到加速沉降的作用。沉淀污泥一部分回流到反应池，以增大反应池中的污泥浓度，提高凝聚效果；另一部分通过磁鼓将磁种从污泥中分离出来，磁种回到反应池循环利用，污泥进行无害化处理。沉淀池出水采用磁过滤器进一步处理，取代传统的砂滤工艺。

（2）BioMag 技术

将 CoMag 工艺与活性污泥法结合，形成 BioMag 技术，可以达到脱氮除磷的效果。该工艺的实质为生物处理加上加药化学除磷。除磷主要靠化学沉析及混凝磁分离来实现。工艺流程如图 7-5 所示。

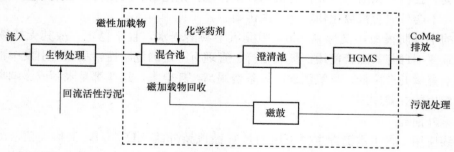

图 7-5 BioMag 技术工艺流程图

就一般的城市污水水质，按现在普遍采用的生物除磷脱氮工艺，实际很难达到《污水综合排放标准》（GB 8978—1996）中的二级标准，更不用说一级标准了。所以，采用 BioMag 工艺（加药化学除磷强化活性污泥法）处理城市污水有一定的价值。

（3）超磁分离法（ReCoMag）

ReCoMag 技术（Re：稀土）与 CoMag 技术类似，其不同之处是利用超导电磁过滤器获得高磁力梯度，从而提高处理效率和处理结果。超导体在某一临界温度下，具有完全的导电性，也就是电阻为零，没有热损耗，因而可以用大电流，从而得到很高的磁场强度。如用超导可获得磁场强度为 2T 的电磁体。此外，超导还可获得很高的磁力梯度。

超导电磁过滤器的特点是：可以获得很高的磁场强度和磁力梯度，电磁体不发热，电耗较少，运行费用较低，能制成可以连续工作的磁过滤器。

2. 磁树脂交换技术

磁性树脂交换技术是一种新型的离子交换技术，采用磁性树脂作为离子交换树脂，磁性树脂粒径比常规离子交换树脂小，具有大的比表面积，吸附速率和再生速率都比较高。磁性树脂主要特点是在树脂结构中结合了磁性氧化铁成分，使得树脂颗粒快速絮凝成大颗粒，快速沉降，通过重力沉降快速从悬浮液中分离。在饮用水处理中用于去除色度、嗅味、有机物、硫、砷等污染物。在市政污水的再生水回用中用于进一步去除二级出水中的污染物，如有机物、硝酸盐、磷等。在印染、造纸等工业废水的处理中用于去除色度、有机物和各种无机污染物。

磁性树脂技术目前主要应用于饮用水处理方面，在国外包括澳大利亚、美国和欧洲等地都有一些工程应用，而国内的研究和应用还处于起步阶段，对其机理和应用性研究还很少。再生水处理领域，磁性树脂技术发挥其特点，与混凝沉淀、膜过滤等工艺组合使用，这将可能为再生水的广泛可靠应用提供一种保障技术。

3. GFH（granulated ferric hydroxide）技术

GFH 技术是柏林工业大学水质控制所于 20 世纪 90 年代初期开发的，最初用于从天然水体中除砷。近年来，GFH 在除氟、除 NOM（主要为腐殖质）、除磷等方面也均有研究报道。

GFH 是结晶程度低的 β-FeOOH，主要成分是正方针铁矿，比表面积为 $250\sim300\text{m}^2/\text{g}$ 的多孔吸附剂。在吸附过程中，GFH 的孔完全被水填充，可利用的吸附部位密度非常高，因此具有高的吸附容量。

2002 年前在欧洲有 20 多套商业运行的 GFH 除砷设备。对于 GFH 除氟、除 NOM、除磷等，目前主要处于研究试验阶段。NOM 本身无毒，但在净化与输送过程中会对环境产生直接或间接的危害。已有研究表明 GFH 可去除水中的 NOM，大分子和 UV 消光度 NOM 的吸附效果好，而小分子 NOM 的吸附效果差，甚至不能吸附。GFH 在再生水回用中的应用主要是对磷的去除。GFH 的磷吸附能力比较强，在景观水体的回用、补水中，可很好地控制水体藻类生长等富营养化问题；在水处理过程中，GFH 也可有效降低 MBR 出水中的磷。

4. 硅藻土技术

硅藻土是由硅藻生物遗骸经过上万年沉积形成的天然无定形二氧化硅，即由含水二氧化硅小球最紧密堆积而成。小球间隙构成纳米微孔，同时壳体本身具有大孔结构，从而形成丰富的孔结构。由于具有这种独特的多孔结构以及强吸收性、耐热性等优异的物化性能，硅藻土被广泛用作化工、石油、建材等诸多领域。

应用在水处理领域的硅藻土通常需要采用特殊的选矿提纯方法把硅藻含量富集到 92% 以上，一般称之为硅藻精土。而且在应用时，硅藻精土需要根据水质的要求进行进一步地改性，表面改性是指在硅藻精土中加入适量的一种或几种混凝剂复合而成，改性后的硅藻精土一般称之为硅藻精土水处理剂。在污水处理中根据污水的不同类别，改性配制成处理各种水质的系列硅藻精土水处理剂，这种水处理剂充分发挥了硅藻精土所具有的纳米微孔特性。

对硅藻土进行表面改性，使其对带负电的胶体颗粒也能脱稳，从而使脱稳胶体极易被吸附到具有巨大比表面积和强大吸附性能的硅藻精土上，且附着了污染物质的硅藻土颗粒间也有很大的相互吸附能力，所以将改性硅藻土作为混凝剂加入到污水中后，能快速形成粒度和密度都比较大的絮体，且该絮体的稳定性好，甚至当絮体被打碎后，还可以发生再絮凝，这是其他的铝盐、铁盐等常用污水处理剂所无法达到的。在专用的硅藻土处理池中，絮体能形成一个稳定的、致密的悬浮污泥滤层，污水经过系统内自我形成的致密的悬浮泥层过滤之后能得到进一步净化。总之，改性硅藻土处理污水时的作用机理是非常复杂的，脱稳絮凝、物理吸附、沉淀、过滤、生物强化等多个过程同时进行，污水净化的过程是这些过程协同作用的结果。

硅藻土技术在国内城市污水处理中应用的时间只有十年左右，但大致经历了三个阶段：单-硅藻土一级强化处理阶段；硅藻土一级强化处理后加生物处理阶段；生物处理后加硅藻土深度处理阶段。经过了这十年来的发展，硅藻土技术的变化是相当大的，并且硅藻土的许多优势还没有完全发挥出来。今后，随着硅藻土作用机理研究的不断深入，硅藻土技术将在回用水处理领域发挥越来越重要的作用。

7.3 再生水回用的方式与经济分析

7.3.1 再生水回用的方式

再生水回用是指城市污水于工厂内部，以及工业用水的循序使用等。再生水回用分为直接回用和间接回用两种。经处理后再用于农业、工业、娱乐设施、补充地下水与城市给水，或工业废水经处理后再用两种形式。

1. 直接回用

直接回用是指再生水厂通过输水管道直接将再生水送给用户使用，通常有三种模式。

（1）实行双管道系统供水，即在再生水厂系统铺设再生供水管网，与城市供水管网并行向用户输送再生水。再生水系统的运行、维护和管理方式与饮用水系统相似。圣彼得斯堡市拥有美国最早的市级双管道系统之一，该系统从 1997 年开始运行，为包括住宅、商业开发区、工业园区、可再生能源发电厂以及学校等设施提供再生水。加利福尼亚州的波莫纳市于 1973 年首次运行再生水系统，向加州理工学院提供再生水，之后又为两个造纸厂、道路景观绿化、地方公园以及垃圾填埋场增设了再生水供应系统。

（2）由再生水厂铺设专用管道供大工厂使用。这种方式用途单一，比较实用，在国外应用比较普遍。

（3）大型公共建筑和住宅楼群的污水，就地处理、回收、循环再用。这种方式在日本被普遍推广使用；美国目前有多处使用这种方式，大部分是商业办公楼、购物中心和学校；新加坡裕隆工业区一幢 12 层公寓大楼使用这种方式，服务人口为 25000 人；我国广州的花园饭店、北京的万泉公寓都已使用这种方式。

2. 间接回用

间接回用是指水经过一次或多次使用后成为生活污水或工业废水，经处理后排入天然水体，经水体自然净化，包括较长时间的储存、沉淀、稀释、日光照射、曝气、生物降解、热作用等，然后再次使用。间接回用又分为补给地表水和人工补给地下水两种方式。

（1）补给地表水　污水经处理后排入地表水体，经过水体的自净作用再进入给水系统。

（2）人工补给地下水　污水经处理后人工补给地下水，经过净化后再抽取上来送入给水系统。

直接回用和间接回用的主要区别在于，间接回用中包括了天然水体的缓冲、净化作用，而直接回用则没有任何天然净化作用。

7.3.2　再生水回用的经济分析

一项再生水回用工程的上马使用，需要大量的资金投入。从输配管线的设计、建造，到再生水设备的运行使用，每一环节都需要耗费大量的人力、物力资源。一般农业、工业及娱乐景观等使用再生水的地点若离再生水的水源较近，则可以节省一部分资金，否则需要在再生水厂与使用者之间建造新的输配设施，这样成本就会更高一些。

除管线建造、设备购置需要投入大量资金外，设备运行、维护及更换都需要资金投入。因此，再生水系统实际支出往往高于预算成本，这些成本一般计入再生水的使用费中，通常以用水量或按月定额计算。但考虑污水处理的需求，一些地区仍鼓励消费者低价或免费使用再生水。此外，影响成本的因素还有再生水系统运行后有可能出现的用水量减少导致的生产规模缩小，且当饮用水或再生水供水系统隶属于不同运营部门，将大大降低收入。因此，投资再生水系统之前，应该对各种经济因素进行全面的调研。

1. 再生水回用的经济性

（1）再生水回用供水系统建设费用低廉

与远距离引水相比，输水管路方面具有绝对优势。跨流域调水是一项耗资巨大的供水工程，是从丰水流域向缺水流域调节，对环境破坏严重。对于污水再生回用而言，水源的获得基本上是就地取水，既不需要远距离引水的巨额工程投资，也无需支付大笔的水资源费用，省却了大笔输水管道建设费用和输水电费，水源成本较低。

（2）再生水供水系统运行费用经济

再生水厂与污水处理厂相结合，省去了许多相关的附属建筑物，如变配电系统、机修车间、化验室等。同时，再生水厂的反冲洗系统和污泥处理也可并入二级处理厂的系统之内，从而大大降低了日常运行费用。再生水厂与二级处理厂合作办公，可以节约许多管理人员，减轻了经济上的负担，提高了人力资源的有效利用率。

（3）再生水被视为"第二水源"

再生水可以适当收取费用，从而带动污水处理厂的良好运行和维持财政收支平衡。长期以来，不仅仅是我国，即使是在发达国家，污水处理费用也是相当昂贵的。如何有效、经济地提高污水处理的质量和效率，污水再生回用是被世界公认的唯一途径。从市场经济的角度考虑，污水再生回用时的污水变成"产品"或"商品"，使得公益事业开始向经营单位转变，可大大激发污水处理厂的活力，通过出售"再生水"这一产品，得到一部分收益，用于补贴污水处理的部分费用，使得污水这一资源进入市场，污水处理厂的运行进入生产—销售—生产的良性循环。

（4）再生水回用的潜在经济效益

污水回用提供了新水源，减少了新鲜水的取用量和市政管道的污水量，这样可以改善城市排水设施的投资运行环境，改善了自然水环境，从而使整个城市的生态环境都趋于更加健康，带动旅游业、房地产业逐步升温，由此带来不可估量的经济效益。

2. 建设实施再生水回用工程的可行性分析

计划投资再生水系统时，首先要进行成本效益分析，比较使用再生水与新鲜淡水之间的成本与收益的差异。如将每年特质水的生产量换算为需求减少或者供应增加，根据所得的结果再次考查各种方案的优劣，做出正确选择。这些方案也包含部分反映生活质量、环境等的影响因素。

成本效益分析的重点是考察工程对各种用户类型（如工业、商业、居民、农业）的经济影响。其重要性在于，从终端利用的角度分析对多个再生水工程备选方案的市场销售情况，具体考察备选方案中再生水供应的成本与新鲜淡水供应的成本，在水资源充裕和匮乏时水需求与价格之间的关系，以评价项目是否经济可行。作为百年供水工程的一部分，随着供水量的增加，再生水系统比传统的污水处理更为经济。

此外，还需考虑利益分配问题。使用再生水能延缓或取消供水系统和污水处理系统的扩建。当用户从延缓扩建供水系统中受益时，现有和将来的用户都将共同承担部分再生水成本。相似的分析方式也适用于其他问题，如采用较为严格的污水排放标准时，用户可以从延缓或取消污水处理系统的扩建中受益，部分再生水成本同样也被要求由现有和将来用户共同承担。

最后对建造和运行所需的再生水设备是否有充足的经济来源进行可行性分析。

3. 工程建设及运行资金来源

再生水回用工程的建设、使用以及良性运转需要大量的资金做保障，若仅靠再生水的用户支付使用费来维持系统的日常运行是比较困难的。国外在这方面运作很好，有很多成功的经验，我们可以从中进行借鉴。

美国为了保障再生水工程的建设经费，通常需要通过发行长期债券来提供相应的资金，解决今后几十年项目建设的费用问题。专项拨款、开发商投资等其他资金来源亦可用于缓解和补充年税收需求。各种可利用的外来资金包括以下几种：

（1）当地政府免税债券　20～30年期限的长期债券可以为再生水工程提供资金补助。

（2）专项拨款及州政府周转资金　资本需求能够通过州政府、当地的专项拨款或通过SRF贷款获得部分资金支持，特别是专门用于资助再生水的项目。

（3）捐助资金　开发商与工业用户签订特殊协议，规定以资产或者资金的方式支付特定工程的成本费用。

上述方式主要是获取工程建设资金的方法。在美国，还可以通过以下方式支付设备的运转、维护及更换等费用。

① 再生水使用者付费；

② 公共事业单位的运行预算与现金储备；

③ 本地财产税收及现有使用者付费；

④ 公共设施使用税收；

⑤ 特殊捐税和特税地区；

⑥ 接入费。

上述筹集资金的方法虽因国情不同，我们不能完全照搬，但我们可以参考、借鉴，从而摸索出适合我国国情的解决再生水回用工程资金的方法。

7.4　污水再生利用的水质标准

为贯彻我国水污染防治和水资源开发方针，提高水利用率，做好城市节约用水工作，合理利用水资源，实现城市污水资源化，减轻污水对环境的污染，促进城市建设和经济建设可持续发展，中华人民共和国建设部组织编制了《城市污水再生利用》系列标准。该系列标准包括《城市污水再生利用 城市杂用水水质》（GB/T 18920—2002）、《城市污水再生利用 景观环境用水水质》（GB/T 18921—2002）、《城市污水再生利用 工业用水水质》（GB/T 19923—2005）、《城市污水再生利用 地下水回灌水质》（GB/T 19772—2005）、《城市污水再生利用 农田灌溉用水水质》（GB/T 20922—2007）和《城市污水再生利用 绿地灌溉水质》（GB/T 25499—2010），各标准的具体内容如下所示。

7.4.1　城市杂用水水质标准

城市杂用水水质标准见表 7-5。

表 7-5　城市杂用水水质标准

项　　目		冲厕	清扫消防	城市绿化	车辆冲洗	建筑施工
pH 值（无量纲）		6.0~9.0				
色/度	≤	30				
嗅（无量纲）		无不快感				
浊度/NTU	≤	5	10	10	5	20
溶解性总固体/（mg/L）	≤	1500	1500	1000	1000	—
五日生化需氧量（BOD_5）/（mg/L）	≤	10	15	20	10	15
氨氮/（mg/L）	≤	10	10	20	10	20
阴离子表面活性剂/（mg/L）	≤	1.0	1.0	1.0	0.5	1.0
铁/（mg/L）	≤	0.3	—	—	0.3	—
锰/（mg/L）	≤	0.1	—	—	0.1	—
溶解氧/（mg/L）	≥	1.0				
总余氯/（mg/L）		接触 30min 后≥1.0，管网末端≥0.2				
总大肠菌群/（个/L）	≤	3				

7.4.2　景观环境用水水质标准

景观环境用水水质标准见表 7-6。

表 7-6　景观环境用水的再生水水质指标

项　　目		观赏性景观环境用水			娱乐性景观环境用水		
		河道	湖泊	水景	河道	湖泊	水景
基本要求		无飘浮物，无令人不愉快的嗅和味					
pH 值(无量纲)		6～9					
五日生化需氧量(BOD₅)/(mg/L)	≤	10	6		6		
悬浮物/(mg/L)	≤	20	10		—ᵃ		
浊度/NTU	≤	—ᵃ			5.0		
溶解氧/(mg/L)	≥	1.5			2.0		
总磷(P 计)/(mg/L)	≤	1.0	0.5	1.0	0.5		
总氮/(mg/L)	≤	15					
氨氮(以 N 计)/(mg/L)	≤	5					
粪大肠菌群/(个/L)	≤	10000	2000	500	不得检出		
余氯ᵇ/(mg/L)	≥	0.05					
色度/度	≤	30					
石油类/(mg/L)	≤	1.0					
阴离子表面活性剂/(mg/L)	≤	0.5					

a　表示对比项无要求；

b　氯接触时间不应低于 30min 的余氯，对于非加氯方式无此项要求。

7.4.3　工业用水水质标准

工业用水水质标准见表 7-7。

表 7-7　再生水用作工业用水水源的水质标准

项　　目	冷却用水		洗涤用水	锅炉补给水	工艺与产品用水
	直流冷却水	敞开式循环冷却水系统补充水			
pH 值(无量纲)	6.5～9.0	6.5～8.5	6.5～9.0	6.5～8.5	6.5～8.5
悬浮物/(mg/L)	≤30	—	≤30	—	—
浊度/NTU	—	≤5	—	≤5	≤5
色度/度	≤30	≤30	≤30	≤30	≤30
生化需氧量(BOD₅)/(mg/L)	≤30	≤10	≤30	≤10	≤10
化学需氧量(COD_Cr)/(mg/L)	—	≤60	—	≤60	≤60
铁/(mg/L)	—	≤0.3	≤0.3	≤0.3	≤0.3
锰/(mg/L)	—	≤0.1	≤0.1	≤0.1	≤0.1
氯离子/(mg/L)	≤250	≤250	≤250	≤250	≤250
二氧化硅/(mg/L)	≤50	≤50	—	≤30	≤30
总硬度(以 CaCO₃ 计)/(mg/L)	≤450	≤450	≤450	≤450	≤450
总碱度(以 CaCO₃ 计)/(mg/L)	≤350	≤350	≤350	≤350	≤350
硫酸盐/(mg/L)	≤600	≤250	≤250	≤250	≤250

项　　目	冷却用水		洗涤用水	锅炉补给水	工艺与产品用水
	直流冷却水	敞开式循环冷却水系统补充水			
氨氮(以 N 计)/(mg/L)	—	≤10[a]	≤10	≤10	≤10
总磷(以 P 计)/(mg/L)	—	≤1	—	≤1	≤1
溶解性总固体/(mg/L)	≤1000	≤1000	≤1000	≤1000	≤1000
石油类/(mg/L)	—	≤1	—	≤1	≤1
阴离子表面活性剂/(mg/L)	—	≤0.5	—	≤0.5	≤0.5
余氯[b]/(mg/L)	≥0.05	≥0.05	≥0.05	≥0.05	≥0.05
粪大肠菌群/(个/L)	≤2000	≤2000	≤2000	≤2000	≤2000

a　当敞开式循环冷却水系统换热为铜质时,循环冷却系统中循环水的氨氮指标应小于 1mg/L;

b　加氯消毒时管末梢值。

7.4.4　地下水回灌水质标准

地下水回灌水质标准见表 7-8 和表 7-9。

表 7-8　城市污水再生水地下水回灌基本控制项目及限值

基本控制项目	地表回灌[a]	井灌
色度/度	30	15
浊度/ NTU	10	5
pH 值(无量纲)	6.5~8.5	6.5~8.5
总硬度(以 $CaCO_3$ 计)/(mg/L)	450	450
溶解性总固体/(mg/L)	1000	1000
硫酸盐/(mg/L)	250	250
氯化物/(mg/L)	250	250
挥发酚类(以苯酚计)/(mg/L)	0.5	0.002
阴离子表面活性剂/(mg/L)	0.3	0.3
化学需氧量(COD_{Cr})/(mg/L)	40	15
五日生化需氧量(BOD_5)/(mg/L)	10	4
硝酸盐(以 N 计)/(mg/L)	15	15
亚硝酸盐(以 N 计)/(mg/L)	0.02	0.02
氨氮(以 N 计)/(mg/L)	1.0	0.2
总磷(以 P 计)/(mg/L)	1.0	1.0
动植物油/(mg/L)	0.5	0.05
石油类/(mg/L)	0.5	0.05
氰化物/(mg/L)	0.05	0.05
硫化物/(mg/L)	0.2	0.2
氟化物/(mg/L)	1.0	1.0
粪大肠菌群数/(个/L)	1000	3

a　表示黏性土厚度不宜小于 1m,若小于 1m 按井灌要求执行。

表 7-9　城市污水再生水地下水回灌选择控制项目及限值

选择控制项目	限值	选择控制项目	限值
总汞	0.001	三氯乙烯	0.07
烷基汞	不得检出	四氯乙烯	0.04
总镉	0.01	苯	0.01
六价铬	0.05	甲苯	0.7
总砷	0.05	二甲苯[a]	0.5
总铅	0.05	乙苯	0.3
总镍	0.05	氯苯	0.3
总铍	0.0002	1，4-二氯苯	0.3
总银	0.05	1，2-二氯苯	1.0
总铜	1.0	硝基氯苯[b]	0.05
总锌	1.0	2，4-二硝基氯苯	0.5
总锰	0.1	2，4-二氯苯酚	0.093
总硒	0.01	2，4，6-三氯苯酚	0.2
总铁	0.3	邻苯二甲酸二丁酯	0.003
总钡	1.0	邻苯二甲酸二(2-乙基己基)酯	0.008
苯并[a]芘	0.00001	丙烯腈	0.1
甲醛	0.9	滴滴涕	0.001
苯胺	0.1	六六六	0.005
硝基苯	0.017	六氯苯	0.05
马拉硫磷	0.05	七氯	0.0004
乐果	0.08	林丹	0.002
对硫磷	0.003	三氯乙醛	0.01
甲基对硫磷	0.002	丙烯醛	0.1
五氯酚	0.009	硼	0.5
三氯甲烷	0.06	总 α 放射性/(Bq/L)	0.1
四氯化碳	0.002	总 β 放射性/(Bq/L)	1

a　二甲苯指对-二甲苯、邻-二甲苯、间-二甲苯；

b　硝基氯苯指对-硝基苯、邻-硝基氯苯、间-硝基氯苯。

注：总 α 放射性和总 β 放射性，其他单位均为 mg/L。

7.4.5　农田灌溉用水水质标准

农田灌溉用水水质标准见表 7-10 和表 7-11。

表 7-10　基本控制项目及水质指标最大限值

基本控制项目	灌溉作物类型			
	纤维作物	旱地谷物 油料作物	水田谷物	露地蔬菜
生化需氧量（BOD_5）/（mg/L）	100	80	60	40
化学需氧量（COD_{Cr}）/（mg/L）	200	180	150	100

续表

基本控制项目	灌溉作物类型			
	纤维作物	旱地谷物 油料作物	水田谷物	露地蔬菜
悬浮物/(mg/L)	100	90	80	60
溶解氧/(mg/L)　≥	0.5			
pH 值(无量纲)	5.5～8.5			
溶解性总固体/(mg/L)	非盐碱地地区 1000，盐碱地地区 2000			1000
氧化物/(mg/L)	350			
硫化物/(mg/L)	1.0			
余氯/(mg/L)	1.5		1.0	
石油类/(mg/L)	10		5.0	1.0
挥发酚/(mg/L)	1.0			
阴离子表面活性剂/(mg/L)	8.0		5.0	
汞/(mg/L)	0.001			
镉/(mg/L)	0.01			
砷/(mg/L)	0.1		0.05	
铬(六价)/(mg/L)	0.1			
铅/(mg/L)	0.2			
粪大肠菌群数/(个/L)	40000			20000
蛔虫卵数/(个/L)	2			

表 7-11　选择控制项目及水质指标及水质指标最大限值　　单位：mg/L

选择控制项目	限值	选择控制项目	限值
铍	0.002	锌	2.0
钴	1.0	硼	1.0
铜	1.0	钒	0.1
氟化物	2.0	氰化物	0.5
铁	1.5	三氯乙醛	0.5
锰	0.3	丙烯醛	0.5
钼	0.5	甲醛	1.0
镍	0.1	苯	2.5
硒	0.02		

7.4.6　绿地灌溉水质标准

绿地灌溉水质标准见表 7-12 和表 7-13。

表 7-12　基本控制项目及限值

控制项目	限　值
浊度/ NTU	≤5(非限制性绿地)，10(限制性绿地)
嗅(无量纲)	无不快感
色度/度	≤30
pH 值(无量纲)	6.0~9.0
溶解性总固体/(mg/L)	≤1000
五日生化需氧量(BOD₅)/(mg/L)	≤20
总余氯/(mg/L)	0.2≤管网末端≤0.5
氯化物/(mg/L)	≤250
阴离子表面活性剂/(mg/L)	≤1.0
氨氮/(mg/L)	≤20
粪大肠菌群ᵃ/(个/L)	≤200(非限制性绿地)，≤1000(限制性绿地)
蛔虫卵数/(个/L)	≤1(非限耐性绿地)，2(限制性绿地)

a　粪大肠菌群的限值为每周连续 7 日测试样品的中间值。

表 7-13　选择控制项目及限值　　　　　　　　　　单位：mg/L

控制项目	限　值
钠吸收率(SAR)ᵃ	≤9
镉	≤0.01
砷	≤0.05
汞	≤0.001
铬(六价)	≤0.1
铅	≤0.2
铍	≤0.002
钴	≤1.0
铜	≤0.5
氟化物	≤2.0
锰	≤0.3
钼	≤0.5
镍	≤0.05
硒	≤0.02
锌	≤1.0
硼	≤1.0
钒	≤0.1
铁	≤1.5
氰化物	≤0.5
三氯乙醛	≤0.5
甲醛	≤1.0
苯	≤2.5

a　$SAR = \dfrac{Na^+}{\sqrt{\dfrac{Ca^{2+} + Mg^{2+}}{2}}}$，式中钠、钙、镁离子浓度单位均以 mmol/L 表示。

注：除第 1 项外，其他单位均为 mg/L。

习题与思考题

1. 什么是水资源再生利用?
2. 水资源再生利用的途径有哪些?
3. 水资源再生处理技术中物理化学处理法有哪些?
4. 水资源再生处理技术中生物膜法和膜生物反应器法有何不同?
5. 水资源再生处理有哪些新技术?

第8章　水环境保护新技术

学 习 提 示

　　重点掌握水环境修复的生物修复技术和生态修复技术、农村不同污染类型水的净水技术和工艺、微污染水体处理的预处理技术、深度处理技术及新技术、污染地下水修复技术等。难点是水环境修复的生态修复技术、微污染水体处理的预处理技术及新技术。推荐学时 4~6 学时。

8.1　水环境修复概述

8.1.1　环境修复的概念与分类

1. 环境修复的概念

　　修复本来是工程上的一个概念，是指借助外界作用力使某个受损的特定对象部分或全部恢复到初始状态的过程。严格说来，修复包括恢复、重建、改建等三个方面的活动。恢复是指使部分受损的对象向原初状态发生改变；重建是指使完全丧失功能的对象恢复至原初水平；改建则是指使部分受损的对象进行改善，增加人类所期望的"人造"特点，减小人类不希望的自然特点。修复的三个过程，如图 8-1 所示。

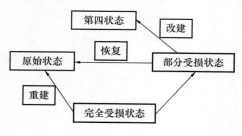

图 8-1　修复的三个过程

　　环境修复是指对被污染的环境采取物理、化学、生物和生态技术与工程措施，使存在于环境中的污染物质浓度减少、毒性降低或完全无害化，使得环境能够部分或完全恢复到原初状态。环境修复可以从三个方面来理解：

　　一是界定污染环境与健康环境。环境污染实质上是任何物质或者能量因子的过分集中，超过了环境的承载能力，从而对环境表现出有害的现象。故污染环境可定义为任何物质过度聚集而产生的质量下降、功能衰退的环境。与污染环境相对的就是健康环境。最健康的环境就是有原始背景值的环境。但当今地球上似乎再也难找到一块未受人类活动影响的"净土"。即使人类足迹罕至的南极、珠穆朗玛峰，也可监测到农药的存在。因此，健康环境只是相对的，特指存在于其中的各种物质或能力都低于有关环境质量标准。

　　二是界定环境修复和环境净化。环境有一定的自净能力。当有污染物进入环境时，并不一定会引起污染。只有当这些物质或能量因子超过了环境的承载能力才会导致污染。环境中

234

有各种各样的净化机制，如稀释、扩散、沉降、挥发等物理机制，氧化还原、中和、分解、离子交换等化学机制，有机生命体的代谢等生物机制。这些机制共同作用于环境，致使污染物的数量或性质向有利于环境安全或健康的方向发生改变。

环境修复与环境净化之间既有共同的一面，也有不同的一面。它们两者的目的都是使进入环境中的污染因子的总量减少或强度降低或毒性下降。但环境净化强调的是环境中内源因子作用的过程，是自然的、被动的一个过程。而环境修复则强调人类有意识的外源活动对污染物质或能量的清除过程，是人为的、主动的过程。

三是界定环境修复与"三废"治理。传统"三废"治理强调的是点源治理，需要建造成套的处理设施，在最短的时间内以最高效的速度使污染物无害化、减量化、资源化和能源的回收利用。而环境修复是近几十年才发展起来的环境工程技术，它强调的是面源治理，即对人类活动的环境（面源）进行治理。环境修复和"三废"治理都是控制环境污染，只不过"三废"治理属于环境污染的产中控制，环境修复属于产后控制，而污染预防则属于产前控制。它们三者共同构成污染控制的全过程体系，是可持续发展在环境中的重要体现。

2. 环境修复的类型

依照环境修复的对象分，可分为土壤环境修复、水体环境修复、大气环境修复和固体废弃物环境修复等。其中水体环境包括湖泊水库、河流和地下水。

依照污染物所处的治理位置分，可分为原位修复和异位修复。其中，原位修复指在污染的原地点采用一定的技术措施修复；异位修复指移动污染物到污染控制体系内或邻近地点采用工程措施进行。异位生物修复具有修复效果好但成本高昂的特点，适合于小范围内、高污染负荷的环境对象。而原位修复具有成本低廉但修复效果差的特点，适合于大面积、低污染负荷的环境对象。将原位生物修复和异位修复相结合，便产生了联合生物修复；它能扬长避短，是当今环境修复中应用较普遍的修复措施。

依照环境修复的方法与技术手段分，分为物理修复、化学修复、生物修复和生态修复。随着科学技术的发展，环境修复的理论研究不断深入，工程技术手段也不断更新，形成了目前物理、化学、生物、工程多种方法共存的局面，并有由物理化学方法向生物方法发展的趋势。

8.1.2　水环境修复的目标、原则和内容

1. 水环境修复的目标和原则

水环境修复技术是利用物理的、化学的、生物的和生态的方法减少水环境中有毒有害物质的浓度或使其完全无害化，使污染了的水环境能部分或完全恢复到原始状态的过程。

在水污染严重、水资源短缺的今日，水作为环境因子，逐渐成为威胁和制约社会经济可持续发展的关键性因素。因此，水体修复的目标是在保证水环境结构健康的前提下，满足人类可持续发展对水体功能的要求，用水包括饮用水、生态环境用水、工业用水、农业用水等，如图 8-2 所示。具体的目标包括：

（1）水质良好，达到相应用水质量标准的要求，是人类和生物所必需的；

（2）水生态系统的结构和功能的修复，也包括生态系统组分的所有生物因素；

（3）自然水文过程的改善、水域形态特征的改变等。

水环境修复所遵循的原则不同于传统的环境工程学。在传统环境工程领域，处理对象能够从环境中分离出来例如废水或者废弃物，需要建造成套的处理设施，在最短的时间内，以

最快的速度和最低的成本，将污染物净化去除。而在水环境修复领域，所修复的水体对象是环境的一部分，不可能建造能将整个修复对象包容进去的处理系统。如果采用传统治理净化技术，即使对于局部小系统的修复，其运行费用也将是天文数字。在水环境修复的过程中，需要保护周围的环境。水环境修复的专业面更广，包括环境工程、土木工程、生态工程、化学、生物学、毒理学、地理信息和分析监测等，需要将环境因素融入技术中。

水环境修复的基本原则如下：

（1）遵循自然规律原则　要立足于保护生态系统的动态平衡和良性循环，坚持人与自然的和谐相处；要针对造成水生态系统退化和破坏的关键因子，提出顺应自然规律的保护与修复措施，充分发挥自然生态系统的自我修复能力。

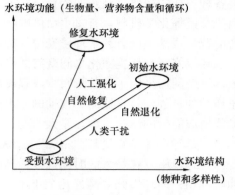

图 8-2　水环境修复目标示意图

（2）最小风险的最大效益原则　在对受损水生态系统进行系统分析、论证的基础上，提出经济可行的保护与修复措施，将风险降到最低程度。同时，还应尽力做到在最小风险、最小投资的情况下获得最大效益，包括经济效益、社会效益和环境效益。

（3）保护水生态系统的完整性和多样性原则　不仅要保护水生态系统的水量和水质，还要重视对水土资源的合理开发利用、工程与生态措施的综合运用。

（4）因地制宜的原则　水生态系统具有独特性和多样性，保护措施应具有针对性，不能完全照搬其他地方成功的经验。

2. 水环境修复的基本内容

水环境修复的基本内容包括现场调查和设计。

水环境现场调查包括：对修复现场进行科学调查，确定水环境污染现状，包括污染区域位置、大小，污染区域特征、形成历史，污染变化趋势和程度等。除了上述之外，还需调查外部污染源范围和类型、内在污染源变化规律、积泥土壤环境形态和性质、水动力学特征等。

水环境修复设计原则如下：

（1）制定合理的修复目标以及遵循有关法律法规；

（2）明确设计概念思路，比较各种方案；

（3）现场调研；

（4）考虑操作、维修、公众的反应、健康和安全问题；

（5）估算投资、成本和时间等限制，结构施工容易程度以及编制取样检测操作维修手册等。

水环境修复主要设计程序如下：

（1）项目设计计划：综述已有的数据和结论；确定设计目标；确定设计参数指标；完成初步设计；收集现场信息；现场勘察；列出初步工艺和设备名单；完成平面布置草图；估算项目造价和运行成本；

（2）项目详细设计：重新审查初步设计；完善设计概念和思路；确定项目工艺控制过程；详细设计计算、绘图和编写技术说明相关设计文件；完成详细设计评审；

（3）施工建造接收和评审投标者并筛选最后中标者；提供施工管理服务；进行现场

检查；

（4）系统操作，编制项目操作和维修手册；设备启动和试运转；

（5）验收和编制长期监测计划。

目前，水环境污染控制与修复的方法主要有四类：化学修复、物理修复、生物修复和生态修复。

8.1.3　化学修复

化学修复是根据水体中主要污染物的化学特征，采用化学方法进行修复，改变污染物的形态（如化学价态、存在形态等），降低污染物的危害程度。化学修复见效快，成本高，有效期短，需反复投加，易产生二次污染，且不能从根本上解决问题。通常适用于突发性水污染或小范围严重水污染的修复。

1. 投絮凝剂

借助絮凝剂如铁盐、铝盐等的吸附或絮凝作用与水体中无机磷酸盐共沉淀的特性，降低水体富营养化的限制因子磷的浓度，控制水体的富营养化。在荷兰的 Braakman 水库和 Grote Rug 水库，运用该方法使水体总磷和藻类生产量大幅度降低。同时，铝盐能够形成氢氧化铝沉淀，在沉积物表层形成"薄层"，阻止沉积磷的释放。

2. 投除藻剂

常用的除藻剂主要有硫酸铜、高锰酸盐、硫酸铝、高铁酸盐复合药剂、液氯、ClO_2、O_3 和 H_2O_2 等。其中，由于蓝藻对硫酸铜特别敏感。因此，含铜类药剂是研究和应用较早和较多的杀藻药品。但是由于化学杀藻剂仅能在短时间内对水体中藻类有控制作用，需要反复投加除藻剂，成本增加，且只治标不治本。同时，死亡的藻体仍保留存在水体中，不断释放藻毒素，其分解消耗大量氧气。此外，杀藻剂本身往往对鱼类及其他水生生物产生毒副作用，造成二次污染。因此，投加杀藻剂需要科学评估其风险，除非应急和健康安全许可，一般不宜采用。

3. 投除草剂

除草剂是控制水草疯长的有效途径。目前大部分除草剂在推荐的使用浓度下都有良好的除草效果，而对其他鱼类、无脊椎动物和鸟类毒性低微，在食物网中也无残留作用。有时只在水草堵塞的水体使用除草剂。但除草剂也有潜在的水质问题，如杀死的水草腐败耗氧，释放营养物质等。如果选择颗粒状除草剂，在水草长出之前就撒入水中，可避免发生这种现象。有的除草剂或其降解产物对鱼类或鱼类饵料生物有毒，如敌草快等。

8.1.4　物理修复

水体功能受损的主要特征是水体富营养化，即水环境中氮磷等营养物质浓度高，可能导致水体藻类疯长、溶解氧下降、浊度增加、透明度下降、水质劣化、变黑变臭等，进而导致水生态系统崩溃。目前，国内外在水环境修复中所采用的主要物理措施有稀释/冲刷、曝气、机械/人工除藻、底泥疏浚等。物理修复方法效果明显，见效也快，不会给水体带来二次污染。但是没有改变污染物的形态，未能从根本上解决水环境污染问题。因此，物理修复通常和其他修复方法联合应用，相互弥补缺点，以达到最好的处理效果。

1. 稀释/冲刷

稀释和冲刷是采用向污染的河道或湖泊水体注入未受污染的清洁水体，以达到降低水体中营养盐浓度、将藻类冲出水体的目的，是经常搭配使用的常用技术之一。稀释包括了污染物浓度的降低和生物量的冲出，而冲刷仅仅指生物量的冲出。对于稀释来说，稀释水的浓度必须低于原水，且浓度越低，效果越好。对于冲刷来说，冲刷速率必须足够大，使得藻类的流失速率大于其生长繁殖速率。这种技术可以有效降低污染物的浓度和负荷，减少水体中藻类的浓度，加快污染水体流动，缩短换水周期，提升水体自净功能，提高水环境承载力。此外，水体稀释与冲刷还能够影响到污染物质向底泥沉积的速率。在高速稀释或冲刷过程中，污染物质向底泥沉积的比例会减小。但是，如果稀释速率选择不当，水中污染物浓度可能不降反升。稀释水与被稀释成分对比见表 8-1，稀释技术效果举例见表 8-2。稀释水与湖泊水体比较明显清洁。通过水体稀释，原来水体总磷浓度下降了 54%，叶绿素水平下降了 63%，而塞氏透明度增加了 54%。

目前，在我国南京玄武湖、杭州西湖以及昆明滇池内海等都采用外流引水进行稀释和冲刷。

表 8-1　稀释水与被稀释成分对比　　　　　　　　　　　　单位：$\mu g/L$

项目	总磷	总氮	活性磷	NO_3-N
水体	148	1331	90	1096
稀释水	25	308	8	19

表 8-2　稀释技术效果

时间/a	稀释速率/（%/d）	总磷/（$\mu g/L$）	叶绿素 α/（$\mu g/L$）	塞氏透明度/m
1969～1970	1.0	158	71	0.6
1977～1979	10.0	71（54%）	26（63%）	1.3（54%）

2. 曝气

污染水体在接纳大量需氧有机污染物后，有机物降解将造成水体溶解氧浓度急剧降低。同时，由于藻类的疯长，消耗大量的氧气导致水体表层以下呈厌氧状态。溶解氧浓度低甚至厌氧状态导致溶解盐释放，硫化氢、硫醇等恶臭气体产生，使水体变黑变臭。通过曝气设备将空气中的氧强制向水体中转移的过程。曝气法增加本区域和下游水体中的溶解氧含量，避免水生物的缺氧死亡，改善水生生物的生存环境，提高水环境的自净能力，有效限制底层水体中磷的活化和向上扩散，从而限制浮游藻类的生产力。目前，经常采用橡胶坝、太阳能曝气泵等实现富氧的目的。

3. 机械/人工除藻

利用机械/人工方法收获水体中的藻类，可有效减轻局部水华灾害，增加营养物的输出量，减轻藻体死亡分解引起的藻毒素污染及耗氧，起到标本兼治的作用。

人工打捞藻类是控制蓝藻总量最直接的方式。目前，在太湖、巢湖、滇池仍有采用人工打捞的方式除藻，由于人工打捞收集手段落后，时间有限，导致效率低、费用高。机械除藻一般应用在蓝藻富集区（借助风向、风力等将蓝藻围栏集中在某一区域），采用固定式除藻设施和除藻船对区域内湖水进行循环处理，有效清除浮藻层，为化学或生物除藻等措施的实施创造条件。图 8-3 为机械除藻治理滇池蓝藻水华的工艺流程图。通过该方法，在 2001 年 4 月至 2002 年 11 月共处理富藻水约 42648m³，折合清除水华蓝藻干重 460.83t。相当于从试验区水体中去除氮 2.29t，磷 2.71t。

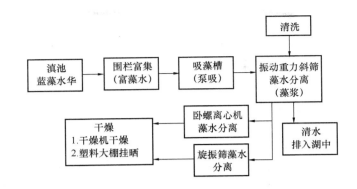

图 8-3　机械除藻治理滇池蓝藻水华的工艺流程图

除此之外，可采用投加絮凝剂和机械除藻相结合的方式，如投加蓝藻专用复合絮凝剂，利用絮凝反应器使藻浆与絮凝剂充分混合并形成絮体；在重力浓缩段，利用蓝藻絮体自身重力脱去游离水；在压滤段，利用竖毛纤维的附着性及机械力的挤压使蓝藻絮体中的水分充分脱去，最终形成块状藻饼。工艺流程如图 8-4 所示。

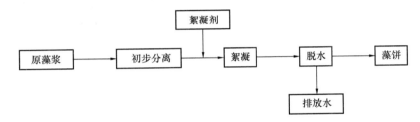

图 8-4　投加絮凝剂与机械除藻复合模式除藻的工艺流程

4. 底泥疏浚

底泥是水体中氮磷类营养物质重要的源和汇。当水体中氮磷类营养物质浓度降低、水温升高或 pH 值变化时，底泥中的氮磷类营养盐大量释放到水体中，造成水体的二次污染。底泥中磷的释放对水体中磷浓度补充是不可忽略的来源。底泥疏浚能够去除底泥中所含的污染物，清除水体内源污染，从而改善水质、提高水体环境容量、促进水生生态环境的恢复，有利于水资源的开发、美化和创造旅游开发环境，产生较大的环境效益、社会效益和经济效益。

环境疏浚与工程疏浚不同。前者旨在清除水体中的污染底泥，并为水生生态系统的恢复创造条件，同时还需要与湖泊综合整治方案相协调。而后者则主要为某种工程的需要（如流通航道、增容等）而进行的。两者的具体区别见表 8-3。

表 8-3　环境疏浚与工程疏浚的区别

项　　目	环境疏浚	工程疏浚
生态要求	为水生植被恢复创造条件	无
工程目标	清除存在于底泥中的污染物	增加水体容积，维持航行深度
边界要求	按污染土壤分层确定	地面平坦，断面规则
疏浚泥层厚度	较薄，一般小于 1m	较厚，一般几米至几十米

项　　目	环境疏浚	工程疏浚
对颗粒物扩散限制	避免扩散及水体浑浊	无
施工精度	5～10m	20～50m
设备选型	标准设备改造或专用设备	标准设备
工程监控	专项分析，严格控制	一般控制
底泥处置	泥、水根据污染性质特殊处理	泥水分离后一般堆置

底泥疏浚分为干式疏浚和带水疏浚。前者在小型河流中应用为主，在实际中应用有限，后者因疏浚精度高、减少对水体干扰、减少二次污染等优点而得到广泛采用。目前，最先进的环保式底泥疏浚设备是绞吸式挖泥船，其管道在泥泵的作用下吸起表层沉积物并远距离输送到陆地上的堆场。但底泥疏浚值得注意的有以下三点：其一为底泥深层疏浚、疏浚量在60%～80%为宜，将挖泥行动对底泥表层的干扰（这是由于底泥表层是底栖生物的聚集区）降至最低；其二是疏浚过程中保证水体清澈透明，要定期进行监测。目前，在滇池、杭州西湖、太湖、巢湖、长春南湖等湖泊的清淤挖泥，曾收到暂时的效果，但未能从根本上解决富营养化问题。这说明底泥疏浚往往效果不理想，如能配合其他治理措施（如生物治理），方能达到事半功倍的效果。

8.1.5　生物修复

生物修复是利用培育的植物或培养、接种的微生物的生命活动，对水中污染物进行转移、转化及降解，从而使水体得到净化的技术。生物修复强调人类有意识地利用动物、植物和微生物的生命代谢活动使水环境得到净化。而与生物修复概念相近的生物净化（biological purification）强调的是自然环境系统利用本身固有的生物体进行的环境无害化过程，是一种自发的过程。与现代物理、化学修复方法相比，生物修复具有污染物可在原地降解、就地处理操作简便、经济适用、对环境影响小、不产生二次污染等优点而成为水环境修复中最活跃的生长点之一。

针对水污染环境的生物修复常用的方法包括微生物修复、植物修复和动物修复等。在采用生物修复过程中，需要注意以下几点：一是优先选择土著生物，避免外来种入侵的风险；二是选择经济、美观、生物量大、快速生长、耐性强的生物；三是需要管理，包括收获及处理等。

1. 微生物修复

利用多种土著微生物或工程菌菌群混合后制成微生物水剂、粉剂、固体剂。向水体中投加微生物制剂，微生物与水中的藻类竞争营养物质，从而使藻类缺乏营养而死亡。微生物修复工程中以应用土著微生物为主，因为其具有巨大的生物降解潜力，不涉及外来种入侵问题，但接种的微生物在污染水体中难以持续保持高活性。而工程菌针对污染物处理效果好，但受到诸多政策限制，出于安全的考虑，应用要慎重。目前，克服工程菌安全问题的方法是让工程菌携带一段"自杀基因"，使其在非指定环境中不易生存。生物制剂的选择要考察气候条件、具体的水文水质条件等因素的影响，且需定期投放。表8-4所示为常见的净化水体的有益微生物。

表 8-4　常见的净化水体的有益微生物种类

名　称	类　型	名　称	类　型	名　称	类　型
光合细菌	光能自养	芽孢杆菌	化能自养	放线菌	化能异养
硫化细菌	化能自养	乳酸菌	化能异养	反硝化细菌	化能异养
硝化细菌	化能自养	酵母菌	化能异养		

（1）CBS 菌剂　CBS 是 central biological system（集中式生物系统）的简称，是美国 CBS 公司开发研制，目前已广泛应用到水环境治理中。CBS 是由几十种具备各种功能的微生物组成的良性循环的微生物生态系统，主要包括光合菌、乳酸菌、放线菌、酵母菌等构成功能强大的"菌团"。CBS 的作用原理是利用其含有的微生物唤醒或者激活河道中、污水中原本存在的可以自净的、但被抑制而不能发挥其功效的微生物。通过它们的迅速增殖，强有力地钳制有害微生物的生长和活动。同时，CBS 系统利用向水体河道喷洒生物菌团使淤泥脱水，实现泥水分离，然后再消灭有机污染物，达到硝化底泥、净化水资源的目的。

（2）EM 菌剂　EM 为高效复合微生物菌群的简称，即"high effective complex micro-organisms"，是由 5 科 10 属 80 多种有益微生物经特殊方法培养而成的多功能微生物菌群。EM 菌群在其生长过程中能迅速分解污水中的有机物，同时依靠相互间共生增殖及协同作用，代谢出抗氧化物质，生成稳定而复杂的生态系统，抑制有害微生物的生长繁殖，激活水中具有净化水功能的原生动物、微生物及水生植物，通过这些生物的综合效应从而达到净化与修复水体的目的。

2. 植物修复

植物修复就是利用植物的生长特性治理底泥、土壤和水体等介质污染的技术。植物修复技术包括植物萃取、植物稳定、根际修复、植物转化、根际过滤、植物挥发技术。植物提取是依靠植物的吸收、富集作用将污染物从污染介质中去除；植物稳定是依靠植物对污染物的吸附作用把污染物固定下来，减少污染物对环境的影响；根际修复是依靠植物的根际效应对污染物进行降解；植物转化是依靠植物把污染物吸收到体内，通过微生物或酶的作用使污染物降解；根际过滤是依靠根际固定和吸附污染物；植物挥发是依靠植物将污染物中可以气化的某些污染物（例如汞、氮等），挥发到大气中去。在利用植物修复过程中，要针对不同的污染物筛选不同的植物种类，使其对特定的污染物有较高的吸收能力，且耐受性较强。

水体植物修复技术具有很多优点：① 具有美学价值，合理的设计能让人在视觉上得到美的享受；增加水中的氧气含量，或抑制有害藻类的生长繁殖，遏制底泥营养盐向水中的再释放；② 植物根际为微生物提供了良好的栖息场所，联合处理效果更佳；③ 植物回收后可以再利用；④ 投资和维护成本低，操作简单，不造成二次污染，且具有保护表土、减少侵蚀和水土流失等作用。总之，高等植物能有效地用于富营养化湖水、河道生活污水等方面的净化，是一项既行之有效又保护生态环境的环保技术。

水环境修复可供选择的植物包括水生植物、湿生植物和边坡植物等。

（1）水生植物　水生植物主要有水葱、泽泻、香蒲、美人蕉、茭白、鸢尾、乌菱、矮慈姑、鸭舌草、水竹、千屈菜、小芦荻、芦苇、菖蒲、水花生、流苏菜、眼子菜、聚藻、水蕴草、金鱼藻、伊乐藻、睡莲、田字草、满江红、布袋莲等。要做好水生材料的造景设计，应根据水生植物的生物特征和景观的需要进行选择，荷花、睡莲、玉蝉花等浮水植物的根茎都生在河水的泥土中，要参考水体的水面大小比例、种植床的深浅等进行设计。为了保证水面植物景观疏密相间的效果，不影响水体岸边其他景观倒影的观赏，不宜把水生植物作满岸的种植，特别是挺水植物如芦苇、水竹、水菖蒲等以多丝小片种植较好。

（2）湿地植物　湿地植物是指湿生树种或耐湿耐淹能力强的树种如水松、池杉、落羽杉、垂柳、旱柳、柽柳、枫杨、构树、水杉等很多树种都可广泛推广应用。在兼具盐碱特性的湿地，需选择应用既有一定耐湿特性又有一定耐盐碱能力的植物材料，这类树种主要有柽柳、紫穗槐、白蜡、女贞、夹竹桃、杜梨、乌桕、旱柳、垂柳、桑、构树、枸杞、楝树、臭椿、加杨等。在通过合理整地而排水良好处，也可应用耐湿能力稍弱而具有耐盐碱特性的树种，如刺槐、白榆、皂荚、栾树、泡桐、黄杨、合欢、黑松等。在合理选择上层木本绿化植物种类的基础上，选择适生实用的下层草本植物如百喜草、狗芽根、奥古斯丁草、地毯草、类地毯草、假俭草、野牛草、结缕草等，以构成复层群落。

（3）边坡植物　边坡植物是指河道常水位以下，大多应选用耐水性好、扎根能力强的植物，如池杉、垂柳、枫杨、青檀、赤杨、水杨梅、黄馨、雪柳、簸柳、水马桑、醉鱼草、陆英、多花木蓝、薯豆等，种植形式以自然为主，植物间的配置突出季相。地被也应选用耐水湿且固土能力强的品种，如大米草、香蒲、结缕草、南苜蓿、金栗兰、石蒜等。常水位以上岸坡，应尽量采用乔灌草结合的方式。

3. 动物修复

根据生物操纵理论，通过对水生生物群（包括藻类、周丛动物、底栖动物和鱼类）及其栖息地的一系列调节，以增强其中的某些相互作用，促使浮游植物生物量下降。周丛动物、底栖动物在水域中摄食细菌和藻类，有效地控制水中生物的数量，达到稳定水系的作用。鱼类修复技术主要采用混养技术，控制上、中和底层鱼的比例，鱼的残饵、粪便培肥水质，起到"肥水"的效果，而肥水鱼通过滤食浮游生物、细小有机物，起到所谓"压水"的作用，稳定水体的生态平衡。

经典生物操纵理论认为，放养食鱼性鱼类以消除食浮游生物的鱼类，或捕除（或毒杀）湖中食浮游生物的鱼类，借此壮大浮游动物种群，然后依靠浮游动物来遏制藻类。这是生物操纵的主要途径之一。许多实验表明这种方法对改善水质有明显效果。美国明尼苏达富营养化的隆德（Round）湖面积 12.6hm²，最大深度 10.5m，平均深度 2.9m。优势鱼类有浮游生物食性鱼类的蓝鳃太阳鱼、刺日鱼和底栖动物食性的黑色回鱼。用鱼藤酮消灭原有的浮游生物食性和底食性鱼类，重新投放鱼食性的大嘴黑鲈和大眼狮鲈，使其与蓝鳃太阳鱼的比例为 1：2.2，重建前为 1：165。还投放美洲回鱼以防止底食性鱼类的发展。重建后大型浮游动物（蚤状溞）由稀少成为优势种，透明度由 2.1m 增至 4.8m，总氮、总磷也呈下降趋势。Benndorf 等 1984 年将河鲈和虹鳟引入到一个小水塘以控制和消除浮游生物食性鱼类。结果轮虫和小型浮游动物（如象鼻溞）减少，透明溞和僧帽溞等大型水溞增加，小型浮游植物减少，形态有碍牧食的大型浮游植物（如卵胞藻）增加，透明度也有所增加（图 8-5）。Shapiro 总结了美国 24 个湖泊应用生物操纵的成果，表明该项技术在改善湖泊水质方面是行之有效的。

而非经典生物操纵理论则将生物控制链缩短，控制凶猛鱼类，放养食浮游生物的滤食性鱼类直接以藻类为食。中国科学院水生生物研究所淡水生态学研究中心谢平等通过在武汉东湖的一系列围隔实验发现，鲢、鳙控制蓝藻水华的作用机制主要有两点，改变藻类群落结构以及导致小型藻类占优势：他在原位围隔实验中发现，没有放养鲢、鳙的围隔内，出现蓝藻水华；而在放养鲢、鳙的围隔内，藻类的生物量处于低水平，并且蓝藻未能成为优势种群。而在另一项实验中，在发生蓝藻水华的围隔中加入了鲢、鳙后，蓝藻水华在短期内消失。由此得出了鲢、鳙等滤食性鱼类能够控制蓝藻水华的结论，从而揭示了东湖蓝藻水华消失之谜。另一方面，鲢、鳙在成功控制了蓝藻水华之后，也有效降低了东湖的磷内源负荷。

有人专门研究了"以藻抑藻"的控藻方法，以黑藻（Hydrlialverticlilata）为材料，通过共培养和养殖水培养两种方式研究了黑藻对铜绿微囊藻生长的影响。研究发现，黑藻通过向水体中释放某些化学物质，使铜绿微囊藻的细胞壁、膜的破坏，类囊体片层的损伤直至细胞解体，生长量显著降低，繁殖受到抑制等。还有人研究了金藻（Poterioochromonas sp.）控制蓝藻水华的试验，金藻能引起培养的单细胞微囊藻在短时间内大量消失；蓝藻"水华"发生期间的高温、偏碱性 pH 值等环境条件不影响金藻吞噬微囊藻的速率；金藻在水华的发生过程中能够生长，并且对控制微囊藻水华有一定的作用（图 8-5）。

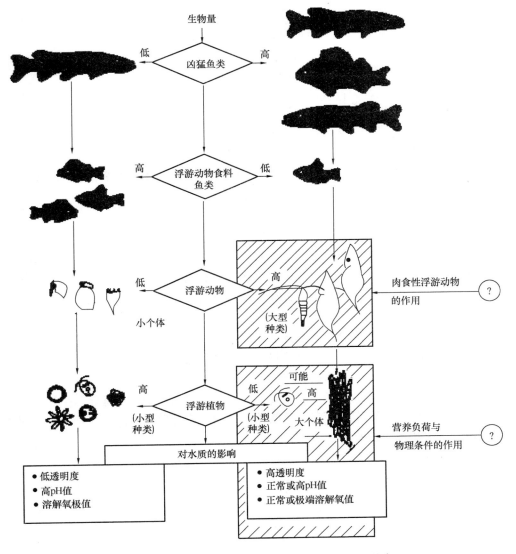

图 8-5　生物操纵中生物群落变化及其对水质的影响

8.1.6 生态修复

1. 水环境生态修复的概念和特点

生态修复是在生态学原理指导下，以生物修复为基础，结合各种物理修复、化学修复以及工程技术措施，通过优化组合，使之达到最佳效果和最低耗费的一种综合的修复污染环境的方法。

水环境生态修复是利用可持续的特点以增加生态系统的价值和生物多样性的活动，即修改受损河流物理、生物或生态状态的过程，以使修复工程后的河流较目前状态更加健康和稳定。用生态学诺贝尔奖获得者 Edward O. Wilson 博士的话来说："生物多样性越强，则生态系统的稳定性越好"。正是基于这一原理，从整个水体生态系统着眼，使水体中有益的水生植物、微生物、鱼类等都得到充分发展，使水体生物多样性达到最大化，从而使得水体生态系统长期稳定，提高水体的自净能力，最终获得人与自然的和谐。

水环境生态修复的特点包括以下七点：

（1）综合治理，标本兼治，节能环保；

（2）设施简单，建设周期短，见效快；

（3）因地制宜，擅长解决现有水体的水质问题；

（4）综合投资成本低，运行维护费用低，管理技术要求低；

（5）生物群落本土化，无生态风险；

（6）生物多样性强，生态系统稳定；

（7）对污染负荷波动的适应能力强。

水环境生态修复技术主要包括人工浮岛技术、人工湿地技术、前置库技术、近自然修复技术等。

2. 人工浮岛技术

人工浮岛技术是日本率先将其用于富营养化水体污染控制的新技术。所谓人工浮岛技术，是人工把水生植物或改良驯化的陆生植物移栽到水面浮岛上，植物在浮岛上生长，通过根系吸收水体中的氮磷等营养物质、降解有机污染物和富集重金属，从而达到净化水质的目的。人工浮岛的最大优点是构建和维护方便，改善景观，恢复生态，而且还有利于营养盐和浮游植物的去除及消浪作用。

人工浮岛技术净化机理可分为五个方面：

（1）浮岛植物吸收和吸附水体中氮磷物质：浮岛植物通过根系吸附并吸收水体中氮磷等营养盐供给自身生长，从而改善水质。

（2）植物根系增大水体接触氧化的表面积，并能分泌大量的酶，加速污染物质的分解。

（3）浮岛植物的抑藻效用：一些植物能针对性地抑制相应藻类的生长，如芦苇对形成水华的铜绿微囊藻、小球藻都有抑制效应。

（4）浮岛植物与微生物形成共生体系：浮岛植物输送氧气至根区，形成好氧、兼性的小生境，为多种微生物的生存提供适宜的环境。同时，微生物可以把一些植物不能直接吸收的有机物降解成植物能吸收的营养盐类。

（5）浮岛的日光遮蔽作用：浮岛在水域占据一定的水面，在富营养化的水体中能减弱藻类的光合作用，延缓水华的暴发。

生态浮岛主要由浮岛框体、浮岛床体、浮岛基质和浮岛植物四部分组成。人工浮岛的框架一般由木材、竹材、塑料管、泡沫、废旧轮胎高分子纤维等材料加工而成。在选择污染水体修复的浮岛植物时，通常除了选择生物量大、适应性强、耐污性好、污染物去除率高的一种或几种水生植物组合外，还应综合考虑区域特点、耐寒能力、季节等因素。可供选择的植物包括能够分泌抑藻物质的水浮莲、满江红、浮萍、紫萍、狐尾藻、金鱼藻、马蹄莲、轮藻、石菖蒲、芦苇等，以及其他的植物，包括美人蕉、水蕹菜、牛筋草、香蒲、芦苇、荻、水稻、水芹、黄花水龙、向香根草等。

井艳文等人于 2002～2003 年间在北京地区什刹海周围进行浮岛工程示范，采用适宜北京等北方水系环境生长的几种主要植物：旱伞草、高秆美人蕉、矮秆美人蕉、紫叶美人蕉、空心菜等作为浮岛植物，在蓝藻泛滥的水域中栽种，经过两个月试验后，试验区封闭水体的透明度明显好于湖中天然水体，TN、TP 含量明显下降，修复效果良好。

当然，人工浮岛技术也在不断完善中。改进生态浮岛结构是提高浮岛净化效果的方式之一。目前，生态浮岛结构改造主要是以浮岛系统与接触氧化系统、曝气系统、水生动物、微生物、填料、生物净化槽等中的一个或多个组合而成，充分利用浮岛立体空间，延长浮岛系统食物链以及强化浮岛的微生物富集特性，从而提高净化效果。上海市农业科学院生态环境保护研究所范洁群等人利用生物共生机制原理分别开发了由植物填料微生物组成的新型框式浮岛，其净化效果明显优于传统浮岛。李伟等构筑了以水生植物、水生动物及微生物为主体的组合立体浮岛生态系统，提高了污染物的去除率。生态浮岛结构的改变使污染物的去除由植物为主转变为植物填料微生物共同作用，但是各部分如何有机组合才能更有效地提高净化效果有待今后继续深入研究。

3. 人工湿地技术

人工湿地主要利用土壤、人工介质、植物、微生物的物理、化学、生物三重协同作用，对污水、污泥进行处理，最后湿地系统更换填料或收割栽种植物将污染物最终除去。其作用机理包括吸附、滞留、过滤、氧化还原、沉淀、微生物分解、转化、植物遮蔽、残留物积累、蒸腾水分和养分吸收及各类动物的作用。其中，湿地系统中的微生物是降解水体中污染物的主力军。

与污水处理厂相比，人工湿地的优点如下：

（1）人工湿地具有投资少、运行成本低等明显优势。在农村地区，由于人口密度相对较小，人工湿地同传统污水处理厂相比，一般投资可节省 1/3～1/2。在处理过程中，人工湿地基本上采用重力自流的方式，处理过程中基本无能耗，运行费用低，污水处理厂处理每吨废水的价格在 1 元左右，而人工湿地平均不到 0.2 元。因此，在人口密度较低的农村地区，建设人工湿地比传统污水处理厂更加经济。

（2）污水处理厂使用的化学方法和生物方法，在处理过程中会产生大量富含有害化学成分的淤泥、废渣影响环境，容易形成二次污染。而人工湿地使用纯生物技术进行水质净化，则不存在二次污染。

（3）人工湿地以水生植物水生花卉为主要处理植物，在处理污水的同时还具有良好的景观效果，有利于改造农村环境。另外，在人工湿地上可选种一些具备净化效果和一定经济价值较高的水生植物，在污水处理的同时产生经济效益。

（4）人工湿地的运行管理简单、便捷，因为人工湿地完全采取生物方法自行运转，因此基本不需专人负责，只需定期清理格栅池、隔油池、每年收割一次水生植物即可。

人工湿地分为表面流人工湿地、水平潜流人工湿地和垂直潜流人工湿地。

表面流人工湿地是水面位于湿地基质层以上，水深一般 0.3～0.5m，水流呈推流式前进。污水从入口以一定速度缓慢流过湿地表面，部分污水或蒸发或渗入地下，出水由溢流堰流出。近水面部分为好氧层，较深部分及底部通常为厌氧层。表面流人工湿地优点是投资少、运行费用低、维护简单，缺点是水力负荷低、占地面积大、易受季节影响等。

潜流湿地系统是目前较多采用的人工湿地类型。根据污水在湿地中流动的方向不同可将潜流型湿地系统分为水平潜流人工湿地和垂直潜流人工湿地两种类型。不同类型的湿地对污染物的去除效果不同，具有各自的优缺点。水平潜流人工湿地因污水从一端水平流过填料床而得名。湿地主要由植物、填料床和布水系统三部分组成。填料床结构剖面图及布水系统自下而上依次为防渗层、卵石层、砾砂层、粘土层等。卵石层和砾砂层对进入此层的污水起到过滤作用，还可以通过滤料上的生物膜对污水中的污染物质进行降解，上层土壤存在大量的植物根系、微生物和土壤矿物对污水中污染物质起到吸收、降解、置换等物理化学及生物作用，达到净化污水的目的。特点：与表面流人工湿地相比，水平潜流人工湿地的水力负荷和污染负荷大，对 BOD、COD、重金属等污染指标的去除效果好，且很少有恶臭和孳生蚊蝇现象，是目前国际上较多研究和应用的一种湿地处理系统。它的缺点是控制相对复杂，脱氮、除磷的效果不如垂直流人工湿地。垂直潜流湿地系统使用的基质以碎石、沙砾石和沸石为主。其特点是使污水从湿地表面纵向流向填料床的底部，床体处于不饱和状态，氧可通过大气扩散和植物传输进入人工湿地系统。该系统的硝化能力高于水平潜流湿地，可用于处理氨氮含量较高的污水。其缺点是对有机物的去除能力不如水平潜流人工湿地系统。

随着人工湿地技术的发展，近年来出现了许多复合和改进工艺，如波形潜流人工湿地以及潜流人工湿地的复合利用，使人工湿地的处理效果得到了提高。

4. 前置库技术

前置库技术就是在大型河流、湖泊水库内入水口处设置规模相对较小的水域，将河道来水先蓄存在小水域内，在小水域中实施一系列水净化措施，同时沉淀来水挟带的泥沙后，再排入河湖、水库。前置库技术是控制河湖外源来水、控制面源污染的有效途径。前置库，通常利用天然或人工库塘拦截暴雨径流或外来污水，工艺流程如下：径流污水—沉砂池—配水系统—植物塘—入河湖。在前置库中，水体所含的营养物质首先通过浮游植物从溶解态转化成颗粒态，接着浮游植物和其他颗粒物质在前置库与主体湖泊（水库）连接处沉降下来。整个沉降过程包括自然过程和絮凝沉降。这种沉降过程由于天然沉淀剂和絮凝剂的存在而增强，尤其是排水区域的地球化学条件更能影响营养盐的去除。整个前置库内营养盐的去除过程（在水深和光照相互作用情况下）如图 8-6 所示。

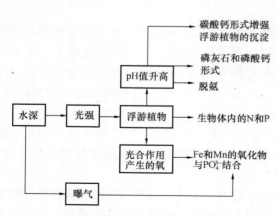

图 8-6　前置库内氮和磷去除的控制过程

水生植物也是前置库中不可缺少的主要组成部分，其从水体和底质中去除氮磷能力的大小依次为沉水植物、浮叶植物和挺水植物。通过静态试验研究微污染状态下各种水生植物单一和组合时的净化能力，结合水生植物的生长状况、区域环境特点等，筛选出繁殖竞争能力较强，净水效果佳，观赏性和经济性好，易于栽培、管理、收获、控制的水生植物系统，为前置库植物群落的配置提供依据。值得注意的是，水生植物的选择要因地制宜，优先选择地区土著种，要配置不同高度、不同形态的植物，并注重种类的多样性；要定期收割、移除该前置库系统。此外，依据本地区的水质状况、现状分析，筛选出前置库区投放的鱼类，不对底泥造成扰动，不影响水体景观和生物安全。

目前，该技术在国内太湖、滇池、山东云蒙湖等都有所应用。在实际应用中，在前置库的技术上有所改进，即在景观水体项目中，专门做水体分层。整个水系有几个湖或塘，一层层跌水下来，形成阶梯湖，湖与湖之间多是用墙体拦截，景观效果极好。通过拦截坝围出的原水处理区域也能够实现分层跌水效果，同时工艺运行中也使整个水体流动，为景观添彩。除此之外，该技术也在不断地创新之中。张毅敏等人在传统前置库技术基础上，研发生态透水坝与砾石床、生态库塘、固定化菌强化净化等关键技术。

5. 近自然修复技术

近自然修复技术，是以生态学理论为指导，选择适合于河道、河岸、河漫滩乃至流域的生物、生态修复方法，达到接近自然、经济美观的、应用于河流湖泊治理的新技术。近自然型河岸可分为三种模式。

（1）全自然型护岸

采用"土壤生物工程法"，利用木桩与植物梢、棍相结合，植物切枝或植株将其与枯枝及其他材料相结合，乔灌草相结合，草坪草和野生草种相结合等技术来防止侵蚀，控制沉积，同时为生物提供栖息地，可以有效地维护河道的自然特性。但这种护岸抵抗洪水的能力较差，抗冲刷能力不足。这种模式适用于用地充足，岸坡较缓，侵蚀不严重的河流及一些局部冲刷的地方。在修复过程中，最关键的问题是植物物种的选择与配置。主要采用根系发达的固土植物进行护岸，即在水中种植柳树、水杨、白杨以及芦苇、野茭白、菖蒲等具有喜水特性的植物；而在坡面上撒播或铺上草坪，也可以种植一些植物如沙棘林、刺槐林、龙须草、常青藤、香根草等，如图 8-7 所示。

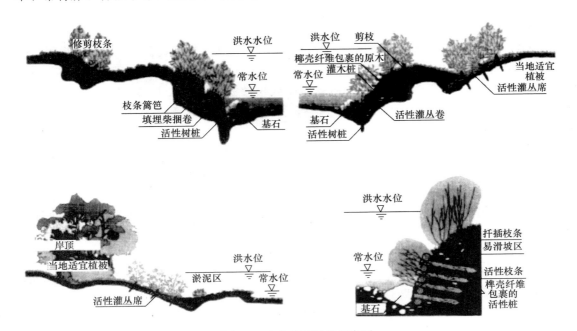

图 8-7　全自然型护岸示意图

（2）工程生态型护岸

对冲刷较为严重、防洪要求较高的河段，如果单纯采用自然方法是难以满足防洪安全要求的，必须采用一些工程措施，才能有效地保护河岸的结构稳定性和安全性，同时还必须采用生态措施，维护好河岸的生态环境。工程生态型护岸不仅种植植被，还采用天然石材、木材护底，如在坡脚设置各种种植包、采用石笼或木桩等护岸，斜坡种植植被，实行乔灌结合。在此基础上，再采用钢筋混凝土等材料，确保大的抗洪能力。典型的措施如图 8-8 所示。

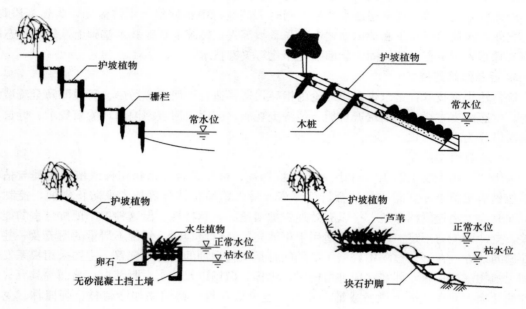

图 8-8　典型的工程生态型护岸示意图

这种修复模式以防止岸坡冲刷为主，在材料选用上常常采用浆砌或干砌块石、现浇混凝土和预制混凝土块体等硬质且安全系数相对较高的材质。在结构形式上常用重力式浆砌块石挡墙、工型钢筋混凝土挡墙等结构。

① 大型护坡软件排　水下部分采用软体排或松散抛石，而水上部分则是在柔性的垫层（土工织物或天然织席）上种植草本植物，并且垫层上的压重抛石不应妨碍草本植物生长。

② 干砌块石或打木桩　水下部分采用干砌块石或打木桩的方法，并在块石或木桩间留有一定的空隙，以利于水生植物的生长。水上部分可参考自然原型护岸的做法，铺上草坪或者栽上灌木。

③ 纤维织物袋装土护岸　由岩石坡脚基础、砾石反滤层排水和编织袋装土的坡面组成。如由可降解生物（椰皮）纤维编织物（椰皮织物）盛土，形成一系列不同土层或台阶岸坡，然后栽上植被。

④ 面坡箱状石笼护岸法　将钢筋混凝土柱或耐水圆木制成梯形箱状框架，并向其中投入大的石块，形成很深的鱼巢。再在箱状框架内埋入柳枝。

此外，还可以利用丁坝等使原来较直的河岸人工形成河湾，并设计不同的深潭、浅滩及沙心洲，使河湾大小各异，形状、深度、底质也可富于变化。在此基础上，既可采用全自然型措施，又可采用其他工程型措施。

（3）景观生态型护岸

随着经济社会的不断发展，人民生活水平的普遍提高，人们对河流的治理、河岸的建设提出了更高的要求，要求河流除了保证防洪、抗旱的安全保障外，能够给社会生活提供越来越多的服务。河道两岸已成为人们休闲娱乐和旅游的理想场所。为满足人们对景观、休闲和环境的需求，需构筑具有亲水功能的景观河岸，营造人与自然和谐的氛围。在确保防洪和人类活动安全的同时，河岸带的修复需与景观、道路、绿化以及休闲娱乐设施相结合，即景观生态型护岸。

景观生态型护岸主要是从满足景观功能的角度对河道加以治理，将河道的生态要求和景观要求综合考虑，充分考虑河道所处的地理环境、风土人情，沿河设置一系列的亲水平台、休憩场所、休闲健身设施、旅游景观、主题广场、艺术小品、特色植物园和各种水上活动区，力图在河道纵向上，营造出连续、动感的景观特质和景观序列；在河道横断面景观配置上，多采用复式断面的结构形式，保持足够的景深效果（图 8-9）。

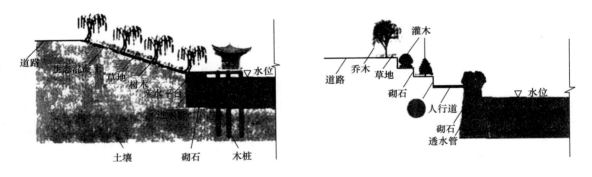

图 8-9　几种典型的景观生态型护岸示意图

这种生态修复方法将各种独立的人文景观元素有规律地组合在一起，构成了当地人们的生活方式。它将美学作为一个和谐和令人愉快的整体，充分体现了"以人为本"、"人与自然和谐相处"的理念。很多城市在建设过程中重点打造景观河岸，将河岸带建设成为城市的窗口、旅游胜地和休闲中心。

8.2　农村微污染水源保护与饮水安全

微污染水源水是指受到有机物污染，部分水质指标超过《地表水环境质量标准》（GB 3838—2002）Ⅲ类水体标准的水体。其成分主要包括有机物（天然有机物（NOM）和人工合成有机物（SOC）、氨（水体中常以有机氮、氨、亚硝酸盐和硝酸盐形式存在）、嗅味、"三致"物质、铁锰等。一般来说，受污染江河水体中主要包括石油烃、挥发酚、氯氮、农药、COD、重金属、砷、氰化物等，这些污染物种类较多，性质较复杂，但浓度比较低微，尤其是那些难于降解、易于生物积累和具有"三致"作用的优先控制有毒有机污染物，对人体健康毒害很大。

中国环境保护部发布的《2013 年中国环境状况公报》报道，2013 年全国地表水总体为轻度污染，部分城市河段污染较重。长江、黄河、珠江、松花江、淮河、海河、辽河、浙闽片河流，西水诸河和西南诸河等十大流域的国控断面中，Ⅰ～Ⅲ类、Ⅳ～Ⅴ类和劣Ⅴ类水质断面比例分别为 71.1％、19.3％和 9.0％。主要污染指标为化学需氧量、高锰酸盐指数和五日生化需氧量。目前中国 90％以上的城市水域受到污染，50％的重点城镇水源水质不符合饮用水水源的标准，都检测出多种污染物，有些是 EPA 规定的优先污染物，对人体有致癌、致突变、致畸性等危害，水体微污染趋于严重。同时，随着经济的发展、水质分析手段的进步以及人类对饮用水水质的更高要求，微污染受到的关注也越来越高。但是，现有常规的处理微污染水工艺（混凝→沉淀→过滤→消毒）不能有效去除微污染水源水中的有机物、氨氮等污染物，同时液氯很容易与原水中的腐殖质结合产生消毒副产物（卤代酰烷，DBPs），直接威胁饮用者的身体健康，无法满足人们对饮用水安全性的需要；同时，随着生活饮用水水质标准的日益严格，微污染水源水处理不断出现新的问题。因此，选择适合我国国情的微污染水源水处理技术方案已经引起了人们的高度重视。

8.2.1 农村饮水安全现状

1. 农村饮水现状

农村饮水安全，是指农村居民能够及时、方便地获得足量、洁净、负担得起的生活饮用水。农村饮水安全工程是一项重大的民生工程。饮水安全事关亿万农民的切身利益，是农村群众最关心、最直接、最现实的利益问题，是加快社会主义新农村建设和推进基本公共服务均等化的重要内容。党中央、国务院高度重视此项工作，新中国成立以来，投入了大量财力、物力和人力帮助解决农村群众饮水问题。特别是近年来，各级政府不断加大投入和工作力度，加快农村饮水安全问题解决步伐，取得了显著成效。但是，我国是一个人口众多的发展中国家，受自然、地理、经济和社会等条件的制约，农村饮水困难和饮水不安全问题仍然突出。特别是占国土面积 72％的山丘区，地形复杂，农民居住分散，很多地区缺乏水源或取水困难，不少地区受水文地质条件、污染以及开矿等人类活动的影响，地下水中氟、砷、铁、锰等含量以及氨、氮、硝酸盐、重金属等指标超标，必须经过净化处理或寻找优质水源才能满足饮水卫生安全要求。

2005 年国家发展改革委、水利部和卫生部联合组织开展了农村饮水安全现状调查评估，核定农村饮用不安全饮水总人口为 3.23 亿人，占农村人口的 34％。其中，全国农村饮用高氟水（氟化物含量高于 1.5mg/L）的有 5085 万人，饮用高砷水的有 289 万人，饮用苦咸水的有 3855 万人，饮用污染水的有 9084 万人，饮用铁锰等超标饮用水的有 4410 万人。2005 年以来，国家组织实施了《2005～2006 年农村饮水安全应急工程规划》和《全国农村饮水安全工程"十一五"规划》，共计解决了 2.21 亿农村人口的饮水安全问题。截至 2010 年底，原农村饮水安全现状调查评估核定的饮水不安全人数还剩余 1.02 亿。而纳入"十二五"规划的农村饮水不安全人数为 29810 万，其中原农村饮水安全现状调查评估核定剩余人数 10220 万，新增农村饮水不安全人数 19590 万（含国有农林场饮水不安全人数 813 万）。另有 11.4 万所农村学校需要解决饮水安全问题。农村饮水不安全的 29810 万人中，饮用水水质不达标 16755 万人，占饮水不安全人数的 56.2％；缺水问题（水量、方便程度和保证率不达标）13055 万人，占饮水不安全人数的 43.8％。由此可见，我国饮水安全中，以水质安全问题为主。并且，尽管在"十五"、"十一五"期间，在农村饮水安全方面做出众多组合型的重大举措，但我国农村饮水安全的任务依然艰巨。

2. 农村饮水不安全的原因

我国农村饮水不安全体现在以下三个方面：

(1) 水污染加剧，部分饮用水水源水质恶化

农村饮用水污染源主要包括采矿业废水、乡镇企业排放污水的污染、农业生产活动造成的污染、生活污水及人畜粪便的污染和固体废弃物随降雨产生的二次污染等。农村饮用水微污染物大致可分为有机污染物、无机污染物和病原微生物三大类。农村饮用水中的有机污染物主要来源于农药和化肥的过量使用。据统计，全国农药施用总量由 1991 年的 7645 万 t 增加至 2000 年的 128 万 t，增幅近 70%。2009 年全国农用化肥施用量达到了 5404.4 万 t。全国耕地化肥施用量远高于美国等其他国家。农村饮用水中的无机污染物主要是氟化物、重金属污染物和硝酸盐污染物等。饮用水中的含氟量偏高或偏低对人体健康都是不利的，缺氟会引起龋齿。氟含量太高则要患不同程度的氟斑牙，甚至导致严重的氟骨症。重金属污染具有累积性，如当人体镉的富集量达到一定程度时，会导致骨痛病。Gatseva 等研究发现饮用水中硝酸盐含量过高会引起易感人群（尤其是农村的儿童和孕妇）甲状腺功能紊乱。此外，病原微生物对部分农村生活饮用水也存在污染。

(2) 气候干旱，水源来水减少，部分工程水源枯竭

干旱缺水是造成我国部分地区农村饮水不安全的重要因素，在北方干旱半干旱地区较易发生。主要原因是过去的供水工程标准太低，水源保证率低，不具备抵御干旱等自然灾害的能力。水源保证率低的情况主要发生在分散供水方式下。分散供水的形式抵御干旱等自然灾害的能力较弱，干旱季节可能会出现短时间缺水的情况；遇有大旱年或连续干旱年，甚至会出现常年无水的情况。同时，气候变化等原因造成江河溪流水量减少，部分地区地下水超采，造成地下水位下降，使得饮用水源水量大幅减少甚至枯竭。

(3) 已建工程建设标准低，老化失修严重

20 世纪 90 年代以前建设的工程，建设标准偏低，经过多年运行，现已达到或接近报废年限，许多工程老化破损严重，有的已报废失效。同时，部分已有集市供水工程缺少处理设备和消毒设施，造成一些地区饮用水中微生物超标问题很严重。大部分乡镇水厂和村庄水厂，无检验设备、也不进行日常化验，多数单村供水工程投入运行后就没有再进行过水质化验，分散供水更谈不上进行水质检测，随着农村饮水水质恶化问题的不断加剧，存在严重的安全隐患。

(4) 饮水标准提高增加饮水供给压力

由于饮用水水质标准提高导致农村饮水安全工程面临更大的压力。2005 年开展农村饮水安全现状调查评估时，衡量饮水是否安全的一项主要依据就是《生活饮用水卫生标准》(GB 5749—1985) 及《农村实施〈生活饮用水卫生标准〉准则》(1991 年)。2007 年新的《生活饮用水卫生标准》(GB 5749—2006) 开始实施。新标准与原标准相比，水质指标由 35 项增加至 106 项，其中 7 项指标实施了更加严格的限值。对农村小型集中式供水和分散式供水的部分水质指标，氟化物限值由原来的 1.5mg/L 调整为 1.2mg/L；氯化物由原来的450mg/L 调整为 300mg/L；硫酸盐由原来的 400mg/L 调整为 300mg/L；溶解性总固体由原来的 2000mg/L 调整为 1500mg/L；总硬度由原来的 700mg/L 调整为 550mg/L 等，这就导致饮水不安全人数有所增加。

(5) 异地安置群众以及国有农（林）场的饮水问题需要安排解决。

近年来，各地在开展新农村建设，实施生态移民、抗震安居工程过程中，对许多群众进

行集中异地安置，其饮用水问题需要安排解决。

8.2.2 农村饮水安全存在的困难和问题

1. 饮水安全工程建设任务仍然繁重

截至 2004 年底，全国农村分散式供水人口为 58106 万人，占农村人口的 62%；集中式供水人口为 36343 万人（主要为 200 人以上或日供水能力在 20m³ 以上集中式供水工程的受益人口），占农村人口的 38%（表 8-5）。截至 2010 年底，全国仍有 4 亿多农村人口的生活饮用水采取直接从水源取水、未经任何设施或仅有简易设施的分散供水方式，占全国农村供水人口的 42%，其中 8572 万人无供水设施，直接从河、溪、坑塘取水。除原农村饮水安全现状调查评估核定剩余饮水不安全人口外，由于饮用水水质标准提高、农村水源变化、水污染以及早期建设的工程标准过低、老化报废、移民搬迁、国有农林场新纳入规划等原因，还有大量新增饮水不安全人口需要纳入规划解决，农村饮水安全工程建设任务仍然繁重。

表 8-5　农村供水总体情况（截至 2004 年底）

分区	集中式供水人口/万人	占农村总人口比例/%	分散式供水人口/万人	占农村总人口比例/%
全国	36243	38	58106	62
西部	9479	33	19526	67
中部	13025	32	27750	68
东部	13739	56	10830	44

2. 工程长效运行机制尚不完善

受农村人口居住分散、地形地质条件复杂、农民经济承受能力低、支付意愿不强等因素制约，农村供水工程规模小、供水成本高、水价不到位，难以实现专业化管理，建立农村饮水安全工程良性运行机制难度很大。截至 2010 年底，全国已建的 52 万处农村集中式供水工程，平均每处日供水能力 154m³，受益人口 1061 人。在集中供水工程中，有 90% 是单村供水工程，平均每处日供水能力仅 50m³，受益人口仅 522 人；全国农村饮水安全工程平均水价为 1.63 元/t，运行成本为 1.45 元/t（仅考虑电费、人员工资和日常维修费），全成本平均为 2.3 元/t。因此，目前绝大多数农村饮水安全工程只能维持日常运行，无法足额提取工程折旧和大修费，不具备大修和更新改造的能力。另外，一些地方农村饮水安全工程因电价偏高、税费多等因素又增大了运行成本。与城市供水相比，农村饮水安全工程的长效运行机制有待完善。

3. 部分地区现行工程建设人均投资标准偏低

由于近年来建筑材料和人工费持续上涨，各地农村饮水安全工程建设投资增加较多，现行人均投资标准难以满足工程实际需求。特别是内蒙古、吉林、黑龙江等东北地区和青海、甘肃、新疆、新疆生产建设兵团等西北高寒、高海拔、偏远山丘区、牧区，建设条件差，施工难度大、工程投资高，现行补助标准明显偏低；广西、贵州等大石山区、喀斯特地貌区，山高坡陡，地表蓄不住水，只能兴建分散的水柜、水池，人均工程投资高出全国平均投资的数倍，现行补助标准与实际需求差距较大。

4. 水源保护和水质保障工作薄弱

农村饮用水水源类型复杂、点多面广，保护难度大，加之目前农业面源污染以及生活污水、工业废水不达标排放问题严重，进一步加大了水源地保护的难度，甚至南方部分水资源相对丰富的地区也很难找到合格水源。农村饮用水源保护工作涉及地方政府多个部门以及群众切身利益，涉及面广、解决难度大，特别是受现阶段农村经济发展水平和地方财力状况等因素制约，水源地保护措施难以落实。目前部分农村供水工程，特别是先期建设的单村供水工程存在设计时未考虑水质处理和消毒设施，或者设计了但未按要求配备，配备了但不能正常使用等现象，造成部分工程的供水水质不能完全达标。由于缺乏专项经费，一些地方缺乏水质检测设备和专业技术人员，水质检测工作十分薄弱。

5. 部分地区项目前期工作深度不够

由于一些地方对前期工作重视不够，投入的技术力量不足，前期工作与项目管理经费不落实，部分地区缺少科学合理的县级供水总体规划，有的地方虽然也编制了总体规划，但与建设、扶贫、卫生等部门的专项规划缺乏衔接，造成有的工程水源可靠性论证不充分，部分工程设计规模不合理，一些地方存在低水平重复建设以及因移民搬迁而废弃现象，不少工程供水水质难以得到保证，良性运行难以实现。

6. 基层管理和技术力量不足

基层水利部门机构和人员状况与饮水安全工作面临的形势和任务很不适应。造成基层管理和技术力量薄弱的主要原因：一是村镇供水工程大规模建设时间紧、任务重，工程技术人员和管理人员的培训滞后，技术储备不足；二是村镇供水工程大多地处偏远乡村，条件差、待遇低，对专业技术和管理人员缺乏吸引力。此外，目前适宜农村特点、处理效果好、成本低、操作简便的特殊水质处理技术仍然缺乏。在缺乏优质饮用水源的高氟水、苦咸水地区，饮用水必须经过处理，但目前成熟的除氟等特殊水处理技术制水成本高、管理复杂，难以在农村推广使用，需加快研发适合农村特点的特殊水处理技术。

8.2.3　农村饮用水安全卫生评价指标体系

农村饮用水安全卫生评价指标体系分安全和基本安全两个档次，由水质、水量、方便程度和保证率四项指标组成，见表 8-6。四项指标中只要有一项低于安全或基本安全最低值，就不能定为饮用水安全或基本安全。

表 8-6　不同地区农村生活饮用水水量评价指标　　　　　单位：L/（人·d）

分区	一区	二区	三区	四区	五区
安全	40	45	50	55	60
基本安全	20	25	30	35	40

一区包括：新疆，西藏，青海，甘肃，宁夏，内蒙古西北部，陕西、山西黄土高原丘陵沟壑区，四川西部。

二区包括：黑龙江，吉林，辽宁，内蒙古西北部以外地区，河北北部。

三区包括：北京，天津，山东，河南，河北北部以外地区，陕西关中平原地区，山西黄土高原丘陵沟壑区以外地区，安徽、江苏北部。

四区包括：重庆，贵州，云南南部以外地区，四川西部以外地区，广西西北部，湖北、湖南西部山区、陕西南部。

五区包括：上海，浙江，福建，江西，广东，海南，安徽、江苏北部以外地区，广西西北部以外地区，湖北、湖南西部山区以外地区，云南南部。

本表不含香港、澳门和台湾。

水质方面，符合国家《生活饮用水卫生标准》要求的为安全，符合《农村实施〈生活饮用水卫生标准〉准则》要求的为基本安全。《农村实施〈生活饮用水卫生标准〉准则》，见表 8-7。水量方面，每人每天可获得的水量不低于 40～60L 为安全，不低于 20～

40L 为基本安全。根据气候特点、地形、水资源条件和生活习惯，将全国分为五个类型区，不同地区的具体水量标准可参照表 8-6 确定。方便程度方面，人力取水往返时间不超过 10min 为安全，取水往返时间不超过 20min 为基本安全。人力取水往返时间 20min，大体相当于水平距离 800m 或垂直高差 80m 的情况。保证率方面，供水保证率不低于 95% 为安全，不低于 90% 为基本安全。特别地，在有机物污染严重的地区，尚应增加对耗氧量（COD_{Mn}）的检测，饮用水的 COD_{Mn} 一般不应超过 3mg/L，特殊情况下不应超过 5mg/L。

表 8-7　《农村实施〈生活饮用水卫生标准〉准则》要求

项　目		一级	二级	三级
感官性状和一般化学指标	色/度	15，并不呈现其他异色	20	30
	浑浊度/度	3，特殊情况下不超过 5	10	20
	肉眼可见物	不得含有	不得含有	不得含有
	pH 值（无量纲）	6.5～8.5	6～9	6～9
	总硬度/（以碳酸钙计）/（mg/L）	450	550	700
	铁/（mg/L）	0.3	0.5	1.0
	锰/（mg/L）	0.1	0.3	0.5
	氯化物/（mg/L）	250	300	450
	硫酸盐/（mg/L）	250	300	400
	溶解性总固体/（mg/L）	1000	1500	2000
毒理学指标	氟化物/（mg/L）	1.0	1.2	1.5
	砷/（mg/L）	0.05	0.05	0.05
	汞/（mg/L）	0.001	0.001	0.001
	镉/（mg/L）	0.01	0.01	0.01
	铬（六价）/（mg/L）	0.05	0.05	0.05
	铅/（mg/L）	0.05	0.05	0.05
	硝酸盐（以氮计）/（mg/L）	20	20	20
细菌学指标	细菌总数/（个/mL）	100	200	500
	总大肠菌群/（个/L）	3	11	27
	接触 30min 后游离余氯/（mg/L） 出厂水不低于	0.3	不低于 0.3	不低于 0.3
	末梢水不低于	0.05	不低于 0.05	不低于 0.05

一级：期望值；二级：允许值；三级：缺乏其他可选择水源时的放宽限值。

8.2.4　农村饮水安全措施

1. 水源工程选择与保护

（1）水源选择

依据国家和地方关于水资源开发利用的规定，通过勘查与论证，对水源水质、水量、工程投资、运行成本、施工、管理和卫生防护条件等方面进行技术经济方案比较，选择供水系统技术经济合理、运行管理方便、供水安全可靠的优质水源。优先选择能自流引水的水源；需要提水时，选择扬程和运行成本较低的水源；充分利用当地现有的蓄水、引水等水利工程，有条件且必要时，也可结合防汛、抗旱需要规划建设中小型水库作为农村供水水源。缺水地区的水源论证，要把水源保证率放到重要位置考虑。

（2）水源保护

按照水资源保护相关法规的要求，采取有效措施，加强水源保护。水源保护区划分、警示标志建设、环境综合整治等工作，应与供水工程设计及建设同步开展。主要措施包括：① 划定水源保护区或保护范围。规模以上集中供水工程，根据不同水源类型，按照国家有关规定，综合当地的地理位置、水文、气象、地质、水动力特征、水污染类型、污染源分布、水源地规模以及水量需求等因素，合理划定水源保护区，并利用永久性的明显标志标示保护区界线，设置保护标志；规模以下集中供水工程和分散供水工程，也要根据当地实际情况，明确水源保护范围。② 加强水源防护。以地表水为水源时，要有防洪、防冰凌等措施。以地下水为水源时，封闭不良含水层；水井设有井台、井栏和井盖，并进行封闭，防止污染物进入；大口井井口还需要保证地面排水畅通。以泉水为水源时，设立隔离防护设施和简易导流沟，避免污染物直接进入泉水；引泉池应设顶盖封闭，池壁应密封不透水。

（3）水污染防治

采取措施，加大各项治污措施落实力度，切实加强"三河三湖"等重点流域和区域水污染防治，严格控制在水源保护区上游发展化工、矿山开采、金属冶炼、造纸、印染等高污染风险产业；加强地下水饮用水源污染防治，严格控制地下水超采；加强水源保护区环境监督执法，强化企业排污监管，清理排污口、集约化养殖、垃圾、厕所等点源污染；通过发展有机农业，合理施用农药、化肥，种植水源保护林，建设生态缓冲带等措施涵养水源、减少水土流失和控制面源污染；加快农村环境综合整治，将农村饮用水源保护作为其工作重点。

2. 供水工程建设

根据水源条件、用水需求、地形、居民点分布等条件，通过技术经济比较，因地制宜、合理确定工程类型。提倡建设净水工艺简单、工程投资和运行成本低、施工和运行管理难度小的供水工程。山丘区可充分利用地形条件和落差，兴建自流供水工程；平原区可采用节能的变频供水技术和设备，兴建无塔供水工程。对于氟、砷、苦咸水和铁锰等水质超标地区，确无优质水源时，可因地制宜采用适宜的水处理技术，实行分质供水。处理后的优质水用于居民饮用及饲养牲畜；利用原有供水设施（如简易手压井、自来水、水窖）提供洗涤等生活杂用水。在水源匮乏、用户少、居住分散、地形复杂、电力不能保障等情况下，才考虑建造分散式供水工程，并应加强卫生防护和生活饮用水消毒。

特别地区，依据各项用水量现状调查，参照相似条件、运行正常的供水工程情况，综合考虑水源状况、气候条件、用水习惯、居住分布、经济水平、发展潜力、人口流动等情况，合理确定供水规模，在满足所需水量前提下，保证工程建设投资合理性和工程运营经济性，避免规模过大导致"大马拉小车"的现象。采用人均综合用水量法进行工程供水规模测算，不同区域人均综合用水量可参考表 8-8。表中人均综合用水量即为最高日用水量（不需再乘日变化系数），包括居民生活、家庭饲养畜禽、企业、公共建筑及设施、消防、浇洒道路和绿地用水量以及管网漏失和未预见水量。

表 8-8　不同区域人均综合用水量参考表　　　　　单位：L/（人·d）

地　　区	西北	东北	华北	西南	中南	华东
用水量	50～70	50～80	60～90	60～90	70～100	80～110

根据原水水质、工程规模、当地实际条件等因素，参照相似条件已建工程，通过工程技术经济比较，因地制宜地采用适宜技术。规模以上农村饮水安全工程宜采用净水构筑物，供水规模小于 1000m³/d 或受益人口小于 1 万人的农村饮水安全工程可采用一体化净水装置。农村饮水安全工程选用的输配水管材、防护材料、滤料、化学处理剂，以及净水装置中与水接触部分应符合卫生安全要求。

加强和重视农村饮用水的消毒问题。消毒措施应根据供水规模、供水方式、供水水质和消毒剂供应等情况确定。规模较大的水厂，采用液氯、次氯酸钠或二氧化氯等对净化后的水进行消毒；规模较小的水厂，采用次氯酸钠、二氧化氯、臭氧或紫外线等对净化后的水进行消毒；分质供水站可采用臭氧或紫外线等对净化后的水进行消毒；分散供水工程可采用漂白粉、含氯消毒片或煮沸等家庭消毒措施等对饮用水进行消毒。

集中供水工程按《生活饮用水卫生标准》（GB 5749—2006）、《村镇供水工程技术规范》（SL 310—2004）和《村镇供水单位资质标准》（SL 308—2004）的要求，对水源水、出厂水和管网末梢水进行检验。规模较大的供水工程需设化验室，并配备相应的水质检测设备；规模较小的供水工程可配备自动检测设备或简易检验设备，也可委托具有生活饮用水化验资质的单位进行检测。

3. 水质检测能力建设

为加强农村饮水安全工程的水质检测，保证供水安全，提高预防控制和应急处置农村饮用水卫生突发事件的能力，针对农村饮水安全工程规模小、分散广、检测能力弱的特点，充分利用现有县级水质检测机构，统筹优化水质检测资源配置，在无法满足检测需求的地方，合理布局建设农村饮水安全水质检测室（中心），全面提高县级水质检测能力，加快建立完善水厂自检、县域巡检、卫生行政监督等相结合的水质管理体系。根据《中国统计年鉴（2011）》，截至 2010 年底，全国县级行政区划共有 2856 个，初步考虑有 2697 个农村饮水安全项目建设县（含新疆生产建设兵团 13 个师）需要建立县级水质检测室（中心）。

8.2.5　农村饮水中不同污染类型采取的净水技术或工艺

1. 浊度超标水的净水工艺

凡以地表水（山溪水、水库水、江河湖泊水）为水源，原水浊度长期低于 20NTU，瞬间不超过 60NTU，其他水质指标符合《地表水环境质量标准》（GB 3838—2002）要求时，可采用直接过滤加消毒的净水工艺，如图 8-10 所示。

图 8-10　低浊度地表水净化工艺流程

当原水长期低于 500NTU、瞬间不超过 1000NTU 时，可采用混凝、沉淀（澄清）、过滤加消毒的净水工艺（图 8-11）。

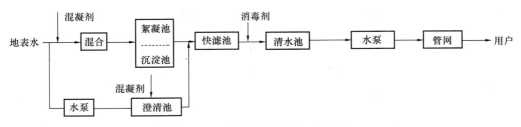

图 8-11　地表水常规净水工艺流程

2. 氟超标水体的处理措施

（1）吸附过滤法

含氟水通过由吸附剂组成的滤层，氟离子被吸附在滤层上，以此达到除氟目的。主要吸附剂有：活性氧化铝、骨炭、活化沸石、多介质吸附剂、多孔球状羟基磷灰石饮用水除氟粒料（如 HAP-F 环保除氟粒料）等。

活性氧化铝吸附法是目前我国较成熟的除氟方法，该法处理效果好坏与水中氟含量、pH 值和活性氧化铝的粒径有关，一般在偏酸性（pH＝5.5～6.5）溶液中活性氧化铝的吸氟容量较高。工程实践中一般将原水加酸调 pH 值控制在 6.0～7.0 之间，以提高吸附容量，延长过滤周期。

骨炭具有吸附速度快、效率高，无需调节原水 pH 值，吸氟容量高于活性氧化铝，但机械强度低，吸附能力衰减快。

活化沸石除氟，其特点是价格便宜，但吸附容量较低。

上述三种吸附剂，在工程中采用任一种吸附剂时，当滤池出水中含氟量＞1mg/L 时，都要对滤料进行再生处理。

多介质过滤法系利用复合式多介质滤料对水中氟化物进行吸附过滤。复合式多介质滤料具有高吸附容量的特点，使用周期为 12～72 个月（介质使用周期与原水中氟含量有关）。该方法工程流程简单，操作方便无需调 pH 值，无需化学药剂再生，仅用清水冲洗即可，反冲洗耗水率低。缺点是滤料价格较高。

（2）膜法

利用半透膜分离水中氟化物的方法，其特点是在除氟的同时，也去除水中的其他离子，尤其适用于含氟水、苦咸水的淡化。

该法处理成本较高，平均 2.2～3.0 元/m^3。该法在河北沧州、内蒙古河套等地区应用较广。膜法处理包括电渗析及反渗透两种方法。

（3）混凝沉淀法

混凝沉淀法除氟是在含氟水中投加混凝剂（聚合氯化铝、三氯化铝、硫酸铝等），使之生成絮体而吸附水中的氟离子，再经沉淀和过滤将其去除，以达到除氟目的的方法。该方法特点是操作方便，制水成本低。缺点是投药量较高，产生的污泥量较大，一般适用于含氟量小于 4mg/L 的原水。

3. 苦咸水的处理措施

（1）电渗析法

在外加直流电场的作用下，利用阴、阳离子交换膜，使水中阴、阳离子反向迁移，达到苦咸水淡化的目的。特点是操作简便，设备紧凑，占地面积小，水的利用率可达 60%～75%。缺点是产生大量的浓盐水、极水，需要妥善处置，适用于分质供水。

（2）反渗透

在压力作用下，原水透过半透膜时，只允许水透过，其他物质不能透过而被截留在膜表面的过程。其特点是占地少、建设周期短，净水效果好，出水水质稳定，但是对原水水质要求高，要增加预处理工艺，运行成本较高，产生大量废水要妥善处置，适用于分质供水。

4. 铁锰超标水的处理

锰和铁的化学性质相近，所以常共存于地下水中，铁的氧化还原电位比锰低，因此锰比铁难以去除。地下水除铁、除锰常采用下列工艺。

（1）当原水中含铁量低于 6mg/L、含锰量低于 1.5mg/L 时，可采用原水曝气，单级过滤；

（2）当以空气作为氧化剂时，经接触过滤除铁，再加氯或高锰酸钾接触过滤除锰；

（3）当含铁量大于 10mg/L，含锰量大于 2mg/L 时，也可采用两级曝气，两级过滤，一级过滤用作接触氧化除铁，二级过滤用作生物除锰；

（4）当以空气为氧化剂的接触过滤除铁和生物固锰除锰相结合时，该滤池的滤层为生物滤层，除铁与除锰在同一滤池完成。

地下水除铁、锰工艺流程的选择及构筑物的选型，应根据原水水质，处理后水质要求，通过技术经济比较后确定。

5. 微污染水处理技术

当常规处理工艺难以使微污染水达到饮用水水质标准时，一般可采取增加预处理或深度处理等措施，以满足要求。措施的选择，可根据原水水质采用一种或多种组合工艺。微污染水处理技术措施包括预处理、强化常规处理和深度处理。具体内容见 8.3 城市微污染水处理技术。

8.3　城市微污染水处理技术

针对微污染水源水处理问题，国内外进行了大量的研究和实践。按照处理工艺的流程，可以分为预处理、常规处理、深度处理。常规处理工艺（混凝、沉淀、过滤、消毒）不能有效去除微污染原水中的有机物、氨氮等污染物；液氯很容易与原水中的腐殖质结合产生消毒副产物（DBPs）三卤甲烷（THMs），直接威胁饮用者的身体健康。由于传统净水工艺已不能有效处理被污染的水源，而且限于目前的经济实力，我们无法在较短的时间内控制水源污染、改变水源水质低劣的现状，退而求其次，人们不得不采取新的方法来保证饮用水的安全和人们的健康。因此，从 20 世纪 70 年代开始，水处理研究人员开发出许多水的净化新技术，包括预处理技术、强化传统工艺和深度处理技术，这些技术中有的已经在实际中得到应用，取得了较好的效果。

8.3.1　预处理技术

预处理通常是指在常规水处理工艺前面采用适当物理、化学和生物的处理方法，对水中的污染物进行初级去除，以使后续的常规处理工艺能更好地发挥作用。预处理在减轻常规处理和深度处理的负担、发挥水处理工艺整体作用的同时，又提高了对水中污染物的去除效果，改善饮用水质和提高饮用水的卫生安全。

目前的预处理技术主要有水库贮存法、吸附预处理技术、生物预处理技术、化学氧化预处理技术等。

1. 水库贮存

水库存储可使水中部分悬浮物沉淀而降低水源水浊度，一些有机物也可通过生物降解等综合作用而被去除。目前此法逐渐被广泛使用，但水库存储适合于大水量处理，且需连续运行，基建费用巨大，而且在实际使用中还存在藻类大量滋生等问题。

2. 吸附预处理技术

吸附预处理技术主要有粉末活性炭吸附和黏土吸附等。国外利用粉末活性炭去除水源水中色、臭、味等物质，已取得了成功的经验和较好的去除效果。粉末活性炭投加量应根据水质特点实验确定，国内目前在工程应用方面的实例较少，且只能做一次性使用，目前还没有很好的回收再生利用法，作为一种预处理方式其运行费用相对较高，只能作为一种解决水质突然恶化的应急措施。后者的投加量足够大时，对水源水中的有机物常表现出较好的去除效果，但是大量黏土投加到混凝池后，会增加沉淀池的排泥量，给生产运行带来一定困难。

3. 生物预处理技术

水源水生物处理技术的本质是水体天然净化的人工化，通过微生物的降解，去除水源水中包括腐殖酸在内的可生物降解的有机物及可能在加氯后致突变物质的前驱物和 NH_3-N，NO_2^- 等污染物，再通过改进的传统工艺的处理，使水源水水质大幅度提高。常用方法有生物滤池、生物转盘、生物流化床，生物接触氧化池和生物活性炭滤池。这些处理技术可有效去除有机碳及消毒副产物的前体物，并可大幅度地降低 NH_3-N，对铁、锰、酚、浊度、色、嗅、味均有较好的去除效果，费用较低，可完全代替预氯化。此外，集生态性、景观性于一体的水体生物-生态修复技术之一的人工湿地技术也是处理微污染水的有效手段之一。

4. 化学氧化预处理技术

化学氧化预处理技术是指凭借氧化剂自身的氧化能力，对水中污染物的结构进行破坏分解，从而达到转化、去除污染物的预期目的。它主要包括预氯化、高锰酸钾预氧化、臭氧预氧化、H_2O_2 预氧化等处理技术。将化学氧化预处理这一短语分解开来，化学氧化毋庸置疑是属于一种化学反应，而预处理是指在常规工艺之前，运用与之相符合的物理、生物、化学的处理办法来去除水中所存在的污染物。与此同时，这还会促使常规处理技术更好地发挥自身的作用，从而为常规处理以及深度处理减轻负担，使水处理技术的整体性作用更完美地凸显出来，更好地改善饮用水的水质情况。常用的化学氧化剂有氯气、臭氧、高锰酸钾、过氧化氢、二氧化氯、光催化氧化。

目前饮用水预处理技术正逐渐推广使用臭氧化的方法。臭氧氧化法不会像预氯化那样产生有害卤代化合物，由于臭氧具有很强的氧化能力，它可以通过破坏有机污染物的分子结构以达到改变污染物性质的目的。

8.3.2　强化常规处理技术

强化处理是针对当前不断提高的水质标准，在现有的工艺基础上经过改进、优化和新增以去除浊度、病毒微生物、有机污染物以及有机污染物引起的色度、嗅味、藻类、藻毒素、卤仿前质、致突变物质等为主要目标的，使之达到不断提高的水质标准的水处理工艺均为水的强化处理工艺，其中最重要的工艺环节是强化混凝、强化过滤和强化沉淀技术。

1. 强化混凝技术

对于某一确定的原水，必定有一最佳混凝剂及最佳混凝工艺。强化混凝技术主要是通过改善混凝剂性能和优化混凝工艺条件，提高混凝沉淀工艺对有机污染物的去除效果。美国环保局（USEPA）推荐强化混凝为控制水中天然有机物的最好方法。Joseph 等比较了三种主要的天然有机物去除工艺的特征（表 8-9），认为强化混凝是去除水中天然有机物较经济、实用的一种工艺。

表 8-9　主要的有机物去除工艺比较

处理工艺	NOM 去除效果	工艺复杂性	工艺成本
强化混凝	较好	低或中	低
GAC 吸附	好	中或高	中
纳滤	极好	中	中或高

强化混凝主要方式有：① 提高混凝剂投加量使水中胶体脱稳，凝聚沉降；② 增加絮凝剂或助凝剂用量，增强吸附和架桥作用，使有机物絮凝下沉；③ 投加新型高效的混凝/絮凝药剂；④ 改善混凝/絮凝条件，如优化水力学条件，调整工艺和 pH 值等。其中，增投助凝剂和采用新型高效处理药剂是强化混凝技术的主要措施和发展方向。以高锰酸钾作助凝剂、铁盐作混凝剂可以强化对微污染水源水的处理效果。采用新型高锰酸盐复合药剂可以强化混凝效果，同时发挥高锰酸盐的氧化作用，有效提高水源水中的有机污染物的去除效率。

2. 强化过滤技术

强化过滤技术，可针对普通滤池进行生物强化，滤料由生物滤料和石英砂滤料组合而成。强化过滤技术则是在不预加氯的条件下，在滤料表面培养繁育微生物，利用微生物的生长繁殖活动去除水中的有机物。采用新型、改性滤料等可以提高过滤工艺对浊度、有机物等的去除效果。据研究表明，通过对传统工艺中的普通滤池进行生物强化，可以使原水中的氨氮去除率由原来的 30%～40%，提高到 93%；亚硝酸盐氮的去除率由零提高到 95%；有机物（COD_{Mn}）的去除率由 20% 提高到 40% 左右，出水浊度保证在 1NTU 以下，消毒后能满足卫生学指标的要求。美国也有研究表明，以生物快滤池作为末级处理，能得到低浊且具有生物稳定性的出水。该工艺无需新增处理构筑物，既可以起到生物作用，又可以起到过滤作用，在经济和技术上是可行的，但对于其前处理的要求、运行管理的方法以及微生物的控制等各方面的特性，还需进一步研究。

3. 强化沉淀技术

沉淀分离是常规给水处理工艺的重要组成部分，沉淀分离的效果对后续处理工艺和最终出水水质有较大影响。微污染水源水由于有机污染的增加，水中除了含有悬浮物和胶体物质外，还含有大量的可溶性有机物、各种金属离子、盐类、氨氮等有机和无机成分，对常规沉淀去除效果带来了一定的影响，加强沉淀作用能提高对有机物的去除效率。

主要可以通过以下几种方式加强沉淀处理：

（1）投加高效新型高分子絮凝剂，提高絮凝体的沉降特性；

（2）优化改善沉淀池的水力学条件，提高沉淀效率；

（3）提高絮凝颗粒的有效浓度，提高对原水中有机物进行的连续性网捕、扫裹、吸附、共沉等作用，从而提高其沉淀分离效果。华北水利水电学院教授邵坚等采用高密度沉淀池-超滤组合工艺对黄河微污染水源进行处理，对藻类的去除率达到 100％，并能够完全去除病毒、细菌等。

8.3.3　微污染水深度处理技术

深度处理通常是指在常规处理工艺后，采用适当的物理、化学处理方法，将常规处理工艺不能有效去除的污染物或消毒副产物的前体物加以去除，从而提高和保证饮用水水质。目前的预处理技术主要有生物活性炭深度处理技术、臭氧-生物活性炭联用深度处理技术、膜处理技术等。

1. 活性炭技术

利用活性炭巨大的比表面积能够吸附水环境中的污染物的特性，将活性炭技术应用于微污染水深度处理、饮用水深度处理、饮用水物化预处理、优质直饮水纯净水生产等。

活性炭的吸附效果除与自身性能有关以外，还与被吸附物（吸附质）的特性密不可分。一般情况下，活性炭对相对分子质量在 500～3000 的有机物具有良好的去除效果，而对相对分子质量小于 500 或大于 3000 的就效果极差。同时，对同样大小的有机物，其溶解度越小、亲水性越差、极性越弱的，活性炭吸附效果则越好，反之就越差。有研究认为，活性炭吸附对水中臭味、腐殖质、溶解性有机物、微污染物、总有机碳（TOC）、总有机卤化物（TOX）和总三卤甲烷（THM）有明显去除作用。Anderson 等研究发现，活性炭对氯化产生的 $CHCl_3$，去除率为 20％～30％，而对水中的微生物和溶解性金属离子的去除效果则不明显。采用活性炭的饮用水深度处理工艺如图 8-12 所示。

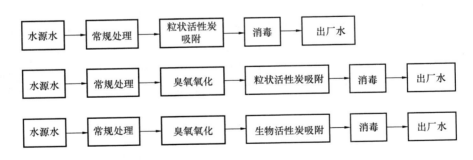

图 8-12　采用活性炭的饮用水深度处理工艺

在上述工艺流程中，粒状炭（GAC）吸附单元的设计方案一般有三种可供选择：第一种是用 GAC 与砂滤料构成双层滤料滤池，GAC 厚度为 1.0～1.2m，承托层砂滤料厚度 2.5m（一般采用大-小-大分级配置，即 8～16mm、4～8mm、2～4mm、4～8mm、8～16mm，每层厚度均为 50mm）；第二种是全部由 GAC 填充滤池，厚度多为 1.5m；第三种是在砂滤池后建 GAC 滤池，先经砂滤，再经 GAC 吸滤，从而延长 GAC 使用周期。在给水处理中，最常用的过流方式是下向流重力式滤床，其次是下向流压力式滤床，其他的（如上向流以及移动床、流动床吸附）则应用不多。

采用活性炭的饮用水深度处理工艺在欧洲已十分广泛。在我国目前应用相对较少。表 8-10 列出我国采用活性炭进行深度处理的水厂。

表 8-10　我国采用活性炭进行深度处理的部分水厂

水厂名称	深度处理工艺	规模/（$10^4 m^3/d$）	投产时间
北京市田村山水厂	Q3-GAC	17	1985
北京燕山石化公司饮用水深度净化水厂	Q3-GAC		1986
昆明市六水厂南分厂	Q3-GAC	10	1998
大庆石化总厂饮用水深度净化水厂	Q3-GAC		1996

2. 磁性离子交换技术

一些研究表明，阴离子型磁性离子交换树脂（MIEX）对水中的 NOM 有一定的去除作用，能够减少水中消毒副产物前体，MIEX 还能够减少混凝剂用量，改善混凝效果，且再生性能良好，可反复使用。因此 MIEX 在饮用水处理中受到越来越广泛的关注。

3. 生物活性炭技术

生物活性炭技术即为利用粒状活性炭巨大比表面积及发达孔隙结构，对水中有机物及溶解氧有很强的吸附特性，将其作为生物载体替代传统的生物填料，并充分利用活性炭的吸附以及活性炭层内微生物有机分解的协同作用。该技术利用微生物的氧化作用来增加水中溶解性有机物的去除效率，延长活性炭的再生周期，减少运行费用，同时水中的氨氮可以被生物转化为硝酸盐，从而减少了氯化的投氯量，降低了三卤甲烷的生成量。有资料表明，活性炭附着的硝化菌还可以转化水中的氨氮化合物，降低水中的 NH_3-N 的浓度，NH_3-N 去除率可达 75%～96.7%。生物活性炭通过有效地去除水中有机物和嗅味，从而提高饮用水化学、微生物安全性，是自来水深度净化的一个重要途径。目前，世界许多国家已在污染水源净化、工业废水处理及污水再利用的工程中得到应用。

4. 臭氧氧化技术

据马放等对吉林前郭炼油厂饮用水深度净化工程进行色质联机分析后确认，原水中的 160 多种有机污染物经臭氧氧化后变成了 40 多种易生物降解的中间产物。同时，臭氧通过氧化分解细菌内部葡萄糖所需的酶，破坏细胞器、DNA 等，改变细胞膜通透性等达到灭菌消毒的功效。但是，仍有某些稳定性强的有机污染物及已经形成的消毒副产物 THMs 难以被氧化去除。因此，在应用中多采用臭氧氧化与其他处理技术相结合，形成组合工艺，如臭氧/活性炭吸附、臭氧/生物活性炭、臭氧/过氧化氢等。

在饮用水处理工艺流程中，一般根据臭氧投加点位置的不同分为前段投加、中段投加和后段投加三种方式。前段投加称为臭氧化预处理或臭氧预氧化处理，中段投加称为中间氧化，后段投加称为臭氧消毒。图 8-13 表示常规水处理流程（混凝—沉淀—过滤—消毒）中

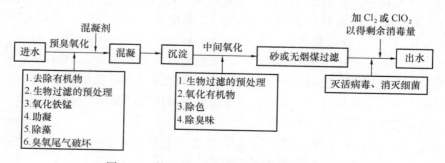

图 8-13　饮用水处理中的臭氧投加点及作用

根据臭氧使用的目的不同而在不同位置进行投加所起的作用。

　　在实际水处理时，可以根据具体情况实行一点投加，也可以多点同时投加。投加量及接触时间因处理对象的不同而异：一般用于杀菌消毒的为 1～3mg/L、5～15min；除臭脱色的为 1～3mg/L、10～15min；除 CN^-、酚的为 5～10mg/L、10～15min。

5. 臭氧-生物活性炭联用技术

　　臭氧-生物活性炭深度水处理技术被称为饮用水净化的第二代净水技术。它采用臭氧氧化和生物活性炭滤池联用的方法，将原水先臭氧化后活性炭吸附，集臭氧化学氧化、臭氧灭菌消毒、活性炭物理化学吸附和微生物氧化降解四种技术于一体，其主要目的是在常规处理之后进一步去除水中有机污染物、氯消毒副产物的前体物、异臭、异味、色度，去除部分重金属、氰化物、放射性物质、氨氮等，降低出水中的 BDOC 和 AOC，保证净水工艺出水的化学稳定性和生物稳定性。其工艺流程如图 8-14 所示。

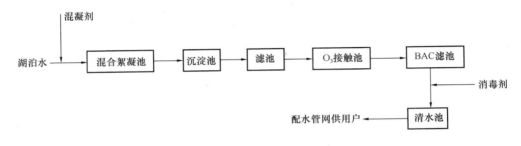

图 8-14　臭氧氧化-BAC 过滤深度处理工艺流程

6. 膜过滤技术

　　从膜滤法的功能上看，反渗透能有效地去除水中的农药、表面活性剂、消毒副产物、THMs、腐殖酸和色度等。纳滤膜用于分子量在 300～1000 范围内的有机物质的去除。而超滤和微滤膜可去除腐殖酸等大分子量（大于 1000）的有机物。因此，膜滤技术是解决目前饮用水水质不佳的有效途径。膜法能去除水中胶体、微粒、细菌和腐殖酸等大分子有机物，但对低分子量含氧有机物如丙酮、酚类、酸、丙酸几乎无效。膜法进一步应用到给水处理中的障碍是基建投资和运转费用高，易发生堵塞，需要高水平的预处理和定期的化学清洗，还存在浓缩物处置的问题。然而，随着清洗方式的改进，膜堵塞和膜污染问题的改善以及各种膜价格的降低，相信在不久的将来，膜法一定会在给排水领域得到较广泛的应用。

7. 吹脱技术

　　吹脱法过去主要用于去除水中溶解的 CO_2、H_2S、NH_3 等气体，同时增加溶解氧来氧化水中的金属。直到 20 世纪 70 年代中期，该技术才开始用于去除水中低浓度挥发性的有机物。在饮用水深度处理中，吹脱法费用低，是采用活性炭达到同样去除效果所需运行费用的 1/2～1/4。因此，美国环境保护协会（USEPA）指定其为去除挥发性有机物最可行的技术。

8.3.4　微污染水体的处理新技术

1. 光氧化法

　　光化学氧化法是在化学氧化和光辐射的共同作用下，使氧化反应在速率和氧化能力上比单独的化学氧化、辐射有明显提高的一种水处理技术。光氧化法均以紫外光为辐射源，同时水中需预先投入一定量氧化剂如过氧化氢，臭氧或一些催化剂，如染料、腐殖质等。它对难降解而具有毒性的小分子有机物去除效果极佳，光氧化反应使水中产生许多活性极高的自由基，这些自由基很容易破坏有机物结构。属于光化学氧化法的如光敏化氧化，光激发氧化，光催化氧化等。

光激发氧化法是以臭氧、过氧化氢、氧和空气等作为氧化剂，将氧化剂的氧化作用和光化学辐射相结合，可产生氧化能力很强的自由基。紫外-臭氧联用技术可以氧化臭氧所不能氧化的微污染水中的有机物，如三氯甲烷、六氯苯、四氯化碳、苯，使之变成 CO_2 和 H_2O，降低水中的致突变物活性，其氧化效果比单独使用 UV 和 O_3 要好。但是，紫外-臭氧工艺对有机物或 THMs 的去除能力还有待进一步探讨，而且该工艺费用较高，还不容易推广应用。

光催化氧化法是在水中加入一定数量的半导体催化剂（如 TiO_2、WO_3、Fe_2O_3 及 CdS 等），在紫外线辐射下产生强氧化能力的自由基，能氧化水中的有机物。利用光催化氧化技术对 $CHCl_3$、CCl_4 等九种饮用水中常见优先控制污染物去除效果的试验过程中发现，该技术对这些有机优先控制污染物有很强的氧化能力，能有效地予以分解和去除。该方法的强氧化性、对作用对象的无选择性与最终可使有机物完全矿化的特点，使光催化氧化在饮用水深度处理方面具有较好的应用前景。但是 TiO_2 粉末颗粒细微，不便加以回收，同传统净水工艺相比，光催化氧化处理费用较高，设备复杂，近期内推广使用受到限制。光催化氧化投入实际应用所需要解决的主要问题是确定长期运行过程中催化剂中毒情况及寻求理想的再生方法；解决催化剂的分离回收或固定化问题；反应器的设计及提高光能利用率等。可以预见，随着研究的不断深入，光催化氧化必将越来越得到重视。

光敏化降解主要的研究对象是水环境中的石油污染物直链烷烃。敏化剂能够从直链烷烃的碳原子上夺取氢原子后生成羟基，在氧的作用下使其降解为酮、烯、醛、醇等。这些化合物均比烷烃更加容易被水环境中的微生物所降解。光敏化降解常用的敏化剂是蒽醌。

光化学氧化法目前尚处于研制阶段，由于运行成本较大，尚难大规模地在生产中应用，但该项技术发展很快，在生产上的应用将为期不远。

2. 高梯度磁滤技术

高梯度磁滤技术是近几年发展起来的新兴水处理技术，也是处理微污染水的一个新途径。磁分离的物理作用是利用废水中杂质颗粒的磁性进行分离的，对于水中非磁性或弱磁性的颗粒，利用磁性接种技术可使它们具有磁性。在高强度磁场中，实现磁性颗粒物与水的分离。磁滤技术对水中污染物质去除的效果高，对浊度、色度、细菌、重金属及磷酸盐等都有很好的去除效果，无论是夏季高浊时期还是低温低浊期间，处理后的水都能达到饮用水水质标准。

1970 年，澳大利亚国立研究组织开发了基于磁种絮凝与磁场相结合的给水处理工艺——Sirofloc 工艺，通过调节 pH 值实现污染物在磁体表面的吸附和脱附，利用磁场回收磁种。目前全球有包括英国约克郡水厂在内的近十家给水处理厂采用该工艺。该技术的污水处理工艺流程如图 8-15 所示。在国内，常州自来水公司将高梯度磁分离技术应用于常州运河水的处理。在磁种投量为 $200\sim300mg/L$，混凝剂投量 $5\sim12mg/L$，磁场强度为 $0.2\sim0.4t$ 的条件下，可将浊度在 $100\sim150NTU$ 的河水一次净化到 5NTU 以内，去除率在 98.5% 以上，对悬浮物、细菌、重金属、色度等都有很好的去除效率，一次净化后的水质达到或接近饮用水标准。

高梯度磁滤技术使混凝工艺的分离速度较常用的斜管沉降法提高 $10\sim50$ 倍，可极大地提高水处理速度和减少占地面积，易于实现自动化控制及小型集成化设备，在给水、工业废水及生活污水处理等领域均有广泛的发展前景。虽然它在给水排水处理中的应用尚有许多进一步研究的课题，但它的初步应用研究已充分显示出巨大的优越性和广阔的应用前景并且随着科学技术的发展、超导磁分离技术的出现将进一步扩大高梯度磁分离技术在给水排水处理中的应用范围。目前限制高梯度磁过滤技术的主要问题在于磁种的选择、制造及磁种回收工艺需要研究改进。

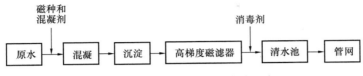

图 8-15　高梯度磁滤技术给水处理流程

3. 超声空化技术

频率在 20kHz 以上的超声波辐射溶液会引起许多化学变化，称为超声空化效应。降解有机物的途径主要为：热解、自由基氧化、超临界水氧化和机械剪切作用。当足够强度的超声波辐射溶液时，在声波负压相内，空化泡形成长大，而在随后的声波正压相中，气泡被压缩，空化泡在经历一次或数次循环后达到一不平衡状态，受压迅速崩溃，产生瞬时高温（>5000K)和高压（>20MPa），即所谓的"热点"。空化泡中的水蒸气在这种极端环境中发生分裂及链式反应，产生氧化活性相当强的氢氧自由基和过氧化氢，并伴有强大的冲击波和射流。研究表明，超声空化对脂肪烃、卤代烃、酚、芳香族类、醇、天然有机物、农药等均有较好地降解，超声频率、声强、饱和气体性质、污染物性质浓度、温度均会影响降解效果。

4. 基于联用的组合技术

无论是预处理技术还是深度处理技术都有其优点和缺点，为了扬长避短，目前往往采用多种技术的联合技术。例如采用微絮凝—侧向流过滤—超滤工艺、生物接触氧化—臭氧活性炭工艺、活性炭—光催化等应用到微污染水的处理中，对保障饮水水质安全提供强大的保障。

5. 电生物反应器

将电极装置与生物反应器组合起来就构成了所谓电生物反应器。通过对水的电解，阴极提供电子，产生氢，而氢作为电子供体与硝酸盐发生反应，使生化反应速率及去除率得以提高，从而减少了水中硝酸盐的含量。从原理上讲，这种方法除了可以实现反硝化处理外，还可以去除水体中的有机物，但目前对电生物反应器尚处于基础理论和动力学研究阶段，离实际应用还有相当一段距离。

6. 仿生植物净化技术

以重建健康的河流生态系统为基础，用具有很强弹性、韧性和柔性的材料仿照河流生态系统中的沉水植物轮藻设计而成。仿生植物以河道中原有的天然生物菌群作为种源，在填料丝表面经过生物的自然富集形成生物膜，通过微生物的生命活动去除水中的污染物质。

该技术在有效净化微污染水体的同时还具有如下特点：不影响河流的航运和泄洪等功能；不破坏河流生态系统；适合河流复杂多变的水流条件；比表面积大，空隙率高；化学与生物稳定性强，不溶出有害物质；价格便宜，便于安装。

8.3.5　污染地下水修复技术

污染地下水的修复技术包括抽提技术、气提技术、空气吹脱技术、生物修复技术、渗透反应墙技术、原位化学修复等。

1. 抽提技术

抽提处理是采用水泵将地下水抽出来，在地面得到合理的净化处理，并将处理后的水重新注入地下或排入地表水体。这种处理方式对抽取出来的水中污染物能够进行高效去除，但不能保证全部地下水尤其是岩层中的污染物得到有效去除。

2. 气提技术

利用真空泵和井，在受污染区域利用负压诱导或正压产生气流，将吸附态、溶解态或自由相的污染物转变为气相，抽提到地面，然后再进行收集和处理。典型的气提系统如图8-16所示，包括抽提井、真空泵、湿度分离装置、气体收集装置、气体净化处理装置和附属设备等。

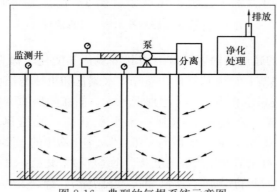

图 8-16　典型的气提系统示意图

气提技术的主要优点包括：① 能够原位操作，比较简单，对周围干扰小；② 有效去除挥发性有机物；③ 在可接受的成本范围内，能够处理较多的受污染地下水；④ 系统容易安装和转移；⑤ 容易与其他技术组合使用。在美国，气提技术几乎已经成为修复受加油站污染的地下水和土层的"标准"技术。气提技术适用于渗透性均质较好的地层。

3. 空气吹脱技术

空气吹脱是在一定的压力条件下，将压缩空气注入受污染区域，将溶解在地下水中的挥发性化合物，吸附在土颗粒表面上的化合物，以及阻塞在土壤空隙中的化合物驱赶出来。空气吹脱包括三个过程：① 现场空气吹脱；② 挥发性有机物的挥发；③ 有机物的好氧生物降解。相比较而言，吹脱和挥发作用进行较快，而生物降解进程缓慢。在实际应用中，通常将空气吹脱技术与气提技术组合，得到单一技术无法达到的效果。这种组合的典型示意图，如图 8-17 所示。

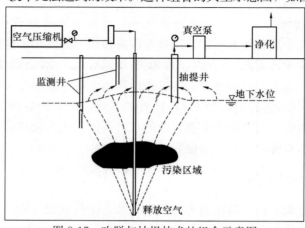

图 8-17　吹脱与抽提技术的组合示意图

4. 生物修复技术

生物修复是利用微生物降解地下水中污染物，并将其最终转化为无机物质的技术，分为原位强化生物修复法和生物反应器法。原位强化生物修复是在污染土壤不被搅动情况下，在原位和易残留部位之间进行处理。这个系统主要是将抽提地下水系统和回注系统（注入空气或 H_2O_2、营养物和已驯化的微生物）结合起来，来强化有机污染物的生物降解。而生物反应器的处理方法是强化生物修复方法的改进，就是将地下水抽提到地上部分用生物反应器加以处理的过程。近年来，生物反应器的种类得到了较大的发展。连泵式生物反应器、连续循环升流床反应器、泥浆生物反应器等在修复污染的地下水方面已初见成效。

5. 渗透反应墙（Permeable Reactive Barrier，PRB）技术

渗透反应墙技术是近年来迅速发展的适用于地下水污染的原位修复技术，又称为活性渗滤墙。它是在污染物区域下游设置具有高渗透性的活性材料墙体，使得污染羽中的污染物被截留并得到处理，地下水得到净化。美国环保局（UNEP）将 PRB 定义为一个填充有活性材料的被动反应区，当含有污染物的地下水在天然水力坡度下通过预先设计好的介质时，溶解有机物、金属、核素等污染物能被降解、吸附、沉淀或去除。屏障中含有降解挥发性有机物的还原剂、固定金属的络（螯）合剂、微生物生长繁殖所需的营养物和氧气或其他物质。其中，活性材料选择是 PRB 修复效果良好与否的关键。活性材料通常要求具有以下特性：

（1）对污染物吸附降解能力强，活性保持时间长；

（2）在天然地下水条件下保持稳定；

（3）墙体变形较小；

（4）抗腐蚀性较好；

（5）材料稳定性好，生态安全性良好，不能导致有害副产品进入地下水。当前，实验室研究的活性材料，主要有：用于物理吸附的活性炭、沸石、有机黏土；用于化学吸附的磷酸盐、石灰石、零价铁和生物作用的微生物材料等。目前，最常用的材料为零价铁。图 8-18 中（a）、（b）、（c）、（d）分别为典型的 PRB 系统、连续墙系统、烟囱-门系统及串联多通道系统等。

与传统的地下水处理技术相比较，PRB 技术是一个无需外加动力的被动系统。特别是，该处理系统的运转在地下进行，不占地面空间，比原来的泵抽取技术要经济、便捷。PRB 一旦安装完毕，除某些情况下需要更换墙体反应材料外，几乎不需要其他运行和维护费用。实践表明，与传统的地下水抽出再处理方式相比，该基础操作费用至少节约 30% 以上。

最新研究成果是将零价纳米铁（NZVI）介质与超声波联用，协同处理地下水中的污染物。协同作用的优势在于 NZVI 的比表面积大，吸附能力强，能将超声空化产生的微气泡吸附在其表面，强化超声波的空化作用同时超声波产生极强烈的冲击波、微射流，以其振动和搅拌作用去除降解过程中纳米、铁表面形成的钝化层，强化界面间的化学反应和传递过程，促进反应界面的更新。在超声作用下，水体中产生的空化微泡增多，搅拌强度加强，可加快反应物的传递速率和铁表面活化，强化界面上的还原降解反应，提高去除率。

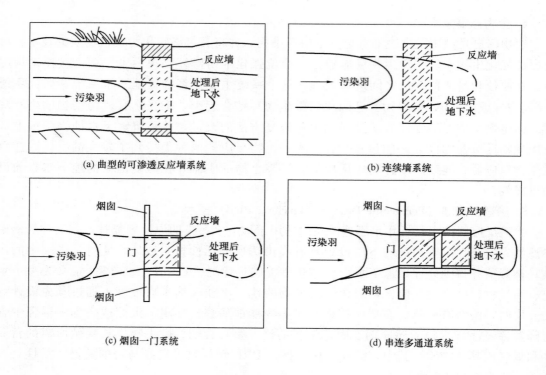

图 8-18　地下水处理的反应墙的类型

6. 原位化学修复技术

化学还原修复技术是利用化学还原剂将污染环境中的污染物质还原从而去除的方法，多用于地下水的污染治理，是目前在欧美等发达国家新兴起来的用于原位去除污染水中有害组分的方法，主要修复地下水中对还原作用敏感的污染物，如铬酸盐、硝酸盐和一些氯代试剂，通常反应区设在污染土壤的下方或污染源附近的含水土层中。根据采用的不同还原剂，化学还原修复法可以分为活泼金属还原法和催化还原法。前者以铁、铝、锌等金属单质为还原剂，后者以氢气及甲酸、甲醇等为还原剂，一般都必须有催化剂存在才能使反应进行。常用的还原剂有 SO_2、H_2S 气体和零价 Fe 胶体等。其中零价 Fe 胶体是很强的还原剂，能够还原硝酸盐为亚硝酸盐、氮气或氨氮。零价 Fe 胶体能够脱掉很多氯代试剂中的氯离子，并将可迁移的含氧阴离子如 CrO_4^{2-} 和 TcO_4^- 及 UO_2^{2+} 等含氧阳离子转化成难迁移态。零价 Fe 既可以通过井注射，又可以放置在污染物流经的路线上，或者直接向天然含水土层中注射微米甚至纳米零价 Fe 胶体。

7. 电动力学修复

电化学动力修复技术是利用电动力学原理对土壤及地下水环境进行修复的一种绿色修复新技术，可以用来清除一些有机污染物和重金属离子，具有环境相容性、多功能适用性、高选择性、适于自动化控制、运行费用低等特点。在电动修复过程中，金属和带电荷的离子在电场的作用下发生定向迁移，然后在设定的处理区进行集中处理；同时在电极表面发生电解反应，阳极电解产生氢气和氢氧根离子，阴极电解产生氢离子和氧气，而对于大多数非极性有机污染物，则通过电渗析的方式去除。近年来，电化学动力修复技术越来越多地和其他技术或辅助材料相结合，如超声技术。

8.3.6   国内外饮用水处理工艺简介

1. 荷兰

阿姆斯特丹水厂采用极为复杂的水处理系统,共计有九道工序:莱茵河水与自然净化池水混合、一级快滤、臭氧、粉末活性炭、混凝、二级快滤、慢砂过滤、脱酸和安全加氯。

2. 德国

威斯巴登水厂过去河水经河岸渗滤即可供水,由于莱茵河污染,因此目前采用的水处理工艺为曝气、沉淀、折点加氯、加三氯化铁混凝、快滤、活性炭过滤、由水井和水池内渗滤补给地下水、地下水曝气、慢滤和安全加氯。

3. 瑞士

苏黎世城水厂1982所建成的水处理工艺:(1)机械处理——格网、沉砂池、预处理;(2)生物处理——活性污泥池;(3)化学处理——活性污泥池中加混凝剂;(4)过滤——微絮凝、双层或多层滤池。今后,根据原水水质变化情况,拟再增加臭氧和活性炭过滤。

4. 芬兰

图尔库水厂采用两段混凝浮选法改善有机物的去除。原水取自奥拉河,第一段用三价铁盐,在 pH=4.8~5.1 时混凝浮选对去除腐殖质和降低浊度是有效的。然后加入石灰使 pH 值提高到 10~10.5,吹入压缩空气约 30min,曝气时部分锰被氧化为二氧化锰,而二价铁被氧化为三价铁。接着第二段加铝盐混凝,将 pH 值维持在 8.0 左右。在第二加药点加氯供消毒与氧化腐殖质吸附的锰。再将混凝浮选后的水经 1m 厚的颗粒活性炭滤床,用氢氧化钠调整 pH 到最终值。

5. 日本

千叶县柏井净水厂采用粉末活性炭和颗粒活性炭分别作预处理和深度处理。其详细工艺流程如图 8-19 所示。

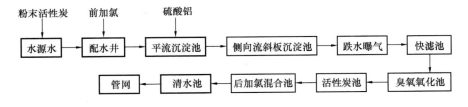

图 8-19   日本千叶县柏井净水厂工艺流程

6. 中国

北京田村山水厂采用原水混凝—砂滤—臭氧氧化—活性炭过滤的工艺,作为常规处理工艺基础上的深度处理,目前使用效果较好。

 习题与思考题

1. 水环境修复的原则和内容包括哪些?

2. 水环境化学修复的方法包括哪些?

3. 水环境物理修复的方法包括哪些?

4. 水环境生物修复的方法包括哪些?

5. 试以某河流为例，介绍水环境生态修复的方法包括哪些？

6. 中国农村饮水安全的现状如何？中国农村饮水安全存在的困难和问题包括哪些？

7. 阐述中国农村饮用水安全卫生评价指标体系。

8. 中国农村饮水安全措施包括哪些？

9. 农村不同污染类型水采取的净水技术和工艺包括哪些？

10. 微污染水体的预处理技术包括哪些？

11. 微污染水体的深度处理技术包括哪些？

12. 微污染水体处理的新技术包括哪些？

13. 污染地下水的修复技术包括哪些？

第9章　水资源管理

学　习　提　示

　　重点掌握水资源管理概念、水资源管理的主要内容及管理手段、地表水水质与水量的管理、水资源管理的法律法规体系等。熟悉并了解国外水资源综合管理经验。推荐学时 3～4 学时。

9.1　水资源管理概述

　　水资源管理是一门新兴的应用科学，是自然科学和社会科学的交叉科学，它不仅涉及研究地面水、地下水的各个分支科学和领域，如水文学、水力学、气候学及冰川学等，而且也和水文地质学各领域，与各种水体有关的自然、社会和生态，甚至和经济技术环境等各方面密不可分。因此，研究并进行水资源管理，除了应用上述有关水科学的研究理论和方法外，还需要利用系统理论和分析方法，采用数学方法和先进的最优化技术，建立适合所研究区域的水资源开发利用和保护的管理模型，以达到管理目标的实现。

　　水资源管理是在水资源开发利用与保护的实践中产生，并在实践中不断发展起来的。随着全球缺水危机、水污染和洪涝灾害等水问题日益严重，尤其是水资源开发利用过程中产生系列的负面效应，人们逐渐认识到，必须强化对水资源的管理，提高开发利用水资源的水平和保护水资源的能力，才能保障经济社会的健康可持续发展。

9.1.1　水资源管理的概念

　　关于水资源管理的含义，目前有多种界定，尚无明确公认的定义。《中国大百科全书》水利卷中提出，水资源管理是指水资源开发利用的组织、协调、监督和调度，运用行政、法律、经济、技术和教育等手段，组织各种社会力量开发水利和防治水害；协调社会经济发展与水资源开发利用之间的关系，处理各地区、各部门之间的用水矛盾；监督、限制不合理的开发水资源和危害水资源的行为；制定供水系统和水库工程的优化调度方案，科学分配水量。

　　《当代水资源管理发展概况》从水资源作为社会的物源—经济—生态的概念出发，把可持续的水资源管理定义为一系列的活动。这一系列的活动可以保证一个特定的水资源系统所能满足目前和将来目标的服务价值，这些服务提供了水利用的广阔范围，包括家庭生活用水、农业用水、工业生产用水和维持生态系统的用水。

　　联合国教科文组织（UNESCO）国际水文计划工程组（1996 年）将可持续水资源管理

定义为：支撑从现在到未来社会及其福利而不破坏它们赖以生存的水文循环及生态系统完整性的水的管理与使用。

中国水利水电科学研究所水资源所教授高级工程师贺伟程在《试论水资源的涵义和科学内容》一文中指出为了保持水源的良性循环和长期开发利用，满足社会各部门用水量不断增长的需求，必须运用行政、法律、经济、技术和教育的手段，对水资源进行全面的管理。

曾任中国水力发电工程学会水能规划与动能经济专业委员会副主任委员冯尚友在《水资源持续利用与管理导论》一书中给水资源管理的定义为支持实现可持续发展战略目标，在水资源及水环境的开发、治理、保护、利用过程中，所进行的统筹规划、政策指导、组织实施、协调控制、监督检查等一系列规范性活动的总称，就是水资源持续利用的管理。统筹规划是合理利用有限水资源的整体布局、全面策划的关键；政策指导是进行水事活动决策的规则和指南；组织实施是通过立法、行政、经济、技术和教育等形式组织社会力量，实施水资源开发利用的一系列活动实践；协调控制是处理好资源、环境与经济、社会发展之间的协同关系和水事活动之间的矛盾关系，控制好社会用水与供水的平衡和减轻水旱灾害损失的各种措施；监督检查则是不断提高水的利用率和执行正确方针政策的必需手段。

中国水法研究会会长柯礼聘在《中国水利》一书中指出水管理是人类社会及其政府对适应、利用、开发、保护水资源与防治水害活动的动态管理以及对水资源的权属管理，包括政府与水、社会与水、政府与人以及人与人之间的水事关系。对国际河流，水管理还包括相邻国家之间的水事关系。

总体来说，水资源管理包含的内容非常广，可以包含从水资源规划到水资源开发、水资源保护、水资源利用等各个环节。因此，这里所说的水资源管理主要是指对水资源负有监督管理职责的部门对水资源分配、开发、利用、调度和保护所实施的组织、协调、监督和调度工作。尤其是指运用行政、法律、经济、技术和教育等手段，组织开发利用水资源和防治水害；协调水资源的开发利用和治理与社会经济发展之间的关系，处理各地区、各部门间的用水矛盾；监督并限制各种不合理开发利用水资源和危害水源的行为；制定水资源的合理分配方案，提出并执行对供水系统及水源工程的优化调度方案；对水量及水质情况进行监测和相应措施的管理等。水资源管理是与水有关的行政管理部门的重要管理内容，涉及水资源的有效利用、合理分配、资源保护、优化调度以及相关水工程的合理布局协调及统筹安排等。

目的在于通过实施水资源管理，做到科学、合理地开发利用水资源，支持社会经济发展，改善自然生态环境，达到水资源开发、社会经济发展及自然生态环境保护相互协调的目标。

9.1.2 水资源管理的目标与原则

1. 水资源管理的目标

水资源管理总的要求是水量水质并重，资源和环境管理一体化。其具体目标可概括为：改革水资源管理体制，建立权威、高效、协调的水资源统一管理体制；以《中华人民共和国水法》为根本，建立完善的水资源管理法规体系，保护人类和所有生物赖以生存的水环境和水生态系统；以水资源和水环境承载能力为约束条件，合理开发水资源，提高水的利用效率；发挥政府监管和市场调节作用，建立水权和水市场的有偿使用制度；强化计划、节约用水管理，建立节水型社会；通过水资源的优化配置，满足经济社会发展的需水要求，以水资源的可持续利用支持经济社会的可持续发展。实施水资源管理，做到科学、合理地开发利用水资源，支持社会经济发展，改善生态环境，达到水资源开发、社会经济发展及自然生态环境保护相互协调的最终目标。

2. 水资源管理的原则

关于水资源管理的原则，也有不同的提法。水利部几年前就提出"五统一、一加强"，即坚持实行统一规划、统一调度、统一发放取水许可证、统一征收水资源费、统一管理水量水质，加强全面服务的基本管理原则。在 1987 年出版的《中国大百科全书·大气科学·海洋科学·水文科学》卷中陈家琦等人提出水资源管理的原则：① 效益最优；② 地表水和地下水统一规划，联合调度；③ 开发与保护并重；④ 水量和水质统一管理。冯尚友在《水资源持续利用与管理导论》中提出的水资源管理原则：① 开发水资源、防治水患和保护环境一体化；② 全面管理地表水、地下水和水量与水质；③ 开发水资源与节约利用水资源并重；④ 发挥组织、法制、经济和技术管理的配合作用。

作为水资源管理的原则，总体应遵循以下几点：

（1）开发水资源、防治水患和保护环境一体化

开发水资源是为了满足人民和国民经济发展需要，防灾减灾和保护环境是为了支持和维护资源的持续生成和全社会的有序发展，三者同是可持续发展战略的有力支柱，缺一不可。开发水资源、防治水患和保护环境的最终目的是维持人类的生存与发展。开发是人类永恒的活动，而防治和保护则是开发利用的必要条件。因此，开发、防治与保护必须结合，而且要实施开发式的防治和保护，变防治和保护的被动性为开发式的主动性。

（2）地表水、地下水的水质与水量全面管理

地表水和地下水是水资源开发利用的直接对象，是水资源的两个组成部分，且二者具有互补转化和相互影响的关系。水资源包括水量和水质，二者互相影响，共同决定和影响水资源的存在和开发利用潜力。开发利用任一部分都会引起水资源量与质的变化和时空的再分配。因此，充分利用水的流动性和储存条件，联合调度、统一配置和管理地表水与地下水，对保护水资源、防治污染和提高水的利用效率是非常必要的。

同时，由于水资源及其环境受到的污染日趋严重，可用水量逐渐减少，已严重地影响到水资源的持续开发利用潜力。因此，在制定水资源开发利用规划、供水规划及用水计划时，水量与水质应统一考虑，做到优水优用，切实保护。对不同用水户、不同用水目的，应按照用水水质要求合理供给适当水质的水，规定污水排放标准和制定切实的水源保护措施。

（3）统一管理

水资源应当采取流域管理与区域管理相结合的模式，实行统一规划、统一调度，建立权威、高效、协调的水资源管理体制。调蓄径流和分配水量，应当兼顾上下游和左右岸用水、航运、竹木流放、渔业和保护生态环境的需要。统一发放取水许可证，统一征收水资源费。取水许可证和水资源费体现了国家对水资源的权属管理、水资源配置规划和水资源有偿使用制度的管理。《水法》《取水许可制度实施办法》对从地下、江河、湖泊取水实行取水许可制度和征收水资源费制度。它们是我国水资源管理的重要基础制度，是实施水资源管理的重要手段。对优化配置水资源，提高水资源利用效率，促进水资源全面管理和节约保护都具有重要的作用。实施水务纵向一体化管理是水资源管理的改革方向，建立城乡水源统筹规划调配，从供水、用水、排水，到节约用水、污水处理及再利用、水源保护的全过程管理体制，将水源开发、利用、治理、配置、节约、保护有机地结合起来，实现水资源管理在空间与时

273

间的统一、质与量的统一、开发与治理的统一、节约与保护的统一，达到开发利用和管理保护水资源的经济效益、社会效益、环境效益的高度统一。

（4）保障人民生活和生态环境基本用水，统筹兼顾其他用水

《水法》规定，开发利用水资源，应当首先满足城乡居民生活用水，统筹兼顾农业、工业、生态环境以及航运等需要。在干旱和半干旱地区开发利用水资源应当充分考虑生态环境用水需要。在水源不足地区，应当限制城市规模和耗水量大的工业、农业的发展。

水是人类生存的生命线，是经济发展和社会进步的生命线，是实现可持续发展的重要物质基础。世界各国管理水资源的一个共同点就是将人类生存的基本需水要求作为不可侵犯的首要目标肯定下来。随着我国生态环境日趋恶化，生态环境用水也越来越重要，从生态环境需水的综合效应和对人类可持续发展的影响考虑，把它放到与人类基本生活需水要求一起考虑是必要的。我国是人口大国、农业大国，历来粮食安全问题就是关系国计民生的头等大事，合理的农业用水比其他用水更重要。在满足人类生活、生态基本用水和农业合理用水的条件下，将水合理安排给其他各业建设与发展运用，是保障我国经济建设和实现整个社会繁荣昌盛、持续发展的重要基础。

（5）坚持开源节流并重，节流优先、治污为本的原则

我国人均水资源量较少，只相当于世界人均占有量的 1/4，属于贫水国家，且时空分布不均匀，这大大增加了对水资源开发与利用的难度。我国北方与南方水资源分布极度不均，紧张与浪费并存，用水与污染同在，呈现极不协调的现象，严重影响了我国水资源利用效率和维持社会持续发展的支撑能力。

《水法》规定国家厉行节约用水，大力推行节约用水措施，推广节约用水新技术、新工艺，发展节水型工业、农业和服务业，建立节水型社会。各级人民政府应当采取措施，加强对节约用水的管理，建立节约用水技术开发推广体系，培育和发展节约用水产业；国家对水资源实施总量控制和定额管理相结合的制度，根据用水定额、经济技术条件以及水量分配方案确定的可供本行政区区域使用的水量，制定年度用水计划，对本行政区区域内的年度用水实行总量控制；各单位应当加强水污染防治工作，保护和改善水质，各级人民政府应当依照水污染防治法的规定，加强对水污染防治的监督管理。而我国制定南水北调方案时，也遵循"先节水后调水、先治污后通水、先环保后用水"的基本原则。这对管理和改善我国水源不足与浪费并存，水源不足与污染并存的现状具有十分重要的指导意义。根据我国人口、环境与发展的特点，建设节水型社会，提高水利用效率，发挥水的多种功能，防治水资源环境污染，是实现经济社会持续发展的要求。只有实现了开源、节流、治污的辩证统一，才能实现水资源可持续利用战略，才能增强我国经济社会持续发展的能力，改善人民的物质生活条件。

9.1.3　水资源管理的主要内容

水资源管理的主要内容一般应包括以下几个方面：

1. 水权管理

水权即水资源的所有权，是水的占有权、使用权、收益权、处分权以及与水开发利用有关的各种用水权利的总称，是一个复杂的概念。它是调节个人之间、地区与部门之间以及个人、集体与国家之间使用水资源及相邻资源的一种权益界定的规则，也是水资源开发规划与管理的法律依据和经济基础。这里最重要的，一是水资源的所有权制度，二是水的使用权制度。

关于水资源的所有权，《中华人民共和国宪法》第九条规定："矿藏、水流、森林、山岭、草原、荒地、滩涂等自然资源，都属国家所有，即全民所有"。《水法》第三条规定："水资源属于国家所有。农业集体经济组织所有的水塘、水库中的水，属于集体所有。"国务院是水资源所有权的代表，代表国家对水资源行使占有、使用、收益和处分的权利。推行水资源宏观布局、省际水量分配、跨流域调水以及水污染防治等多方面工作，都涉及省际利益分配，必须强化国家对水资源的宏观管理。地方各级人民政府水行政主管部门依法负责本行政区域内水资源的统一管理和监督，并服从国家对水资源的统一规划、统一管理和统一调配的宏观管理。

关于水的使用权，根据水法，国家对用水实行总量控制和定额管理相结合的制度，要确定各类用水的合理用水量，为分配水权奠定基础。水权分配首先要遵循优先原则，保障人的基本生活用水，优先权的确定要根据社会、经济发展和水情变化而有所变化，同时在不同地区要根据当地特殊需要，确定优先次序。同时，"开发、利用水资源的单位和个人有依法保护水资源的义务。"这就为水资源管理提供了法律依据，能够规范和约束管理者和被管理者的权利和行为。目前，正在研讨的另一个问题是水权（水资源使用权）转让，是利用市场机制对水资源优化配置的经济手段。水利部发布了《水权制度建设框架》《关于水权转让的若干意见》，为建立健全水权制度、充分发挥市场配置水资源作用奠定了坚实基础。

2. 水资源开发利用管理

加强水资源开发利用控制红线管理，严格实行用水总量控制，应包括以下几个方面：

（1）规划管理和水资源论证　开发利用水资源，应当符合主体功能区的要求，按照流域和区域统一制定规划，在相关规划和项目建设布局加强水资源论证工作，严格执行建设项目水资源论证制度。

（2）控制流域和区域取用水总量　加快制定主要江河流域水量分配方案，建立覆盖流域和省市县三级行政区域的取用水总量控制指标体系，实施流域和区域取用水总量控制和年度取水总量控制管理；建立健全水权制度，运用市场机制合理配置水资源。

（3）实施取水许可　严格规范取水许可审批管理，对取用水总量已达到或超过控制指标的地区，暂停审批建设项目新增取水；对取用水总量接近控制指标的地区，限制审批建设项目新增取水。严格规范建设项目取水许可审批管理。

（4）水资源有偿使用　合理调整水资源费征收标准，扩大征收范围，严格水资源费征收、使用和管理。水资源费主要用于水资源节约、保护和管理，加大水资源费调控力度，严格依法查处挤占挪用水资源费的行为。

（5）严格地下水管理和保护　加强地下水动态监测，实行地下水取用水总量控制和水位控制。核定并公布地下水禁采和限采范围，严格查处地下水违规开采；规范机井建设审批管理，限期关闭在城市公共供水管网覆盖范围内的自备水井；编制并实施全国地下水利用与保护规划。

（6）强化水资源统一调度　流域管理机构和县级以上地方人民政府水行政主管部门要依法制订和完善水资源调度方案、应急调度预案和调度计划，对水资源实行统一调度。

3. 水资源利用效率管理

真正实现水资源的可持续利用，必须加强水资源利用效率的管理。在节约用水方面，全面推进节水型社会建设，建立健全有利于节约用水的体制和机制；稳步推进水价改革；各项引水、调水、取水、供用水工程建设首先考虑节水要求；限制高耗水工业项目建设和高耗水服务业发展，遏制农业粗放用水。在定额用水方面，加快制定高耗水工业和服务业用水定额国家标准；建立用水单位重点监控名录，强化用水监控管理；实施节水"三同时"制度。在节水技术改造方面，制定节水强制性标准，禁止生产和销售不符合节水强制性标准的产品。加大农业节水力度，加大工业节水技术改造，优先推广先进适用的节水技术、工业、装备和产品；大力推广使用生活节水器具，着力降低供水管网漏损率；将非常规水源开发利用纳入水资源统一配置。

4. 水功能区纳污管理

严格限制地表水和地下水的排污行为，强化水功能区监督管理，从严核定水域纳污容量，严格控制入河湖排污总量。各级政府要把限制排污总量作为水污染防治和污染减排工作的重要依据。切实加强水污染防控，加强工业污染源控制，加大主要污染物减排力度，提高城市污水处理率，改善重点流域水环境质量，防治江河湖库富营养化。流域管理机构要加强重要江河湖泊的省界水质水量监测。严格入河湖排污口的监督管理，对排污量超出水功能区限排总量的地区，限制审批新增取水和入河湖排污口。建立水功能区水质达标评价体系，完善监测预警监督管理制度。

加强水源地保护，依法划定饮用水水源保护区，禁止在饮用水水源保护区内设置排污口，加快实施全国城市饮用水水源地安全保障规划和农村饮水安全工程规划。强化饮用水水源应急管理，完善饮用水水源地突发事件应急预案，建立备用水源。

推进水生态系统保护与修复，考虑基本生态用水需求，维护河湖健康生态；编制全国水生态系统保护与修复规划，加强重要生态保护区、水源涵养区、江河源头区和湿地的保护，开展内源污染整治，推进生态脆弱河流和地区水生态修复。推进河湖健康评估，建立健全水生态补偿机制。

5. 水资源保障措施管理

水资源保障措施的管理，包括其他的制度建设和保护措施落实情况的管理。实行水资源管理责任和考核制度，要将水资源开发、利用、节约和保护的主要指标纳入地方经济社会发展综合评价体系，考核结果作为地方人民政府相关领导干部综合考核评价的重要依据。健全水资源监控体系，加强省界等重要控制断面、水功能区和地下水的水质水量监测能力建设，流域管理机构对省界水量、水质进行监测和核定，加快建设国家水资源综合管理系统，加快应急机动监测能力建设，全面提高监控、预警和管理能力。完善流域管理与行政区域管理相结合的水资源管理体制，强化城乡水资源统一管理，对城乡供水、水资源综合利用、水环境治理和防洪排涝等实行统筹规划、协调实施，促进水资源优化配置。完善水资源管理投入机制，建立长效、稳定的水资源管理投入机制，加大对水资源节约、保护和管理的支持力度。健全政策法规和社会监督机制，抓紧完善水资源配置、节约、保护和管理等方面的政策法规体系，开展基本水情宣传教育，强化社会舆论监督，完善公众参与机制。

9.1.4 水资源管理的手段

水资源管理是在国家实施水资源可持续利用、保障经济社会可持续发展战略方针下的水事管理。涉及水资源的自然、生态、经济、社会属性，影响水资源复合系统的诸方面，因此必须采用多种手段，相互配合，相互支持，才能达到水资源、经济、社会、环境协调持续发展的目的。法律、行政、经济、技术、宣传教育等综合手段在管理水资源中具有十分重要的作用，其中依法治水是根本，行政措施是保障，经济调节是核心，技术创新是关键，宣传教育是基础。

1. 法律手段

法律手段是管理水资源及涉水事务的一种强制性手段。依法管理水资源，是维护水资源开发利用秩序，优化配置水资源，消除和防治水害，保障水资源可持续利用，保护自然和生态系统平衡的重要措施。水资源管理一方面要立法，把国家对水资源开发利用和管理保护的要求，以法律形式固定下来，强制执行，作为水资源管理活动的准绳；另一方面还要执法，有法不依，执法不严，会使法律失去应有的效力。水资源管理部门应主动运用法律武器管理水资源。依法管理水资源和规范水事行为是确保水资源实现可持续利用的根本所在。

2. 行政手段

行政手段主要指政府各级水行政管理机关，依据国家行政机关职能配置和行政法规所赋予的组织和指挥权力，对水资源及其环境管理工作制定方针、政策，建立法规，颁布标准，进行监督协调，实施行政决策和管理，是进行水资源管理活动的体制保障和组织行为保障。行政手段具有一定的强制性质，既是水资源日常管理的执行方式，又是解决水旱灾害等突发事件的强有力组织方式和执行方式。只有通过有效的行政管理才能保障水资源管理目标的实现。

3. 经济手段

水利是国民经济的重要基础产业，水资源既是重要的自然资源，也是不可缺少的经济资源。经济手段是指在水资源管理中利用价值规律，运用价格、税收、信贷等经济杠杆，控制生产者在水资源开发中的行为，调节水资源的分配，促进合理用水、节约用水。经济手段的主要方法包括审定水价和征收水费、水资源费，制定实施奖罚措施等。利用政府对水资源定价的导向作用和市场经济中价格对资源配置的调节作用，促进水资源的优化配置和各项水资源管理活动的有效运作。

4. 技术手段

技术手段就是运用既能提高生产率，又能提高水资源开发利用率、减少水资源消耗，对水资源及其环境的损害能控制在最少限度的技术以及先进的水污染治理技术等，达到有效管理水资源的目的。许多水资源政策、法律、法规的制定和实施都涉及科学技术问题，所以能否实现水资源可持续利用的管理目标，在很大程度上取决于科学技术水平。因此，管理好水资源必须以科教兴国战略为指导，采用新理论、新技术、新方法，实现水资源管理的现代化。

5. 宣传教育手段

宣传教育既是水资源管理的基础，也是水资源管理的重要手段。水资源科学知识的普及、水资源可持续利用观的建立、国家水资源法规和政策的贯彻实施、水情通报等，都需要通过行之有效的宣传教育来达到。同时，宣传教育还是从思想上保护水资源、节约用水的有效环节，它能充分利用道德约束力量来规范人们对水资源的行为。通过报刊、广播、电视、展览、专题讲座、文艺演出等各种传媒形式，广泛宣传教育，使公众了解水资源管理的重要意义和内容，提高全民水患意识，形成自觉珍惜水、保护水、节约用水的社会风尚，更有利于各项水资源管理措施的执行。

9.1.5　水资源管理与可持续发展

可持续发展涉及自然、环境、社会、经济、科技、政治等诸多领域。其最广泛的定义是

1987 年以挪威首相布伦特兰夫人为首的世界环境与发展委员会（WCED）发表的报告——《我们共同的未来》中提出的，即可持续发展是既满足当代人的需求，又不对后代人满足其需求的能力构成危害的发展。中国政府编制了《中国 21 世纪人口、环境与发展白皮书》，首次把可持续发展战略纳入我国经济和社会发展的长远规划。1997 年的中共十五大把可持续发展战略确定为我国"现代化建设中必须实施"的战略。可持续发展是一项经济和社会发展的长期战略。其主要包括资源和生态环境可持续发展、经济可持续发展和社会可持续发展三个方面。

水资源是基础性的自然资源和战略性的经济资源，是生态与环境的控制性要素，是人类生存、经济发展和社会进步的生命线，是实现可持续发展的重要物质基础。实行最严格的水资源管理制度，加强水资源管理，不仅是解决我国日益复杂的水资源问题的迫切要求，也是事关经济社会可持续发展全局的重大任务。

1. 水资源管理是经济可持续发展的迫切需求

近年来，在全球气候变化和大规模经济开发双重因素的交织作用下，我国水资源情势正在发生新的变化，北少南多的水资源分布格局进一步加剧，局部地区遭遇严重干旱、部分城市严重缺水等。与此同时，长期形成的高投入、高消耗、高污染、低产出、低效益的经济发展模式仍未根本改变，一些地方水资源过度开发、无序开发引发一系列生态与环境问题。尤其是我国北方一些地区"有河皆干，有水皆污"，地下水严重超采，甚至枯竭；水土流失严重，沙尘暴肆虐。水环境恶化严重影响我国经济社会的可持续发展。

在这种情况下，在一定的流域或区域内，要根据当地的水资源条件，必须统筹考虑经济社会发展与水资源节约、水环境治理、水生态保护的关系，实行最严格的水资源管理制度，建立用水总量控制制度、用水效率控制制度、水功能区限制纳污制度、水资源管理责任和考核制度，实现流域、区域用水优化分配，提高水资源利用效率，构建节水型社会，从严核定水域纳污容量，严格限制入河湖排污总量，从水质水量统筹管理、合理配置，以水资源的可持续利用推动发展方式转变和经济结构战略性调整，促使经济社会发展与水资源承载能力、水环境承载能力相协调，实现经济社会的可持续发展。在水资源充裕和紧缺地区打造不同的经济结构，量水而行，以水定发展。

2. 水资源管理是社会可持续发展的必然选择

水是生命之源，是人类和其他一切生物赖以生存和发展的物质基础。人类生活对水的需求远大于生理水量，而且随着生活水平的提高，人均用水量也在增加。例如，我国 2002 年总用水量中生活用水量占总用水量 $5497 \times 10^8 \, \text{m}^3$ 的 11.26%，按总人口 12.85 亿平均，人均生活用水量约为 132L/d。但当年城镇生活用水量约为 200L/d，而大城市人均用水量会更高。目前，我国生活用水量平均每年的增长速度都在 3%～5% 之间。城市化进程的加快、生活水平的提高和人口增加都会对水资源供给造成巨大的压力。同时，由于社会经济发展带来的水污染问题，严重威胁城市和农村的饮用水安全。截至 2010 年底，纳入"十二五"规划的农村饮水不安全人数为 29810 万，其中原农村饮水安全现状调查评估核定剩余人数 10220 万，新增农村饮水不安全人数 19590 万（含国有农林场饮水不安全人数 813 万）。另有 11.4 万所农村学校需要解决饮水安全问题。而相关报道称，全国受水量及水质不安全影响的城镇人口有近 1 亿人。由此可见，保障城乡饮用水安全的任务非常艰巨。然而，在我国水资源严重短缺的态势下，如何将有限的水资源保质保量的优化分配到不同的区域和流域，保证生活用水的需求，确保水资源的持续开发和永续利用，是保证实现整个人类社会持续发展的最重要的物质基础之一。也就是说，为了实现人类社会的持续发展，必须实现水资源的持续发展和永续利用，而要实现水资源的持续发展和永续利用又必须要借助科学的水资源管理。

通过水资源管理，使人类认识到水资源的重要性和稀缺性，从过去重点对水资源进行开发利用、治理转变为在开发利用、治理的同时，注意对水资源的配置、节约和保护；从无节制的开源趋利、以需定供转变为以供定需，建立节水型社会；从人类向大自然无节制地索取转变为人与自然、与水资源的和谐共处，实现可持续利用。同时，在观念和行动上实现转变，实现发挥人的主观能动性，推动水资源管理的进程。

此外，加强水资源管理是统筹城乡和区域发展、增强发展协调性的迫切需要。我国农业用水量占总供水量的 64%，人增地减水缺的矛盾将长期存在。保持农业稳定发展，保障国家粮食安全，促进农民持续增收，需要强有力的水资源保障。同时，工业化和城镇化的加快推进，区域发展战略的深入实施，对水资源安全保障提出了更高的要求，统筹城乡水资源配置赋予水资源管理更为艰巨的任务。

加强水资源管理是加快发展民生水利、保障人民群众共享水利发展改革成果的迫切需要。水资源与人的生命和健康、生活和生产、生存和发展密切相关。必须大力发展民生水利，着力解决好人民群众最关心、最直接、最现实的水资源问题，切实保障人民群众在水资源开发利用、城乡供水保障、用水结构调整、水权分配和流转等方面的合法权益。

加强水资源管理是提高水利社会管理和公共服务能力、推进水利又好又快发展的迫切需要。水资源管理是水利工作的永恒主题，没有科学的水资源管理，就没有现代水利；没有严格的水资源管理，就没有可持续发展水利。只有加强水资源管理，建立权威高效、运转协调的管理体制，才能根本改变水资源过度开发、无序开发和低水平开发的状况，有效解决我国严峻的水资源问题。

3. 水资源管理推动环境的可持续发展

水资源是环境系统的基本要素，是生态系统结构与功能的重要组成部分。水以其存在形态与系统内部各要素之间发生着有机联系，构成生态系统的形态结构；水以其运动形式作为营养物质和能量传递的载体，不停顿地运转，逐级分配营养和能量，从而形成系统的营养结构；水在生态系统中永无休止地运动，必然产生系统与外部环境之间的物质循环和能量转换，因而形成系统功能。水在生态系统结构与功能中的地位与作用，是其他任何要素无法替代的。

水是可恢复再生的自然资源，通过水循环，往复于海洋、空间和陆地之间，支持物质循环、能量转换和信息传递的运转。在生生不息的生物圈中，生物地质化学循环也是靠水的运动和调节进行的。总之，生物圈内所有物质虽以不同形式进行着无休止的循环运动，但在任何物质循环过程中，都离不开水的参与和水的独具作用。

众所周知，水质型缺水和水量型缺水都将对生态系统和环境产生显著的负面影响，包括生态系统消亡、生物多样性减少、生态功能下降、环境自净能力下降等。为了保护环境，维持生态平衡，必须保持河湖水环境的正常水流和水体自净能力，以满足水生生物和鱼类的生长，维持江河湖泊的生存与演化，以及保证水上通航、水上运动、旅游观光等各项环境功能。在水资源合理配置调度过程中，优先考虑生态环境需水量，对工程沿线的河道、湖泊的生态水量一定要统筹考虑、多方论证，避免河道、湖库水生态、水环境遭到破坏。在水质管理中，重视地表水和地下水的修复技术研究与应用。

9.2 水质与水量管理

9.2.1 水资源的质与量的关系

水资源的内涵表现为在一定时空分布上，具有足够的数量和一定的质量，同时可被人类利用的水，是"质"与"量"的有机结合。在水资源评估和管理过程中，都开展关于质和量的关系分析。"质"与"量"作为水资源的两个方面，互为依存，缺一不可。"质"，通常指水质，以其能否满足用水的质的要求为界限，例如水环境质量标准或相关用水标准就是以水资源满足用水的功能设定的。"量"，是一个数量的概念，例如河流的流量，地下水可供开采的量都是以数量来表示的。然而，水资源的量往往包含了质的含义。例如，水资源短缺，通常是指达到某种用水水质的水资源量不能满足需求，通常所指的是可以作为用水水源的淡水，而不包含海水、地下苦咸水等。即便这些非常规的水资源可通过淡化除盐等特殊处理而可以利用。

在水资源开发利用与保护过程中，针对同一水质污染事件，在水量多少不同的情况下，水环境改变乃至发生恶化的程度是不一样的。因此，水资源的质和量的管理必须统筹考虑，忽视了量的水质管理，或者是忽视了质的水量管理都是不可取的。水体的污染负荷，就是基于水体的量来考虑质的因素。因为绝对纯净的水是不存在的，只要水中所含的污染物的量不超出某一浓度范围，就不会对用水构成大的影响，所以少量的污染物排入小的水体会导致水质污染，而少量的污染物排入大的水体就不会带来大的水质问题，其原因就在于稀释本来就是水体自净的重要作用。

9.2.2 地表水的水质和水量管理

国家和地方环保部门依照《中华人民共和国水污染防治法》和《地表水环境质量标准》，根据综合水域环境容量、社会经济发展需要，以及污染物排放总量控制的要求，专门针对地表水域划定了水环境功能区实施分类管理。对于某条河流，不同的河段因其环境与用水功能不同，可能属于不同的分区，分别执行不同的标准限值。水环境功能区是水环境分级管理工作和环境管理目标责任制的基石，是科学确定和实施水污染物排放总量控制的基本单元，是正确实施地表水环境质量标准、进行水质评价的基础。一般地，河流、运河、湖泊、水库等天然和人工的地表水体的水质和水量管理通常包括以下内容。

1. 地表水体的功能分区

地表水体的功能分区通常是根据水体或其某一部分作为水资源的用水要求提出的，是一项科学性很强的工作，对水体的水质管理起着原则性指导作用。按照我国的地表水环境质量标准：源头水和国家自然保护区执行Ⅰ类标准；集中式生活饮用水地表水源地一级保护区、珍稀水生生物栖息地、鱼虾类产卵场、仔稚幼鱼的索饵场等执行Ⅱ类标准；集中式生活饮用水地表水源地二级保护区、鱼虾类越冬场、洄游通道、水产养殖区等渔业水域及游泳区执行Ⅲ类标准；一般工业用水区及人体非直接接触的娱乐用水区执行Ⅳ类标准；农业用水区及一般景观要求水域执行Ⅴ类标准。

对应地表水上述五类水域功能，将地表水环境质量标准基本项目标准值分为五类，不同功能类别分别执行相应类别的标准值。水域功能类别高的标准值严于水域功能类别低的标准值。同一水域兼有多类使用功能的，执行最高功能类别对应的标准值。

2. 地表水体水量变化的趋势

地表水体的水量或流量受所处流域的降水、径流、蒸发、渗透条件的影响，始终处于变化状态。因此，对其变化规律的把握对于水资源管理工作非常重要。

以河流为例，影响其某河段流量的因素包括上游来水量、本河段汇入水量、本河段自然蒸发量、本河段渗透损失水量、本河段取水量和下游的水量要求。其中，前四个因素主要取决于流域的自然条件（当然也不排除上游的人为因素，如取水量等），最后一个是维持河流生态水流的条件，而本河段取水量是需要控制的因素。由于自然条件的变化，河流水量既存在年内变化也存在年际变化，从而年内有洪峰期、丰水期、平水期、枯水期之分，年际也有丰水年、平水年、枯水年之分。这些变化趋势的掌握是正确制定河流水量调节、污染控制方案的前提，目的：一是满足用水的需求，二是保证河流的水环境功能。

3. 地表水体环境容量和污染负荷的计算

环境容量又称环境负载容量，是指在一定空间范围内，环境系统在维持其正常环境功能的前提下或符合环境质量标准所能容纳的污染物最大负荷量。地表水体的环境容量则是在水体水质达标（按水环境功能区划确定的标准）的前提下，可容纳污染物的最大能力。由于水体具有一定的自净能力，在接纳不超过某一限度的污染物量的条件下，通过稀释、沉淀、吸附、生物氧化等自净过程，能自身完成对污染物的去除，从而保持良好的水质条件。显然，如前所述，地表水体的环境容量取决于其拥有的水量。对于一条河流来说，在不考虑径流面源污染的情况下，其丰水期接纳污染物的能力肯定强于枯水期，因此其环境容量的计算必须有一个计算流量作为前提。国外通常是以 Q_{275}，即全年有 275d 的河流水量大于该流量作为计算流量来计算河流的环境容量，其结果相当于平均水质保障率为 75%，而国内对此没有明确的规定，计算流量的确定存在一定的任意性。根据计算所得的地表水体环境容量就可以确定其可容纳的污染负荷。

4. 地表水体的水质保障措施

地表水体的水质保障的重点是污染源控制和削减。其原则是将流入水体的污染负荷控制在水体环境容量的范围内。水体的污染源包括点源和非点源，通常以点源控制作为污染控制的重点，包括城市生活污水处理、工业污水处理等。非点源污染虽然难以有效控制，但在制定水体水质保障措施时必须正确估计非点源对水体污染的贡献。农业污染是最重要的非点源，且有可能带来农药、杀虫剂等人工合成有机物对水体的污染。这些人工合成有机物很多属于对人体有毒、有害，且生物难降解的物质，必须引起充分的重视。制定水体水质保障措施的重点是通过计算确定污染物削减量，以此为基础提出污水处理的具体方案，包括处理水量、污染物去除率等。

9.2.3　地下水的水质和水量管理

1. 地下水取水总量控制与水位控制

1998 年以来，水利部肩负起地下水管理职能，在强化地下水监测、合理配置和有效保护等方面，做了大量的工作。2002 年新《水法》《取水许可和水资源费征收管理条例》等法律法规中针对地下水开发利用提出明确的要求，即取水总量控制与水位控制。

在取水总量控制方面，《地下水管理培训教材（试用稿）》（水利部水资源管理中心）中提出，鉴于地下水可开采量在日常管理中指导性不强、时效性差的缺点，故可采用地下水可开采量实时评价和实时预报作为地下水取水总量控制提供决策支持。其中地下水可开采量实时评价，就是根据管理分区（或监控区域）内实时监测的水量和水质信息对当前评价时段内地下水可开采量进行评价。实时预报，主要指在某一时段末对管理分区（或监控区域）内未来预报期内的地下水可开采量进行实时预报，确定预报期内地下水资源的丰枯形势和污染态势，为地下水资源的年度水量分配调度等提供参考。

在水位控制方面，《地下水管理培训教材》认为，根据地下水控制性关键水位的变动分析各水平年中地下水文循环、补给、径流、排泄、人为开采等因素的影响大小，并依据不同的地下水变化状态，采取相应的管理策略、措施和预案。

2. 地下水管理分区

我国的《水法》规定，国家对水资源实行流域管理与行政区域管理相结合的管理体制。因此，根据我国水资源分级管理的特点，划分地下水管理分区时需要从流域分区、行政区划、水文地质条件、地下水资源开发利用特点和管理目标等方面予以考虑，设置一套既考虑地下水功能、属性特点又能满足管理需要的地下水控制性管理分区，以便对地下水资源进行合理、规范化管理。目前，我国将地下水管理分区划分为流域级（国家级）、省级、地级和县级等多个级别，采取以各管理分区地下水"取水总量、水质与控制性关键水位"三重控制的管理模式，以确保地下水资源的合理开发利用和有效保护。

3. 地下水水质保护措施

目前，保护地下水水质、防控污染，在地下水水质保护技术方面，可以针对主要含水层进行防污能力评价，科学划分地下水源保护区，建立地下污染源清单，评估地下水污染风险和制定污染控制措施和建立完善的地下水监测系统；在地下水管理措施方面，多部门通力合作、加强执法，强化地下水资源开采管理，规范地下水饮用水源地的管理，制定影响地下水源地安全的污染事故的响应和应急方案，加强公众教育和公众参与；在相关政策法规方面，建议设立专门性针对地下水水质保护的法规，设立有关的禁止性活动，编制关于水质保护的技术方案，严格执行取水许可证制度和及时更新相关的水质标准等。

9.3　水资源管理的法规体系

水是生命之源、生产之要、生态之基，水利是经济社会发展的基本条件、基础支撑、重要保障，兴水利、除水害历来是治国安邦的大事。依法治水是推进水利可持续发展的重要基础和法治保障。

水法是调整关于水的开发、利用、管理、保护过程中所发生的各种社会关系的法律规范的总称。所谓水法规体系，就是由调整水事活动中产生的社会关系的各项法律、法规和规章构成的有机整体。它既是水利法制体系建设的主要内容之一，也是国家整个法律体系的一个重要组成部分。从理论上说，水法规体系也称水立法体系。

我国的水法规体系根据立法机关权限的不同，可分为纵向四个层次：

（1）法律，由全国人大及其常委会制定；

（2）法规，包括行政法规（国务院制定）、法规性文件和地方性法规（由省、自治区、直辖市人民代表大会及其常委会制定）；

（3）规章，包括部门规章（由水利部和有关部门制定）和地方政府规章（由省级人民政府制定）；

（4）其他规范性文件。

根据包含内容的不同进行划分，可分为横向七个方面：

（1）水资源开发利用和保护；

（2）水土保持；

（3）防洪、抗旱；

（4）工程管理和保护；

（5）经营管理；

（6）执法监督管理；

（7）其他。

为全面贯彻实施《水法》，推动水法规体系建设，水利部于 1988 年制定、1994 年和 2006 年两度修订了《水法规体系总体规划》，列入"水法规体系总体规划"的立法项目，按轻重缓急，分年度有计划地组织实施。目前，我国已颁布实施以水管理为主要内容的法律 4 件，行政法规 18 件，部门规章 55 件，地方性法规和地方政府规章近 700 件，内容涵盖了水利工作的各个方面，适合我国国情和水情的水法规体系基本建立，各项涉水事务管理基本做到有法可依，为推动水利改革发展、水资源管理奠定了坚实的制度基础。

9.3.1　我国的水法规体系

1. 法律

（1）中华人民共和国水法

1）立法沿革

起草始于 1978 年 4 月，至 1988 年 1 月颁布，1988 年 7 月 1 日起施行的《中华人民共和国水法》（以下简称《水法》）是新中国第一部管理水事活动的基本法。它标志着我国开始步入依法治水、依法管理水资源的轨道。自《水法》颁布实施 14 年来，我国在推进依法治水方面取得了突出的成绩，并初步建立起与《水法》相配套的一系列水法规体系，各项水事活动基本做到有法可依；全民的水法制观念和法律意识有了很大提高，水事秩序明显好转，水利建设和防治水旱灾害工作取得重大成就，水利事业进入了一个新的发展时期。但是随着经济社会的发展及水资源状况的变化，出现了一些新情况和新问题，原《水法》的一些规定已经不能适应客观实际的需要和社会发展的要求，迫切需要加以修订。

修订后的《中华人民共和国水法》于 2002 年 10 月 1 日起开始施行。新《水法》的颁布实施，标志着我国依法治水进入全面推进传统水利向现代水利、可持续发展水利转变，建设节水防污型社会、保障经济社会实现可持续发展的新阶段。

2）新《水法》的法律规定

新《水法》涉及水资源管理的原则性规定、主要内容和法律制度的规定及创新点如下：

① 在水权上，明确规定水资源属于国家所有，水资源的所有权由国务院代表国家行使。农村集体经济组织的水塘和由农村集体经济组织修建管理的水库中的水，归该农村集体经济组织使用。国家对水资源依法实行取水许可制度和有偿使用制度。但是，农村集体经济组织及其成员使用本集体经济组织的水塘、水库中的水除外。国务院水行政主管部门负责全国取

水许可制度和水资源有偿使用制度的组织实施。

② 在管理体制上，国家对水资源实行流域管理与行政区域管理相结合的管理体制。国务院水行政主管部门负责全国水资源的统一管理和监督工作。国务院水行政主管部门在国家确定的重要江河、湖泊设立的流域管理机构，在所管辖的范围内行使法律、行政法规规定的和国务院水行政主管部门授予的水资源管理和监督职责。县级以上地方人民政府水行政主管部门按照规定的权限，负责本行政区域内水资源的统一管理和监督工作。

③ 在用水优先权上，开发、利用水资源，应当首先满足城乡居民生活用水，并兼顾农业、工业、生态环境用水以及航运等需要。在干旱和半干旱地区开发、利用水资源，应当充分考虑生态环境用水需要。

④ 在水量上，国家对用水实行总量控制（区域用水总量控制和年度用水总量控制）和定额管理相结合的制度。直接从江河、湖泊或者地下取用水资源的单位和个人，应当按照国家取水许可制度和水资源有偿使用制度的规定，向水行政主管部门或者流域管理机构申请领取取水许可证，并缴纳水资源费，获得取水权。但是，家庭生活和零星散养、圈养畜禽饮用等少量取水的除外。

⑤ 在节约用水上，把发展节水型工业、农业和服务业，建立节水型社会，作为发展目标写入总则，实行从"开源与节流并重"到"开源与节流相结合，节流优先，大力建设节水型社会"的战略调整；新建、扩建、改建建设项目，应当制定节水措施方案，配套建设节水设施，其节水设施应当与主体工程同时设计、同时施工、同时投产；强化工业、农业、城市生活节水管理，大力推行采用节水先进技术、工艺和设备，逐步淘汰落后的、耗水量高的工艺、产品和设备；实行计划用水、超定额用水累进加价制度。

（2）其他法律

1979 年颁布的《中华人民共和国环境保护法》（试行版）（简称环境保护法）是我国的环境保护基本法，对环境保护重大原则、制度进行原则性的规定。最新的《环境保护法》于 2014 年 4 月修订、2015 年 1 月 1 日起正式施行。新法中涉及水资源管理的内容如下：① 在水资源保护上，授权水利部门对水资源保护按有关法规进行监督管理，并对水利资源的污染处罚做出规定。② 国家建立跨行政区域的重点区域、流域环境污染和生态破坏联合防治协调机制，实行统一规划、统一标准、统一监测、统一的防治措施。③ 国家建立健全生态保护补偿制度。国家加大对生态保护地区的财政转移支付力度。有关地方人民政府应当落实生态保护补偿资金，确保其用于生态保护补偿。国家指导受益地区和生态保护地区人民政府通过协商或按照市场规则进行生态保护补偿。

《中华人民共和国水污染防治法》（2008 年修订）提出按照流域或区域统一进行规划，实行浓度控制与重点污染物总量控制相结合制度，并规定一系列管理制度，对江河水体划定功能区，建立生活饮用地表水水源保护区；环境影响评价制度、排污登记制度、征收排污费和超标排污费制度、三同时制度、严重污染水体生产工艺和设施淘汰制度等。

《中华人民共和国防洪法》规定，防洪工作按照流域或区域统一规划、分级实施和流域管理与行政区域管理相结合的制度，在我国实行规划保留区制度、规划同意书制度、蓄滞洪区建设项目环境影响评价报告制度、河道内工程设施建设审查同意制度、蓄滞洪区扶持和补偿制度等。《水土保持法》是为预防和治理水土流失，保护和合理利用水土资源，减轻水、旱、风沙灾害，改善生态环境，发展生产而制定的法律。该法规定了各级人民政府水行政主管部门主管各自区域的水土保持工作，并规定预防、治理、监督的各种措施。

2. 法规

（1）行政法规

在行政法规方面，《取水许可和水资源费征收管理条例》（2006年）规定，取用水资源的单位和个人应当申请领取取水许可证并缴纳水资源费；实施取水许可应当坚持地表水与地下水统筹考虑，开源与节流相结合、节流优先的原则，实行总量控制与定额管理相结合；《南水北调供用水管理条例》（2014年）适用南水北调东线工程、中线工程的供用水管理，规定南水北调工程的供用水管理遵循先节水后调水、先治污后通水、先环保后用水的原则，坚持全程管理、统筹兼顾、权责明晰、严格保护，确保调度合理、水质合格、用水节约、设施安全。国务院水行政主管部门负责南水北调工程的水量调度、运行管理工作，国务院环境保护主管部门负责南水北调工程的水污染防治工作，国务院其他有关部门在各自职责范围内，负责南水北调工程供用水的有关工作。国家对南水北调工程水源地、调水沿线区域的产业结构调整、生态环境保护予以支持；《水功能区管理办法》（2003年）：对水功能区实行分类管理，国务院水行政主管部门对全国水功能区实施统一监督管理，地方水行政主管部门和流域管理机构按照现行审批权限划分的有关规定分别进行管理。建立水功能区管理信息系统，并定期公布水功能区质量状况；《太湖流域管理条例》（2011年）是为了加强太湖流域水资源保护和水污染防治，保障防汛抗旱以及生活、生产和生态用水安全，改善太湖流域生态环境而制定的，实行流域管理与行政区域管理相结合的管理体制。国务院水行政主管部门、环境保护等部门依照法律、行政法规规定和国务院确定的职责分工，负责太湖流域管理的有关工作，太湖流域管理机构行使监督管理职责。太湖流域水资源配置与调度，应当遵循统一实施、分级负责的原则，协调总量控制与水位控制的关系。此外，还有《水污染防治法实施细则》（2000年）、《水文条例》（2007年）、《抗旱条例》（2009年）、《环境行政处罚办法》（2010年）等。

（2）地方性法规

在地方性法规方面，主要集中在农田水利、节约用水、污染防治和水资源保护方面。许多省、直辖市、自治区都设立了相关法规，如《辽宁省河道管理条例》（2013年）、《黑龙江省农田水利条例》（2010年）、《大连市节约用水条例》（2014年）、《山东省南四湖流域水污染防治条例》（2002年）、《新疆维吾尔自治区地下水资源管理条例》（2002年）、《海南饮用水水源地保护管理条例》（2013年）、广州市城市计划用水管理办法（2010年）等。

3. 部门规章

国家实行最严格水资源管理制度。在《中共中央国务院关于加快水利改革发展的决定》（中发〔2011〕1号）中提出突出加强农田水利等薄弱环节建设，全面加快水利基础设施建设，建立水利投入稳定增长机制，实行最严格的水资源管理制度，不断创新水利发展体制机制等。这是首次提出实行最严格水资源管理制度，在用水总量、用水效率、水功能区限制纳污、管理考核等制度方面有了较为明确的规定。

《国务院关于实行最严格水资源管理制度的意见》（国发〔2012〕3号）要求加强水资源开发利用控制红线管理，严格实行用水总量控制；加强用水效率控制红线管理，全面推进节水型社会建设；加强水功能区限制纳污红线管理，严格控制入河湖排污总量和保障措施等。

《落实〈国务院关于实行最严格水资源管理制度的意见〉实施方案》（2012年）提出，建设水资源管理"三条红线"指标体系，将用水总量、用水效率、水功能区限制纳污、管理考核等制度细化为26个任务，落实措施要求，明确责任分工，推动实施最严格水资源管理制度。

《实行最严格水资源管理制度考核办法》（2013 年）规定，构建由国务院、省级政府和地方政府组成的三级责任主体。其中，省级政府是实行最严格水资源管理制度的责任主体，政府主要负责人依据国务院制定的用水总量控制目标、用水效率目标、水质达标率目标对本行政区域水资源管理和保护工作负总责。国务院最严格水资源管理制度情况采用评分法进行考核，其考核结果作为负责人综合考核评价的重要依据。本办法规定各省、自治区、直辖市用水总量控制目标、用水效率控制目标、重要江河湖泊水功能区水质达标率控制目标。

其他的部门规章有：《建设项目水资源论证管理办法》（2002 年）规定，对于直接从江河、湖泊或地下取水并需申请取水许可证的新建、改建、扩建的建设项目，建设项目业主单位应当按照该办法的规定进行建设项目水资源论证，编制建设项目水资源论证报告书。从事建设项目水资源论证工作的单位，必须取得相应的建设项目水资源论证资质，并在资质等级许可的范围内开展工作。《水量分配暂行办法》（2008 年）为了实施水量分配，促进水资源优化配置，合理开发、利用和节约、保护水资源，对水资源可利用总量或者可分配的水量向行政区域进行逐级分配，确定行政区域生活、生产可消耗的水量份额或者取用水水量份额（以下简称水量份额）。水资源可利用总量包括地表水资源可利用量和地下水资源可开采量，扣除两者的重复量。《水利风景区管理办法》（2004 年）提出水利风景区分级管理，由县级以上人民政府水行政主管部门和流域管理机构负责监督管理，水利风景区管理机构（一般为水利工程管理单位或水资源管理单位）在水行政主管部门和流域管理机构统一领导下，负责水利风景区的建设、管理和保护工作。其他的部门规章还包括《三峡水库调度和库区水资源与河道管理办法》（2008 年）、《生产建设项目水土保持监测资质管理办法》（2012 年）、《水资源费征收使用管理办法》（财综［2008］79 号）、《中央分成水资源费使用管理暂行办法》（财农［2011］24 号）、《取水许可管理办法》等。此外，还包括关于授予黄河、长江等水利委员会取水许可管理权限的通知等八个规章。

地方性部门规章，如《山东省用水总量控制管理办法》（2010 年）适用于本省行政区域内开发、利用、管理水资源的行为，提出实行用水总量控制制度，应当遵循全面规划、科学配置、统筹兼顾、以供定需的原则，统筹利用区域外调入水、地表水、地下水，合理安排生活、生产和生态用水，促进地下水采补平衡，保障水资源可持续利用。用水总量，是指在一定区域和期限内可以开发利用的地表水、地下水以及区域外调入水量的总和。

4. 其他规范性文件

在水资源管理过程中，国务院、与水资源管理相关部委等制定系列关于水资源保护与管理、节水等相关的规划、政策或大纲等，如《水利发展规划（2011~2015 年）》《辽河流域综合规划（2012~2030 年）》《长江流域综合规划（2012~2030 年）》《全国水资源综合规划（2010~2030 年）》《全国重要江河湖泊水功能区划（2011~2030 年）》《国家农业节水纲要（2012~2020 年）》（2012 年，国务院）、《中国节水技术政策大纲》（2005 年）、《水利产业政策》等。

9.3.2 水法规体系建设中存在的问题

毋庸置疑，现行的水法规体系，在一定程度上遏制了水资源的进一步恶化，缓解了我国因水资源破坏而引发的各种问题。但是，从总体看，这些法律制度与目前水资源面临的严重情况相比显得非常薄弱，不能满足水资源保护的实际需要，且从立法角度而言本身也存在许多不完善的地方。

1. 还未真正确立水权制度

水权是以水资源的所有权为基础的一组权利，从民法的角度看，水权应包括权利主体对水资源的占有、使用、收益、处分四项权能。总的来说我国目前的水权制度还存在以下几个方面的问题：① 我国水权法律覆盖范围不全面，不能调整所有水事关系。我国现行的水权在法律上仅规定了所有权和取水权，对使用权的规定则较为模糊。对水资源管理中的水权等问题只做了原则性的、抽象性的规定，缺乏对水权具体权项的划分、配置等规定。② 没有建立水权交易制度。目前我国土地、矿产资源的产权流转基本制度已经建立，但其他自然资源的产权流转制度还是空白。长期用计划手段配置水资源，造成了资源配置效率低下、资源价格不合理、管理粗放、使用浪费等问题，不适应经济社会可持续发展和资源可持续利用的要求。

2. 水资源保护法律体系缺乏有机的联系

首先，水资源管理和水体保护法律法规与其他资源生态方面的法律之间缺乏有机的联系。水资源是与其他自然资源紧密联系在一起的，水资源的利用方式可以影响到与之相关的资源的利用，其他资源的不合理利用也会引起水资源连锁式的破坏。因此，水资源保护法律法规也应该与其他的法律法规相协调，既要强调水资源法制对水资源的直接保护作用，又要注重水资源法制对其他相关资源的间接保护作用。其次，水资源开发、利用、节约、管理、保护和水害防治等各方面的法律法规不尽完善。长期以来，我国水资源法律法规都不太重视对水资源生态环境的保护。如在水资源管理方面，只侧重取水许可的发证及征收水资源费，而在水资源的规划调度及生态保护方面还不够重视。

3. 现行水资源各个法律规定过于原则化可操作性不够

现行水资源法律规定大多过于简单、原则化，甚至缺乏可操作性，效力等级不高，缺乏相应的配套法规、条例和实施细则，特别是缺乏程序性规定和法律责任，致使一些法律制度的适用范围不明，难以追究违法者的法律责任，从而遭遇执法尴尬。

4. 管理体制不健全，管理权限不清

虽然新水法的出台，对于"政出多门，多龙治水"的现象起到了一定的遏制作用，但尚未从根本上解决问题。主要原因在于我国目前行政机关的设立都没有专门的组织法，各部门的职权都是由各部门先制订方案，后报经国务院批准，各部门难免从自身利益出发来考虑问题，争夺权利，推诿责任。新水法规定了流域管理与行政区域管理相结合的管理体制，但在具体实践中，流域行政管理机构尤其是跨区流域行政管理机构与地方政府、环境部门的职责权限还是时有冲突，这就容易造成权力设置的重复或空白，只有分工没有协作，各部门只注重自身利益而造成对水资源整体利益、长远利益的损害，尤其是对流域水资源的保护。

5. 管理制度不完善

节水是水资源保护的首要环节，但我国有关节水的法律制度还比较薄弱，《水法》等国家和地方已颁布的法律法规仅仅对节水大量原则性规定，对浪费水的行为却未规定任何法律责任，对于从源头节水和减少水资源浪费规定甚少，有关推行节水技术的配套政策和措施不到位，节水标准体系不健全，如煤炭、水泥、电解铝等其他一些耗水量较大的行业尚无节水标准，服务业、农业领域也还没有制定节水标准。水资源相关立法中提到环保设施、节水设施"三同时"制度，但执法程序、违法责任规定过于笼统，"三同时"制度的违法成本太低。在征收排污费制度方面存在收费标准偏低、收费项目不全、企业污水借助集中处理措施逃避水处理责任、违法成本低、低价购买合法排污权的现象十分普遍。生态保护补偿制度方面，相关立法中仅有笼统的规定，如加大财政转移支付力度，有关地方政府落实生态补偿资金。但具体落实的原则、程序、补偿力度以及如何按照协商或市场化进行计划等，都没有明确的法律规定。

此外，随着工业化和城镇化的快速推进，环境污染侵害公私权益的事件不断发生。而我国当前环境损害评估与资金赔偿制度还不健全，缺乏清晰、明确的环境责任法律体系，资源环境管理职能分散在水利、环保、国土、农业、林业、渔业、海洋、海事等部门。这种以资源板块和利益分配为格局的管理体制，很难协调解决环境污染导致的健康、财产和资源环境损害这一综合性问题。从目前实践中环境损害评估费用来源看，突发环境污染事件的损害评估费用主要来自地方政府，评估的目的主要服务于事件定级，用于损害赔偿的案例较少，且实际损害的赔付主要是地方政府给予受害人财产上的补贴。目前，污染致渔业财产损害实际案例中针对养殖渔业赔付相对较好，针对野生渔业损失的鉴定评估技术还不够完善，损失计算难度大导致赔付效果较差，赔付资金主要来自污染责任方和地方政府。

6. 水资源的行政、刑法保护等均不够全面

近年来，水资源的问题引起了人们越来越多的关注。针对违反水环境保护法律法规的行为，在行政处罚方面，罚款额度低，违法成本低，守法成本高现象普遍存在；针对环境保护、污染防治的环境公益诉讼制度，在起诉主体、举证责任、诉讼费用等方面都存在缺陷，有待进一步完善；刑法和水法相关条款对打击刑事犯罪、保护水资源发挥重要作用，但仍存在缺陷，表现在：一方面保护范围不全面。我国刑法并没有对水资源的合理开发与利用提供保护。如刑法对那些没有取得取水许可证而直接从地下或者江河、湖泊大量取水的，或者虽然取得许可证却采取破坏性手段取水的行为并未将其作为犯罪行为来处理，放纵了大量的水资源犯罪行为。另一方面保护力度不够。危害水资源的行为只有在致使公私财产遭受重大损失或者人身伤亡的严重后果时才构成犯罪，水资源犯罪为结果犯。与其他犯罪相比，水资源等环境犯罪行为有其自身的特殊性，普通犯罪行为遵循的是行为直接作用于他人的人身或财产，而水资源等环境犯罪行为则是行为作用于环境，然后以环境为中介对他人的人身或财产造成损害。如果仅仅以他人的人身或财产损害后果为构成要件，则众多的水资源破坏因为只对环境造成损害，但并不一定产生危害人身财产的严重后果，不能实施刑事制裁。这显然与刑法打击水环境犯罪、保护水资源的初衷是背道而驰的，从而降低了刑罚实现的可能性，对预防重大水资源污染事故的发生十分不利。

此外，水生态系统除了供水功能、水能提供功能、物质生产功能外，还包括维持生物多样性和生态支持（包括调节水文循环、调节气候、土壤形成、涵养水源等方面）、环境净化、休闲娱乐、文化孕育等许多重要功能。在追究违反水法行为人的法律责任时，按照行为造成的直接损失（主要包括物质生产功能、供水功能等）计算，而间接损失、可得利益及水生态系统的其他功能性损失都没有计算在内，这与保护水资源的目标是相悖的。

9.3.3 完善水法规体系的建议

1. 进一步提高立法质量

立法质量的提高有助于促进立法进程，有助于法律制度在实践中的实施和执行。为此，我们需要从以下几个方面进行努力：一要加强调查研究，切实了解实际情况和立法需求，努力把握事物的客观规律，增强立法的针对性和预见性；二要坚持科学立法、民主立法，深入分析拟设定法律制度的必要性、合理性和可行性，探索分析立法项目的立法成本、执法成本和社会成本，广泛听取各方意见；三要加强立法协调，处理好各方面的利益关系，做好法律之间的衔接，维护法制统一；四要建立健全法规规章的定期清理制度，切实解决法律规范之间的重叠、矛盾和冲突。

2. 建立健全相关法律制度

（1）把市场经济手段，作为管理水资源的重要手段之一，成为必然发展趋势。要完善水权制度、债权制度和水价法律制度，建立水权贸易法律制度、水资源投资法律制度，以解决水资源所有权人和使用者之间以及使用者之间的矛盾，通过市场配置实现水资源效益的最大化。

（2）应在科学论证的基础上，较大幅度地提高收费标准和增加收费项目，使排污收费切实起到预防和控制水污染的作用。同时，应将水税作为环境税之一尽快开征，以缓解日益突出的资源型缺水问题。总之，采取国家实行环境税、地方实行排污收费的"双轨制"将水资源的环境价值计入经济成本，有利于遏制水资源浪费和减缓水环境污染。

（3）适应循环经济的要求，改革、完善现有水资源保护单位法规与标准。修订《水法》、《水土保持法》等单行法规的部分内容，在循环经济的理念下，突出"源头治理"、节约用水，应建立健全各行业节约用水的国家、地方标准体系，制定高耗水及高污染行业市场准入标准。建设项目节水，要真正落实"三同时、四到位"，即一体工程与节水设施同时设计、同时施工、同时投入使用，取水用水单位必须做到用水计划到位、节水目标到位、节水措施到位和管水制度到位。依法规范企业与个人节约用水、污水再生利用的法定义务，明确节水奖励制度和浪费水的法律责任。

（4）污水再生利用应纳入城市总体规划和各类水资源利用规划之中。同时，制定水资源再生利用的专门法规，如《资源再生利用管理条例》《污水再生利用管理办法》等。专项立法应对污水处理主体的市场准入制度、运营机制及相关法律责任作出具体规定。

（5）建立水生态保护补偿机制，保护水生态和治理水土流失。水土流失的治理是保障水资源安全的基础，水源地的生态保护是保障水资源安全的关键。但是，生态保护具有很强的正外部性，如果没有激励机制就会使保护者缺乏保护的积极性。因此，建立水生态保护补偿制度，是保护水生态和区域经济协调发展的重要手段。在水生态保护的主体、水生态受益的主体及水生态保护的效果均容易量化的情况下，可以建立"谁受益，谁付费"和"谁保护，补偿谁"的市场补偿办法。在水生态的受益者主体不明确的情况下，可以采用政府财政转移支付的办法向保护者提供补偿。

（6）加强环境刑法的建设和完善，一是要扩大刑法保护的范围，建议增设非法取水罪、破坏性取水罪、破坏水工程、水文设施罪、污染事故罪等。二是增加刑法保护力度。我国刑法在惩罚危害环境资源方面的犯罪时，应借鉴发达国家的经验，不能仅惩罚结果犯，还应惩罚行为犯、危险犯，从而加强刑事法网的严密性，强化对环境资源的保护力度。三是对盗窃水资源违法犯罪活动打击的力度要增大。对窃水单位和个人不论盗窃水量大小，一概采取"以罚代刑"的措施，已经不适应新形势下水资源管理工作的需要，对窃水者也难以起到震慑作用。因此为切实保护水资源，遏制水资源违法犯罪活动，情节严重或造成严重后果的应追究其刑事责任。

3. 加强执法管理

应加快水事监督执法能力建设，增强执法手段，提高执法水平，提高现场执法能力和应对突发性水环境事件、水事纠纷的能力。各级水行政执法部门要加强业务指导和督促检查，加强与其他部门的协作配合，探索综合执法的途径。加大执法力度，做到严格执法、公正执法、文明执法。要采取执法检查、专项执法、与相关部门联合执法等多种有效方式，探索加强水行政执法的各种有效措施。

总之，完善我国的水法规体系，需要从立法质量、水法规配套实施细则、加强执法管理等方面入手，积极研究制定促进水资源利用保护的政策措施和法律法规，探索有利于水资源合理开发、高效利用、优化配置、全面节约、有效保护和综合治理的体制和机制，促进水资源环境与经济社会的可持续发展。

9.4　国外水资源综合管理经验

通过介绍国外一些国家水资源管理的体制、运作机制和实施办法，以及重要国际水资源管理会议阐述的水资源管理思想和倡导的管理办法，可以了解国际社会水资源管理的现状和发展趋势，以对我国水资源管理起到借鉴和参考作用。

9.4.1　美国水资源管理

1. 水资源简况

美国水资源比较丰富，在 $936.3 \times 10^4 \text{km}^2$ 的国土面积上，多年平均降水量为 760mm，东部多雨，年降雨量为 800～2000mm，部分地区达到 2500mm；西部干旱少雨，年降雨量一般在 500mm 以下，部分地区仅 50～100mm。全国河川径流总量为 $29702 \times 10^8 \text{m}^3$，径流总量居世界第 4 位。人均水资源量接近 12000m^3，是水资源较为丰富的国家之一。一般年份，在河川径流量中有 30% 是由地下水以泉水和河岸侧渗方式补给。地下水主要补给来源是降水下渗，其次是河道、水库和灌溉渠系的侧漏补给。据统计，到 1985 年，美国已经修建 83000 多座水库和大坝，总库容大于 $9900 \times 10^8 \text{m}^3$，为全国多年平均径流总量的 33%。1980 年美国总用水量（包括淡水和咸水）为 $6220 \times 10^8 \text{m}^3$，人均用水达 2763m^3（淡水为 2210m^3）。淡水利用量为 $5250 \times 10^8 \text{m}^3$，其中农业用水占 41.1%，工业用水占 49.9%，城市生活用水占 9.0%。农业用水主要集中在西部干旱地区，工业用水主要消耗在东部重工业区。西部干旱地区人均用水量达到 4006m^3，约为东部湿润地区人均用水量的 2 倍。

2. 水资源管理特点

（1）以州为主的水资源管理体制

美国水资源管理机构，分为联邦政府机构、州政府机构和地方（县、市）三级机构。1965 年根据《水资源规划法》成立了直属总统领导、内政部长为首的水资源理事会。作为部一级的权力机构，水资源理事会负责制定统一的水政策，全面协调联邦政府、州政府、地方政权、私人企业和组织的涉水工作，但不影响、不替代、不修正州际间及州与联邦间的有关协议。

由于美国是联邦制国家，水资源属州所有，水资源管理基本以州为主进行。在州政府一级强调流域与区域相结合，突出流域机构对水土资源开发利用与保护的管理与协调职能，管理行为以州立法和州际协议为准绳。全州以下往往分成若干个水务局，必须统筹考虑工业、农业、服务业及生态用水需求、供水与排水，统一规划调度外来供水、区域内地表水、地下水以及废污水处理回用，以保障区域经济社会发展的需要。尽管这样的水务局不是政府部门，但州立法赋予其管理权限，对区域水资源、水环境负总责，使美国的水资源在一定程度上实现了统一管理。

（2）水资源利用、节水和保护并重

在水资源利用和保护方面实行利用、节水与保护并重。一是以防御洪水和合理配置水资源为目标，实施了一大批水资源开发利用工程，如加州的北水南调工程，中西部的水利基础设施建设等。这些水资源开发利用工程对全国范围内合理科学配置水资源及有效利用水资源奠定了基础；二是联邦政府和各州颁布了许多水资源利用、保护方面的法律法规。如 1972年颁布的《禁水法》禁止排放被污染的水源，1987 年颁布了水质标准法规定了各类使用水和排放水的水质标准，这些从法律上保证了水的科学利用和有效保护；三是在水资源利用上，特别注重维持水资源平衡，把维持水平衡作为各级水务管理部门的主要职责，水务局不单纯负责供水，还要统筹调配工业、农业、城市居民、生态用水，同时还要负责污水净化处理和回收再利用；四是用水上特别尊重初始用水权，其目的主要是保护农业和工业，原初始水权属于农业、工业的，城市用水需向农业购买，并向农民投资节水设施，节约的水供城市用水；五是从多方面注重水资源的保护，工业排污严格执行标准，不存在超标排放，农业投入品如肥料的施用量、种类也有规定，不允许超量后污染地下水质。美国全国共建有 20000多座污水处理厂，有健全的污水收集处理系统和先进的污水处理技术，保证了水生态系统的保护和有效平衡。

美国各级水资源部门在谈到目前水资源管理方面的主要工作时，都强调节约和保护的重要性。美国用水结构在 20 年前已基本趋于稳定，居民生活用水所占比例较高，在 1950～1980 年的总用水量增长期内，农业、工业由于结构调整、降低成本以及对废水排放的严格限制，用水一直在下降，增长较快的就是城市居民和服务业用水。为此，美国水资源较紧缺的西部各州采取了许多节水措施，推广家庭节水器具，改革水价，开展节水宣传等。有的州对居民用水的限制措施非常细，甚至连灌溉草坪的时间都有明确规定。为了鼓励节水，政府规定了详细的经济政策，凡家庭、商业单位、工厂采取节水措施的都有不同程度的奖励补贴。节水措施有效遏制了用水量增长的势头。现在，各有关规划、计划中都把节水作为主要措施加以突出，尤其是西部各州，在开源与节流的关系中，首先强调的就是节流。

在水资源保护方面，美国十分重视减少对江河的污染和水生态系统的维护。目前全美建有 20000 多座污水处理厂，各种规模的污水收集处理系统保证了较高的污水处理率。一些城市划定了大面积的水源保护区，如旧金山政府就购买了饮用水源地集水区，采取严格保护措施。美国在水资源开发利用过程中，对生态系统的维护进行了大量研究。联邦垦务局所管理的西部水库，都规定要下泄生态水量，以保证动植物对水的需求。美国地调局近年启动了一项计划，对全国地下水进行监测评价，以推动各州采取回灌等措施，加强对地下水的保护。

（3）水权分类管理

美国的水权制度是美国水资源管理和水资源开发利用的基础。其针对地表水的水权制度类型大致分为两种：一种是在水资源丰富的东部，有 29 个州实行"沿河用水法"，按土地离水源的距离来确定水权的大小，使水权与土地的私有制紧密相连。东部大都市如纽约、华盛顿及费城兴建水库并买下水库周围的所有土地以取得河岸使用权，大湖附近的城市则从湖内取水，沿着大江大河的城市，从河流中引水，或取地下水以补地表水的不足。另一种是在水资源匮乏的西部，有 9 个州实行"优先用水法"，按开发利用的先后来确定的，谁占用水的时间越久并加以有效的用水，谁的水权等级就越高。谁不能有效地用水、不能连续用水（5年内不使用水权许可的水源），谁就丧失水权。当水源不足的时候，优先削减水权等级低的用户。此外，同时兼用"沿岸使用权"和"优先使用权"的有 12 个州。

美国地下水权的管理没有地表水权管理那样完善，大体上有四种水权管理形式：① 优先用水权，有 14 个州；② 与沿岸用水权相仿的水权，有 19 个州；③ 合理用水权（土地所有者对其地下的水拥有水权，但对灌溉用水有限制），有 16 个州；④ 相关用水权（对公共含水层上面的各土地所有者有同等的用水权，水量不足时要按土地面积的比例削减），只有加利福尼亚州使用。

水权转让是市场行为。在市场经济机制下，水资源的开发和利用必然追求资源配置过程中效益的最大化，水权的销售和转让既是客观事实，也是实现水资源优化配置的重要手段。在美国，水权作为私有财产，可以自由转让。近年来为了更为合理、有效地利用水资源，西部出现了水银行的水权交易体系，将每年的水量按照水权分成若干份，以股份制形式对水权进行管理，方便了水权交易程序，使得水资源的经济价值得以更充分的体现，在市场经济体制高度发达的美国，这无疑是水资源管理制度的一个新的尝试。此外，水权占有者将自己过剩的或因减少使用而节省的水资源转让，但同时保留水权。在美国西部，水市场中的绝大部分水交易是从农村转向城市。与此同时，水权咨询服务公司在美国水权交易中发挥着非常重要的作用，几乎所有的水权交易都要通过水权咨询服务公司。例如，怀俄明水权咨询服务公司是一个专职经营水权管理的服务公司，可以为委托人的水权占有量以及水权的有益利用提供专家证词。

（4）水价市场调控

在美国水资源管理中，水价的形成、水资源的配置、供求均通过市场机制调控，各地水务管理部门其来水、蓄水、输水、提取地下水、污水处理再利用、地下水回灌等都是有偿的，来水要购买，蓄水、输水、提水、污水处理要计入成本，水资源按水质和成本记价。水价包括水债券、资源税、污水处理费、检测费等，每年修订一次。水资源定价过程中，充分发挥市场在水资源配置中的基础作用，供水及水的管理部门依据市场的规律进行运作，是否为了促进经济发展而采取低价供水完全取决于政府是否给予补贴或其他经济支持，以保证供水部门正常地运作为前提。美国注重水价对节约用水发挥杠杆调节作用，近年水价年增幅达到 8%，对 1985 年以后全国保持用水零增长起到了积极作用。水权、水价和水市场的运营，使开源和节流成为市场机制调控的自觉行动。

（5）新技术应用

在水资源调查评价、规划、实时监控等方面，美国有关部门广泛地应用先进的科学技术，如遥感技术、卫星传送、地理信息系统等。美国地质调查局负责水资源的监测、评价和科研工作，共设有在各个河流和水源地的观测站点，技术手段十分先进。这些监测站点全部与卫星联网，任何一个站点上发生在 2h 以前的监测数据都能在因特网上查到。

9.4.2 日本水资源管理

1. 水资源简况

日本国土面积 $37.7 \times 10^4 km^2$，人口约 1.25 亿人（2010 年），是一个国土狭小、人口众多、经济发达、水资源开发利用程度较高的国家。该国降水丰沛，多年平均降水量约

1800mm，接近世界平均降水量的 2 倍，但人均降水量只有世界平均数的 1/5。但由于日本是一个狭长的岛国，地形特征决定了其河流长度短而比降大，最长的河流信浓川不过 367km，河水从源头到入海所需时间较短。同时降雨多集中于梅雨期和台风季节，降水量季节性偏大，河流流量变化也大。因此，洪涝灾害发生比较频繁，干旱缺水也偶有发生。从人均水资源占有量来看，全球平均为 7045m^3，日本为 3323m^3，日本尚不到全球平均水平的一半。此外，人均可利用水资源在地区上差别很大，在城市人口集中，用水量大的地区，如关东、近畿等地区，人均可利用资源量只有全国平均数的 1/3～1/2。

从水资源利用的情况看，以 1998 年数据为例，总用水量 887$\times10^8m^3$ 中，农业用水为 586$\times10^8m^3$，占 66％，城市用水为 30$\times10^8m^3$，占 34％。如果把城市用水进一步分解为工业用水和生活用水（包括家庭用水和城市活动用水），则工业用水为 137$\times10^8m^3$，占 15％，生活用水为 164$\times10^8m^3$，占 19％。从总用水量的变化来看，1975 年为 850$\times10^8m^3$，1990 年达到峰值的 894$\times10^8m^3$，其后略有下降。下降的主要原因是工业用水量的减少，与此同时农业用水保持稳定，生活用水略有增加。这里需要加以说明的是，工业用水量实际上是"淡水补给量"的概念。由于大部分工业用水都被回收重复利用（1999 年工业用水的回收率达到了 78.1％），工业实际用水量远远大于淡水补给量。1999 年工业实际用水量是 564$\times10^8m^3$。由此可见，日本工业用水的循环利用达到了相当高的水平。

同时，可用水资源量越来越少，适宜修建水库、蓄水池和开发新水源的地点也逐年减少，加之工程造价越来越高，修建时间越来越长，使得经济社会的发展受到来自水资源缺乏的压力不断增加，全国加强水资源管理，合理节约用水已成社会风尚。

2. 水资源管理特点

（1）集中协调与统筹分管的水管理模式

日本水资源管理采用中央政府的水资源集中协调与按水功能用途分部门统筹管理相结合的模式。水资源开发利用保护等一切重大事宜均由总理大臣直接管，为减轻其日常工作负担，在内阁中设置直属二级单位国土厅，其内再设置水资源部，作为水资源日常管理的最高协调部门。在 2001 年 1 月政府机构大规模改革之前涉及 6 个部级（日本称为"省"）机构，按水功能用途实行统筹分管，分别是环境省（水质保全局负责水质的保护）、国土厅（水资源部负责水资源规划）、厚生省（生活卫生局水道环境部负责饮用水的卫生）、农林水产省（林野厅指导部负责河流上游的流域治理）、通商产业省（环境立地局负责工业用水，资源能源厅负责水力发电的规划管理）、建设省（河川局负责河流的治水和利水，都市局下水道部负责下水道的规划和综合协调）。国家级的大河由国土交通省直接负责管理，小河则由各地的都、道、府、县以及下辖的市、町、村来管理。2001 年 1 月政府机构改革之后，因国土厅和建设省都被合并在国土交通省之内，相关的部级机构减少为 5 个，分别是环境省、国土交通省、厚生劳动省、经济产业省和农林水产省，但从具体负责的局级机构来看并无实质性变化。

（2）水权

在日本，水权的原始形态是在漫长的农业社会时期，村落共同体之间出于利益协调的需要而自然形成的。1896 年日本第一部河川法（旧河川法）制定时，在形式上对水资源利用采取许可制，但实际上是对既成事实加以认定，由此而形成的水权被称为沿袭水利权。1964 年，日本对河川法进行了根本性的修改，将过去以治水对策为核心的旧法修改为水资源开发利用与治水并重的新法，但新河川法对沿袭水利权未做触动，一律视为在新法下仍得到许可。根据有关统计，目前在一级河流（主要由国家管理、比较重要的河流）上共有取水点约10万处，其中8.2万处属于沿袭水利权。沿袭水利权的主体一般是村落共同体，取水规模不大，绝大多数取水量在1m³/s以下，灌溉面积在30hm²以下。沿袭水利权之外的水权，则都是工业和城市化发展进程中，为满足工业和城市用水的需要，通过水资源开发工程（水库和引水工程等）形成的，水权的所有者是水资源开发项目的管理者，一般为中央或地方政府。除水力发电以外的水权每10年进行一次调整和重新认定，水力发电的水权每30年进行一次调整和重新认定。

（3）水价

日本的水价按生活用自来水、工业用水和农业用水分为三个不同的体系。

生活用自来水的供给者是各地方政府设立的自来水公司，均为公营企业。1999年，日本全国的自来水平均价格（按各公司供水量的加权平均，下同）为141日元/m³，而平均供水成本为181日元/m³。供水成本由水资源费、折旧费、贷款利息、维修费、动力费、人工费等组成。水价低于成本的部分由地方财政负担。2001年3月经修订后重新颁布的《水道法》中对自来水公司规定了公开其成本信息的义务，目的在于增进消费者的理解。

工业用水的提供者同样是地方政府的自来水公司。2000年，日本全国的工业用水平均价格为24.07日元/m³，大大低于生活用自来水的价格。造成这种巨大价格差的原因主要有以下三点：第一，供水成本本身的差异。由于生活用自来水对水质要求较高，管线进入千家万户，因此设施成本和处理成本都要高于工业用水。第二，中央政府从促进产业振兴的角度出发，对地方政府的工业用水设施建设费用给予补贴，中央政府的负担比例可达到50%。第三，许多地方政府出于吸引投资的考虑，实行工业用水的优惠价格，由地方财政对自来水公司进行补贴。

农业用水的使用者——农民由于本身拥有水权，因此不是按用水量支付费用，而是以支付水利设施的建设费用（分期还贷）和维护管理费的形式付费，这些费用均以农户所拥有的土地面积作为分摊标准。1998年，日本水稻种植农户的水利费平均支付标准为79330日元/hm²，相当于农户生产成本的5.9%。

（4）对水源区的利益补偿机制

对水源区的利益补偿是区域利益补偿的一个比较典型的情形。水源区要承担库区淹没损失、因保护库区生态环境和水质的需要而使生产和生活活动受到限制等影响，而因此受益的却是下游地区，所以通过恰当的利益补偿机制对水源区进行补偿是必不可少的。

日本迫切地感到建立水源区利益补偿制度的需要，是在20世纪60年代经济步入高速增长时期以后。当时工业和城市用水急剧增加，需要大量修建水库以开发新的水源。但水库的建设主体与库区居民之间往往就补偿问题旷日持久地争执不下。人们开始认识到，仅仅靠水库建设主体能够承担的经济补偿是不够的，需要采取更为综合的对策。在这种背景下，1972年制定的《琵琶湖综合开发特别措施法》在建立对水源区的综合利益补偿机制方面开了先河。以该法为基础，琵琶湖综合开发规划中包括了对水源区的一系列综合开发和整治项目，国家提高了对这些项目的经费负担比例，同时下游受益地区也负担水源区的部分项目经费。1973年制定的《水源地区对策特别措施法》则把这种做法变为普遍制度而固定下来。目前，日本的水源区所享有的利益补偿共由三部分组成：水库建设主体以支付搬迁费等形式对居民的直接经济补偿，依据《水源地区对策特别措施法》采取的补偿措施，通过"水源地区对策基金"采取的补偿措施。

9.4.3　以色列水资源管理

以色列位于干旱缺水的中东地区，全国多年平均水资源总量约为 $20\times10^8\,m^3$，人均水资源量不足 $340\,m^3$，属于水资源严重匮乏的国家。从 1948 年建国起，以色列不断进行水资源开发，目前全国的年供水总量已达到 $20\times10^8\,m^3$，其中新鲜水（$16\sim17$）$\times10^8\,m^3$，水资源开发已接近极限。为了保证有限水资源的高效利用，以色列一是推行全国水资源的统一调度和管理，二是推行节水、污水资源化和水的再生利用。

以色列的全国水资源统一调度和管理是通过国家输水工程来实现的，该工程将以色列现有的三个主要水源，即加利利湖、沿海地区含水层、山丘区含水层相互连接，实现了全国性水资源的联合调度，形成了辐射全国的现代化供水体系和网络。国家输水工程诞生于其建国初期的艰苦时代，但是在设计、施工中处处坚持高标准，建成的工程长期稳定运行。其最大的特点是突出考虑了安全、可靠和减少输水损失，实现了全国范围的水资源合理配置和高效利用。形成的全国供水网是以加利利湖提水工程为龙头，以两大含水层地下水为主要补充，将东北至西南向的国家输水管线作为主干，支线大体垂直于干线布置。整个系统具有提水、输水和调节功能，包括了地表水、地下水、海水淡化、污水再生回用等多种水源，形成了辐射全国的现代化供水体系。国家输水管道不仅是主要的供水管道，在降雨集中的冬季和早春还是来自北方多余雨水的排水通道，并且能利用回灌设施将水存储到沿海地区的地下含水层。

推行污水资源化是以色列水资源管理的另一个特色。国家输水工程的主要供水对象是生活用水，目前有一半的生活用水是由国家输水工程供给。预计到 2010 年，国家输水工程引水量的 80% 将作为生活用水，农业和工业用水主要使用处理过的生活污水和经过淡化处理的海水。

9.4.4　荷兰水资源管理

荷兰是一个土地低洼、国土面积小、人口稠密、濒临大海的国家，位于欧洲的西北部、三条主要河流莱茵河、马斯河、斯海尔德河的出口处。全国约有 1/3 的土地位于平均海平面以下，65% 的土地面临洪水威胁。特殊的地理条件促使荷兰人建立了一套错综复杂的水管理系统。举世闻名的北部拦海大坝和西南部的三角洲工程以及纵横交错的堰、坝、渠、管道以及闸等水利工程为荷兰构筑了一道道安全的防线。

荷兰治水实行统一规划管理，由中央政府、省市政府和水务局实行三级责任制。荷兰中央政府主要制定有关国家水资源战略的大政方针，负责管理国家级水域及防洪工程。作为中央政府治水的职能部门，荷兰水资源部的水资源总局在全国设有 10 个地区分局，负责国家管理的海岸江湖、主要运河、海口流量、存蓄状况监控，以及防洪、防潮堤坝的建设等工作。

省政府是水管理的主体，其职责是在国家政策的框架体系下，制定省的水管理计划和战略规划，主要负责地下水和区域内的地表水水质的管理。绝大多数省的地表水水质授权给水董事会管理，省政府对水董事会和市政府进行监督。饮用水的供给由饮用水公司管理，虽然这些公司属于私人所有，但公共机构占有股份。地方市政府主要管理城市排水系统，并将收集到的污、废水送到水董事会管理的污水处理厂进行处理。荷兰的水务局以一种独特的组织管理形式与三级政府平行存在、自成一体。主要负责地方与区域性的防洪、地表水水量和水质的管理。作为专业性的管理组织，直接代表民众、业主和地主的利益。本着"利益-付费-授权"的原则，那些受益方必须为所获的服务和收益付出一定的费用。利益越大的团体，纳税越多，在水董事会中的发言权和权利越多。荷兰的水董事会财政收入来自于对企业和个人所征收的水务费和污染税。

荷兰相关法律规定，荷兰每年用于水利建设和水资源管理的经费在国民生产总值中所占比例不得低于1%。为有效治水，荷兰长期以来建立了一套系统完善的资金投入和税费征收机制，并且对参与各方实行责权利相统一的原则。在各项资金投入中，水利规划、环境保护和土地开发均以国家为主，水量管理由水务局负责，水量监督靠水务局和市政府把关。荷兰中央和省市政府用于治水防洪的经费来源于财政预算，省市政府的治水经费来源包括其征收的地方税和水资源费等。荷兰水务局采取依法征税、以水治水的方法，所征收的水利管理费和污染税全部用来进行区域和局部的水利建设、污水治理和相关环境改造，其中73%用于包括污水处理在内的水质管理等项日常运行管理费用，27%用于水利基础设施方面的投资。水利管理费和污染税两项收入可以满足水务局总开支的95%，剩余5%的费用则由中央和地方财政补助。

 习题与思考题

1. 结合个人的理解给出水资源管理的基本含义。
2. 试分析我国水资源管理的主要内容。
3. 结合美国、日本、荷兰、以色列等国的水资源管理战略或体系，说明国外水资源管理的经验，并阐述其与国内水资源管理结合的可行性。
4. 试给出水资源的质与量的概念，并说明二者之间的关系。
5. 试以地表水体为例，分析其水质与水量管理的主要内容。
6. 试与地表水体比较，分析地下水的水质与水量管理的主要内容。
7. 结合当前我国水资源管理法律法规体系建设中存在的问题，给出水资源管理法规体系建设的建议。

参 考 文 献

[1] 李广贺. 水资源利用与保护(第二版)[M]. 北京：中国建筑工业出版社，2010.

[2] 左其亭，王树谦，刘延玺. 水资源利用与管理[M]. 郑州：黄河水利出版社，2009.

[3] 徐得潜. 水资源利用与保护[M]. 北京：化学工业出版社，2013.

[4] 任伯帜，熊正为. 水资源利用与保护[M]. 北京：机械工业出版社，2007.

[5] 王晓昌，张荔，袁宏林. 水资源利用与保护[M]. 北京：高等教育出版社，2008.

[6] 刘福臣. 水资源开发利用工程[M]. 北京：化学工业出版社，2006.

[7] 刘素芳. 北京市海淀区水资源评价与预测研究[D]. 中国农业大学硕士学位论文，2006.

[8] 许拯民，赵可锋，美宝澜，等. 水资源利用与可持续发展[M]. 北京：中国水利水电出版社，2012.

[9] 郑延科. 浅谈中国水资源的开发利用与保护[J]. 能源与环境科学，2013 (5)：160.

[10] 王生辉，潘献辉，赵河立，等. 海水淡化的取水工程及设计要点[J]. 中国给水排水，2009，25(6)：98.

[11] 窦明，左其亭. 水环境学[M]. 北京：中国水利水电出版社，2014.

[12] 雒文生，李怀恩. 水环境保护[M]. 北京：中国水利水电出版社，2009.

[13] 郭怀成，尚金城，张天柱. 环境规划学[M]. 北京：高等教育出版社，2009.

[14] 贾屏，杨文海. 水环境评价与保护[M]. 郑州：黄河水利出版社，2012.

[15] 施问超，绍荣，韩香云. 环境保护通论[M]. 北京：北京大学出版社，2011.

[16] 程发良，常慧. 环境保护基础[M]. 北京：清华大学出版社，2002.

[17] 李定龙，常杰云. 环境保护概论[M]. 北京：中国石化出版社，2006.

[18] 李广超. 环境监测[M]. 北京：化学工业出版社，2010.

[19] 陈震. 水环境科学[M]. 北京：科学出版社，2006.

[20] 但德忠. 环境监测[M]. 北京：高等教育出版社，2006.

[21] 张兰生. 实用环境经济学[M]. 北京：清华大学出版社，1992.

[22] 姚志勇. 环境经济学[M]. 北京：中国发展出版社，2002.

[23] 牟玉娟. 我国农业节水灌溉现状与发展趋势[J]. 山东农业科学，2014，6(1)：124.

[24] 董辅祥，董欣东. 城市与工业节约用水理论[M]. 北京：中国建筑工业出版社，2000.

[25] 刘俊良. 城市节制水规划原理与技术[M]. 北京：化学工业出版社，2010.

[26] 魏群. 城市节水工程[M]. 北京：中国建材工业出版社，2006.

[27] 潘安君，张书函. 城市雨水综合利用技术研究与应用[M]. 北京：中国水利水电出版社，2010.

[28] 车伍，李俊奇. 城市雨水利用技术与管理[M]. 北京：中国建筑工业出版社，2006.

[29] 甘一萍，白宇. 污水处理厂深度处理与再生利用技术[M]. 北京：中国建筑工业出版社，2010.

[30] 余淦申，郭茂新，黄进勇，等. 工业废水处理及再生利用[M]. 北京：化学工业出版社，2013.

[31]　曾维华，杨志峰，刘静玲，等．水代谢、水再生与水环境承载力[M]．北京：科学出版社，2012．

[32]　尹军，陈雷，王鹤立．城市污水的资源再生及热能回收利用[M]．北京：化学工业出版社，2003．

[33]　美国环保局．胡洪营，等译．污水再生利用指南[M]．北京：化学工业出版社，2008．

[34]　沈德中．污染环境的生物修复[M]．北京：化学工业出版社，2002．

[35]　周启星，魏树和，张倩茹．生态修复[M]．北京：环境科学出版社，2006．

[36]　周怀东，彭文启．水污染与水环境修复[M]．北京：化学工业出版社，2005．

[37]　杨海军，李永祥．河流生态修复的理论与技术[M]．吉林：吉林科学技术出版社，2005．

[38]　杨海军．河流生态修复工程案例研究[M]．吉林：吉林科学技术出版社，2010．

[39]　张锡辉．水环境修复工程学原理与应用[M]．北京：化学工业出版社，2002．

[40]　水利部国际合作与科技司．河流生态修复技术研讨会论文集[C]．北京：中国水利水电出版社，2005．

[41]　汪松年．上海水生态修复调查与研究[M]．上海科学技术出版社，2005．

[42]　黄民生，陈振楼．城市内河污染治理与生态修复理念、方法与实践[M]．北京：科学出版社，2010．

[43]　黄玉瑶．内陆水域污染生态学——原理与应用[M]．北京：科学出版社，2001．

[44]　刘宏远，张燕．饮用水强化处理技术及工程实例[M]．北京：化学工业出版社，2005．

[45]　刘辉．全流程生物氧化技术处理微污染原水[M]．北京：化学工业出版社，2003．

[46]　王占生，刘文君．微污染水源饮用水处理[M]．北京：中国建筑工业出版社，1999．

[47]　周云，何义亮．微污染水源净水技术及工程实例[M]．北京：化学工业出版社，2003．

[48]　顾国维，何义亮．膜生物反应器[M]．北京：化学工业出版社，2002．

[49]　朱亮．供水水源保护与微污染水体净化[M]．北京：化学工业出版社，2005．

[50]　国家发展改革委，等．全国农村饮水安全工程"十二五"规划[Z]．2012．

[51]　国家发展改革委，等．全国农村饮水安全工程"十一五"规划[Z]．2007．

[52]　郭瑾，等译．水和废水除微污染技术[M]．北京：中国建筑工业出版社，2013．

[53]　张迎雪，田媛．微污染水源饮用水处理理论及工程应用[M]．北京：化学工业出版社，2011．

[54]　徐鸣，罗建中，肖明威．微污染水源水预处理技术进展[J]．水资源与水工程学报，2005，16(3)：65．

[55]　张跃军，李潇潇．微污染原水强化处理技术研究进展[J]．精细化工，2011(1)：1．

[56]　陈莉，范跃华．微污染源水的处理技术发展与探讨[J]．重庆环境科学，2002，24(6)：67．

[57]　卢静芳，孔祥媚，赵瑞斌．强化混凝去除微污染湖泊水浊度及 TOC 的研究[J]．环境科学与技术，2010，33(3)：76．

[58]　陈伟玲，李明玉，任刚，等．强化混凝去除微污染水源水中镉(Ⅱ)的研究[J]．给水排水，2008，34(11)：139．

[59]　贺瑞敏，朱亮，谢曙光．微污染水源水处理技术现状及发展[J]．陕西环境，2003，10(1)：2．

［60］　陆洒进，王红旗．地下水污染修复的可渗透性反应墙技术［J］．上海环境科学，2005，24（6）：231．

［61］　林洪孝．水资源管理理论与实践［M］．北京：中国水利水电出版社，2003．

［62］　姜弘道．水资源需求管理概论［M］．南京：河海大学出版社，2009．

［63］　何俊仕．水资源概论［M］．北京：中国农业大学出版社，2006．

［64］　左其亭，窦明，马军霞．水资源学教程［M］．北京：中国水利水电出版社，2008．

［65］　王双银，宋孝玉．水资源评价［M］．郑州：黄河水利出版社，2008．

［66］　董增川．水资源规划与管理［M］．北京：中国水利水电出版社，2008．

［67］　畅建霞，王丽学．水资源规划及利用［M］．郑州：黄河水利出版社，2010．

［68］　中国大百科全书编委会．中国大百科全书（大气科学·海洋科学·水文科学）［M］．北京：中国大百科全书出版社，1992．

［69］　李广贺，刘兆昌，张旭．水资源利用工程与管理［M］．北京：清华大学出版社，1998．

［70］　郭淑华，徐晓毅．水文与水资源学概论［M］．北京：中国环境科学出版社，2011．

［71］　陈家琦，王浩，杨小柳．水资源学［M］．北京：科学出版社，2002．

［72］　杨开．水资源开发利用与保护［M］．长沙：湖南大学出版社，2005．

［73］　钱易，刘昌明，郝益生．中国城市水资源可持续开发利用［M］．北京：中国水利水电出版社，2002．

［74］　左其亭，陈曦．面向可持续发展的水资源规划与管理［M］．北京：中国水利水电出版社，2003．

［75］　夏继红．生态河岸带综合评价理论与修复技术［M］．北京：中国水利水电出版社，2009．

［76］　金相灿．湖泊富营养化控制与管理技术［M］．北京：化学工业出版社，2001．

［77］　沈大军，梁瑞驹．水价理论与实践［M］．北京：科学出版社，2001．

［78］　刘满平．水资源利用与水环境保护工程［M］．北京：中国建材工业出版社，2005．

［79］　国务院《关于实行最严格水资源管理制度的意见》，国发［2012］3号．

［80］　《实行最严格水资源管理制度考核办法》，2013年1月．

［81］　《中共中央国务院关于加快水利改革发展的决定》，（中发［2011］1号）．

［82］　林家彬．日本水资源管理体系考察及借鉴［J］．水资源保护，2002，4：55．